现代电子机械工程丛书

电子设备振动冲击环境适应性设计

季 馨 王树荣 黄雪芹 季炯炯 著

電子工業出版社·
Publishing House of Electronics Industry
北京·BEIJING

内 容 简 介

本书以电子设备在动力学环境中的适应性问题为出发点，分别从电子设备环境适应性设计概论、电子设备振动冲击理论基础、电子设备环境适应性平台、电子设备振动冲击环境适应性设计技术、电子设备隔振系统及隔振器、微转角隔振缓冲平台几个方面展开论述。

本书适合作为电子设备结构设计人员的技术参考书，也可作为高等院校相关专业本科生、研究生的教学参考书。

未经许可，不得以任何方式复制或抄袭本书之部分或全部内容。
版权所有，侵权必究。

图书在版编目（CIP）数据

电子设备振动冲击环境适应性设计 / 季馨等著.
北京：电子工业出版社，2025.5.--（现代电子机械工程丛书）.-- ISBN 978-7-121-50247-7
Ⅰ．TN02
中国国家版本馆CIP数据核字第2025YP0413号

责任编辑：刘家彤　　文字编辑：韩玉宏
印　　刷：天津千鹤文化传播有限公司
装　　订：天津千鹤文化传播有限公司
出版发行：电子工业出版社
　　　　　北京市海淀区万寿路173信箱　邮编：100036
开　　本：787×1 092　1/16　印张：20.25　字数：518.4千字
版　　次：2025年5月第1版
印　　次：2025年5月第1次印刷
定　　价：98.00元

凡所购买电子工业出版社图书有缺损问题，请向购买书店调换。若书店售缺，请与本社发行部联系，联系及邮购电话：（010）88254888，88258888。
质量投诉请发邮件至zlts@phei.com.cn，盗版侵权举报请发邮件至dbqq@phei.com.cn。
本书咨询联系方式：chenwk@phei.com.cn，（010）88254441。

现代电子机械工程丛书
编委会

主　任：段宝岩

副主任：胡长明

编委会成员：

  季　馨　周德俭　程辉明　周克洪　赵亚维

  金大元　陈志平　徐春广　杨　平　訾　斌

  刘　胜　钱吉裕　叶渭川　黄　进　郑元鹏

  潘开林　邵晓东　周忠元　王文利　张慧玲

  王从思　陈　诚　陈　旭　王　伟　赵鹏兵

  陈志文

丛书序

电子机械工程的主要任务是进行面向电性能的高精度、高性能机电装备机械结构的分析、设计与制造技术的研究。

高精度、高性能机电装备主要包括两大类：一类是以机械性能为主、电性能服务于机械性能的机械装备，如大型数控机床、加工中心等加工装备，以及兵器、化工、船舶、农业、能源、挖掘与掘进等行业的重大装备，主要是运用现代电子信息技术来改造、武装、提升传统装备的机械性能；另一类则是以电性能为主、机械性能服务于电性能的电子装备，如雷达、计算机、天线、射电望远镜等，其机械结构主要用于保障特定电磁性能的实现，被广泛应用于陆、海、空、天等各个关键领域，发挥着不可替代的作用。

从广义上讲，这两类装备都属于机电结合的复杂装备，是机电一体化技术重点应用的典型代表。机电一体化（Mechatronics）的概念，最早出现于 20 世纪 70 年代，其英文是将 Mechanical 与 Electronics 两个词组合而成，体现了机械与电技术不断融合的内涵演进和发展趋势。这里的电技术包括电子、电磁和电气。

伴随着机电一体化技术的发展，相继出现了如机-电-液一体化、流-固-气一体化、生物-电磁一体化等概念，虽然说法不同，但实质上基本还是机电一体化，目的都是研究不同物理系统或物理场之间的相互关系，从而提高系统或设备的整体性能。

高性能机电装备的机电一体化设计从出现至今，经历了机电分离、机电综合、机电耦合等三个不同的发展阶段。在高精度与高性能电子装备的发展上，这三个阶段的特征体现得尤为突出。

机电分离（Independent between Mechanical and Electronic Technologies，IMET）是指电子装备的机械结构设计与电磁设计分别独立进行，但彼此间的信息可实现在（离）线传递、共享，即机械结构、电磁性能的设计仍在各自领域独立进行，但在边界或域内可实现信息的共享与有效传递，如反射面天线的机械结构与电磁、有源相控阵天线的机械结构-电磁-热等。

需要指出的是，这种信息共享在设计层面仍是机电分离的，故传统机电分离设计固有的诸多问题依然存在，最明显的有两个：一是电磁设计人员提出的对机械结构设计与制造精度的要求往往太高，时常超出机械的制造加工能力，而机械结构设计人员只能千方百计地满足其要求，带有一定的盲目性；二是工程实际中，又时常出现奇怪的现象，即机械结构技术人员费了九牛二虎之力设计、制造出的满足机械制造精度要求的产品，电性能却不满足；相反，机械制造精度未达到要求的产品，电性能却能满足。因此，在实际工程中，只好采用备份的办法，最后由电调来决定选用哪一个。这两个长期存在的问题导致电子装备研制的性能低、周期长、成本高、结构笨重，这已成为制约电子装备性能提升并影响未来装备研制的瓶颈。

随着电子装备工作频段的不断提高，机电之间的互相影响越发明显，机电分离设计遇到的问题越来越多，矛盾也越发突出。于是，机电综合（Syntheses between Mechanical and Electronic Technologies，SMET）的概念出现了。机电综合是机电一体化的较高层次，它比机电分离前进了一大步，主要表现在两个方面：一是建立了同时考虑机械结构、电磁、热等性能的综合设计的数学模型，可在设计阶段有效消除某些缺陷与不足；二是建立了一体化的有限元分析模型，如在高密度机箱机柜分析中，可共享相同空间几何的电磁、结构、温度的数值分析模型。

自 21 世纪初以来，电子装备呈现出高频段、高增益、高功率、大带宽、高密度、小型化、快响应、高指向精度的发展趋势，机电之间呈现出强耦合的特征。于是，机电一体化迈入了机电耦合（Coupling between Mechanical and Electronic Technologies，CMET）的新阶段。

机电耦合是比机电综合更进一步的理性机电一体化，其特点主要包括两点：一是分析中不仅可实现机械、电磁、热的自动数值分析与仿真，而且可保证不同学科间信息传递的完备性、准确性与可靠性；二是从数学上导出了基于物理量耦合的多物理系统间的耦合理论模型，探明了非线性机械结构因素对电性能的影响机理。其设计是基于该耦合理论模型和影响机理的机电耦合设计。可见，机电耦合与机电综合相比具有不同的特点，并且有了质的飞跃。

从机电分离、机电综合到机电耦合，机电一体化技术发生了鲜明的代际演进，为高端装备设计与制造提供了理论与关键技术支撑，而复杂装备制造的未来发展，将不断趋于多物理场、多介质、多尺度、多元素的深度融合，机械、电气、电子、电磁、光学、热学等将融于一体，巨系统、极端化、精密化将成为新的趋势，以机电耦合为突破口的设计与制造技术也将迎来更大的挑战。

随着新一代电子技术、信息技术、材料、工艺等学科的快速发展，未来高性能电子装备的发展将呈现两个极端特征：一是极端频率，如对潜通信等应用的极低频段，天基微波辐射天线等应用的毫米波、亚毫米波乃至太赫兹频段；二是极端环境，如南北极、深空与临近空间、深海等。这些都对机电耦合理论与技术提出了前所未有的挑战，亟待开展如下研究。

第一，电子装备涉及的电磁场、结构位移场、温度场的场耦合理论模型（Electro-Mechanical Coupling，EMC）的建立。因为它们之间存在相互影响、相互制约的关系，需在已有基础上，进一步探明它们之间的影响与耦合机理，廓清多场、多域、多尺度、多介质的耦合机制，以及多工况、多因素的影响机理，并将其表示为定量的数学关系式。

第二，电子装备存在的非线性机械结构因素（结构参数、制造精度）与材料参数，对电子装备电磁性能影响明显，亟待进一步探索这些非线性因素对电性能的影响规律，进而发现它们对电性能的影响机理（Influence Mechanism，IM）。

第三，机电耦合设计方法。需综合分析耦合理论模型与影响机理的特点，进而提出电子装备机电耦合设计的理论与方法，这其中将伴随机械、电子、热学各自分析模型以及它们之间的数值分析网格间的滑移等难点的处理。

第四，耦合度的数学表征与度量。从理论上讲，任何耦合都是可度量的。为深入探索多物理系统间的耦合，有必要建立一种通用的度量耦合度的数学表征方法，进而导出可定量计算耦合度的数学表达式。

第五，应用中的深度融合。机电耦合技术不仅存在于几乎所有的机电装备中，而且在高端装备制造转型升级中扮演着十分重要的角色，是迭代发展的共性关键技术，在装备制造业的发展中有诸多重大行业应用，进而贯穿于我国工业化和信息化的整个历史进程中。随着新科技革命与产业变革的到来，尤其是以数字化、网络化、智能化为标志的智能制造的出现，工业化和信息化的深度融合势在必行，而该融合在理论与技术层面上则体现为机电耦合理论的应用，由此可见其意义深远、前景广阔。

本丛书是在上一次编写的基础上进行进一步的修改、完善、补充而成的，是从事电子机械工程领域专家们集体智慧的结晶，是长期工作成果的总结和展示。专家们既要完成繁重的科研任务，又要于百忙中抽时间保质保量地完成书稿，工作十分辛苦。在此，我代表丛书编委会，向各分册作者与审稿专家深表谢意！

丛书的出版，得到了电子机械工程分会、中国电子科技集团公司第十四研究所等单位领导的大力支持，得到了电子工业出版社及参与编辑们的积极推动，得到了丛书编委会各位同志的热情帮助，借此机会，一并表示衷心感谢！

中国工程院院士
中国电子学会电子机械工程分会主任委员 段宝岩
2024 年 4 月

前言

电子设备安装平台及由武器发射、爆炸等引发的强烈振动与冲击，再加上自然力学环境因素（如暴风、巨浪、沙尘暴、地震等），已成为影响电子设备电性能高可靠性和稳定长期工作的主要因素。对没有系统学习过振动冲击理论或缺乏该领域工程实践经验的年轻结构设计师而言，要认识振动冲击环境对电子设备功能的影响机理并采取相应的工程应对措施是非常困难的。

本书试图从最基本的振动冲击理论出发，让读者逐步认识电子设备振动冲击环境适应性设计的内涵，即电子设备环境平台（设计输入）、电子设备环境适应性平台和电子设备环境控制技术等的研究内容、设计方法和设计思路。

我们期望通过本书，把几十年来我们自己和别人的成功应用实例和失败的教训告诉年轻的朋友们，希望你们少走或不走弯路。

本书从最基本的理论出发，由浅入深，逐步进入工程设计和环境控制，力图通过工程应用实例加以阐述以加深理解。

全书分为6章。

第1章概括介绍电子设备环境适应性设计涉及的电子设备环境平台研究、电子设备环境适应性平台研究和电子设备环境控制技术方面的内容，并介绍电子设备环境适应性设计准则。

第2章介绍电子设备振动冲击理论基础，为之后的讲解提供理论知识准备，内容涉及振动的种类及特性、单自由度线性系统的振动、多自由度线性系统的振动、连续弹性体系统的振动、非线性系统的振动。其中，重点讲解标准冲击脉冲发生器。

第3章首先概况介绍电子设备环境适应性平台的有关内容，然后介绍电子设备环境适应性平台的环境因素，并介绍几种常见的电子设备环境适应性平台，最后介绍电子设备动力学环境适应性设计准则。

第4章介绍电子设备振动冲击环境适应性设计技术，内容涉及电子元器件的环境适应性设计、电子设备的强度设计、电子设备的刚度设计、结构振动分析中的等效技术、电子组装件振动环境适应性设计。

第5章针对电子设备振动冲击环境特点，详细介绍电子设备隔振系统及隔振器，内容涉及电子设备隔振系统及隔振器概述、单自由度和多自由度隔振系统、橡胶隔振器、金属隔振器、金属橡胶隔振器、二次隔振系统、并柜结构隔振系统、电子设备强冲击环境适应性设计、振动主动控制技术。

第 6 章介绍微转角隔振缓冲平台，内容涉及微转角隔振缓冲平台概述、六连杆微转角隔振缓冲平台、微转角限位隔振缓冲平台。

本书由季馨、王树荣、黄雪芹、季炯炯共同撰写。季馨参与了第 1、2、4、5、6 章的撰写，王树荣参与了第 3、4 章的撰写，黄雪芹参与了第 3、4、5、6 章部分小节的撰写，季炯炯参与了第 2、3、6 章大纲的制定和第 6 章的撰写。此外，蒋先龙参与撰写了 2.5.4 节，李刚参与撰写了 6.3 节，周洪梅、崇新林在图文设计、文字校对方面做了大量的工作。最后，感谢李凌珍教授对本书撰写工作的全力支持。

季馨老师和王树荣老师都是八十多岁的人了，总想为年轻的结构设计师留点儿有用的东西，使其少走弯路，这就是我们撰写本书的愿望。由于我们的能力和知识水平有限，错误在所难免，恭请教正。

作　者
2025 年 1 月

目录

第1章 电子设备环境适应性设计概论 ... 1
1.1 引言 ... 1
1.2 电子设备环境适应性设计的研究内容 ... 2
1.3 电子设备环境平台研究 ... 3
1.3.1 电子设备环境平台的含义 ... 3
1.3.2 电子设备环境平台的组成 ... 3
1.3.3 电子设备环境平台研究的主要内容 ... 4
1.3.4 电子设备环境平台设计的内容与步骤 ... 9
1.4 电子设备环境适应性平台研究 ... 10
1.4.1 电子设备环境适应性（脆值）平台的组成 ... 10
1.4.2 建立电子设备环境适应性平台的方法 ... 11
1.4.3 提高电子设备环境适应性平台可靠性的技术措施 ... 12
1.5 电子设备环境控制技术 ... 13
1.5.1 无源环境控制技术 ... 14
1.5.2 有源环境控制技术 ... 14
1.6 电子设备环境适应性设计准则 ... 15
1.6.1 结构总体设计 ... 15
1.6.2 模块化设计 ... 22
1.6.3 优化设计 ... 23

第2章 电子设备振动冲击理论基础 ... 26
2.1 振动的种类及特性 ... 26
2.1.1 振动的种类 ... 26
2.1.2 周期振动和准周期振动 ... 27
2.1.3 非周期振动 ... 29
2.1.4 平稳随机振动 ... 30
2.1.5 非平稳随机振动 ... 36
2.2 单自由度线性系统的振动 ... 37
2.2.1 离散振动系统的力学模型 ... 38
2.2.2 单自由度线性系统的自由振动 ... 38
2.2.3 单自由度线性系统的强迫振动 ... 41
2.2.4 单自由度线性系统对非谐和周期激励的响应 ... 49

  2.2.5 单自由度线性系统对非周期激励的响应 49
 2.3 多自由度线性系统的振动 53
  2.3.1 有阻尼二自由度线性系统受基础位移激励的振动 53
  2.3.2 无阻尼二自由度线性系统的隔振设计 54
  2.3.3 有阻尼动力消振器 56
 2.4 连续弹性体系统的振动 59
  2.4.1 杆的纵向振动 59
  2.4.2 轴的扭转振动 63
  2.4.3 梁的横向振动 63
 2.5 非线性系统的振动 68
  2.5.1 非线性系统的分类 68
  2.5.2 非线性系统振动的物理特性 68
  2.5.3 研究非线性系统振动的常用方法 71
  2.5.4 标准冲击脉冲发生器 72
  2.5.5 非线性系统的应用和刚度拟合技术 93

第3章 电子设备环境适应性平台 97
 3.1 概述 97
 3.2 电子设备环境适应性平台的环境因素 100
  3.2.1 正弦振动 100
  3.2.2 随机振动 101
  3.2.3 炮击振动 104
  3.2.4 地震 107
  3.2.5 声振 109
  3.2.6 冲击 110
  3.2.7 颠振与碰撞 119
  3.2.8 倾斜和摇摆 120
  3.2.9 风载荷 121
  3.2.10 加速度 122
 3.3 电子设备环境适应性平台举例 123
  3.3.1 道路车辆平台 124
  3.3.2 轨道车辆平台 132
  3.3.3 机载平台 144
  3.3.4 星载平台 151
  3.3.5 舰船平台 153
 3.4 电子设备动力学环境适应性设计准则 154

第4章 电子设备振动冲击环境适应性设计技术 156
 4.1 概述 156
 4.2 电子元器件的环境适应性设计 156
  4.2.1 电子元器件的类别 156

  4.2.2 电子元器件质量等级 158
  4.2.3 电子元器件的筛选等级 161
  4.2.4 电子元器件的环境适应性设计要求 161
  4.2.5 电子元器件的二次筛选 167
  4.2.6 模块、组件的HALT-HASS 170
  4.2.7 抗振动、抗冲击指标的确定 174
 4.3 电子设备的强度设计 174
  4.3.1 构件的强度设计 174
  4.3.2 紧固件的选用与安装 178
  4.3.3 电子元器件安装的注意事项 181
  4.3.4 典型电子元器件的安装 183
  4.3.5 印制电路板的安装 185
 4.4 电子设备的刚度设计 186
  4.4.1 概述 186
  4.4.2 层次结构和二倍频规则 187
  4.4.3 提高层次结构刚度的技术措施 188
  4.4.4 悬臂结构的刚度设计 190
 4.5 结构振动分析中的等效技术 193
  4.5.1 等效质量、等效刚度和等效阻尼 193
  4.5.2 弹性构件的等效技术 195
  4.5.3 均布质量弹簧的等效集中质量 195
  4.5.4 常见的无阻尼单自由度系统固有频率的计算公式 197
 4.6 电子组装件振动环境适应性设计 198
  4.6.1 概述 198
  4.6.2 基板的动态特性及其影响 202
  4.6.3 热应力 208
  4.6.4 连接导线的应力分析 209
  4.6.5 焊点的应力分析 215

第5章 电子设备隔振系统及隔振器 219
 5.1 概述 219
  5.1.1 隔振系统设计准则 219
  5.1.2 隔振系统设计必备的原始资料 220
  5.1.3 标准传递率曲线 220
  5.1.4 隔振系统模块化设计基本要求 221
  5.1.5 模块化隔振系统对隔振器的要求 223
  5.1.6 隔振器的质量保证规范 225
  5.1.7 隔振器的弹性特性设计 228
  5.1.8 隔振器的阻尼特性 231
 5.2 电子设备隔振系统 233

5.2.1 单自由度隔振系统 234
  5.2.2 多自由度隔振系统 239
 5.3 橡胶隔振器 249
  5.3.1 胶料的力学特性 249
  5.3.2 胶料性能的影响因素 250
  5.3.3 橡胶隔振器设计 250
 5.4 金属隔振器 252
  5.4.1 钢丝绳隔振器 254
  5.4.2 金属丝网隔振器 255
  5.4.3 金属网阻尼隔振器 255
  5.4.4 模块化抗冲击型无峰隔振器 256
  5.4.5 歼（强）击机用隔振器 261
  5.4.6 嵌入式隔振器 262
  5.4.7 背（顶）部隔振器 267
  5.4.8 壁挂式隔振器 270
  5.4.9 抗倾覆隔振器 272
 5.5 金属橡胶隔振器 272
  5.5.1 JQZ 型空气阻尼隔振器 272
  5.5.2 GFD 型低频隔振器 273
  5.5.3 GF 型复合阻尼隔振器 274
 5.6 二次隔振系统 275
  5.6.1 晶振隔振器 276
  5.6.2 二次隔振系统的随机振动试验 277
 5.7 并柜结构隔振系统 279
  5.7.1 简单并柜结构隔振系统 280
  5.7.2 具有公共减振平台的并柜结构隔振系统 281
  5.7.3 应用实例 281
 5.8 电子设备强冲击环境适应性设计 286
  5.8.1 强冲击隔离的基本要求 286
  5.8.2 强冲击的速度安全边界和加速度安全边界 288
  5.8.3 电子设备强冲击环境适应性设计理念 289
 5.9 振动主动控制技术 291
  5.9.1 振动主动控制系统的分类 291
  5.9.2 振动主动控制系统的组成 292
  5.9.3 振动主动控制系统的建模 293
  5.9.4 振动主动控制的控制器 294
  5.9.5 振动主动控制技术的应用与展望 295

第6章 微转角隔振缓冲平台 296
 6.1 概述 296

6.2	六连杆微转角隔振缓冲平台	296
	6.2.1	干摩擦阻尼式六连杆平台	297
	6.2.2	油阻尼式六连杆平台	297
6.3	微转角限位隔振缓冲平台	298
	6.3.1	微转角限位器的组成	298
	6.3.2	强冲击方向与微转角限位器中滑轨的配置	301
	6.3.3	现有隔振缓冲系统加微转角限位器	302
	6.3.4	小型电子设备的精密微转角限位隔振缓冲平台	303
	6.3.5	高质心大型平台	304

参考文献 307

第1章
电子设备环境适应性设计概论

1.1 引言

确保电子设备在生产、储存、运输和使用全过程所历经的各类恶劣环境中，最可靠、最充分地发挥电子设备功能的工程设计，称为电子设备环境适应性设计，也可称为电子设备抗恶劣环境设计。

一种产品要成为一种商品，被广大消费者所接受、喜爱，直到成为名牌占领市场，一种设备要成为一种招之即来、来之能用、用之能胜的装备，除它们具有特定的功能和性能外，就是它们要具有较高的环境适应性和使用可靠性。在许多情况下，特别是对于军用产品，有时宁可牺牲部分功能和性能，也要保证它们具有高的环境适应性和使用可靠性。

环境适应性设计涉及的专业内容非常广泛，包括机械学、电子学、材料科学、传热学、电磁学、振动力学、电化学、人机工程学、声学、环境科学等众多的学科技术范畴。如何将这些学科的理论应用于电子设备的工程设计，这是一个十分复杂的问题。其技术内容是互相渗透、贯通，而又互相制约的。例如，对于密封机柜的设计，从散热的角度看，机柜必须提供一定的流体对流通道，但通道的开设必然涉及电磁泄漏及信号的干扰；为了解决材料的防腐蚀问题，机柜表面采用涂镀层的方法，但绝缘涂镀层表面阻止了电流和热流的通路，给接地和导热都带来了新的矛盾。又如，印制电路板单元模块结构的刚度和强度设计，既要满足应力筛选要求，又要考虑到层次结构倍频程规则及单元模块的屏蔽、密封、散热等的综合应用。因此，如何通过理论研究和试验研究探索出新的途径，解决电子设备环境适应性设计中出现的难题，是目前一个迫切的任务。这也要求设计人员必须具备各学科的基本理论知识，并在工程中综合、灵活运用，体现出高水平的总体设计。

在工程中，通常首先要解决好环境适应性问题，才能谈可靠性问题，这就是电子设备在可靠性鉴定试验前，首先必须通过环境鉴定试验的道理所在。

1.2 电子设备环境适应性设计的研究内容

电子设备环境适应性设计是一项巨大的系统工程,它贯穿于电子设备从研制到运行的全寿命期(寿命期也称寿命周期)。电子设备环境适应性设计的研究内容大致可分为以下三大类。

1. 电子设备环境平台研究

对电子设备在全寿命期内必须历经的各类环境、环境组合及其相对应的严酷度的研究,可借助于广义激励 $\overline{F}(s)$ 来表征,也可认为是环境适应性设计的输入。

2. 电子设备环境适应性(脆值)平台研究

对电子设备在全寿命期内在规定的环境平台 $\overline{F}(s)$ 中能够正常工作所允许的各类环境、环境组合及其相对应的严酷度的研究,可借助于广义响应 $\overline{Z}(s)$ 来表征,也可认为是各类环境对应设备的允许值(也称许用值)。

3. 电子设备环境控制技术研究

将"电子设备环境平台" $\overline{F}(s)$ 中各类环境的严酷度控制到电子设备能正常工作的"电子设备环境适应性平台(脆值)平台" $\overline{Z}(s)$ 中相应的允许严酷度所进行的环境控制技术研究,可借助于广义传递函数 $\overline{G}(s)$ 来表征。

在用第 i 项单项环境考核电子设备时,应满足

$$\overline{F}_i(s) \cdot \overline{G}_i(s) \leq \overline{Z}_i(s) \tag{1-1}$$

式中,i 为单项环境的序号,$i = 1, 2, 3, \cdots$。

对两项或两项以上的 $j(j \geq 2)$ 项环境组合的研究是非常复杂的。其一是单项环境对电子设备的影响是非线性的;其二是在 j 项环境组合中,各单项环境对电子设备失灵、失效机理将发生变化,因此各项环境组合后,电子设备损坏机理是非常复杂的。但是,j 项环境组合中电子设备环境适应性设计的要求是一样的,即必须满足

$$\overline{F}_{ij}(s) \cdot \overline{G}_{ij}(s) \leq \overline{Z}_{ij}(s) \tag{1-2}$$

式中,$\overline{F}_{ij}(s)$ 为在 j 项环境组合中第 i 项单项环境的规定严酷度,最常用的标准是 GJB 150.24A—2009《军用装备实验室环境试验方法 第 24 部分:温度—湿度—振动—高度试验》;$\overline{Z}_{ij}(s)$ 为在 j 项环境组合中电子设备正常工作允许的第 i 项单项环境的严酷度;$\overline{G}_{ij}(s)$ 为在 j 项环境组合中针对第 i 项单项环境采取环境控制的实际效果。

式(1-1)和式(1-2)的物理意义是一样的。

通常,当 $\overline{Z}_{ij}(s) > \overline{F}_{ij}(s)$,$\overline{G}_{ij}(s) > 1$ 时,说明电子设备环境适应性平台的严酷度高于电子设备环境平台的严酷度。此时,没有必要采取环境控制措施。反之,当 $\overline{G}_{ij}(s) < 1$ 时,则必须采取环境控制措施。

1.3 电子设备环境平台研究

众所周知，电子设备效能 E 是可靠性（R）、维修性（M）和环境因素的函数。电子设备性能的先进性是至关重要的，而可靠性、维修性和环境适应性是电子设备性能先进性得以持久保持的保证。

可靠性是指电子设备在规定条件下和规定时间内完成规定功能的能力。这里所说的规定条件，包括使用时的环境条件、对操作人员的技术等级要求、维护方法、储存时间、储存条件。在不同的环境条件下，电子设备的可靠性是不同的。环境条件的变化将对电子设备的可靠性产生重要的影响。在恶劣环境中，电子设备的故障率将增大，可靠性降低。

因此，在电子设备研发前首先必须弄清楚它们工作时的真实环境、环境组合和各项环境的严酷度，才能有针对性地开展研发工作。除合同、任务书和相关标准规定外，还应考虑电子设备环境平台的诱发环境影响。

1.3.1 电子设备环境平台的含义

GB/T 11804—2005《电工电子产品环境条件 术语》中 2.1.1 条、2.1.6 条和 2.1.10 条的规定如下：

2.1.1 条 环境：在任何地点、任何时间都存在的或遇到的自然条件、诱发条件或二者的总和。

2.1.6 条 环境条件：在一定时间内，产品所经受的外界的物理、化学和生物条件。

2.1.10 条 环境参数组及其严酷等级：用于特定用途或特定目的的一组环境条件特性值。

根据前述规定，本书中的"环境平台"定义为：电工电子产品在其全寿命期内所经受的并作为研发、生产、验收全过程评价依据的环境、环境条件、环境参数组及其相对应的严酷等级组成的综合性平台。

电子设备环境平台是指电子设备在生产、储存、运输和使用中所历经的一切外界影响因素的集合，其中还包含在外界影响因素作用下引发的诱导环境（如结构响应）等因素。最典型的例子是试验夹具共振引起的过试验、欠试验。

1.3.2 电子设备环境平台的组成

考虑各类环境自身的物理学、化学、生物学和人文学特点，以及它们对电子设备失效的影响机理，典型的电子设备环境平台组成如下。

（1）气候环境：包括温度、湿度、气压、风、雨、雪、冰、霜、凝露、沙尘、油雾、游离气体。

（2）机械（力学）环境：包括振动、冲击、离心、碰撞、跌落、摇摆、静力负荷、失重、爆炸、冲击波。

（3）电磁及辐射环境：包括电场、磁场、闪电、雷击、电晕、放电、太阳辐射、核辐射、紫外线辐射、宇宙线辐射。

（4）化学腐蚀环境：包括腐蚀性大气、酸、碱和盐类等。

（5）生物学环境：包括霉菌、微生物、昆虫、甲壳类和啮齿类动物。

（6）人为因素：包括设备在包装、运输、维护保养、使用过程中的人为因素。

1.3.3 电子设备环境平台研究的主要内容

1．环境标准研究

环境标准是建立环境平台的依据，而环境标准的先进性、科学性、可操作性是制定环境标准必须考虑的因素。

环境标准是推动电子设备研制、发展的指挥棒和推动力（发动机）。没有先进的环境标准，就没有高可靠性的电子设备。先进标准已成为衡量一个国家工业发展水平和产品质量的重要标志之一。各类环境标准应互相支撑、包容。各标准中的严酷等级及环境组合在选定时，必须遵循实事求是的原则，既不能任意放宽，也不能无限制加严。

1）国内外环境标准

1960 年，美国国防部制定了统一的环境条件要求及试验标准，于 1962 年编制出版了美国军用标准 MIL-STD-810。之后又颁布了 MIL-STD-810A、MIL-STD-810B 和 MIL-STD-810C。1979 年，美国环境科学学会及政府有关部门集中了众多的专家，经多次修改，海、陆、空三军协调后，于 1983 年颁布了 MIL-STD-810D《环境试验方法和工程指南》。与 MIL-STD-810C 相比，MIL-STD-810D 增加了工程导则，对试验方法的工程应用提供指导，并强调运用剪辑（剪裁）来保证试验的现实性和实用性。此标准在工业发达国家中影响很大。此后，又于 1989 年颁布了 MIL-STD-810E。

2000 年 1 月 1 日，美国国防部正式颁布了 MIL-STD-810F《环境工程考虑和实验室试验》。该标准对 MIL-STD-810E 进行了重大修改，重新编写了内容。它强调的重点是，要针对装备在整个使用寿命期内将遇到的环境来对环境设计要求和环境试验要求等进行剪裁，确定能复现装备环境效应的试验方法。该标准的内容已扩展到环境工程，涉及更为广泛的管理和技术工作，面向装备研制中职责完全不同但又彼此密切相关的 3 类人员：第 1 类是项目主管，要求其制订计划和方案，保证研制的装备在预定使用环境中能有效完成其功能；第 2 类是环境工程专家，要求其尽早介入采办过程，作为桥梁，编制寿命期环境剖面、剪裁设计准则和试验工期；第 3 类是设计、试验和评价机构的技术管理人员，他们负责环境适应性设计和试验，以确保装备满足用户对环境适应性的要求。

我国国家军用标准（简称国军标）GJB 150—1986《军用设备环境试验方法》是海、陆、空三军都通用的基础标准，以美国军用标准 MIL-STD-810C 为基础，在一些技术内容和指导思想上也接受了 MIL-STD-810D 的观点。1986 年 GJB 150—1986 颁布时有 19

项试验方法，到 1995 年时已有 25 项。参照 MIL-STD-810F 修订的 GJB 150A—2009《军用装备实验室环境试验方法》颁布了 30 项（部分）试验方法。我国各军兵种根据各自电子装备的特点和当前的国情，并参照美国军用标准，参与制定了相应的国家军用标准和部委标准。例如，国家军用标准 GJB 4.8—1983《舰船电子设备环境试验 颠震试验》、GJB 440.1—1988《舰船设备环境参数分类及其严酷等级 气候、生物、化学活性物质和机械作用物质》是国内多年来进行舰船设备环境研究的成果。

环境工程专家们正确地运用各类标准、电子设备实际工作环境和工作寿命的持续时间进行裁剪，确定了电子设备各类试验环境的严酷等级。所有各类环境严酷度的组合就形成了电子设备环境平台。将合理、科学的环境平台作为设计任务书中的设计和验收指标进行环境适应性设计，就可以既避免因抵抗"过试验"造成的"过设计"所引起的不必要人、财、物浪费，又避免"欠试验"造成的电子设备可靠性的下降。

MIL-STD-810F 强调："强烈推荐在任何情况下，制定装备设计和试验准则时，测量实际环境和使用装备实际寿命期持续时间……在用以确定实际环境的测量数据无法得到时，推荐选用其他试验准则（量级或持续时间）或指南。"这说明，严酷等级不是越严酷越好，而是以实际、真实为准绳的。

舰艇电子装备常年在海洋环境中航行和执行训练、作战任务，在舰艇电子装备研制、生产时，必须深刻了解海洋环境的严酷等级及其对装备可能造成的危害程度和危害机理，并应采取相应的防护措施，这样才能确保电子装备服役后的高可靠性和长寿命。

必须指出，自然环境条件与电子设备的使用环境是有区别的，在分析环境因素时，既要考虑一般的自然环境条件对电子设备的影响，又要确定使用环境中对电子设备的主要影响因素，找出电子设备在执行训练、作战任务时各种环境因素的严酷等级，以及各种环境因素的最合理组合，并以此为依据进行抗恶劣环境设计。这样才能保证电子设备在受到多种环境因素的长期综合作用时能稳定而可靠地工作。

2）环境严酷等级确定的原则

下面简单介绍环境严酷等级确定的原则。

（1）风速

风速是暴露在舱室外的雷达天线等电子设备抗风强度设计的依据。HJB204—1999《舰艇电子装备抗恶劣环境设计要求》中的 4.1 条规定"设备的天线和露天设备在相对风速为 45m/s 时应能正常工作，在相对风速为 60m/s 时应不损坏"，这是一个保守的折中指标。

舰船设备风速的确定依据是 GJB 1060.2—1991《舰船环境条件要求 气候环境》中 8.3 条的有关规定。舰船设备工作风速极值按 1%风险率取值。根据 GJB 1060.2—1991 中 8.2 条海面环境风速的规定，可以得到如下结论。

① 8.2.1 条给出了海面环境风速的最高纪录为 95m/s（伴随有 105m/s 阵风）。

② 根据 8.2.2.1 条的规定，海平面高度 3m 处具有 1%风险率的设备工作稳定风速极值 $V_3 = 22$m/s。

③ 根据 8.2.2.2 条的规定，海平面高度 9m 处的设备工作稳定风速极值 V_9 应根据 $K_1 = 1.147$ 进行修正，即

$$V_9 = K_1 V_3 = 1.147 \times 22 \text{m/s} = 25.234 \text{m/s}$$

④ 根据 8.2.2.3 条的规定，当设备最短水平尺寸 L 满足 1.5m<L<3m 时，设备附加阵风风速 V_Z = 29m/s。

⑤ 根据 8.2.2.3 条的规定，由③和④可知，设备工作时的实际风速 V 为 V_9 与 V_Z 之和，即

$$V = V_9 + V_Z = 25.234 \text{m/s} + 29 \text{m/s} = 54.234 \text{m/s}$$

⑥ 根据 8.2.3 条的规定，对于海平面高度 3m 处具有 10%风险率的设备，若其最短水平尺寸 L 满足 1.5m<L<3m，预计暴露于现场的时间为两年，则其承受的风速极值应为 73m/s，并且预计暴露于现场的时间越长，风速极值越大。基于国内的材料、工艺和设计水平的现状，故选取设备不损坏风速极值为 60m/s。

但在 HJB204—1999 颁布不到两年时，通过结构优化设计、风洞试验等措施，就实现了"正常工作风速为 55m/s，70m/s 不损坏"这一指标。由此可见，先进而可行的严酷度指标是很关键的。每年热带风暴极限风速均在 100m/s 以上。随着中国海军逐步发展成为远洋舰队，要求天线设计时达到"70m/s 正常工作，90m/s 不损坏"，这是舰艇雷达的标志性指标，也是必须要达到的。因此，在 HJB204—1999 修订时"风速"必然是修订内容之一。

（2）温度

设备工作温度由自然的大气环境温度与工作时设备自身发热引起的附加温升组成。

① 对于设备的高温极值，HJB204—1999 根据 GJB 1060.2—1991 中 5.2 条和 5.4 条的有关规定进行裁剪。

a. GJB 1060.2—1991 中的 5.2.1 条给出了海面环境高温的最高纪录为 51℃。

b. 根据 GJB 1060.2—1991 中 5.2.2 条 a.的规定，在中午 12 时，太阳辐射为 1103W/m^2（相应的温升为 17℃）。因此，露天设备可能承受的高温极值为 51℃+17℃= 68℃。为此，HJB204—1999 提出，露天设备正常工作的高温极值为 65℃，不损坏的高温极值为 70℃。

c. 鉴于 GJB 1060.2—1991 中 5.2.1 条所规定的 51℃、机舱内和设备内热耗产生的温升，以及 GJB 1060.2—1991 中 5.4.3.1 条的规定，HJB204—1999 确定机舱内设备和一般舱室内设备正常工作的高温极值分别为 55℃和 50℃。

d. 考虑到设备冷却系统产生故障等原因，HJB204—1999 确定机舱内设备和一般舱室内设备不损坏的高温极值为 70℃。

② 对于设备的低温极值，HJB204—1999 根据 GJB 1060.2—1991 中 6.4.2 条的有关规定进行裁剪。

a. 设备正常工作的低温极值根据 GJB 1060.2—1991 中 6.4.2.1 条的规定裁剪为：露天设备为-30℃，一般舱室内设备为-10℃，机舱内设备为 0℃。有关单位提供的数据表明，在渤海上曾测得驾驶舱外的低温为-37℃。因此，提出了"当露天设备工作环境温度已低于-30℃时，应采取加温措施"的条款。所以，不以-37℃作为低温极值的要求。

b. 设备不损坏的低温极值根据 GJB 1060.2—1991 中 6.4.2.2 条的规定裁剪为：露天设备为-55℃，一般舱室内设备为-40℃，机舱内设备不应受低温极值影响而损坏。

（3）霉菌

霉菌会引起电子设备材料的生物腐蚀，从而引起电子设备失效或性能下降。世界范围内有危害的主要霉菌菌种如表 1-1 所示。

表 1-1　世界范围内有危害的主要霉菌菌种

菌　属	菌　种
曲霉	安氏曲霉、黑曲霉、黄曲霉、米曲霉、杂色曲霉、萨氏曲霉、焦曲霉、土曲霉
青霉	赭绿青霉、常现青霉、桔青霉、产黄青霉、顶青霉、圆弧青霉、绳状青霉、短密青霉、宛氏拟青霉
短梗霉	出芽短梗霉
枝霉	蜡叶芽枝霉
木霉	绿色木霉
交链孢霉	互隔交链孢霉
毛壳霉	球毛壳霉
根霉	黑根霉

GJB 150.10A—2009 列出了军用装备实验室霉菌试验两组常用的霉菌菌种，如表 1-2 所示。根据国情，在标准裁剪时，近海舰船、货船电子设备防霉菌设计应选用表 1-2 中第 2 组的菌种，但远洋舰船、货船电子设备防霉菌设计则应选用表 1-2 中第 1 组的菌种，并应考虑增加表 1-1 中所列的菌种。

表 1-2　军用装备实验室霉菌试验两组常用的霉菌菌种

菌种组	霉菌名称	菌种编号	受影响的材料
1	黑曲霉 Aspergillus niger	AS3.3928	织物、乙烯树脂、敷形涂敷、绝缘材料等
	土曲霉 Aspergillus terreus	AS3.3935	帆布、纸板、纸
	宛氏拟青霉 Paecilomyces varioti	AS3.4253	塑料、皮革
	绳状青霉 Penicillium funiculosum	AS3.3875	织物、塑料、棉织品
	赭绿青霉 Penicillium ochrochloron	AS3.4302	塑料、织物
	短柄帚霉 Scopulariopsis brevicaulis	AS3.3985	橡胶
	绿色木霉 Trichoderma viride	AS3.2942	塑料、织物
2	黄曲霉 Aspergillus flavus	AS3.3950	皮革、织物
	杂色曲霉 Aspergillus versicolor	AS3.3885	皮革

续表

菌种组	霉菌名称	菌种编号	受影响的材料
2	绳状青霉 Penicillium funiculosum	AS3.3875	织物、塑料、棉织品
	球毛壳霉 Chaetomium globosum	AS3.4254	纤维素
	黑曲霉 Aspergillus niger	AS3.3928	织物、乙烯树脂、敷形涂敷、绝缘材料等

注：菌种编号为中国普通微生物菌种保藏管理中心于1997年编著的《菌种目录》中的菌种编号

（4）沙尘

有人认为，舰船电子设备主要工作在海洋上，可以不考虑沙尘的影响。然而，在舰船停靠码头时或在近海活动时，沙尘有可能对电子设备造成危害。为此，必须对舱室外的电子设备进行防尘设计。

GJB 1060.2—1991规定：露天设备应能在19.2条规定的沙尘环境中正常工作，舱室内设备应能在 $0.1g/m^3$ 的沙尘环境中正常工作。沙尘试验方法参照GJB 150.12A—2009。

2．环境试验方法研究

环境试验方法研究的目的是寻求最可靠的试验设备、最合理的技术途径、最恰当的试验结论评价体系，来实现环境标准规定的试验目的。

环境试验的目的是提高、鉴定和证实设备对环境的适应性，为设备投产和验收提供依据。可靠性试验的目的是提高、鉴定和证实设备的可靠性，为设备投产和验收提供依据。可见，环境试验的目的不同，环境平台也不相同。高水平的环境试验设备和检测系统是确保准确地再现环境平台中各类环境的基本手段。

在单项环境试验时，主要考核单项参数对设备影响的程度。单项环境试验项目一般有20多项，且试验时间比较短，除霉菌试验（28d）、湿热试验（240h）外，一般都不超过100h。在可靠性试验时，试验时间长，而且严格要求进行综合模拟，一般应考虑湿度、振动和温度这3个对可靠性起决定性作用的因素进行综合试验。

另外，环境试验和可靠性试验选用环境严酷等级（应力）的基本准则也完全不同。在环境试验中，基本上采用极值准则，即采用设备在生产、储存、运输和使用中遇到的最极端环境试验条件，也即设备在极端环境试验条件下不破坏或能正常工作。因此，在环境试验时是不允许出现故障的，一旦出现故障，则认为设备的试验未通过并应立即停止，必须在采取相应措施消除故障后才能重新进行试验。而可靠性试验则更强调模拟设备的真实使用环境。在可靠性试验时，只有一小部分试验条件的严酷等级达到最严酷的环境严酷等级，且其试验时间与实际暴露时间相对应。可靠性试验是用统计概率表示试验结果的，试验中允许改变选用环境因素的数目，并允许出现一定数量的故障，出现故障后进行修复并记录失效情况（关联失效与非关联失效）、维修时间及计算平均无故障时间等。

环境试验可以被看作可靠性试验的早期部分。在环境试验中发现和解决问题，有助于克服和消除设备的薄弱环节,可以说,环境试验是可靠性试验的基础和前提条件。在电子设备研制的方案论证最初阶段(而不是"木已成舟"阶段),就必须准确地搞清电子设备环境平台(暂且称之为"吃透源头")。

1.3.4 电子设备环境平台设计的内容与步骤

1. 电子设备环境平台设计的内容

电子设备环境平台设计涵盖 1.3.2 节所述的电子设备环境平台的组成内容和 GJB 150A—2009 所有 30 个部分的内容。根据以往对电子设备大量故障和失效的统计,因环境引起的故障和失效占电子设备总故障数的 50%左右,其中温度影响占 20%,振动、冲击占 15%。随着电子设备的应用领域日益广泛,运载工具的速度越来越高,由振动、冲击问题造成的故障和失效比例有所上升,特别在大型系统工程、大型机柜级电子设备方面更为明显。

本书从第 2 章开始介绍电子设备振动冲击环境适应性设计的基本理论和方法。

2. 电子设备环境平台设计的步骤

电子设备环境平台设计通常按下列步骤进行。

1)确定电子设备寿命期环境剖面

环境剖面是电子设备在生产、装卸、运输、储存、使用、维修、报废的全过程中可能遇到的各种主要环境因素及严酷度与时间的关系图。它主要根据任务剖面绘制,每个环境剖面对应一个任务剖面,若有多个环境剖面,则可以根据需要合成,最后可合成一个总的环境剖面。由此可见,电子设备寿命期环境剖面显示的就是电子设备在全寿命期内所遇到的各种环境因素(含严酷等级)及其出现的概率。

2)明确电子设备环境平台条件

当前,电子设备环境适应性设计基本上是以标准中的考核条件为设计依据的,即按照标准设计电子设备环境平台,其目的是为了交付。但是,结果却是在使用中仍然故障不断。其最重要的原因是:作为分机级的机柜(箱)、插箱、插件及元器件等,实际所经受的环境条件并不是标准中给出的环境条件(标准中的试验条件或试验严酷等级)。当前,国外的有些标准(如 MIL-STD-810F)对整机已不规定具体的试验条件或试验严酷等级,只给出自然或诱发环境条件的参考值。可见,电子设备环境适应性设计的重要任务就是首先要明确电子设备环境平台条件,特别是大型系统工程中的各分系统、子系统和设备单元(分机)。而单元/模块直至元器件,它们所经受的环境条件又不同于整个系统所经受的环境条件。对此,必须通过环境检测试验技术来弄清大型系统的环境适应性平台的环境条件与其环境平台的真实严酷度。

3）制定电子设备环境适应性设计准则

一个电子设备通常由许多分机组成。特别是大型系统工程，它们由许多分系统、子系统、设备单元组成。因此，要搞好电子设备环境适应性设计，必须制定电子设备环境适应性设计准则，让每一位设计师在进行电子设备环境适应性设计时有统一的依据。电子设备环境适应性设计准则应统一规定（或制定）所采用的元器件优选手册，先进、成熟的材料、工艺、结构等，要考虑有高的性价比。

4）电子设备环境平台（设计输入）验证

对一个电子设备在确定了环境平台后，如果没有以前的或相似的电子设备的试验报告证实它是可行的，则应通过设计输入验证试验来证明这种设计输入（环境平台）的可行性。这种验证试验通常称为摸底试验。

5）电子设备环境平台（设计输入）评审

电子设备环境平台（设计输入）评审是指请有工程经验的环境工程专家，对环境平台（设计输入）进行全面、系统的审查，从中发现设计中的薄弱环节，提出改进意见，完善设计，降低设计风险。

1.4 电子设备环境适应性平台研究

当前，国内研制的电子设备比较重视其功能和电性能指标，可靠性研究也偏重于电性能的可靠性指标分析，而结构与环境可靠性的研究还局限于定性分析，远没有达到定量研究的程度，以至于出厂时的可靠性试验指标虽有所提高，但使用一段时间后的可靠性却明显下降，有的甚至连正常开机都有困难。究其原因，是我们在设计前并没有真正地弄清楚电子设备环境适应性平台 $\overline{Z}(s)$。

目前，评价电子设备性能的可靠性均是围绕电性能指标进行的，但各类环境对电性能指标的影响机理极其复杂，又由于机电耦合、热电耦合的不确定性等，所以电子设备环境适应性（脆值）平台的建立非常困难。

如果说电子设备环境平台 $\overline{F}(s)$ 是几代人通过无数次理论分析与试验验证才得以建立，并以环境标准形式加以颁布的，那么随着电子设备的多样化和更新换代的快速化，电子设备环境适应性（脆值）平台则更需要结构人员永无止境、与时俱进地进行理论研究和试验分析，这样才能使其不断完善。

1.4.1 电子设备环境适应性（脆值）平台的组成

电子设备环境适应性（脆值）平台 $\overline{Z}(s)$ 包含电子设备环境平台 $\overline{F}(s)$ 的全部内涵，其区别仅在于各类环境所对应的严酷度不同。$[\overline{Z}(s)]$ 是电子设备能够正常工作的允许严酷度。

例如，某电子设备在正弦扫频时，在 30Hz 频率点上，振动台激励 $\overline{F}(s) = 2g$（g 为重力加速度），是环境平台；而电子设备能够正常工作的允许量值 $[\overline{Z}(s)] = 0.2g$，是环境适应性平台。该电子设备在安装隔振器后，必须在 30Hz 时将台面的 $2g$ 降为设备正常工作的允许量值 $0.2g$，这就是环境控制技术 $\overline{G}(s)$。其振动传递率 $\eta_v(30\,\mathrm{Hz}) \leqslant \dfrac{[\overline{Z}(s)]}{\overline{F}(s)} = 0.1$ 就是环境控制技术必须达到的量值。

1.4.2 建立电子设备环境适应性平台的方法

1．经验估算法

电子设备所包含的元器件、模块、组件等数量繁多，并且对不同环境的适应能力也千差万别，因此在工程中，当有比较成熟的、有类同设备的环境适应性结果可供参考时，有经验的结构设计师通常可采用经验估算法，即对现有的类同设备的环境适应性指标进行修订，从而形成新设备的环境适应性平台。

2．理论分析法

在现有研究成果的基础上，当那些环境与电性能指标耦合关系比较清楚时，并且在理论分析软件又比较成熟、可靠的前提下，可通过各类计算机辅助设计（CAD）、计算机辅助检测（CAT）技术进行理论分析，如各类天线 CAD、振动分析、热设计、电磁兼容性（EMC）设计等，建立电子设备环境适应性平台。

3．试验法

对于电子设备中某些关键的部件或模块（如晶振和频率模块），它们对环境的影响非常敏感，当经验估算和理论分析无法真实地反映电子设备环境适应性时，只能通过试验法来建立电子设备环境适应性平台。

例如，某机载电子设备中的频率综合器（简称频综器），需要按 GJB 150.16A—2009 中图 C.8 中的曲线进行随机振动试验。由于随机振动是在试验频率范围内所有频率成分的组合能量作用，即使出现性能下降，也无法确定哪个频率点是危险频率 f_c。通常，危险频率 f_c 的确定是采用正弦扫频方法进行的。对于上述频综器，可参考 GJB 150.16—1986 中图 A1 中的 J 曲线，进行正弦扫频时，先将其通电调到正常工作状态，通过扫频振动找出电性能下降、失灵乃至失效的危险频率 f_c。此时应排除试验夹具共振引起的假危险频率。然后，在这些真实的危险频率处，按试验量值 $\overline{F}_i(s)$ 的 10%、20%……逐步增大，求出在各个危险频率处正常工作的允许量值 $[\overline{Z}_i(s)]$。这些量值的组合频谱就是该频综器的环境适应性平台。必须强调的是，以电性能稍微下降（而不是以电性能失灵、失效）作为电子设备环境适应性平台的指标。

目前，我们正尝试以图 C.8 中的随机谱线作为依据，将其分为若干个小的频率范围，其相应的加速度功率谱密度为 $\overline{G_i}(f)$，对应的均方根加速度为 G_{rmsi}，总均方根加速度 G_{rms} 为

$$G_{rms} = \sqrt{\sum_{i=1}^{n}(G_{rmsi})^2} \quad (g) \tag{1-3}$$

采用分频段寻找危险频率的方法找出 f_{ci}。同时在每个 f_{ci} 的频段内，采用对应的 $\overline{G_i}(f)$ 的 10%、20%、……、100%、……、200%……量值，找到并建立相对应的环境适应性平台。

在这些危险频率中，最小的危险频率处的允许量值是选用隔振器或设计隔振器时的主要依据之一。例如，f_{c1} = 100Hz 时的允许加速度 $[a]$ = 0.5g，而 f = 100Hz 时，台面激励按 GJB 150.16—1986 中图 A1 中的 J 曲线规定是 5g，那么隔振器必须保证在 100Hz 时输出小于 0.5g，即 $\eta_v(100Hz) \leq 0.5g/5g = 0.1$，这样才能保证频综器正常工作。由于使用时间的延长，结构发生疲劳，电性能下降，所以设备的允许量值既是频率的函数又是时间的函数，即电子设备环境适应性平台是空间曲面。

以某电子设备振动环境试验为例，通过试验确定其实际环境适应性平台 $[\overline{Z_i}(s)]$，如图 1-1 所示。由图 1-1 可见，$[\overline{Z_i}(s)]$ 是振动频率 f 和持续时间 t 的函数。曲面的凹陷处为该电子设备的危险频率。随着时间 t 的增大，曲面 $[\overline{Z_i}(s)]$ 下降，表明随着时间延长，结构疲劳引起电性能下降。

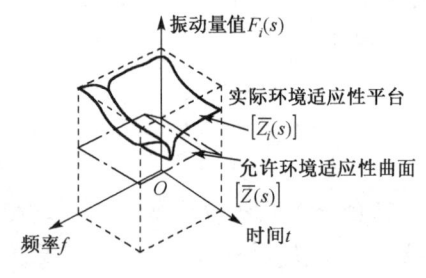

图 1-1 某电子设备振动环境适应性平台

1.4.3 提高电子设备环境适应性平台可靠性的技术措施

在建立电子设备环境适应性平台的过程中，发现电子设备中对环境特别敏感的组件、模块、分系统并对其进行专项环境控制（例如，对晶振和频综器进行振动中环境控制）后，可提交电子设备环境适应性平台。

通过环境控制技术使电子设备环境适应性平台 $\overline{Z}(s)$ 超过电子设备环境平台 $\overline{F}(s)$，从而使电子设备在完全没有防护措施的"刚接"条件下工作。这就是电子设备环境适应性设计的总体原则。在性价比可以接受的前提下，只有提高电子设备自身的环境适应性（选用抗腐蚀材料，选用经应力筛选后的元器件、结构件和各级模块、组件等），才能保证电子设备的高可靠性。提高电子设备环境适应性平台可靠性的技术措施如下。

1. 采用结构加固技术

采用结构加固技术，提高结构的抗振动、抗冲击能力，并使结构共振频率远离激励的主频率或电子设备的危险频率，从而保证其电性能的正常发挥。例如，结构共振频率绝对不能与主频率靠近，更不能重合。

2. 采用备件冗余技术

在进行电路设计时，对关键元器件、模块、组件等采用备件冗余技术，提高其可靠性。

3. 进行应力筛选

进行应力筛选，选用抗恶劣环境能力高的元器件、模块、组件等。例如，对于军用电子设备，选用军品级元器件，以降低环境控制设计的难度。

4. 采用隔离防护技术

加固设计不是在任何情况下都经济可靠的。因此，对电子设备进行适当加固，同时采用隔离防护技术，是经济可行的方法。在电子设备研制和批量生产过程中，应健全电子设备防护设计的组织机构和制度，用以保证组织实施、监控设计与制造质量。那种在电性能方面不进行任何加固，完全依赖环境防护的思想是万万要不得、行不通的。

5. 采用新产品、新材料、新技术

采用环境适应性高的新产品、新材料、新技术，是提高电子设备环境适应性平台可靠性的最有力措施之一。例如，机械硬盘具有价格便宜、信息存储量大等优点，但其抗振动、抗冲击能力很低，故在重要场合应选用固态硬盘，这样可极大地提高信息存储器件综合环境适应性平台的可靠性。又如，早期海用导航雷达大都采用铝合金天线，之后采用涂漆方法抵御盐雾等的腐蚀，现在采用钛合金材料就可以提高天线的抗腐蚀能力。

目前，大多数海用雷达天线已采用相控阵技术，用电扫描代替机械扫描，极大地提高了雷达天线的抗风能力。小型雷达采用天线罩防护技术，不仅提高了天线的抗腐蚀、抗风能力，同时也提高了天线座传动系统、控制传感系统的抗腐蚀和抗风能力。

以上技术措施都能提高电子设备环境适应性平台的可靠性。

1.5 电子设备环境控制技术

电子设备环境控制技术是建立在对电子设备环境平台 $\overline{F}(s)$ 和电子设备环境适应性平台 $\overline{Z}(s)$ 深入研究基础上的。对于那些 $\overline{Z_{ij}}(s) \geqslant \overline{F_{ij}}(s)$ 的环境项目没有必要进行环境控制。当针对 $\overline{Z_{ij}}(s) < \overline{F_{ij}}(s)$ 的某些关键环境项目进行控制时，其同一环境项目的环境严酷度差值 $\overline{F_{ij}}(s) - \overline{Z_{ij}}(s)$，就是环境控制的"度"，如 1.4.2 节讨论的将 $5g$ 控制到 $0.5g$ 以下。做任何事情不知其"度"是很盲目的，因此，在进行电子设备环境适应性设计时，对它的任何结构、模块等都必须建立适合各自特点的防护体系和防护技术。例如，天线与天线座的连接部分通常是天线结构的高应力区，为此，应选用抗腐蚀材料，通过优化技术将高应力点的最大应力减小到引起应力腐蚀的限值以下；采取热处理等改善材料组织结构和应力状态的措施，同时还应考虑连接件与天线材料相互间电极电位匹配和表面防护层等问题。

电子设备环境控制技术分为两类：无源环境控制技术和有源环境控制技术。

1.5.1 无源环境控制技术

无源环境控制技术的主要措施是将电子设备与严酷的环境隔离开来，从而使电子设备工作时的实际环境严酷度低于电子设备环境适应性平台的严酷度，并在电子设备使用寿命期内无须引入能源。无源环境控制技术的主要措施如下。

1．材料防护

选用抗腐蚀性能高的金属材料，用高强度、高性能的非金属材料代替金属材料，研制新型的抗腐蚀材料等。例如，采用钛合金材料取代铝合金材料作为雷达天线反射体，可省去复杂的结构防护和工艺防护。

2．结构防护

在结构设计领域采取防护措施，通常包括采用密封机柜（箱）、隔振缓冲设计、电磁兼容性设计及"三防"（防潮、防霉、防盐雾）设计等。

3．工艺防护

在材料、零部件、电子设备的表面进行的涂镀工艺处理、绝缘处理、灌封处理、防潮处理、防霉处理、防盐雾处理、去应力处理等工艺及技术，都是提高电子设备环境适应性的重要手段。

1.5.2 有源环境控制技术

有源环境控制技术的主要措施是引入新的耗能装置进行环境控制，从而使电子设备工作时的实际环境严酷度低于电子设备环境适应性平台的严酷度。

1．有源热控制

当无源热控制无法达到环境控制指标时，必须引用有源热控制，如强迫风冷和电加热技术等。例如，外露天线伺服机构的润滑油在极低温条件下会冻结而使机构无法运行，此时必须对润滑油进行加热；液晶显示器在低于-30℃的条件下无法点亮，成为"黑屏"，此时必须对其加热。

2．机械振动的有源控制

机械振动的有源控制（也称主动控制）原理是在电子设备的机械结构系统中引入一个电磁力 F_e，这是一个大小与电子设备动载荷 F_a 相等（$F_e = F_a$）但相位始终相差180°的力，这样就使作用在电子设备上的合力为零。

这种方法可应用在大型精密电子天文望远镜天线的振动控制中。在小型电子设备的隔振缓冲中可引入电（磁）流变新材料和相应的控制系统进行主动控制。运载工具上的天线座采用云台技术也是机械振动有源控制的应用实例。

3．有源噪声控制

对于某些局部场合，引入一个与噪声源的频带和声强相接近的外加声源，使其与噪声源保持恒定的 180°相位差，就可形成一个低噪声区域，这称为有源噪声控制。

1.6 电子设备环境适应性设计准则

电子设备环境适应性设计必须在项目任务正式启动前给予高度关注并进行认真规划。电子设备环境适应性设计准则如下。

（1）建立并优化电子设备环境适应性设计的管理、监控、评审制度和相应的质量监控组织体系，以便使电子设备在调研、设计、制造、试验、使用等各个环节中遇到的环境适应性问题都"有法可依"和"有人执法"。

（2）彻底"吃透源头"，认真科学地摸清电子设备在全寿命期内所处安装位置的各类环境和严酷度要求，作为电子设备环境适应性设计的输入。没有正确的输入就没有正确的输出。

（3）实现电子设备总体优势集合，采用新工艺、新材料、新技术、新产品和新结构，以提高电子设备的总体环境适应性。

（4）应用价值工程理论，全面分析电子设备在从设计、生产、使用、维修到报废处理的全过程中的费用，以提高其性价比。

（5）根据性价比的分析结果建立优势防护体系，即花最少的费用达到最好的防护效果。

（6）加强对线路、结构、工艺、环境工程技术人员及相应的试验、管理人员的培训，优化他们的知识结构，提高他们对电子设备环境适应性设计重要性的认识。

下面从结构总体设计、模块化设计及优化设计 3 个方面简述以上设计准则的应用。

1.6.1 结构总体设计

1．结构总体布局

（1）应根据电原理框图会同电总体一起进行模块的划分，使每个模块具有独立的功能，以利于电子设备的操作、维修、调试，这有利于标准化、系列化。一般一个模块包括一个电原理方框，有时也可包括几个电原理方框。当将几个单元方框组合起来时，要预防级间的耦合作用。当级间有耦合作用时，应进行必要的调整。

（2）模块的布局首先应遵循低重心原则。一般应将重的模块、元器件布于电子设备的下部，将轻的模块、元器件布于电子设备的上部。模块的布局还应遵循质量中心（简称质心）与几何中心一致的原则。当对质量不等的模块布局时，前后左右应轻重搭配，保持电子设备的质量中心与几何中心基本一致，避免出现前重后轻或左轻右重等质量中心远离几何中心的现象。万一出现这种现象，应给出其质心位置或偏心距。

（3）能经受较大加速度的模块、元器件可远离电子设备的质心位置安装（如顶部或底部）；反之，应靠近电子设备的质心位置安装。因为在角加速度相同的条件下，远离质心位置的模块或元器件线加速度大。

（4）一般应将发热量大的模块、元器件布于电子设备的上部，将发热量小的模块、元器件及热敏元器件布于电子设备的下部。当遇到自身发热量大、质量大的模块或元器件时，应权衡利弊，其发热量对其他模块影响大的应布于电子设备上部的出风口，反之应布于电子设备的下部。

（5）功率发射模块应远离敏感接收模块，一般不要将两者布于同一个机柜（箱）内。当必须布于同一个机柜（箱）内时，两者不仅要远离，还应采取有效的屏蔽措施。干扰严重的发射机柜（箱）与接收机柜（箱）不应布于同一个舱室内。

（6）电子设备内部的布局应有合理的组装密度。所谓合理的组装密度，就是指考虑组装密度时，必须保证维修装拆方便，不能因组装密度大而影响维修装拆。设计师应根据具体情况和设计经验掌握尺度。

2．插箱尺寸及总体尺寸的确定

（1）插箱尺寸应根据插箱所装的元器件、模块、组件等的体积大小确定。应确定插箱的长、宽、高3个主要尺寸，这可按有关规定确定。

（2）总体尺寸应根据插箱尺寸及与总体尺寸有密切关系的隔振缓冲系统、散热系统的设计方案和"三防"措施等确定。对于高度和深度尺寸，舰艇电子装备按HJB68—1992《舰艇电子装备显控台、机箱、机柜通用规范》中的规定执行，陆用、空用电子设备按有关规定执行。

插箱尺寸及总体尺寸应经过反复协调和修改才能确定。

3．结构形式的确定

电子设备的结构形式包括钢板弯制的钣金焊接结构、铝合金铸造结构、钢型材与钢板弯制组合的焊接结构、钢型材焊接与铝合金铸造件组装式结构等。设计时应根据热设计、抗振动、抗冲击、屏蔽、防护等要求综合考虑，确定使用何种结构形式。

4．热设计方案的确定

1）热设计方案确定的依据

（1）电子设备（包括所有发热组件）的热特性、电子设备的发热功率、发热组件的散热面积等是热设计的主要设计输入参考数据。而发热组件和热敏组件的最高允许工作温度等是热设计的主要设计输出参考数据。冷却方法的选择、冷却流量的计算与这些设计输出数值有关。

（2）电子设备（或元器件）所处的工作环境温度及最高允许温度是冷却系统冷却剂

进、出口温度的主要参考数据，是冷却系统进行热计算的依据。

（3）热设计方案应通过定量计算、模型测试和经济效益等综合分析来确定。

（4）模拟试验和测试是验证热设计方案是否满足设计要求的重要手段和依据。

2）冷却方法的选择

（1）单元模块采用强迫风冷、冷板式密封冷却。

（2）敞开式机柜（箱）、显控台采用风冷。

（3）整体密封的机柜（箱）、显控台可采用机内液体为淡水或纯净水、机外液体为淡水或海水的液-液冷却、气-气冷却或气-液混合冷却。

5．抗振动、抗冲击设计

电子设备的刚度、强度设计是提高电子设备抗振动、抗冲击性能的基本措施。高水平的刚度设计应使电子设备的 3 个坐标轴向的一阶固有频率均大于扫频激励上限频率。即使产生局部共振，电子设备的共振放大因子应小于 3。电子设备采用的隔振缓冲设计是抗振动、抗冲击的重要环境控制技术，一个好的隔振缓冲系统可有效地降低振动传递率、碰撞传递率和冲击传递率。当实现 2 倍频有困难时，至少应达到 $\sqrt{2}$ 倍频（共振曲线上的 3dB 带宽）。

1）刚度设计

电子设备的刚度设计必须遵守倍频程规则。电子设备的显控台、机柜（箱）均可作为层次结构，按倍频程规则设计。机柜（箱）的固有频率应大于扫频激励上限频率。装于机柜（箱）内的插箱的固有频率应大于 2 倍的机柜（箱）的固有频率；而装于插箱内的元器件、模块、组件等的固有频率应大于 2 倍的插箱的固有频率。

（1）提高机柜（箱）的刚度

机柜（箱）的刚度主要取决于组成机柜（箱）的各构件本身的刚度和各构件连接处的刚度。铝合金整体铸造结构的机柜（箱）具有较高的抗弯、抗扭刚度，整板式焊接结构的机柜（箱）的刚度不亚于铝合金整体铸造结构的机柜（箱），而弯板立柱和钢型材立柱结构的机柜（箱）的刚度均差于前两种。在相同截面尺寸的条件下，弯板立柱结构的机柜（箱）的刚度比钢型材立柱结构的机柜（箱）的还差。组成机柜（箱）的各构件的连接处应采用焊接，不得采用螺装。

电子设备选用加强筋是提高刚度的有效措施。

合理选择构件的截面形状和尺寸，可以有效提高抗弯、抗扭刚度。

（2）机柜（箱）固有频率的估算

在对一个复杂的机柜（箱）进行初步受力分析时，通常假设机柜（箱）的横截面相对不变，机柜机箱是下端支承均匀载荷的简支梁。用简支梁来分析，可以暴露出初步设计的许多薄弱环节，使暴露在设计阶段的问题得到解决，避免将存在的问题带到试验阶段，造成更改困难。机柜（箱）的弯曲固有频率 f_n（Hz）为

$$f_n = \frac{\pi}{2}\left(\frac{EIg}{WL^3}\right)^{1/2} \tag{1-4}$$

式中，E 为弹性模量；I 为惯性矩；g 为重力加速度；W 为质量；L 为长度。

由式（1-4）可初步估算出机柜（箱）3个方向的固有频率。如果计算值大于或等于要求值，则设计有效；如果计算值小于要求值，则设计必须进行更改，设法进一步提高刚度。

机柜（箱）通常采用底部安装，电子设备的重心高出支承平面，所受的真实载荷是三维的。如果机柜（箱）在载荷作用下同时产生弯曲和扭转，就意味着沿该轴向振动时，弯曲和扭转将发生耦合。这种耦合将使机柜（箱）的共振频率减小。在这种情况下，必须先求出扭转型的固有频率，然后再求出耦合型的固有频率。

假设机柜（箱）相当于单自由度系统，则扭转型的固有频率 f_W 为

$$f_W = \frac{1}{2\pi}\left(\frac{K_\theta}{I_m}\right)^{1/2} \tag{1-5}$$

式中，$K_\theta = \dfrac{2GJ}{L}$，为扭转刚度，$G$ 为剪切弹性模量，J 为抗扭转惯性矩；I_m 为转动惯量。

弯曲和扭转耦合型的近似固有频率 f_c 可由邓柯莱法求得，即

$$\frac{1}{f_c^2} = \frac{1}{f_n^2} + \frac{1}{f_W^2} \tag{1-6}$$

式（1-6）表明，如果忽视耦合，则高重心机柜（箱）的共振频率可能比预期的小得多。

（3）提高插箱的刚度

提高插箱刚度的关键是提高插箱底板的刚度。插箱底板是安装电器组件的主要承载件。由于底板面积较大，一般垂直于底板方向的固有频率较小。最常用的钢板弯制底板一般应采用 2～2.5mm 厚的钢板，四周折弯并焊牢。底板上应冲压一定数量的加强筋，切忌在底板上开排孔。另外，铝合金铸造底板也为常用的底板，只要设计合理，其刚度、强度比钢结构还高。采用钢板焊接结构和铝合金整体铸造结构，均可提高插箱的刚度，使之达到满意的效果。

（4）提高连接刚度

虽然机柜（箱）、显控台和插箱自身有较高的刚度，但如果它们之间没有较高的连接刚度，则电子设备的固有频率仍不可能增大，因此必须提高层次结构之间的连接刚度。

插箱与机柜（箱）经常采用导轨连接，但导轨连接不能保证两者之间的连接刚度，只能作为方便维修的活动滑轨。采用刚硬的导销、导套、楔块、螺钉等联合作为连接件，在插箱装入机柜（箱）后，可取得令人满意的连接效果。

插箱面板上的连接螺钉应有足够的大小和数量才能得到满意的效果。有些人主张面板上螺钉用得越少越好，甚至主张不用，其目的是为了美观，但这种观点与提高连接刚度是不相容的。为了维修方便，面板上螺钉不宜过多，但从提高连接刚度出发，必须要有足够数量的螺钉连接。

印制电路板在插箱中有多种不同的支承连接形式，不同的支承连接边界条件（自由、简支、固定）是影响振动、冲击响应的重要因素。采取紧固型印制电路板边缘导轨是必

要的。这种紧固能够降低由于边缘转动和平动引起的变形,增大印制电路板的固有频率,有利于提高印制电路板与插箱的支承连接刚度。

在结构设计时,还必须注意提高显控台、机柜(箱)侧板、机柜(箱)后板和门等与机柜(箱)连接的刚度。常见的连接形式有:用一定数量螺钉连接、插销和 1/4 转快锁螺钉连接、门销插销连接等。要真正提高连接刚度,还必须采用楔块限位消隙,这样才能起到刚性连接的作用。提高侧板、后板和门等与机柜(箱)连接刚度的原则是根据侧板、后板和门等装到机柜(箱)上是否对刚度做"贡献"。

2)隔振缓冲设计

鉴于目前国内设计水平还不高,只从提高刚度、强度方面来满足电子设备的抗振动、抗冲击性能是很难实现的。目前,国内显控台、机柜(箱)水平方向的一阶固有频率一般为 20~30Hz,垂直方向的一阶固有频率一般为 40~50Hz,因此必须进行隔振缓冲设计。隔振缓冲设计是提高电子设备抗振动、抗冲击性能的有效措施,但隔振缓冲设计必须建立在电子设备具有足够的刚度、强度的基础上,这样才能取得较好的隔振缓冲效果。

在选用隔振器时,必须了解隔振器的使用性能及调整措施。为了取得满意的隔振效果,隔振器支承高度和阻尼力均应可调。

6. 电磁兼容性设计

电磁兼容性技术不仅包含各类电子设备的射频干扰、电磁感应耦合和传导性干扰等电磁干扰(EMI)问题对电子设备正常工作的影响,还包含电磁辐射环境对电子设备操作人员和电子设备周围居民身体健康的影响。

1)名词术语及定义

(1)电磁干扰环境的场强大小是由元器件或电子设备的电磁环境平台决定的。

(2)元器件或电子设备的抗扰度(immunity)是其在电磁环境中能正常运行的能力,也就是元器件或电子设备的电磁环境适应性平台。

(3)电磁兼容性设计是元器件或电子设备既能在电磁环境中正常工作,又不对所在环境产生难以忍受的电磁干扰的电磁环境控制技术。

(4)电磁环境电平是由人为或自然干扰源电磁能量共同形成的。它是电磁环境控制技术的综合评价指标和"度"。

2)电磁兼容性设计的主要研究内容

(1)电磁干扰源的研究。

(2)电磁干扰特性及其传播方式的研究。

(3)敏感设备抗干扰能力的研究。

(4)电磁兼容性设计技术的研究。

(5)电磁兼容性频谱利用的研究。

(6)电磁兼容性规范和标准的研究。

(7)电磁兼容性测试和模拟技术的研究。

3）电磁兼容性设计的主要技术措施

（1）屏蔽

① 电场屏蔽：用接地良好的金属屏蔽板将干扰源与电子设备隔离开来。在屏蔽要求较高时，可用接地良好的金属罩将电子设备完全包起来。

② 磁场屏蔽：对低频磁场采用铁磁材料屏蔽，对高频磁场采用非磁性金属材料屏蔽。

（2）接地

良好的接地系统是电磁兼容性设计中的基础和重要组成部分。

（3）电子设备的电磁兼容性设计要求

① 整体密封可有效防止外电磁场干扰。

② 单元模块的单独密封结构既能抑制电子设备的外部干扰，又能抑制电子设备的内部干扰。

③ 所有进出电子设备机壳的引线必须用屏蔽导线（电缆），并且导线（电缆）的屏蔽层必须有效接地。

④ 活动门、盖应加导电条、弹簧片以便良好接地。

⑤ 加滤波器去耦。

⑥ 尽量采用光电隔离技术，并用光纤光缆传输弱信号，以减小电磁干扰。

7．密封性设计

对于在湿度大、含盐量大、霉菌繁殖快的海洋环境中或沙漠等粉尘较多的环境中工作的电子设备，密封性设计是提高电子设备环境适应性的有效途径。工作于海洋环境中的电子设备应优先采取密封性设计。

密封性结构虽然是抗恶劣环境的有效措施，但不是唯一措施。采取密封性结构后，在电子设备内不可能将潮气、盐雾、霉菌完全清除干净，且维修时密封性结构不可避免地需要打开，而使潮气、盐雾等侵入电子设备。因此，最有效的措施是将密封性结构设计与其他防腐蚀设计（如镀涂）等综合运用，形成有效的防护体系。

1）密封性结构的优选顺序

在密封性结构的优选顺序要求中，从密封的难易程度和成本考虑，规定了单元模块单独密封，显控台、机箱、机柜整体密封的优先顺序。单元模块相对来讲易密封，成本低些。单元模块单独密封后，整体可以不采取密封措施。但这一优先顺序不是唯一的，有时仍需要采取整体密封（如室外电子设备）。而根据经验，单元模块不密封，针对电子设备整体采取密封措施，通常对提高电子设备的防护性能更为有利。

2）密封形式

对密封形式的选取要求为：室外的露天电子设备采用水密式，这种形式密封要求高，密封性能好；室内的电子设备一般采用全封闭式，要求高的采用气密式，不用或少采用防溅式。

3）密封电子设备的散热问题

对电子设备进行密封，不仅可以提高电子设备的环境适应性，而且可以提高电子设备的抗振动、抗冲击性能和电磁屏蔽性能。但密封后的电子设备如何将内部的热量及时有效地排到设备外，保证电子设备正常工作，这是有待热设计解决的新课题。

（1）对于单元模块单独密封的电子设备，一般采用冷板式冷却，模块内的热量由导热条传到模块两侧的冷板上。当热流密度超过 $0.08W/cm^2$ 时，应采用强迫通风技术将热量带走。

（2）对于整体密封的电子设备，一般采用气-气冷却系统或气-液混合冷却系统。两种系统的共同点是电子设备内部由风机、换热器、风道等组成内循环，冷风通过内部发热元器件及模块将热量带走，热风经换热器将热量由外循环系统带走。两种系统的不同点是气-液冷却系统的外循环冷却剂为水，而气-气冷却系统的外循环冷却剂为空气。气-气冷却系统的冷却剂是室内提供的空气或致冷空气，热量排到室外或室内。排到室内的热空气造成室内温度逐渐升高，电子设备内外温差逐渐减小，热交换效率降低，同时使操作人员在高温下易发生误操作。气-液冷却系统的热量由冷却水带走，不影响室内温度。对舰船电子设备而言，气-液冷却系统的冷却剂有两种：一种为舰船上提供的致冷淡水；另一种为江海上提供的江水、海水，这是取之不尽、用之不竭的廉价冷却剂。气-液冷却系统较适宜作为密封机柜（箱）的冷却系统。用海水作为冷却剂时，腐蚀性较高，水质较致冷淡水差，在设计时应认真进行选择。

4）密封电子设备的凝露问题

电子设备密封后，不可能将潮气清除干净，即使清除干净，维修时潮气仍可进入电子设备，所以电子设备内的潮气总是存在的。只要电子设备内的温度低于凝露温度，电子设备内就会产生凝露。凝露的出现不仅会产生腐蚀，更严重的是减小绝缘电阻，甚至导致短路，影响电气性能或烧坏电子元器件，严重影响电子设备的可靠性。

在电子设备内存放干燥剂是解决凝露问题的一种临时办法，但不能根本解决问题。

如果在密封电子设备内有一个低温区（所谓低温区，是指当电子设备工作时，温度始终低于电子设备内的工作环境温度、在电子设备内占空间较小的部分），那么当电子设备工作时，潮气则可经低温区形成凝露，而电子设备内的其他区域成为干燥空气区。

采用密封机柜（箱）气-液冷却系统可解决电子设备的凝露问题。冷却系统中的换热器设置于机柜（箱）的底部，外循环冷却水通过换热器使其成为低温区，当机柜（箱）内的循环湿热空气经过换热器时，潮气可在换热器上凝露，从换热器出来的冷空气成为干燥空气。如此不断循环地在换热器上凝露，机柜（箱）内的潮气成为干燥空气。换热器上的冷凝水通过设置在机柜（箱）下的出水管嘴排出。

密封机柜（箱）气-液冷却系统在解决电子设备凝露问题的同时，也解决了发霉、盐雾引起的腐蚀问题。

实践证明，采用气-液混合冷却系统后，在高低温试验、湿热试验、调试及使用过程中，机柜（箱）内的元器件、模块、组件等均不易产生凝露现象。

由于凝露产生在换热器上，换热器的工作环境常常面临严峻挑战，因此在设计或选用换热器时不仅需要考虑热交换的效率，还应考虑"三防"的要求。

1.6.2 模块化设计

1. 模块与模块化

（1）模块是构成系统的具有特定功能和接口结构的典型通用单元。

（2）模块化是从系统观点出发，运用组合、分解的方法建立模块体系，运用模块组合成系统（设备）的全过程。

2. 模块的特征

（1）模块的基本特征是具有相对独立的特定功能。模块是可以单独运转、调试、预制、储备的标准单元，是模块化系统不可缺少的组成部分。用模块可以组合成新的系统，也易于从系统中拆卸更换。模块具有典型性、通用性、互换性或兼容性。模块可以构成系列，具有传递功能和组成系统的接口（输入/输出）结构。

（2）以模块为主构成系统，采用通用模块加部分专用部件和零件可以组合成新的系统。

3. 模块的分类

（1）模块可分为软件模块和硬件模块两大类。软件模块一般指用于计算机的程序模块；硬件模块指的是实体模块，根据其互换性特征，可分为功能模块、机械结构模块和单元模块。

① 功能模块是具有相对独立功能，并具有功能互换性的功能部件，其性能参数能满足通用互换或兼容性的要求。

② 机械结构模块是具有尺寸互换性的机械结构部件。其连接配合部分的几何参数满足通用互换的要求。对于某些机械结构部件，它不是一种功能模块，在某些情况下它是不具备使用功能的纯粹机械结构部件，只是一种功能模块的载体，如机箱、机柜。

③ 单元模块是既具有功能互换性，又具有尺寸互换性，也即具有完全互换性的独立功能部件。它是由功能模块和机械结构模块相结合形成的单元标准化部件。

（2）模块可按其适用范围和互换性分为通用模块和专用模块。通用模块是功能模块、机械结构模块和单元模块的通称。专用模块是不完全具备互换性的功能模块或结构部件。

（3）在一个大系统中，模块可按其构成的规模及层次的不同分为若干级。各级模块间为隶属关系，同级模块为并列关系。模块按其层次的不同可分为：系统（成套设备）级模块，机柜（显控台）级模块，机箱、插箱级模块，插件级模块，印制电路板级模块，元器件级模块等。

4．模块化的特点及其与标准化的关系

1）模块化的特点

（1）模块化的前提是典型化。模块本身是一种具有典型结构的部件，它是按照技术特征，经过精选、归并简化而成的。只有典型化才能克服繁杂的多样化。

（2）模块化的特征之一是通用化、系列化。通用化解决模块在设备组装中的互换，系列化是为了满足多样化的要求。

（3）模块化的核心是优化，并具有最佳性能、最佳结构和最佳效益。模块化体系的建立过程是一个反复优化的过程。

（4）模块尺寸互换和布局的基础是模数化。要使模块具有互换性，模块的外形尺寸、接口尺寸应符合规定的尺寸系列。在模块组装成设备时，模块的布局尺寸应符合有关规定，与相关装置协调一致。这些互换、兼容的尺寸都应以规定的模数为基准，并且是模数的倍数。

（5）模块化设备构成的特点是组合化。模块化设备由通用模块和部分专用模块组合而成，通过不同模块的组合，可形成功能不同，规模大小不一的设备系列。

2）模块化与标准化的关系

模块化是标准化的发展，是标准化的高级形式。标准件通用化只是在零件级进行通用互换，模块化则是在部件级，甚至子系统级进行通用互换，从而实现更高层次的简化。

5．电子设备模块化设计

当前，电子设备模块化设计仍处于初级阶段。大多数电子设备虽然是以模块化思想进行设计的，但是模块化程度不高，与模块化设计思想差距很大。有的单位几个部门虽然都在搞模块化设计，但是结构形式各种各样，模块不能通用，不能互换，与模块化设计的基本要求差距甚大。因此，要建立完整的电子设备模块化设计结构体系，以单元模块作为环境适应性高的电子设备的基础结构，从最高决策层到每个设计师还必须做大量的工作。

1.6.3 优化设计

在电子设备面向市场后，品质的优劣、性价比就越来越引起人们的重视。设计师们必须关注市场竞争行情，走出单纯技术设计误区，做到既要管技术又要管市场和成本。这就要求设计师们对设计选型、市场需求、功能完善、模块划分、零部件的选择等都予以密切的关注。一个好的电子产品设计师也应该是个好的经济师。现代电子设备的经济指标已构成设计评审的重要组成部分。

优良的电子设备性价比是设计出来的。因此，优化设计是保证电子设备在规定的环境条件下和寿命期内稳定可靠工作，并实现其总功能目标的主要技术措施之一。

1. 价值工程设计

1) 价值工程的基本定义

产品的价值指产品具有的功能与取得该功能所需成本的比值,即

$$V = F/C \qquad (1\text{-}7)$$

式中,V 为产品的价值;F 为产品具有的功能;C 为取得该功能所需的成本。

在式(1-7)中,分子 F(功能)属于使用价值的概念,分母 C(成本)用货币量表示,两者不能直接进行运算。为了解决这个矛盾,通常的做法是用实现 F 的理想最少费用或社会最低成本来表示 F 的数值,即 F 表示理想最低成本。当 $V=1$ 时,表示以最低成本实现了相应的功能,两者比例是合适的。

当 $V<1$ 时,表示实现相应功能付出了较高的成本,两者比例不合适,应该改进。

根据式(1-7)可以判断和选取提高产品价值的途径。进行价值规律分析时既不能只顾提高产品的功能,也不能单纯考虑降低产品的成本,而应把功能与成本(技术指标与经济指标)作为一个系统加以研究,综合考虑,辩证选优,以实现系统的最优组合。对一个优秀设计师而言,这种要求是非常必要的。

价值规律分析是通过各相关领域的协作,对所研究对象的功能与成本进行系统分析,以研究对象的最低寿命期成本为目标,系统地研究功能与成本之间的关系,不断创新,在可靠地实现用户所需功能的同时获取最佳的综合效益。

2) 合理应用价值工程设计理论

在电子设备设计中,应合理地应用价值工程设计理论,否则会由于缺乏对电子设备的功能价值分析,使电子设备存在许多明显或潜在的问题,影响电子设备功能的正常发挥,也使设计水平难以真正得到全面的提高。例如:对用户需要的电子设备功能研究不够或过剩;对用户需要的电子设备成本研究不够,使得电子设备因价格过高而失去市场;对用户在使用电子设备过程中所花费的成本重视不够,造成电子设备买得起用不起;对电子设备设计方案没有从技术、经济、社会、人机工程及技术发展前景等多方面综合考虑,造成大方向把握不住而产生失误。

因此,加强电子设备设计时的功能价值分析是十分必要的。不论是对老产品的改革挖潜,还是对新产品的研究创新,都涉及一些新的情况、新的条件和要求,都必须用现代的科学设计方法指导设计全过程,达到高标准的设计。应用价值工程设计理论对电子设备进行开发设计,将十分有效地提高电子设备的生命力和竞争力,使电子设备设计真正适应社会的需要和时代的特点,也将提高电子设备设计的成功率和理性水平。例如,当实现同一功能的电子设备用于不同的环境条件或安装于舰船的不同舱室时,符合价值工程的选择应当是按不同环境的严酷度要求进行设计和试验,而不是单单设计两种型号的产品。

2. 优化设计方法的应用

优化设计方法是不断完善的数学优化理论和计算机数值计算方法的综合应用。工程

设计中对多种可能的设计方案进行选择，往往是要在各种人力、物力和技术条件的约束下，希望达到一种最佳的设计。这种最佳设计可能是产值最大，也可能是能耗最小，也可能是精度最高、时间最短、成本最低等。

应用优化设计方法的最终目的是把电子设备在设计、制造和使用中可能出现的问题，尽最大可能地暴露并解决在设计和样机的试制阶段。

优化设计方法在理论上的突破性进展，表现为它已形成运筹学、线性规划、非线性规划、动态规划、图论等新的专门学科。计算机技术的发展为优化设计提供了强有力的运算工具，为复杂工程计算提供了极大的方便，使电子设备应用现代的设计方法成为可能，并促进了机械结构优化设计的发展。

就结构优化的范畴而言，电子设备结构优化大致可分为3类，即结构参数优化、形状优化和拓扑优化。

（1）电子设备设计师首要的任务是进行结构参数优化。结构参数优化是在结构方案、零部件的形状和材料已定的条件下，通过寻求最佳参数完成优化，直接获得好的设计。

（2）形状优化是在结构方案、类型、材料已定的条件下，对结构几何形状进行优化及对与形状有关的参数进行优化。

（3）拓扑优化是更高层次的优化，是富有创新的概念设计。它是在电子设备总体设计要求已定的条件下，对结构总体方案、类型、布局及各节点关联等方面的优化。

拓扑优化和形状优化目前在国内都处于研究、探索阶段，离推广应用还有一段距离，而应用最普遍的是理论上较成熟的结构参数优化。可从结构参数优化设计着手逐步解决结构优化设计问题。同时，还应开展较复杂结构的一体化分析计算研究，并将其逐步应用于工程实际。

3．计算机辅助设计（CAD）技术

进行电子设备全过程计算机辅助设计的系统，包括专家系统、模型库管理系统、优化设计算法程序、性能评价系统、优化设计方法程序库，以及把这几个系统协调组合成一个优化设计的智能系统。这样，该系统才能真正成为智能CAD/CAM（计算机辅助设计/计算机辅助制造）资源，供计算机辅助设计师应用。

现在我们接触到的计算机辅助设计应用软件基本上都是从国外引进的，而且各单位大多还不是全套引进，可供优化应用的几种大型软件也有这样或那样的不足，应用不方便，难以推广应用。但是，随着计算机技术的发展和与工程实际的不断融合，在相关的软件研究者和结构设计师们的共同努力下，计算机辅助设计、计算机辅助制造等将会更为成熟、方便。

第 2 章

电子设备振动冲击理论基础

本章介绍振动的种类及特性、单自由度线性系统的振动、多自由度线性系统的振动、连续弹性体系统的振动、非线性系统的振动，为电子设备振动理论分析及试验分析提供最基本的理论知识准备。

2.1 振动的种类及特性

2.1.1 振动的种类

根据统计特性，振动可分为确定性振动和非确定性振动。

1. 确定性振动

确定性振动分为周期振动和非周期振动。

周期振动是指每经过相同的时间间隔 τ 后，其振动物理量重复出现（ $f(t) = f(t+\tau)$ ）的振动。它包括简谐振动和复杂周期振动。如果各频率分量之间的频率比有一个或一个以上是无理数，则称它为准周期振动。它实质上是一种非周期振动。

非周期振动包括准周期振动和瞬态振动。在工程中，最常见的是瞬态振动。瞬态振动信号的时间函数是各种衰减函数，如有阻尼自由振动等。

2. 非确定性振动

非确定性振动是指不能用确定的函数来描述系统在某时刻振动参数的一种振动形式。随机振动属于非确定性振动。尽管随机振动具有非确定性，但却有一定的统计规律性。因此，随机振动的特性一般是通过研究在相同试验条件下取得的多个样本的统计特性来确定的。

根据统计特性，随机振动可分为平稳随机振动和非平稳随机振动两类。当随机振动的统计特性不随时间而变化时，称为平稳随机振动，否则称为非平稳随机振动。

下面简要介绍以上各种振动的特性及描述这些特性的有关参数。

2.1.2 周期振动和准周期振动

1. 简谐振动

最简单的周期振动是简谐振动。当质点沿直线 x 做简谐振动时，质点距平衡位置的瞬时位移信号可描述为

$$x = X\sin(\omega t + \varphi) \tag{2-1}$$

式中，ω 为角频率（rad/s），$\omega = 2\pi f$，f 为频率（Hz）；X 为位移峰值（mm），即振幅；φ 为初相位（rad）；t 为时间（s）。

图2-1所示为式（2-1）的图像表达，图中 T 为周期。T 表示两个相邻的、完全相同的振动状态之间所经历的时间间隔，单位为秒（s）。T 与 f 的关系为

$$T = \frac{2\pi}{\omega} = \frac{1}{f}$$

由式（2-1）可以确定质点的速度信号 $\dot{x}$ 为

$$\dot{x} = \frac{\mathrm{d}x}{\mathrm{d}t} = X\omega\cos(\omega t + \varphi)$$

图 2-1 简谐振动

改写为正弦函数为

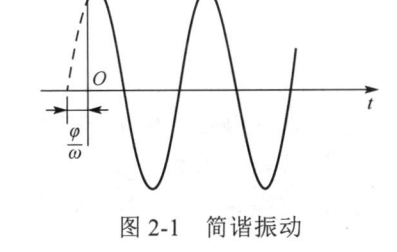

$$\dot{x} = \omega X\sin\left(\omega t + \frac{\pi}{2} + \varphi\right) \tag{2-2}$$

由式（2-2）可见，质点的速度信号比位移信号超前 90°。

质点的加速度信号 $\ddot{x}$ 为

$$\ddot{x} = \frac{\mathrm{d}^2 x}{\mathrm{d}t^2} = -\omega^2 X\sin(\omega t + \varphi)$$

也可表示为

$$\ddot{x} = \omega^2 X\sin(\omega t + \pi + \varphi) \tag{2-3}$$

由式（2-3）可见，质点的加速度信号比位移信号超前 180°。

简言之，描述简谐振动需要3个基本参数，即振幅、频率（或周期）和相位。振幅除用峰值 X 表示外，还可以用有效值（$X_{有效}$）表示，其定义为

$$X_{有效} = \sqrt{\frac{1}{T}\int_0^T x^2(t)\,\mathrm{d}t} = \frac{1}{\sqrt{2}}X \tag{2-4}$$

由式（2-4）可知，简谐振动的有效值就是均方根值。在振动理论分析中通常采用峰值，但在振动测量中往往同时使用峰值和有效值。

许多呈简谐运动规律变化的物理量，如力（激励力、惯性力、弹簧恢复力、阻尼力等）、位移、速度、加速度等，也可用同样的方法加以描述。

2．复杂周期振动

根据傅里叶级数的基本理论，任何一个具有确定周期的复杂周期函数都可以展开成傅里叶级数，即复杂周期振动信号可分解为许多不同频率的谐波分量，而复杂周期振动信号可由这些谐波分量的叠加求和表示。设复杂周期振动信号的周期为 T，则

$$x(t) = \frac{a_0}{2} + \sum_{n=1}^{\infty}(a_n \cos n\omega_0 t + b_n \sin n\omega_0 t) \tag{2-5}$$

式中

$$\begin{cases} a_0 = \dfrac{2}{T}\int_0^T x(t)\mathrm{d}t \\ a_n = \dfrac{2}{T}\int_0^T x(t)\cos n\omega_0 t \mathrm{d}t & (n=1,2,3,\cdots) \\ b_n = \dfrac{2}{T}\int_0^T x(t)\sin n\omega_0 t \mathrm{d}t & (n=1,2,3,\cdots) \end{cases}$$

a_n 和 b_n 是 $x(t)$ 的傅里叶系数。$\dfrac{a_0}{2}$ 是 $x(t)$ 的平均值，即信号的直流分量。ω_0 是基波角频率。

$$\omega_0 = 2\pi f_0, \qquad f_0 = \frac{1}{T}$$

傅里叶级数可用更简洁的复数形式来表达。

复傅里叶系数 c_n 表示周期为 T 的信号 $x(t)$ 中角频率为 $n\omega_0$（或频率为 $n2\pi f_0$）的谐波分量的复振幅。$x(t)$ 的复数表达式为

$$x(t) = \sum_{n=-\infty}^{\infty} c_n \mathrm{e}^{jn\omega_0 t} \tag{2-6}$$

式中

$$\begin{cases} c_0 = \dfrac{a_0}{2} \\ c_n = \dfrac{a_n - b_n \mathrm{j}}{2} & (n=1,2,3,\cdots) \\ c_{-n} = \dfrac{a_n + b_n \mathrm{j}}{2} & (n=1,2,3,\cdots) \end{cases}$$

复傅里叶系数 c_n 可合并写为

$$c_n = \frac{1}{T}\int_0^T x(t)\mathrm{e}^{-jn\omega_0 t}\,\mathrm{d}t \quad (n=0,\pm 1,\pm 2,\cdots) \tag{2-7}$$

复杂周期振动的频谱是离散频谱，其各次谐波的幅值谱和相位谱分别为

$$\begin{aligned} A_n &= \sqrt{a_n^2 + b_n^2} \\ \phi_n &= \arctan\frac{b_n}{a_n} \end{aligned} \tag{2-8}$$

【例 2-1】如图 2-2 所示的半正弦波脉冲是冲击试验（见 GB/T 2423.5—2019《环境试验 第 2 部分：试验方法 试验 Ea 和导则：冲击》）规定的标准脉冲波形之一。其函数表达式为

$$x(t)=\begin{cases} A\sin\dfrac{\pi}{\tau}t, & iT<t<\tau+iT \\ 0, & iT+\tau<t<T(i+1) \end{cases} \quad (i=0,1,2,\cdots)$$

试求其各次谐波的幅值谱和相位谱。

解：根据题意，先求其傅里叶系数，即

$$\begin{cases} a_0=\dfrac{2\tau}{\pi T}A \\ a_n=\dfrac{2}{T}\int_0^\tau A\sin\dfrac{\pi}{\tau}t\cos n\omega_0 t\mathrm{d}t=\dfrac{2A}{T}\dfrac{\pi}{\tau}\dfrac{1+\cos n\omega_0\tau}{(\pi/\tau)^2-(n\omega_0)^2} \\ b_n=\dfrac{2}{T}\int_0^\tau A\sin\dfrac{\pi}{\tau}t\sin n\omega_0 t\mathrm{d}t=\dfrac{2A}{T}\dfrac{\dfrac{\pi}{\tau}\sin n\omega_0\tau}{(\pi/\tau)^2-(n\omega_0)^2} \end{cases}$$

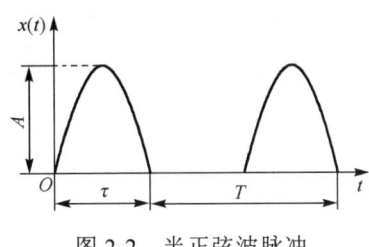

图 2-2 半正弦波脉冲

相应的各次谐波的幅值谱和相位谱分别为

$$A_n=\sqrt{a_n^2+b_n^2}=\dfrac{2A}{T}\dfrac{\pi}{\tau}\dfrac{\sqrt{2+2\cos n\omega_0\tau}}{(\pi/\tau)^2-(n\omega_0)^2}$$

$$\phi_n=\arctan\dfrac{\sin n\omega_0\tau}{1+\cos n\omega_0\tau}$$

3. 准周期振动

在由两个或多个频率分量组成的合成振动中，只要有一对频率分量的频率比是无理数，该合成振动就不再是周期振动。通常称它为准周期振动。其频谱也是离散频谱。但在信号分析处理时，却很难将周期振动信号和准周期振动信号加以区别。究其原因，一是分析仪器有误差，例如在频谱分析时，仪器分辨率在 10^{-4}Hz 以下便采取四舍五入的办法处理，这样便把无理数也处理成有理数了；二是它们得到的都是离散频谱。因此，在工程中通常并不将周期振动信号和准周期振动信号严格地加以区分。

2.1.3 非周期振动

其信号具有确定的函数表达式而没有确定周期的振动称为非周期振动。瞬态振动是工程中常见的非周期振动。由于这类振动信号没有确定的周期，因此只能采用傅里叶变换的数学方法来描述它们的特性。其幅值谱和相位谱是连续频谱。

1. 傅里叶变换和傅里叶连续频谱

$x(t)$ 和 $X(\omega)$ 为一对傅里叶变换对，将时间函数 $x(t)$ 变换为频域函数 $X(\omega)$ 称为傅里叶正变换（也称对 $x(t)$ 进行频谱分析），反之称为傅里叶逆变换，分别见式（2-9）和式（2-10）。

$$X(\omega)=\int_{-\infty}^{\infty}x(t)\mathrm{e}^{-\mathrm{j}\omega t}\mathrm{d}t \tag{2-9}$$

$$x(t)=\dfrac{1}{2\pi}\int_{-\infty}^{\infty}X(\omega)\mathrm{e}^{\mathrm{j}\omega t}\mathrm{d}\omega \tag{2-10}$$

$X(\omega)$ 称为傅里叶连续频谱。它是一个复函数。$X(\omega)$ 反映了角频率为 ω 的频率分量的幅值和相位。因此，式（2-9）可写成

$$X(\omega) = A(\omega) e^{j\phi(\omega)} \tag{2-11}$$

式中，傅里叶连续幅值谱 $A(\omega)$ 和傅里叶连续相位谱 $\phi(\omega)$ 分别为

$$A(\omega) = |X(\omega)|$$
$$\phi(\omega) = \frac{\mathrm{Im}[X(\omega)]}{\mathrm{Re}[X(\omega)]} \tag{2-12}$$

2．傅里叶变换的主要性质

傅里叶变换的主要性质如表 2-1 所示。

表 2-1　傅里叶变换的主要性质

性　　质	信　　号	频　　谱
	$x(t)$	$X(f)$
	$y(t)$	$Y(f)$
线性叠加原理	$ax(t) + by(t)$	$aX(f) + bY(f)$
共轭定理	$\overline{x(t)}$	$\overline{X(-f)}$
	$x(t)$ 为实信号	$X(-f) = \overline{X(f)}$
时移定理	$x(t - t_0)$	$e^{-j2\pi f t_0} X(f)$
对称定理	$X(t)$	$x(-f)$
频移定理	$x(t) e^{j2\pi f_0 t}$	$X(f - f_0)$
	$x(t) \cos 2\pi f_0 t$	$\frac{1}{2}[X(f - f_0) + X(f + f_0)]$
	$x(t) \sin 2\pi f_0 t$	$\frac{1}{2j}[X(f - f_0) - X(f + f_0)]$
时间缩展定理	$x(at)$，$a \neq 0$	$\frac{1}{|a|} X\left(\frac{f}{a}\right)$
翻转定理	$x(-t)$	$X(-f)$
时域微分定理	$\dfrac{\mathrm{d}^n x(t)}{\mathrm{d}t^n}$	$(2\pi j f)^n X(f)$
频域微分定理	$(-2\pi j t)^n x(t)$	$\dfrac{\mathrm{d}^n X(f)}{\mathrm{d}f^n}$

注：表中 $f_0 = \omega_0 / 2\pi$，$f = \omega / 2\pi$。

2.1.4　平稳随机振动

随机振动是一种最常见的非确定性振动形式。物体在做随机振动时，其振动参数瞬时值无法用确定的函数来描述。随机振动的特性是采用在相同试验条件下得到的多个随机振动样本的统计特性来描述的。当随机振动的统计特性不随时间而变化时，称它为平稳随机振动。

平稳随机振动的统计特性一般可用 3 种统计方法来描述，它们是：幅值域统计描述、

时延域统计描述和频率域统计描述。

1. 平稳随机振动的幅值域统计描述

1）均值

各态历经过程的均值 μ_x 等于样本函数的时间平均值，即

$$\mu_x = \lim_{T \to \infty} \frac{1}{T} \int_0^T x(t) \mathrm{d}t \tag{2-13}$$

式中，T 为采样时间长度（s）。

2）均方值和均方根值

均方值定义为

$$\psi_x^2 = \lim_{T \to \infty} \frac{1}{T} \int_0^T x^2(t) \mathrm{d}t \tag{2-14}$$

均方根值定义为

$$\psi_x = +\sqrt{\psi_x^2} \tag{2-15}$$

均方根值就是均方值的正平方根。显然，均方根值就是有效值。

3）方差和标准差

方差定义为

$$\sigma_x^2 = \lim_{T \to \infty} \frac{1}{T} \int_0^T [x(t) - \mu_x]^2 \mathrm{d}t \tag{2-16}$$

标准差定义为

$$\sigma_x = +\sqrt{\sigma_x^2} \tag{2-17}$$

标准差 σ_x 是方差 σ_x^2 的正平方根。

将式（2-16）展开有

$$\sigma_x^2 = \lim_{T \to \infty} \frac{1}{T} \int_0^T [x^2(t) - 2x(t)\mu_x + \mu_x^2]^2 \mathrm{d}t = \psi_x^2 - \mu_x^2$$

因此有

$$\psi_x^2 = \sigma_x^2 + \mu_x^2 \tag{2-18}$$

式（2-18）表示均方值 ψ_x^2 包含随机振动信号的直流分量（均值 μ_x）和交流分量（动态分量方差 σ_x^2）。当 $\mu_x^2 \to 0$ 时，有 $\psi_x^2 = \sigma_x^2$。此时，方差等于均方值，标准差 σ_x 等于均方根值 ψ_x。

4）概率密度函数与概率分布函数

虽然各态历经平稳随机振动的取值无法预知，但其取值小于某值或落在某一数值范围内的概率却是可知、可计算的。

（1）概率密度函数

由概率论知，各态历经的随机变量 $x(t)$ 落在 x 到 $x+\Delta x$ 范围内，当 $\Delta x \to 0$ 时，概率密

度函数 $p(x)$ 定义为

$$p(x) = \lim_{\Delta x \to 0} P_{\text{prob}}[x \leq x(t) < x+\Delta x]/\Delta x$$

$$= \lim_{\Delta x \to 0} \frac{1}{\Delta x} \left(\lim_{T \to \infty} \frac{\sum_{i=1}^{n} \Delta t_i}{T} \right) \tag{2-19}$$

式中，$\sum_{i=1}^{n} \Delta t_i$ 表示当 $T \to \infty$ 时，$x(t)$ 落在 x 到 $x+\Delta x$ 范围内所占的总时间（$\Delta x \to 0$），如图 2-3 所示。

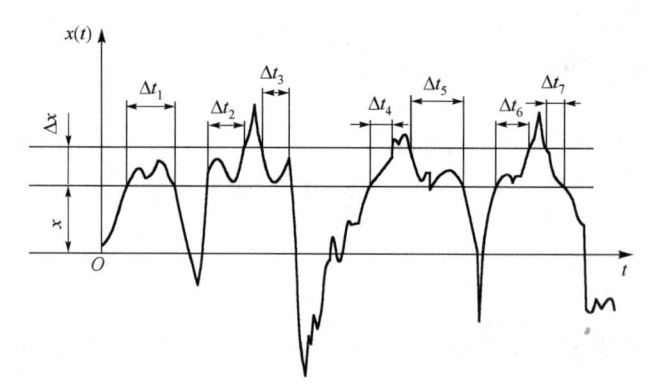

图 2-3 概率密度函数定义用图

（2）概率分布函数

概率分布函数定义为 $x(t)$ 取值小于或等于某一个实数 x 的概率，即

$$P(x) = P_{\text{prob}}[x(t) \leq x] \tag{2-20}$$

由式（2-19）和式（2-20）可以推导出概率分布函数与概率密度函数之间的关系为

$$P(x) = \int_{-\infty}^{x} p(x) \mathrm{d}x \tag{2-21}$$

由式（2-21）可知，当 $x \to \infty$ 时，必有 $P(\infty) = 1$。此时，概率密度函数 $p(x)$ 和 x 轴所围的面积等于 1，即

$$P(\infty) = \int_{-\infty}^{\infty} p(x) \mathrm{d}x = 1 \tag{2-22}$$

2．平稳随机振动的时延域统计描述

1）自相关函数

在电子设备振动分析中，$x(t)$ 和 $y(t)$ 往往是由同一激励源引起而在两个不同位置测量记录到的信号。由于测点距激励源的远近不同，故在时间上相差 τ。这时就必须讨论在时延域中信号的相似问题——相关函数。

当考虑信号 $x(t)$ 与其自身经过时移 τ 后的信号 $x(t+\tau)$ 之间的相似性问题时，便成为求 $x(t)$ 的自相关函数 $R_x(\tau)$。自相关函数 $R_x(\tau)$ 定义为

$$R_x(\tau) = \lim_{T \to \infty} \frac{1}{T} \int_0^T x(t) x(t+\tau) \mathrm{d}t \tag{2-23}$$

【例 2-2】 求正弦简谐振动信号 $x = A\sin\omega t$ 的自相关函数。

解：

$$R_x(\tau) = \lim_{T\to\infty}\frac{1}{T}\int_0^T A\sin\omega t A\sin\omega(t+\tau)\mathrm{d}t$$

$$= \frac{1}{2}A^2\cos\omega\tau \qquad (2\text{-}24)$$

式（2-24）表明，正弦信号的自相关函数是与它同频率的余弦波。不管正弦信号的初相位是多少，其自相关函数总是在 $\tau = 0$ 时有最大值。

自相关函数的性质如下。

（1） $R_x(\tau)$ 是实偶函数， $R_x(\tau) = R_x(-\tau)$ ，且图形对称。

（2）在 $\tau = 0$ 时有最大值 $R_x(0) = \psi_x^2$ ，当均值 $\mu_x \neq 0$ 时，则有 $R_x(0) = \sigma_x^2 + \mu_x^2$ 。

（3）随机振动信号的自相关函数在 $\tau \to \pm\infty$ 时收敛为均值平方：

$$R_x(\pm\infty) = \mu_x^2$$

当均值 $\mu_x = 0$ 时，有

$$R_x(\pm\infty) = 0$$

（4）周期函数的自相关函数不收敛，并且也是周期函数，频率和原时域信号的频率相同。

（5）当 $x(t)$ 是一个复杂周期振动信号时，即

$$x(t) = \sum_{i=0}^{\infty} A_i\cos(\omega_i t - \varphi_i)$$

那么其自相关函数为

$$R_x(\tau) = A_0^2 + \frac{1}{2}\sum_{i=1}^{\infty} A_i^2\cos\omega_i\tau \qquad (2\text{-}25)$$

由式（2-25）可见，尽管复杂周期振动信号的自相关函数保留了原时域信号的全部频率成分，但每一个频率成分的贡献都与原时域信号中相应频率成分的幅值的平方成正比。它表明自相关函数与原时域信号之间各频率成分的能量具有对应关系。

利用这些性质，我们可以检测埋没在随机噪声中的周期振动信号。例如，当 $n(t)$ 为噪声信号， $s(t)$ 为周期振动信号，且 $x(t) = n(t) + s(t)$ 时，则它们的自相关函数的关系为

$$R_x(\tau) = R_n(\tau) + R_s(\tau)$$

由于 $R_n(\tau)$ 衰减很快，故只要经历适当的 τ 后，便有

$$R_x(\tau) = R_s(\tau)$$

因此，可以从 $R_x(\tau)$ 中判断在时域随机振动信号中很难找到的周期振动信号 $s(t)$ 。

2）互相关函数

互相关函数说明一个随机振动信号与另一个随机振动信号经过时间延迟 τ 后的相似程度。互相关函数 $R_{xy}(\tau)$ 定义为

$$R_{xy}(\tau) = \lim_{T\to\infty}\frac{1}{T}\int_0^T x(t)y(t+\tau)\mathrm{d}t \qquad (2\text{-}26)$$

互相关函数的性质如下。

(1) 在大多数情况下，互相关函数不是偶函数，其图形不对称，即
$$R_{xy}(\tau) \neq R_{xy}(-\tau)$$
但是有
$$R_{xy}(\tau) = R_{yx}(-\tau)$$
(2) 互相关函数在 $\tau = 0$ 时一般不是最大值，其最大值出现在某一延迟 τ_0 处，且
$$R_{xy}(\tau_0) = \sigma_x \sigma_y + \mu_x \mu_y$$
式中，σ_x、σ_y、μ_x、μ_y 分别为信号 $x(t)$ 和 $y(t)$ 的标准差和均值。

(3) 当 $\tau \to \pm\infty$ 时，有
$$R_{xy}(\pm\infty) \to \mu_x \mu_y$$
对于大多数随机过程，当 τ 很大时，各过程都是互不相关的。

(4) 两个同频率的简谐振动信号 $x(t)$ 和 $y(t)$ 的互相关函数在 $\tau = 0$ 时的值，与其初相位差值 φ 成正比，即
$$R_{xy}(0) = \frac{1}{2} AB \cos \varphi \tag{2-27}$$

现证明如下。

令
$$x(t) = A\sin(\omega t + \theta)$$
$$y(t) = B\sin(\omega t + \theta - \varphi)$$

互相关函数为
$$R_{xy}(\tau) = \frac{1}{T} \int_0^T A\sin(\omega t + \theta) B\sin(\omega t + \theta + \omega\tau - \varphi) \mathrm{d}t$$
$$= \frac{2\pi}{\omega} \int_0^{\frac{2\pi}{\omega}} A\sin(\omega t + \theta) B\sin(\omega t + \theta + \omega\tau - \varphi) \mathrm{d}t$$
$$= \frac{1}{2} AB \cos(\omega\tau - \varphi) \tag{2-28}$$

当 $\tau = 0$ 时，便有式（2-27）。

利用性质（4）可以测量简谐振动信号 $x(t)$ 与其同频率的标准信号之间的相位差 φ，即
$$\varphi = \arccos \frac{2R_{xy}(0)}{AB} \tag{2-29}$$

3. 平稳随机振动的频率域统计描述

平稳随机振动在频率域中的统计特性是用功率谱密度函数来描述的。它表征了各个频率处振动能量的分布状况。

1）自功率谱密度函数

自功率谱密度函数可由自相关函数导出。当自相关函数 $R_x(\tau)$ 在 ($-\infty, \infty$) 区间的积分有限时，则定义自功率谱密度函数为
$$S(f) = \int_{-\infty}^{\infty} R_x(\tau) \mathrm{e}^{-\mathrm{j}2\pi f\tau} \mathrm{d}\tau \tag{2-30}$$

式中，f 表示频率。式（2-30）表明，$S(f)$ 和 $R_x(\tau)$ 是一对傅里叶变换对。它们之间的

关系一般称为维纳-辛钦关系，因此有

$$R_x(\tau) = \int_{-\infty}^{\infty} S(f) e^{j2\pi f \tau} df \tag{2-31}$$

由于 $R_x(\tau)$ 是 τ 的实偶函数，故 $S(f)$ 是 f 的实偶函数，则

$$R_x(\tau) = \int_{-\infty}^{\infty} S(f) \cos(2\pi f \tau) df$$

在工程中仅计算平稳随机振动的正频率部分。如果定义单边自功率谱密度函数为 $G(f)$，使其满足

$$G(f) = \begin{cases} 2S(f), & f \geq 0 \\ 0, & f < 0 \end{cases}$$

则有

$$R_x(\tau) = \int_0^{\infty} G(f) \cos(2\pi f \tau) df \tag{2-32}$$

由此可见，$G(f)$ 是 $f \geq 0$ 的单边谱，而 $S(f)$ 是双边谱，如图 2-4 所示。工程中是没有负频率的，所以也就没有双边谱。

当 $\tau = 0$ 时，有 $R_x(0) = \int_0^{\infty} G(f) df$，并且根据自相关函数性质（2），应有 $R_x(0) = \psi_x^2$，故有

$$\psi_x^2 = \int_0^{\infty} G(f) df \tag{2-33}$$

式（2-33）表明，时域计算得到的能量等于频域计算得到的能量，故称它为能量等式或 Parseval 等式。

由于 $x(t)$ 是一个随机变量，因此用解析函数进行傅里叶变换来求 $G(f)$ 或 $S(f)$ 是十分困难的。在振动分析中，随机振动信号的 $G(f)$ 或 $S(f)$ 是直接用频谱分析仪测量获得的。现简要介绍模拟频谱分析仪的原理。

理想的模拟频谱分析仪只允许在 $\Delta f = B$ 内的频率分量通过，当 Δf 很小，并且可以认为它是一个常数 B 时，则有

$$\begin{aligned} \int_0^{\infty} G(f) df &= \int_f^{f+\Delta f} G(f) df \\ &= \lim_{T \to \infty} \frac{1}{T} \int_0^T x_B^2(t) dt \end{aligned} \tag{2-34}$$

式中，$x_B(t)$ 表示全信号 $x(t)$ 在 $\Delta f = B$ 内的频率分量。对于图 2-5 中的阴影部分，当 $\Delta f = B$，并且小到使 $G(f)$ 为常数时，则有

$$\int_f^{f+\Delta f} G(f) df = G(f) \cdot B \tag{2-35}$$

式中，当 $B \to 0$ 时，有

$$G(f) = \lim_{B \to 0} \lim_{T \to \infty} \frac{1}{BT} \int_0^T x_B^2(t) dt \tag{2-36}$$

式（2-36）便是模拟频谱分析仪的原理。

可将 $G(f)$ 视为随机振动信号 $x(t)$ 在单位频带内的频率分量的能量按频率 f 分布的度量。同时，还可将 $G(f)$ 视为随机振动信号 $x(t)$ 在 $\left(f - \dfrac{df}{2},\ f + \dfrac{df}{2}\right)$ 区间的功率。因此，

不管 $x(t)$ 表示何种物理量，在随机振动理论中，统称 $G(f)$ 为功率谱密度函数。

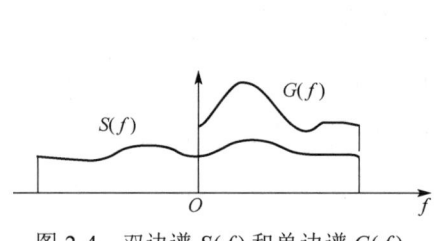

图 2-4 双边谱 $S(f)$ 和单边谱 $G(f)$

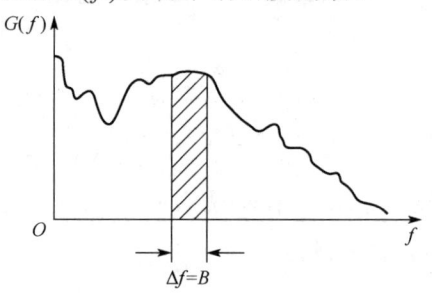

图 2-5 模拟频谱分析仪的原理

能量集中在小于 1/3 倍频程的狭窄频带内的随机振动称为窄带随机振动，其 $G(f)$ 在该频带内呈尖峰状。能量分布的频带大于或等于 1 倍频程带宽的随机振动称为宽带随机振动。

当振动能量分布的频带为 0 到 ∞ 时，如果其 $G(f)$ 为一个常数，即振动信号 $x(t)$ 所包含的无穷多个频率分量能量相等，则称其为白噪声。白噪声信号 $x(t)$ 的特性是：其振幅大小变化呈无规律状态，并且非常剧烈；在 $\tau = 0$ 时，$R_x(0) = \delta(0) = \infty$，在 $\tau \neq 0$ 时，$R_x(\tau \neq 0) = 0$。当振动能量分布的频带仍为 0 到 ∞ 时，如果其 $G(f)$ 不是常数，并且按每倍频程衰减 3dB，则称其为粉红噪声。$G(f)$ 的大小，将根据有关环境条件的严酷等级由国家标准（简称国标）或有关技术条件规定。

2）互功率谱密度函数

根据自功率谱密度函数 $S(f)$ 的讨论方法，可以推导出互功率谱密度函数 $S_{xy}(f)$。限于篇幅，本书不做详细讨论，读者可参阅相关参考文献。

以上介绍了平稳随机振动的统计参数。这些统计参数不仅可以定量地描述平稳随机振动的某些特性，而且都有其对应的、明确的物理意义。这些统计参数都可以通过试验仪器测量获得。从这个意义上讲，讨论平稳随机振动问题，离开了试验分析仪器和试验分析便无法得出确切结果。

2.1.5 非平稳随机振动

当随机振动的统计特性随时间而变化时，称它为非平稳随机振动。例如，当均值、均方值、方差等统计参数中，一个或一个以上的参数随时间而变化时，都称其为非平稳随机振动。

在工程实际中，存在许多非平稳随机振动，它主要是由系统受非平稳激励作用而引起的。非平稳激励必然导致系统非平稳响应，如风对雷达天线的激励，导弹、火箭的发射和级间分离时火箭体受到的激励，安装在汽车、飞机等载体上的电子设备在载体启动、制动、加速时所受到的激励等。

由于非平稳随机振动不再是各态历经的，故其统计特性不能再通过对一次记录或一段记录的样本函数进行时间平均来获得，而只能通过对多次记录或多段记录的样本函数进行总体平均（集总平均或系集平均）来获得。

对于有 N 个样本函数或 N 段记录的样本函数的非平稳随机过程，在任意指定时刻 t_j 的均值 $\mu_x(t_j)$ 定义为

$$\mu_x(t_j) = E[x(t_j)] = \lim_{N\to\infty} \frac{1}{N} \sum_{i=1}^{N} x_i(t_j) \tag{2-37}$$

其在任意指定时刻 t_j 的均方值 $\psi_x^2(t_j)$ 定义为

$$\psi_x^2(t_j) = E[x^2(t_j)] = \lim_{N\to\infty} \frac{1}{N} \sum_{i=1}^{N} x_i^2(t_j) \tag{2-38}$$

在工程实际中，$\mu_x(t_j)$ 和 $\psi_x^2(t_j)$ 的计算是非常困难的。这不仅因为它需要无穷多个（$N \to \infty$）样本，而且还必须在样本函数的整个时间长度（$t_{样本}$）内（$0 < t_j < t_{样本}$）进行无穷多个时间点 $t_j (j \to \infty)$ 的运算。例如，如果要获得火箭在发射时的随机激励和响应特性，那么就要求火箭发射 $N(N \to \infty)$ 次。这种要求无疑是无法实现的。

从严格的数学概念出发，工程中实际的随机振动都存在着一定的非平稳性。因此，在处理随机振动信号时，首先必须进行平稳性检查。当随机振动的统计参数随时间的变化很缓慢时，可将该随机振动视为平稳随机振动来处理。这如同在工程中常将弱非线性系统作为线性系统处理一样。

平稳性检查通常只对方差进行。将一个 T 时间记录样本分成若干时间小段 T_i 样本，若每个时间小段 T_i 信号的方差间只有百分之几的分散度，则可以认为该随机振动是平稳的。由于随机振动信号的均值通常趋于零，故不对均值进行检查。此外，随机振动信号的方差在平稳性检查时只有百分之几的分散度，那么其均方值随时间的变化也不会很大，故一般也不对其相关函数进行平稳性检查。

当确定某随机振动为非平稳随机振动后，目前最常用的方法是将一个长时间记录样本分成若干短时间段样本，然后再对这些短时间段样本函数进行平均，从而得到有用的结果。这种把连续信号分割成若干小段的做法称为"时间窗"处理，因为每一个短时间段可被看作通过"时间长墙"的一个"窗口"看到的。

用"时间窗"处理非平稳随机振动的方法，也可以用于频率域中的分析。非平稳信号可以理解为时变功率谱信号。由于工程中对信号频谱结构随时间的变化情况，以及谱峰发生的时刻和频率非常感兴趣，因此在现代信号处理机中已具有这种功能，即"时间谱阵"功能。

2.2 单自由度线性系统的振动

振动系统按其力学模型的特点分为离散振动系统和连续振动系统。离散振动系统具有有限个自由度，连续振动系统具有无限个自由度。振动系统的自由度数定义为完全描述其运动状态所需要的独立坐标的个数。

单自由度线性振动系统（简称单自由度线性系统）是离散振动系统中最简单的一种。

对单自由度线性系统的研究不仅可以建立振动理论分析的基本概念，而且也为研究多自由度线性振动系统（简称多自由度线性系统）和连续振动系统打下基础。

2.2.1 离散振动系统的力学模型

任何一个离散振动系统均由 3 个基本部分组成：振动位移与弹性恢复力相联系的弹性元件、振动速度与阻尼力相联系的阻尼元件、振动加速度与惯性力相联系的质量。安装在线性隔振器上的电子设备如图 2-6 所示，当仅讨论电子设备垂向振动特性时，便可以将它简化为如图 2-7 所示的力学模型。电子设备的总质量 m、隔振器的阻尼系数 c 和隔振器的弹簧刚度 k 便构成如图 2-7 所示的由一个质量（m）、一个线性阻尼元件（阻尼系数为 c）和一个线性弹簧（弹簧刚度为 k）组成的单自由度线性系统。

如果需要进一步讨论电子设备中各个插箱（1、2、3、4）和机架（5）各自的振动特性，便成为如图 2-8 所示的离散多自由度线性系统。虽然只讨论 x 方向，但由于该系统具有 5 个质量，需要 5 个独立坐标才能确定它们的振动状态，故该系统是五自由度线性系统。

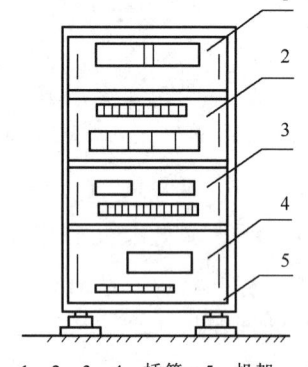

1、2、3、4—插箱；5—机架。

图 2-6 安装在线性隔振器上的电子设备

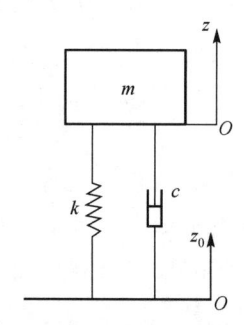

图 2-7 安装在线性隔振器上电子设备的力学模型

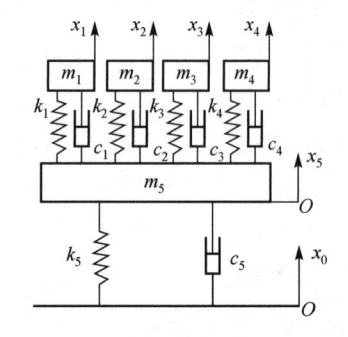

图 2-8 离散多自由度线性系统

2.2.2 单自由度线性系统的自由振动

单自由度线性系统在初始位移或初始速度激励下的振动称为自由振动。

1. 无阻尼单自由度线性系统的自由振动

1）振动微分方程

将图 2-7 中的线性阻尼元件（阻尼系数为 c）略去，便构成了无阻尼单自由度线性系统，如图 2-9（a）所示。线性弹簧（弹簧刚度为 k）加上质量（m）自原始位置被重力压缩 λ_s 后，处于静平衡位置，此时 $mg = k\lambda_s$，取该位置为坐标原点 O［见图 2-9（a）］。若使质量（m）有一个向下的位移 z［见图 2-9（b）］，则由牛顿第二定律得

$$m\ddot{z} = -k(z+\lambda_s) + mg \tag{2-39}$$

将静平衡位置时的关系式 $mg = k\lambda_s$ 代入式（2-39），得振动微分方程为

$$m\ddot{z} + kz = 0$$

令 $k/m = \omega_n^2$，则上式可写为讨论单位质量振动状态的归一化方程，即

$$\ddot{z} + \omega_n^2 z = 0 \tag{2-40}$$

式中，ω_n 为系统振动固有角频率（rad/s）。由于 $k/m = g/\lambda_s$，有

$$\omega_n = \sqrt{\frac{k}{m}} = \sqrt{\frac{g}{\lambda_s}} \quad (\text{rad/s}) \tag{2-41}$$

系统振动固有频率 $f_n = \omega_n/2\pi$（Hz），系统振动固有周期 $T_n = 1/f_n = 2\pi/\omega_n$（s）。

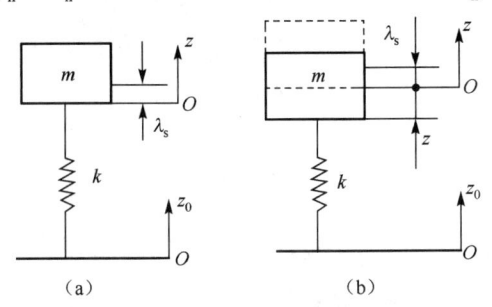

图 2-9 无阻尼单自由度线性系统

2）振动微分方程的通解

设通解为

$$z = A\cos(\omega_n t + \varphi) \tag{2-42a}$$

式中，A 为响应振幅；φ 为相位。A 和 φ 由初始位移和初始速度确定，即

$$A = \sqrt{z_0^2 + (\dot{z}_0/\omega_n)^2} \tag{2-42b}$$
$$\tan\varphi = \omega_n z_0/\dot{z}_0$$

2. 有阻尼单自由度线性系统的自由振动

系统的阻尼一般可分为结构阻尼、黏性阻尼、干摩擦阻尼和电磁阻尼等几类。本书中讨论线性系统的振动时提到的阻尼指黏性阻尼，提到的阻尼系数指黏性阻尼系数。

1）振动微分方程

黏性阻尼振动系统（有阻尼单自由度线性系统）如图 2-7 所示，其振动微分方程为

$$m\ddot{z} + c\dot{z} + kz = 0 \tag{2-43}$$

式中，c 为阻尼系数（N·s/m），定义为系统（设备）有单位速度变化量时（m/s）所受到的阻力（N）。

2）振动微分方程的通解

令 $z = e^{bt}$，$\dot{z} = be^{bt}$，$\ddot{z} = b^2 e^{bt}$，代入式（2-43），有特征方程

$$b^2 + \frac{c}{m}b + \frac{k}{m} = 0 \tag{2-44}$$

令 $\alpha = c/2m$，$\omega_n^2 = k/m$，则式（2-44）可改写为
$$b^2 + 2\alpha b + \omega_n^2 = 0 \tag{2-45}$$

其根为
$$b_{1,2} = -\alpha \pm \sqrt{\alpha^2 - \omega_n^2}$$

则有
$$z = c_1 e^{b_1 t} + c_2 e^{b_2 t} \tag{2-46}$$

（1）小阻尼情况（$\alpha < \omega_n$）

当 $\alpha < \omega_n$ 时，式（2-45）有两个不相等的复数根。此时系统振动，其通解为
$$z = c_1 e^{(-\alpha + j\sqrt{\omega_n^2 - \alpha^2})t} + c_2 e^{(-\alpha - j\sqrt{\omega_n^2 - \alpha^2})t} \tag{2-47}$$

式中，c_1 和 c_2 由初始条件 $t=0$ 时 $z|_{t=0} = z_0$ 和 $\dot{z}|_{t=0} = \dot{z}_0$ 确定。整理后有
$$z = Be^{-\alpha t} \cos(\omega_d t + \varphi) \tag{2-48}$$

式中
$$B = \sqrt{z_0^2 + (\dot{z}_0/\omega_d)^2}$$
$$\tan \varphi = z_0 \sqrt{\omega_n^2 - \alpha^2}/(\dot{z}_0 + \alpha z_0) \tag{2-49}$$
$$\omega_d = \sqrt{\omega_n^2 - \alpha^2}$$

小阻尼系统的自由振动曲线如图 2-10 所示，它具有下列两个特点。

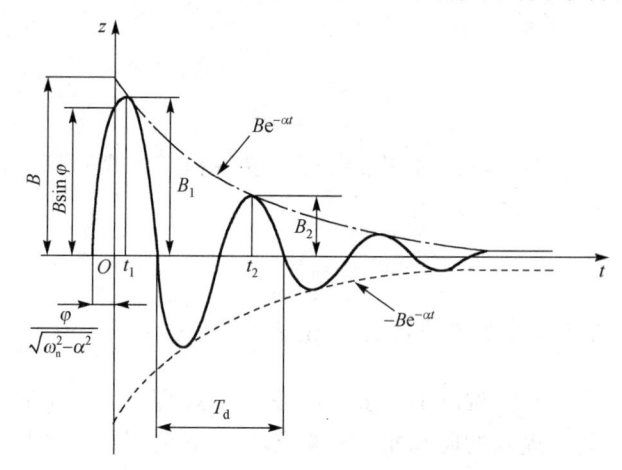

图 2-10 小阻尼系统的自由振动曲线

① 振动角频率 ω_d 减小，则周期 T_d 略有增大。
$$T_d = 2\pi/\omega_d = 2\pi/\omega_n\sqrt{1-\xi^2} = T_n/\sqrt{1-\xi^2} \tag{2-50}$$

式中，$\xi = \alpha/\omega_n = c/2m\omega_n = c/c_c$，称为阻尼比，表示阻尼系数与临界阻尼系数的比值。其中，c_c 为临界阻尼系数，是使 $b_{1,2}$ 的表达式中根式的值为零的阻尼系数，即 $c_c = 2\sqrt{km} = 2m\omega_n$。

② 振幅按指数衰减，其表达式为
$$B_1 = Be^{-\alpha t_1}, \qquad B_2 = Be^{-\alpha(T_d + t_1)}$$

相邻振幅比 δ 为

$$\delta = \frac{B_1}{B_2} = e^{\alpha T_d} \qquad (2\text{-}51a)$$

对数减幅系数 ρ 为

$$\rho = \ln \delta = \alpha T_d \qquad (2\text{-}51b)$$

因此，有

$$\alpha = \frac{\rho}{T_d} \qquad (2\text{-}51c)$$

且 ω_n 为

$$\omega_n = \frac{\sqrt{4\pi^2 + \rho^2}}{T_d} \quad (\text{rad/s}) \qquad (2\text{-}52)$$

当系统质量为 m 时，可由 $k = m\omega_n^2$ 和 $c = 2m\alpha$ 两式求得系统的弹簧刚度 k、阻尼系数 c 和阻尼比 ξ，即

$$k = \frac{m(4\pi^2 + \rho^2)}{T_d^2} \quad (\text{N/m})$$

$$c = 2m\rho/T_d \quad (\text{N·s/m})$$

$$\xi = \alpha/\omega_n = \rho/\sqrt{4\pi^2 + \rho^2}$$

由此可见，采用上述方法可对系统的 k、c、ξ 参数进行识别。

（2）大阻尼情况（$\alpha > \omega_n$）

当 $\alpha > \omega_n$ 时，式（2-45）有两个不相等的实根。此时系统不再振动，其通解为

$$z = Be^{-\alpha t}\text{sh}(\sqrt{\alpha^2 - \omega_n^2}\, t + \varphi) \qquad (2\text{-}53)$$

式中

$$B = \sqrt{z_0^2 + \frac{\dot{z}_0^2}{\alpha^2 - \omega_n^2}}$$

$$\varphi = \text{arth}\, \frac{z_0 \sqrt{\alpha^2 - \omega_n^2}}{\dot{z}_0}$$

（3）临界阻尼情况（$\alpha = \omega_n$）

当 $\alpha = \omega_n$ 时，式（2-45）有两个相等的实根，即 $b_{1,2} = -\alpha$。此时系统也不会振动。其通解为

$$z = e^{-\alpha t}(c_1 + c_2 t)$$

由初始条件可确定 $c_1 = z_0$，$c_2 = (\dot{z}_0 + \alpha z_0)$，故有

$$z = e^{-\alpha t}[z_0 + (\dot{z}_0 + \alpha z_0)t] \qquad (2\text{-}54)$$

2.2.3 单自由度线性系统的强迫振动

本小节主要讨论单自由度线性系统受谐和周期激励和一般周期激励的强迫振动。

1. 单自由度线性系统受谐和周期激励的强迫振动

1) 振动微分方程及其通解

单自由度线性系统受谐和周期激励的强迫振动如图 2-11 所示，其振动微分方程为

$$m\ddot{z} + c\dot{z} + kz = F_0 \cos \omega t \tag{2-55}$$

令 $F_0 = kA_s$，A_s 称为当量静变形，则式（2-55）的归一化方程为

$$\ddot{z} + 2\xi\omega_n \dot{z} + \omega_n^2 z = \omega_n^2 A_s \cos \omega t \tag{2-56}$$

式（2-56）的通解为

$$z = z_1 + z_2$$

式中齐次解 z_1 可由式（2-48）获得，即

$$z_1 = A_1 e^{-\omega_n \xi t} \cos(\omega_n \sqrt{1-\xi^2} t + \varphi)$$

令非齐次特解为

$$z_2 = A_2 \cos(\omega t - \theta)$$

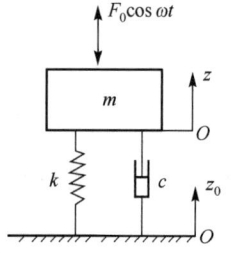

图 2-11 单自由度线性系统受谐和周期激励的强迫振动

式中，A_2 和 θ 为由系统特性确定的常数。由 $z = z_1 + z_2$ 有

$$z = A_1 e^{-\omega_n \xi t} \cos(\omega_n \sqrt{1-\xi^2} t + \varphi) + A_2 \cos(\omega t - \theta) \tag{2-57}$$

包含 z_1 的振动状态称为强迫振动的瞬态过程。在时间 t 足够长后，z_1 衰减为零，系统进入强迫振动的稳态过程。此时，剩下的 z_2 便是强迫振动的稳态解 z，故有

$$z = z_2 = A_2 \cos(\omega t - \theta) \tag{2-58}$$

根据式（2-58）求出 $\dot{z}$ 和 $\ddot{z}$，并将 z、$\dot{z}$ 和 $\ddot{z}$ 代入式（2-56），整理后得

$$A_2 = \frac{A_s}{\sqrt{(1-r^2)^2 + 4\xi^2 r^2}}$$

$$\tan \theta = \frac{2\xi r}{1-r^2} \tag{2-59}$$

式中，频率比 $r = f/f_n = \omega/\omega_n$。响应 z 为

$$z = A_2 \cos(\omega t - \theta) = \frac{A_s}{\sqrt{(1-r^2)^2 + 4\xi^2 r^2}} \cos(\omega t - \theta)$$

2) 复数解

令 $F_0 \cos \omega t = \text{Re}[kA_s e^{j\omega t}]$，则响应 $z(t)$ 也由实部给出。

振动微分方程为

$$\ddot{z} + 2\xi\omega_n \dot{z} + \omega_n^2 z = \omega_n^2 A_s e^{j\omega t} \tag{2-60}$$

令 $z = A e^{j\omega t}$，则 $\dot{z} = jA\omega e^{j\omega t}$，$\ddot{z} = -A\omega^2 e^{j\omega t}$，代入式（2-60）并化简有

$$A = \frac{A_s}{1 - r^2 + j2\xi r}$$

令 $z = |A| e^{j(\omega t - \theta)}$，则

$$|A| = \frac{A_s}{\sqrt{(1-r^2)^2 + 4\xi^2 r^2}}$$
$$\tan\theta = \frac{2\xi r}{1-r^2}$$
（2-61）

响应 $z(t)$ 由实部给出，即
$$z(t) = \text{Re}[A e^{j\omega t}] = \text{Re}[H(\omega) A_s e^{j\omega t}]$$

变换为三角函数表达，为
$$\begin{aligned} z(t) &= |A|\cos(\omega t - \theta) \\ &= \frac{A_s}{\sqrt{(1-r^2)^2 + 4\xi^2 r^2}} \cos(\omega t - \theta) \\ &= |H(\omega)| A_s \cos(\omega t - \theta) \end{aligned}$$

3）复频响应特性

在以上推导中令 $H(\omega) = A/A_s$，$H(\omega)$ 称为复频响应特性，有
$$H(\omega) = \frac{1}{1 - r^2 + j2\xi r} \tag{2-62}$$

动力放大因子 λ 可视为 $H(\omega)$ 的模，即
$$\lambda = |H(\omega)| = \frac{1}{\sqrt{(1-r^2)^2 + 4\xi^2 r^2}} \tag{2-63}$$

由式（2-63）可获得如图 2-12 所示的曲线。

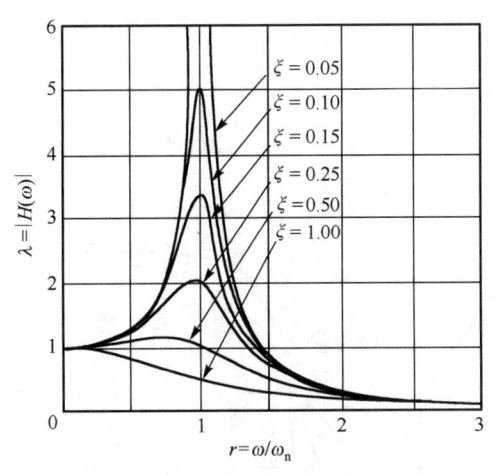

图 2-12　λ-r 曲线

4）二倍频规则

由图 2-12 可见，在 $r \leq 0.5$ 时，λ 接近 1，且与阻尼比 ξ 关系不大。$r = f/f_n \leq 0.5$，即 $f_n \geq 2f$。当固有频率 f_n 大于 2 倍扫频激励上限频率 $f_上$（$f_n \geq 2f_上$）时，系统接近为刚体，这就是著名的二倍频规则。在传力杆件和结构设计中应尽量满足二倍频规则。

5）传递函数 $\overline{G}(s)$

传递函数 $\overline{G}(s)$ 定义为响应 $z(t)$ 和激励 $F(t)$ 的单边拉普拉斯变换之比，即

$$\overline{G}(s) = \frac{\overline{Z}(s)}{\overline{F}(s)} = \frac{1}{ms^2 + cs + k} \tag{2-64a}$$

若令 $s = j\omega$，并将式（2-64a）两边乘以 k，则有

$$k\overline{G}(\omega) = \frac{k}{ms^2 + cs + k}$$

$$= \frac{1}{1 - \left(\dfrac{\omega}{\omega_n}\right)^2 + j2\xi\dfrac{\omega}{\omega_n}} = H(\omega) \tag{2-64b}$$

化简后有

$$\overline{G}(s) = \frac{1}{k}H(\omega) \tag{2-64c}$$

由式（2-64c）可知，当系统的 k、m、c 确定后，其复频响应特性 $H(\omega)$ 和传递函数 $\overline{G}(s)$ 均视为已知。

6）θ–r 曲线

由式（2-61）可知，$\theta = \arctan\dfrac{2\xi r}{1 - r^2}$。$\theta$–$r$ 曲线如图 2-13 所示。由图 2-13 可见，不论 ξ 为何值，在 $\omega = \omega_n$（$r = 1$）时，均有相位 $\theta = \pi/2$ 存在。这便是利用相位计测量系统振动固有角频率 ω_n 的理论依据。显然在 $r_0 \approx 1$ 处测得 ω_n 后，再测另一个 ω_1 对应的相位 θ_1，即可以计算 $r_1 = \omega_1/\omega_n$ 和系统的阻尼比 ξ，即

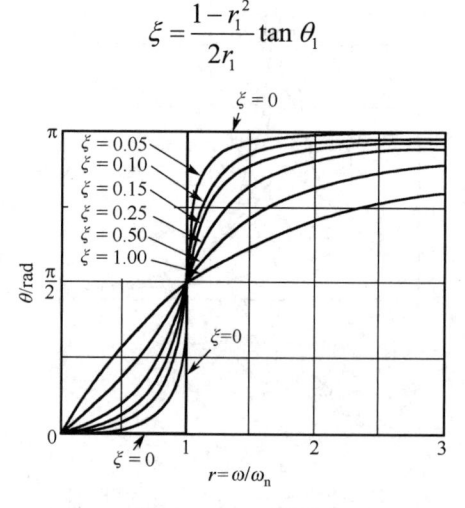

$$\xi = \frac{1 - r_1^2}{2r_1}\tan\theta_1$$

图 2-13 θ–r 曲线

因此，在系统质量为已知时，相位法也是系统参数识别的基本方法之一，即 $k = m\omega_n^2$ 和 $c = 2\xi\sqrt{km}$。

2. 电子设备受基础位移激励的振动隔离——被动隔振

1）振动微分方程及其通解

当电子设备在运载工具上工作时，可将运载工具自身的振动视为对电子设备的基础位移激励，如图 2-14（a）所示。质量 m 上的受力状况如图 2-14（b）所示。图中

$$\begin{cases} z_0 = A_0 e^{j\omega t} \\ \dot{z}_0 = j\omega A_0 e^{j\omega t} \\ \ddot{z} = -\omega^2 A_0 e^{j\omega t} \end{cases}$$

振动微分方程为

$$m\ddot{z} + c(\dot{z} - \dot{z}_0) + k(z - z_0) = 0 \quad (2\text{-}65)$$

响应的通解为

$$z = \frac{1 + j2\xi r}{1 - r^2 + j2\xi r} A_0 e^{j\omega t} \quad (2\text{-}66)$$

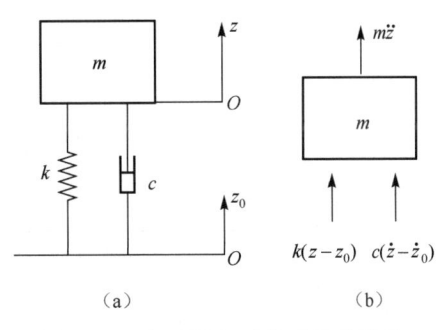

图 2-14 电子设备受基础位移激励的力学模型

2）被动隔振传递率

由式（2-66）可得被动隔振传递率为

$$\eta_v = \frac{|A|}{A_0} = \sqrt{\frac{1 + 4\xi^2 r^2}{(1 - r^2)^2 + 4\xi^2 r^2}} \quad (2\text{-}67a)$$

由式（2-67a）可画出传递率曲线，如图 2-15 所示。

（1）令式（2-67a）为 1，则不论 ξ 为何值，传递率曲线均具有 $\eta_v \cong 1$ 的两个频率点（$r = 0$ 和 $r = \sqrt{2}$）。

（2）在 $0 < r < \sqrt{2}$ 时，$\eta_v > 1$，称为放大区；在 $r > \sqrt{2}$ 时，$\eta_v < 1$，称为隔振区。

（3）在 $0.8 < r < 1.1$ 时，称为共振区。在此区间，阻尼比 ξ 增大对抑制共振有益。$\xi \to \infty$ 时，在 $0 < r < \sqrt{2}$ 区间必有 $\eta_v \cong 1$。

（4）在 $r > \sqrt{2}$ 后，阻尼比 ξ 增大，对隔振效果有害。这是由通过阻尼器传递的阻力增大所造成的。因此，在隔振区 $\xi = 0$ 时有最小传递率 $\eta_{v\min}$。

3）被动隔振理想传递率

通过上述讨论，不难规定被动隔振理想传递率 η_v 的阻尼特性和弹性特性。

（1）隔振器的弹簧刚度应尽可能低，从而可以在较小的频率点进入隔振区。

（2）隔振器应具有变阻尼特性：在 $0 < r < \sqrt{2}$ 时，应使 $\xi \to \infty$，从而使 $\eta_v \cong 1$；而在 $r > \sqrt{2}$ 进入隔振区后，应使 $\xi \to 0$，从而向 $\eta_{v\min}$ 逼近。

理想传递率曲线如图 2-16 所示。在这种情况下，通带中没有共振放大现象出现，其传递率 $\eta_v \leq 1$。具有这种特性的传递率曲线称为无谐振峰传递率曲线，具有这种传递率特性的隔振器称为无谐振峰隔振器。国家军用标准 GJB 510—1988《无谐振峰隔振器总规范》规定了该类隔振器的参数、特性和试验方法。

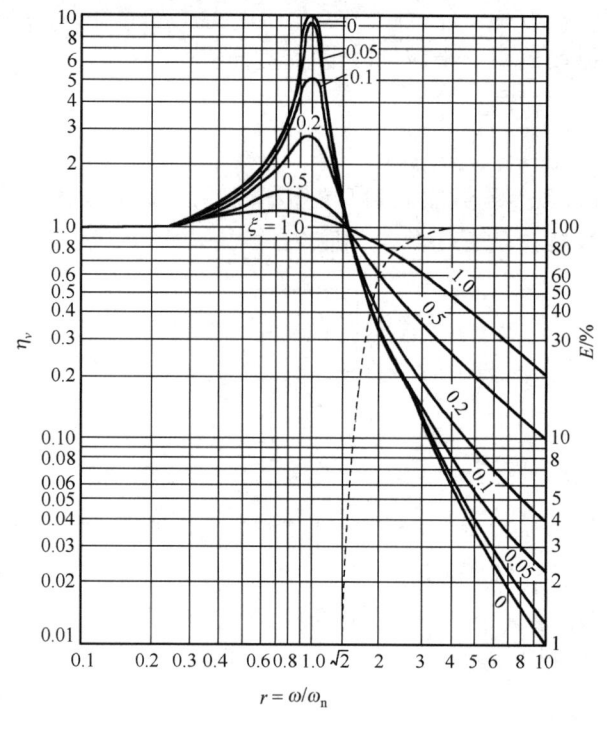

图 2-15 传递率曲线

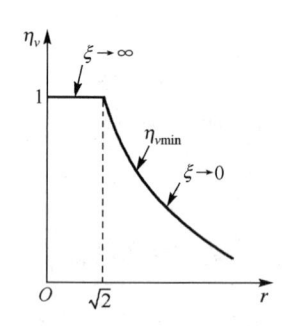

图 2-16 理想传递率曲线

3. 基础受电子设备激励的振动隔离——被动隔振

用隔振元件将振源（电子设备）与基础隔离，以减小或避免振源振动（电子设备激励）对基础或其附近设备的有害影响。

1）被动隔振传递率

被动隔振传递率为

$$\eta_v = \frac{|F_{tr}|}{F_0} = \sqrt{\frac{1+4\xi^2 r^2}{(1-r^2)^2 + 4\xi^2 r^2}} \qquad (2\text{-}67\text{b})$$

式（2-67b）与式（2-67a）完全相同，但物理意义是有区别的。式（2-67a）表示的是振幅比（$|A|/A_0$），而式（2-67b）表示的是传递给基础或其附近设备的力幅$|F_{tr}|$和激励力幅F_0的力幅比（$|F_{tr}|/F_0$），但它们具有相同的表达式。

2）共振频率f_r和共振传递率$\eta_{v\max}$

由图 2-15 可知：在$r=1$且$\xi=0$时，$\eta_{v\max} \rightarrow \infty$；而随着$\xi$增大，共振传递率$\eta_{v\max}$减小，且出现共振的频率比$r_r<1$。在$\xi \neq 0$时，实际上共振频率$f_r$是小于固有频率的（$f_r<f_n$）。

将式（2-67a）或式（2-67b）对频率比求导，并令其为零，即$\frac{d\eta_v}{dr}=0$，则共振频率f_r为

$$f_r = \frac{\sqrt{-1+\sqrt{1+8\xi^2}}}{2\xi} \cdot f_n \quad (2\text{-}68)$$

将式（2-68）代入式（2-67a）或式（2-67b），则可求得不同阻尼比 ξ 所对应的共振传递率 $\eta_{v\max}$，即

$$\eta_{v\max} = \frac{4\xi^2}{\sqrt{16\xi^4 - 8\xi^2 - 2 + 2\sqrt{1+8\xi^2}}} \quad (2\text{-}69)$$

由式（2-69）可画出 $\eta_{v\max} - \xi$ 曲线，如图 2-17 所示。

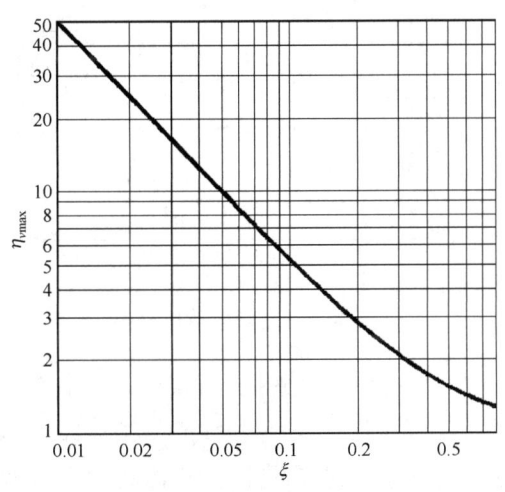

图 2-17 $\eta_{v\max} - \xi$ 曲线

3）隔振效率 E

隔振效率 E 定义为

$$E = (1 - \eta_v) \times 100\% \quad (2\text{-}70)$$

由式（2-70）可知，在 $r < \sqrt{2}$、$\eta_v > 1$ 时，$E < 0$，隔振效率为负。这说明隔振系统没有任何隔振效果，而且放大振动。只有在 $r > \sqrt{2}$、$\eta_v < 1$ 后，隔振系统才有隔振效果。

4．隔振系统设计举例

【例 2-3】某机载电子设备，质量为 4kg，质心在底部平面上的投影与底部几何形心重合。该设备的允许垂向响应加速度 $[\ddot{z}]=2g$，该设备的允许垂向自由位移量 $[z]=5$mm。现需要对该设备进行正弦扫频试验，在 5~35Hz 频带内有等位移激励 $z_0 = 1$mm，在 35~200Hz 频带内有等加速度激励 $\ddot{z}_0 = 5g$。试为该设备设计一个满足要求的隔振系统。

解：由于隔振器的种类繁多，为了有目的地选取隔振器，首先必须确定隔振系统对隔振器的加载质量 m_1（现有标准中称为公称载荷）、固有频率 f_n 和阻尼比 $c/c_c(\xi)$ 的要求（满足隔振系统设计要求的参数取值范围），然后在众多的隔振器品种中选取合适的规格。通常，其设计步骤如下。

1）画隔振器参数选择图

以加速度为纵坐标，以激励频率 f_p 为横坐标，将激励条件和允许的响应值画于图 2-18

中。图中 EFG 折线表示激励条件，DA 直线表示设备的允许垂向自由位移量 $[z]$=5mm，OABC 直线表示设备的允许垂向响应加速度 $[\ddot{z}]$=2g。

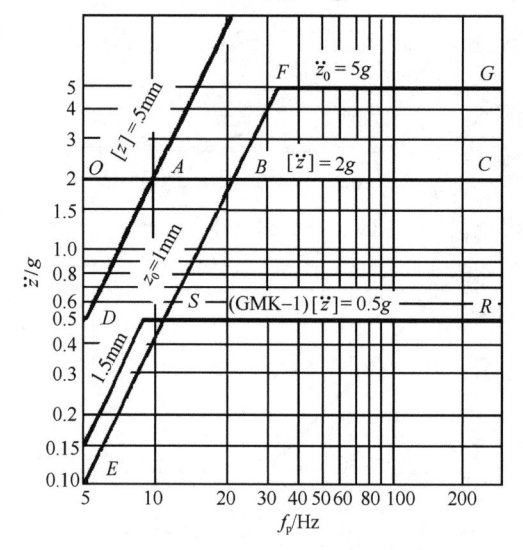

图 2-18 隔振器参数选择图

由图 2-18 可知，在 A 点（f_A）有 $[\ddot{z}]=[z](2\pi f_A)^2$。在 $f_p < f_A$ 时，尽管设备的允许垂向响应加速度 $[\ddot{z}]=2g$，但其位移响应受 $[z]$=5mm 的限制；反之，在 $f_p > f_A$ 时，设备的加速度响应受 $[\ddot{z}]=2g$ 的限制。因此，在引入隔振器并将其与设备组成隔振系统后，应确保设备在 5～200Hz 范围内的任何激励频率点的响应，也就是电子设备环境适应性平台 $\overline{Z}(s)$，均位于 DAC 折线的右下方。

2）确定每个隔振器的加载质量 m_1

当设备的质量为 m，并选用 n 个隔振器时，只要质心在安装基面上的投影与安装基面几何形心重合，即可认为每个隔振器的加载质量 $m_1 = \dfrac{m}{n}$（kg）。

一般均将 4 个隔振器安装于底部四角。故本例题有 $m_1 = \dfrac{m}{4} = \dfrac{4}{4} = 1$（kg），即隔振器的公称载荷 $P_z = 9.8\text{N}$。

3）确定固有频率 f_n 和阻尼比 ζ 的取值范围

在图 2.18 中，BFG 折线的激励条件已超过设备允许值，故 B 点为传递率 $\eta_v = 1$、$f_B = \sqrt{2} f_n$ 的临界点。在 $f_p > f_B$ 时应进入隔振区，由此条件可确定隔振系统最大固有频率 $f_{n\max} = \dfrac{\sqrt{2}}{2} f_B$。

因为
$$f_B = \dfrac{1}{2\pi}\sqrt{\dfrac{[\ddot{z}]}{z_0}} = \dfrac{1}{2\pi}\sqrt{\dfrac{2 \times 9.8}{1 \times 10^{-3}}} \approx 22.28\,(\text{Hz})$$

所以
$$f_{n\max} = \dfrac{\sqrt{2}}{2} f_B \approx \dfrac{\sqrt{2}}{2} \times 22.28 \approx 15.75\,(\text{Hz})$$

此时，隔振系统允许的传递率$[\eta_v]$为

$$[\eta_v] \leq \frac{[\ddot{z}]}{z_0(2\pi f_{n\max})^2} = \frac{2 \times 9.8}{1 \times 10^{-3} \times (2\pi \times 15.75)^2} \approx 2$$

当满足$[\eta_v] \leq 2$时，其阻尼比$\xi \geq 0.25$。由于较大的阻尼比会影响隔振效果，故可在$f_n \leq f_A$取值，此时$[\eta_v]=5$，$\xi \geq 0.1$，可在隔振区获得较好的隔振效果。因此，可确定单个隔振器参数的取值范围为

$$m_1 \geq 1\text{kg} \quad (P_z \geq 9.8\text{N})$$
$$f_n \leq 10\text{Hz}$$
$$\xi \geq 0.1$$

2.2.4 单自由度线性系统对非谐和周期激励的响应

工作在运载工具上的电子设备，除受谐和周期激励作用外，还常受到非谐和周期激励的作用。例如，在火车匀速行驶时，在铁轨的接缝处会产生脉冲激励。由于轨长是标准的，故可认为它是一种周期脉冲激励。此外，当坦克、歼击机、舰艇等运载工具的火炮系统连续发射时，也会产生非谐和周期脉冲激励，如图2-19所示。国家标准GB/T 2423.6—1995《电工电子产品环境试验 第2部分：试验方法 试验Eb和导则：碰撞》和GB 2424.4—1981《电工电子产品基本环境试验规程 碰撞试验导则》规定的碰撞试验，就是模拟此类重复脉冲激励而制定的。

当激励$F(t)$是一个非谐和周期激励（广义周期激励）时，系统的力学模型如图2-20所示。

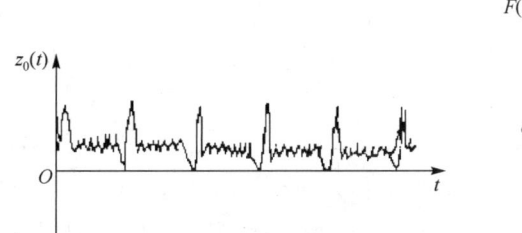

图2-19 非谐和周期脉冲激励 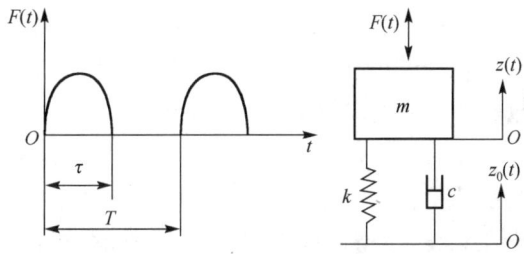　　图2-20 非谐和周期激励系统的力学模型

线性系统在合力作用下的响应与各分力对系统作用的响应和等价。这便是著名的线性系统叠加原理。当系统受非谐和周期激励作用时，先采用傅里叶级数将激励分解为各频率分量激励之和，在求出系统对各频率分量激励的响应后，再应用叠加原理求其总响应。

2.2.5 单自由度线性系统对非周期激励的响应

求系统对非周期激励的响应有多种分析方法。一种方法是将激励看成持续时间很短的连续脉冲的叠加，然后通过卷积积分来获得系统的响应，这便是有名的杜哈梅积分。另一种方法是将激励看成周期T趋于无穷大的周期激励，然后通过傅里叶积分来获得系

统的响应。本小节将仅对卷积积分方法进行详细的探讨。

1. 卷积积分方法

设 $F(t)$ 为一个脉冲激励力,当系统受 $F(t)$ 作用时,其振动微分方程为
$$m\ddot{z} + c\dot{z} + kz = F(t) = mf(t)$$
或
$$\ddot{z} + 2\xi\omega_n\dot{z} + \omega_n^2 z = f(t) \tag{2-71}$$

式中,$f(t)$ 是单位质量所受到的激励力。如图 2-21 所示,讨论系统单位质量受 $f(t)$ 作用在 $0 \leq t \leq t_0$ 时间内的响应问题时,我们可以先讨论系统单位质量在 $\tau < t < \tau + d\tau$ 时间内受 $f(\tau)$ 作用的响应在 $t = t_0$ 时刻的瞬时值 $dz|_{t=t_0}$,然后将 dz 自 0 至 t_0 进行积分,便可求出系统单位质量在 $t = t_0$ 时刻的总响应。

将 $f(\tau)$ 从连续函数 $f(t)$ 中独立出来,并以 τ 为自变量画出如图 2-22 所示的卷积积分原理图。

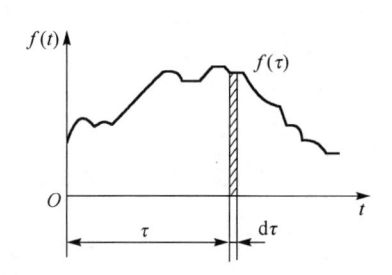

图 2-21 系统单位质量受非周期激励作用

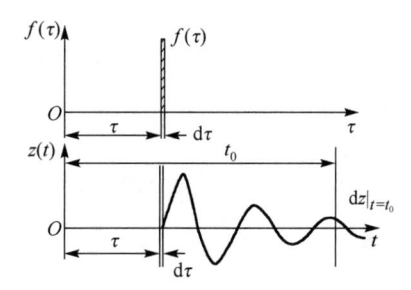

图 2-22 卷积积分原理图

假设在 $0 \leq t \leq \tau$ 时间内,系统未受外激励作用,故在 $t = \tau$ 时刻有 $z(\tau) = 0$ 和 $\dot{z}(\tau) = 0$。系统单位质量在 $\tau < t < \tau + d\tau$ 时间内受 $f(\tau)$ 激励。系统单位质量的动量增量 $1 \cdot d\dot{z}$ 等于外激励给系统单位质量的冲量 $f(\tau)d\tau$,即
$$f(\tau)d\tau = 1 \cdot d\dot{z} \tag{2-72}$$

系统单位质量受 $f(\tau)d\tau$ 作用,在 $t = \tau + d\tau$ 时刻的位移为 $z(\tau + d\tau)$,速度为 $\dot{z}(\tau + d\tau)$。由于在 $t > \tau + d\tau$ 时 $f(\tau) = 0$,于是求解系统单位质量在 $t = t_0$ 时刻的响应问题,便成为求解以 $z(\tau + d\tau)$ 和 $\dot{z}(\tau + d\tau)$ 为初始条件的自由振动在 $t = t_0$ 时刻的位移响应值问题。阻尼自由振动三角函数表达式的另一种形式为
$$z(t) = e^{-\omega_n\xi t}\left[z(\tau + d\tau)\cos\omega_d t + \frac{\dot{z}(\tau + d\tau) + \omega_n\xi z(\tau + d\tau)}{\omega_d} \cdot \sin\omega_d t\right] \tag{2-73}$$

当 $d\tau \to 0$ 时,系统来不及产生位移。由于 $z(\tau + d\tau) \to 0$,而 $\dot{z}(\tau + d\tau) = d\dot{z} = f(\tau)d\tau$,故由式(2-73)可求得系统单位质量在 $t = t_0$ 时刻的位移增量 dz 为
$$dz = e^{-\omega_n\xi(t_0-\tau)}\frac{f(\tau)d\tau}{\omega_d}\sin\omega_d(t_0 - \tau) \tag{2-74}$$

系统单位质量受 $f(t)$ 激励,在 $0 \leq t \leq t_0$ 时间内总位移 z 为

$$z = \int dz = \frac{1}{\omega_d} \int_0^{t_0} e^{-\omega_n \xi (t_0-\tau)} f(\tau) \sin \omega_d (t_0 - \tau) d\tau$$

$$= \frac{e^{-\omega_n \xi t_0}}{\omega_d} \int_0^{t_0} e^{\omega_n \xi \tau} f(\tau) \sin \omega_d (t_0 - \tau) d\tau \tag{2-75}$$

式（2-75）为有阻尼杜哈梅积分或有阻尼卷积积分。对于无阻尼系统，阻尼比 $\xi = 0$，$\omega_d = \omega_n$，则有

$$z = \frac{1}{\omega_n} \int_0^{t_0} f(\tau) \sin \omega_n (t_0 - \tau) d\tau \tag{2-76}$$

式中，$\omega_n = \sqrt{k/m}$。

当 $t_0 \to t$ 时，对于质量为 m 的系统，受 $F(t)$ 作用时，有阻尼系统的响应为

$$z(t) = \frac{e^{-\omega_n \xi t}}{m\omega_d} \int_0^t e^{\omega_n \xi \tau} F(\tau) \sin \omega_d (t - \tau) d\tau \tag{2-77}$$

而无阻尼系统的响应为

$$z(t) = \frac{1}{m\omega_n} \int_0^t F(\tau) \sin \omega_n (t - \tau) d\tau \tag{2-78}$$

2．无阻尼单自由度线性系统受脉冲作用的响应

下面求无阻尼质量-弹簧系统受矩形脉冲作用的响应。如图 2-23 所示的矩形脉冲函数为

$$F(t) = \begin{cases} F_0, & 0 \leq t \leq \tau \\ 0, & t > \tau \end{cases}$$

1）求系统在 $0 \leq t \leq \tau$ 时间内的响应

由式（2-78）可知系统在 $0 \leq t \leq \tau$ 时间内的响应为

$$z(t) = \frac{1}{m\omega_n} \int_0^t F_0 \sin \omega_n (t - u) du$$

$$= \frac{F_0}{m\omega_n^2} (1 - \cos \omega_n t) \tag{2-79}$$

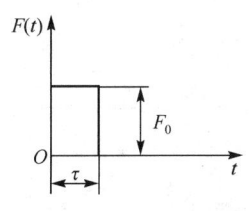

图 2-23 矩形脉冲函数

当 $t = \tau$ 时，$z(\tau) = \dfrac{F_0}{m\omega_n^2}(1 - \cos \omega_n \tau)$，$\dot{z}(\tau) = \dfrac{F_0}{m\omega_n} \sin \omega_n \tau$。

2）求系统在 $t > \tau$ 时的响应

由式（2-73）可知系统在 $t > \tau$ 时的响应为

$$\begin{cases} z(t) = B \sin(\omega_n t - \varphi) \\ B = 2\dfrac{F_0}{m\omega_n^2} \sin \dfrac{\omega_n \tau}{2} \\ \varphi = \dfrac{\pi \tau}{T} = \dfrac{\omega_n \tau}{2} \end{cases} \tag{2-80}$$

若令 $F_0/m\omega_n^2 = F_0/k = A_s$，则得

$$z(t) = 2A_s \sin\frac{\omega_n \tau}{2} \sin\omega_n\left(t - \frac{\tau}{2}\right) \qquad (2\text{-}81)$$

$z(t)$ 的幅值 $2A_s \sin\dfrac{\omega_n \tau}{2}$ 小于 A_s 的条件,即系统处于隔振区的条件为

$$\omega_n \tau < \frac{\pi}{3} \text{ 或 } T > 6\tau \qquad (2\text{-}82)$$

同理,可以导出系统受半正弦波脉冲、正矢脉冲和三角形脉冲等作用时,在脉冲作用时间内和作用结束后的响应,以及系统处于隔振区的条件等。无阻尼质量-弹簧系统受典型脉冲作用的响应如表 2-2 所示。

表 2-2 无阻尼质量-弹簧系统受典型脉冲作用的响应

脉冲名称	波形及解析式	冲量 J	有效脉冲宽度 τ_r	系统处于隔振区的条件	无阻尼质量-弹簧系统的响应(广义坐标 z) $z(t)$
矩形脉冲	$F(t) = F_0$	$F_0\tau$	τ	$\omega_n\tau < \dfrac{\pi}{3}$ 或 $T > 6\tau$	$z(t) = \dfrac{F_0}{m\omega_n^2}(1 - \cos\omega_n t),\quad 0 \leq t \leq \tau$ $z(t) = \dfrac{2F_0}{m\omega_n^2}\sin\dfrac{\omega_n\tau}{2}\sin\omega_n\left(t - \dfrac{\tau}{2}\right),\quad t > \tau$
半正弦波脉冲	$F(t) = F_0 \sin\dfrac{\pi}{\tau}t$	$F_0 \cdot \dfrac{2\tau}{\pi}$	$\dfrac{2\tau}{\pi}$	$\omega_n\tau_r < 1.08$ 或 $T > 3.7\tau$	$z(t) = \dfrac{F_0}{m\omega_n^2} \cdot \dfrac{1}{1 - \dfrac{\pi^2}{(\omega_n\tau)^2}}\left(\sin\dfrac{\pi}{\tau}t - \dfrac{\pi}{\omega_n\tau}\sin\omega_n t\right),\quad 0 \leq t \leq \tau$ $z(t) = \dfrac{2F_0}{m\omega_n^2} \cdot \dfrac{\cos\dfrac{\omega_n\tau}{2}}{\dfrac{\pi^2}{(\omega_n\tau)^2} - 1}\sin\omega_n\left(t - \dfrac{\tau}{2}\right),\quad t > \tau$
正矢脉冲	$F(t) = \dfrac{F_0}{2}\left(1 - \cos\dfrac{2\pi t}{\tau}\right)$	$F_0 \cdot \dfrac{\tau}{2}$	$\dfrac{\tau}{2}$	$\omega_n\tau_r < 1.09$ 或 $T > 2.88\tau$	$z(t) = \dfrac{F_0}{2m\omega_n^2} \cdot \dfrac{1}{1 - \dfrac{(\omega_n\tau)^2}{4\pi^2}}\left(1 - \dfrac{\omega_n\tau}{4\pi^2} + \dfrac{\omega_n\tau}{4\pi^2}\cos\dfrac{2\pi t}{\tau} - \cos\omega_n t\right),\quad 0 \leq t \leq \tau$ $z(t) = \dfrac{F_0}{m\omega_n^2}\left[\dfrac{\sin\dfrac{\omega_n\tau}{2}}{1 - \dfrac{(\omega_n\tau)^2}{4\pi}}\right]\sin\omega_n\left(t - \dfrac{\tau}{2}\right),\quad t > \tau$
三角形脉冲	$F(t) = 2F_0\dfrac{t}{\tau}$(前沿) $F(t) = 2F_0\left(1 - \dfrac{t}{\tau}\right)$(后沿)	$F_0 \cdot \dfrac{\tau}{2}$	$\dfrac{\tau}{2}$	$\omega_n\tau_r < 1.1$ 或 $T > 2.86\tau$	$z(t) = \dfrac{2F_0}{m\omega_n^2} \cdot \left(\dfrac{t}{\tau} - \dfrac{\sin\omega_n t}{\omega_n t}\right),\quad 0 < t < \dfrac{\tau}{2}$ $z(t) = \dfrac{2F_0}{m\omega_n^2}\left[1 - \dfrac{t}{\tau} - \dfrac{\sin\omega_n t}{\omega_n t} + \dfrac{2\sin\omega_n\left(t - \dfrac{\tau}{2}\right)}{\omega_n\tau}\right],\quad \dfrac{\tau}{2} \leq t \leq \tau$ $z(t) = \dfrac{F_0}{m\omega_n^2}\left(\dfrac{8\sin^2\dfrac{\omega_n\tau}{4}}{\omega_n\tau}\right)\sin\omega_n\left(t - \dfrac{\tau}{2}\right),\quad t > \tau$

3. 冲击响应谱

在工程中常引用有效脉冲宽度(或等效脉冲宽度)τ_r 这一概念。τ_r 定义为将非矩形

脉冲等效为与矩形脉冲峰值相同，包围的面积（冲量）相等时的脉冲宽度。典型脉冲的有效脉冲宽度 τ_r 见表 2-2。根据表 2-2 给出的公式，以响应振幅 $\ddot{z}_m$ 与激励振幅 $\ddot{z}_p$ 比值为纵坐标，以 $\omega_n \tau_r$ 为横坐标，可画出系统在各种脉冲作用下的 $\ddot{z}_m/\ddot{z}_p - \omega_n \tau_r$ 曲线，如图 2-24 所示。将图 2-24 中的横坐标 $\omega_n \tau_r$ 除以 τ_r 后，则变为 $\ddot{z}_m/\ddot{z}_p - \omega_n$ 曲线，当不同的系统（ω_n 不同）受同一个冲击脉冲作用时，该图可视为系统响应振幅与固有角频率之间的关系图，故可称其为冲击响应谱。由于冲击力比阻尼力大很多，故在结构的冲击响应谱分析时，往往将结构视为无阻尼系统。

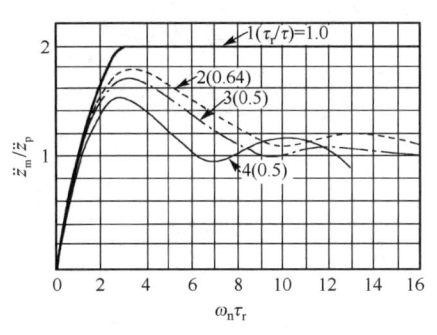

1—矩形脉冲；2—半正弦波脉冲；
3—正矢脉冲；4—三角形脉冲。

图 2-24 $\ddot{z}_m/\ddot{z}_p - \omega_n \tau_r$ 曲线

电子设备振动分析主要解决结构的累积疲劳损伤，而冲击讨论的是在冲击作用下元器件、结构件是否遭受到损坏、失效、失灵。所以，冲击关心的是电子设备受冲击后的最大响应值是否超过结构材料的允许应力，而引起断裂或永久变形，或者元器件失效。

由于单自由度线性系统受外界冲击激励时，只有在变形空间足够大，而不发生刚性碰撞引起非线性冲击的情况下，才有可能在满足表 2-2 中"系统处于隔振区的条件"的前提下，起到缓冲作用。而工程中留给电子设备隔振缓冲系统和隔振器的变形空间很小，且隔振器大多为非线性的，所以本小节不再详细讨论单自由度线性系统的冲击隔离问题。希望读者在用冲击响应谱方法校核电子设备抗冲击能力时，应多考虑真实结构非线性影响和该试验的置信度问题。

2.3 多自由度线性系统的振动

在大多数情况下，电子设备所受到的激励往往是来自载体的基础位移激励。本节着重讨论在基础位移激励下的二自由度线性系统的振动及其振动控制。

2.3.1 有阻尼二自由度线性系统受基础位移激励的振动

1）振动微分方程

当如图 2-25 所示的有阻尼二自由度线性系统受基础位移激励作用时，其振动微分方程为

$$\begin{cases} m_1\ddot{x}_1 + (c_1+c_2)\dot{x}_1 + (k_1+k_2)x_1 - c_2\dot{x}_2 - k_2 x_2 = c_1\dot{x}_0 + k_1 x_0 \\ m_2\ddot{x}_2 + c_2\dot{x}_2 + k_2 x_2 - c_2\dot{x}_1 - k_2 x_1 = 0 \end{cases} \quad (2\text{-}83)$$

2）振动微分方程的通解

设式（2-83）中 $x_0 = X_0 e^{j\omega t}$，则式（2-83）的通解为

$$x_1 = X_1 e^{j\omega t}$$
$$x_2 = X_2 e^{j\omega t} \quad (2\text{-}84)$$

式（2-84）可写成

$$x_1 = |X_1| e^{j(\omega t - \varphi_1)}$$
$$x_2 = |X_2| e^{j(\omega t - \varphi_2)}$$

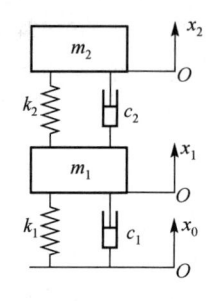

图 2-25 有阻尼二自由度线性系统受基础位移激励作用

将式（2-84）代入式（2-83），化简后写成矩阵形式：

$$\begin{bmatrix} k_1 + k_2 - m_1\omega^2 + j(c_1+c_2)\omega & -(k_2 + j\omega c_2) \\ -(k_2 + j\omega c_2) & k_2 - m_2\omega^2 + j\omega c_2 \end{bmatrix} \begin{bmatrix} X_1 \\ X_2 \end{bmatrix} = \begin{bmatrix} k_1 + j\omega c_1 \\ 0 \end{bmatrix} X_0 \quad (2\text{-}85)$$

将式（2-85）展开、化简，并令

$$k_1/m_1 = \omega_{01}^2, \quad k_2/m_2 = \omega_{02}^2, \quad \omega/\omega_{01} = r_1, \quad \omega/\omega_{02} = r_2,$$
$$\omega_{02}/\omega_{01} = r_0, \quad \xi_1 = c_1/2\sqrt{m_1 k_1}, \quad \xi_2 = c_2/2\sqrt{m_2 k_2}, \quad m_2/m_1 = \mu$$

则有

$$X_1 = \{[(1 - r_2^2 - 4\xi_1\xi_2 r_1 r_2) + j2(\xi_2 r_2 + \xi_1 r_1 - \xi_1 r_2^2)]X_0\}$$
$$\cdot \{[(1-r_1^2)(1-r_2^2) - \mu r_1^2 - 4\xi_1\xi_2 r_1 r_2] + j2[\xi_2 r_2 + \xi_1 r_1 - (\xi_2 r_2 r_1^2 + \xi_1 r_1 r_2^2 + \mu\xi_2 r_0 r_1 r_2^2)]\}^{-1} \quad (2\text{-}86a)$$

$$X_2 = \{[(1 - 4\xi_1\xi_2 r_1 r_2) + j2(\xi_2 r_2 + \xi_1 r_1)]X_0\}$$
$$\cdot \{[(1-r_1^2)(1-r_2^2) - \mu r_1^2 - 4\xi_1\xi_2 r_1 r_2] + j2[\xi_2 r_2 + \xi_1 r_1 - (\xi_2 r_2 r_1^2 + \xi_1 r_1 r_2^2 + \mu\xi_2 r_0 r_1 r_2^2)]\}^{-1} \quad (2\text{-}86b)$$

将 $|X_1|$ 和 $|X_0|$ 相除即可得到基础位移激励对质量 m_1 间的传递率 η_{10}：

$$\eta_{10} = \left|\frac{X_1}{X_0}\right| = ([(1-r_2^2 - 4\xi_1\xi_2 r_1 r_2)^2 + 4(\xi_2 r_2 + \xi_1 r_1 - \xi_1 r_2^2)^2] \cdot \{[(1-r_1^2)(1-r_2^2) - \mu r_1^2 - 4\xi_1\xi_2 r_1 r_2]^2$$
$$+ 4[\xi_2 r_2 + \xi_1 r_1 - (\xi_2 r_2 r_1^2 + \xi_1 r_1 r_2^2 + \mu\xi_2 r_0 r_1 r_2^2)]^2\}^{-1})^{1/2} \quad (2\text{-}87a)$$

将 $|X_2|$ 和 $|X_0|$ 相除即可得到基础位移激励对质量 m_2 间的传递率 η_{20}：

$$\eta_{20} = \left|\frac{X_2}{X_0}\right| = ([(1-4\xi_1\xi_2 r_1 r_2)^2 + 4(\xi_2 r_2 + \xi_1 r_1)^2] \cdot \{[(1-r_1^2)(1-r_2^2) - \mu r_1^2 - 4\xi_1\xi_2 r_1 r_2]^2$$
$$+ 4[\xi_2 r_2 + \xi_1 r_1 - (\xi_2 r_2 r_1^2 + \xi_1 r_1 r_2^2 + \mu\xi_2 r_0 r_1 r_2^2)]^2\}^{-1})^{1/2} \quad (2\text{-}87b)$$

同时有

$$\tan\varphi_1 = \frac{2(\xi_2 r_2 + \xi_1 r_1 - \xi_1 r_2^2)}{1 - r_2^2 - 4\xi_1\xi_2 r_1 r_2} \quad (2\text{-}88a)$$

$$\tan\varphi_2 = \frac{2(\xi_2 r_2 + \xi_1 r_1)}{1 - 4\xi_1\xi_2 r_1 r_2} \quad (2\text{-}88b)$$

2.3.2 无阻尼二自由度线性系统的隔振设计

为使讨论简化，现以无阻尼二自由度线性系统为例，讨论其隔振设计。无阻尼二自由度线性系统如图 2-26 所示。

令式（2-87a）和式（2-87b）中 $\xi_1=\xi_2=0$，即有传递率 η_{10}、η_{20} 和 η_{21}：

$$\eta_{10}=\frac{1-r_2^2}{(1-r_1^2)(1-r_2^2)-\mu r_1^2} \quad (2\text{-}89\text{a})$$

$$\eta_{20}=\frac{1}{(1-r_1^2)(1-r_2^2)-\mu r_1^2} \quad (2\text{-}89\text{b})$$

$$\eta_{21}=\frac{\eta_{20}}{\eta_{10}}=\frac{1}{1-r_2^2} \quad (2\text{-}89\text{c})$$

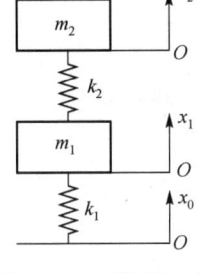

图 2-26　无阻尼二自由度线性系统

1. 二次隔振

当电子设备中的敏感元件（如机械滤波器、晶体振荡器或电子设备中的频综单元等）的质量 m_2 与电子设备的质量 m_1 相比很小时，为保证 m_2 有更好的隔振效果，采用隔振器（弹簧刚度为 k_2）对其进行保护。当 $m_2 \ll m_1$ 时，即 $\mu \to 0$，此时可将 m_1 的运动状态作为 m_2 的激励，而 m_2 的运动状态对 m_1 影响较小。故有

$$\eta_{21}=\frac{1}{1-r_2^2} \quad (2\text{-}90\text{a})$$

$$\eta_{10}=\frac{1}{1-r_1^2} \quad (2\text{-}90\text{b})$$

$$\eta_{20}=\frac{1}{(1-r_1^2)(1-r_2^2)} \quad (2\text{-}90\text{c})$$

此时，可将系统看作两个单自由度线性系统。可根据单自由度线性系统隔振设计方法求出 k_1 和 k_2，并选用合适的隔振器。

2. 双层隔振

当 m_1 和 m_2 在量值上可比时，即 $\mu \ne 0$，应将电子设备的允许位移幅值 $[X_1]$（$[X_2]$）及允许峰值加速度 $[\ddot{X}_1]$（$[\ddot{X}_2]$）分别与基础位移激励的位移幅值 X_0 和峰值加速度 $\ddot{X}_0$ 比值中的较小值作为允许传递率 $[\eta_{10}]$（$[\eta_{20}]$），即

$$\eta_{10}=\frac{[X_1]}{X_0} \text{ 和 } \eta_{10}=\frac{[\ddot{X}_1]}{\ddot{X}_0} \text{ 中的较小值，记为 } [\eta_{10}]$$

$$\eta_{20}=\frac{[X_2]}{X_0} \text{ 和 } \eta_{20}=\frac{[\ddot{X}_2]}{\ddot{X}_0} \text{ 中的较小值，记为 } [\eta_{20}]$$

并且在被保护电子设备的质量 m_1、m_2 为已知量时，即可确定所需的弹簧刚度 k_1 和 k_2：

$$k_1=\frac{m_1\omega^2([\eta_{10}]-\mu[\eta_{20}])}{[\eta_{10}]+1} \quad (2\text{-}91\text{a})$$

$$k_2=\frac{m_2\omega^2[\eta_{20}]}{[\eta_{20}]+[\eta_{10}]} \quad (2\text{-}91\text{b})$$

式中，ω 为激励角频率；$\mu=m_2/m_1$，为质量比；$[\eta_{10}]$ 和 $[\eta_{20}]$ 均为允许值，在数值上均取正值。由于 k_1 为正刚度，$k_1>0$，故有 $[\eta_{10}]-\mu[\eta_{20}]>0$，即

$$\mu < \frac{[\eta_{10}]}{[\eta_{20}]} \tag{2-91c}$$

由式（2-91c）可知，当 $\mu<[\eta_{10}]/[\eta_{20}]$ 时，可以有 k_1 的正刚度解，否则将含有 k_1 的零刚度、负刚度解。单独使用零刚度和负刚度的系统是不稳定系统。式（2-91c）可以作为双层隔振设计是否有稳定解的判定式。

3．动力消振器

若令式（2-89a）中 $\eta_{10}=0$，则必有 $1-r_2^2=0$，$r_2=\pm1$。取 r_2 为正值，有 $\omega/\omega_{02}=1$。也就是说，当 $\omega=\omega_{02}=\sqrt{k_2/m_2}$ 时，可以使基础位移激励的能量完全由引入的 m_2-k_2 系统来吸收，而使质量 m_1 保持静止不动，这便是无源动力消振器的原理。动力消振器只有在外界干扰频率是固定频率或窄频带时方可应用。否则，将会由于引入 m_2-k_2 系统，使共振频带宽度加大，共振点增多。

将 $1-r_2^2=0$ 代入式（2-89b），则引入的 m_2-k_2 系统动力消振器的传递率 η_{20} 为

$$\eta_{20} = \frac{1}{-\mu r_1^2} \tag{2-92}$$

动力消振器可按下列步骤设计。

（1）确定已知条件：电子设备的质量 m_1、已选定隔振器（或支承弹簧）的弹簧刚度 k_1、基础位移激励的位移幅值 X_0，动力消振器的允许位移幅值 $[X_2]$，激励角频率 ω 或变化范围。

（2）确定 m_2 和 k_2，即

$$m_2 = \frac{k_1 X_0}{[X_2]\omega^2} \tag{2-93a}$$

$$k_2 = m_2\omega^2 = \frac{k_1 X_0}{[X_2]} \tag{2-93b}$$

动力消振器只能在某一个恒定的频率点工作，否则会在其他频率点引起共振。因此，工程中往往用有阻尼动力消振器来克服上述缺点，并扩大其使用的频率范围。

2.3.3 有阻尼动力消振器

1．有阻尼动力消振器原理

有阻尼动力消振器的原理图如图 2-27 所示。它可以认为是如图 2-25 所示的有阻尼二自由度线性系统中 $c_1=0(\xi_1=0)$ 时的特例。

令 $r_2=r_1/r_0$，$r_0=\omega_{02}/\omega_{01}$，并将 $\xi_1=0$ 代入式（2-87a）和式（2-87b），则有阻尼动力消振器的传递率 η_{10} 和 η_{20} 分别为

$$\eta_{10} = \sqrt{\frac{(r_0^2-r_1^2)^2 + 4\xi_2^2 r_1^2 r_0^2}{[(1-r_1^2)(r_0^2-r_1^2)-\mu r_0^2 r_1^2]^2 + 4\xi_2^2 r_0^2 r_1^2[1-(1+\mu)r_1^2]^2}} \tag{2-94a}$$

$$\eta_{20} = \sqrt{\frac{r_0^4 + 4\xi_2^2 r_1^2 r_0^2}{[(1-r_1^2)(r_0^2-r_1^2)-\mu r_0^2 r_1^2]^2 + 4\xi_2^2 r_0^2 r_1^2[1-(1+\mu)r_1^2]^2}} \tag{2-94b}$$

选取不同的 r_0 和 μ 值，即可获得不同的 η_{10}-r_1 曲线和 η_{20}-r_1 曲线。

现以 $r_0=1$ 且 $\mu=1/20$ 为例，将它们代入式（2-94a），画出不同值时的 η_{10}-r_1 曲线，如图 2-28 所示。由图 2-28 可见，不论 ξ_2 为何值，曲线均通过 P、Q 两点，这与单自由度线性系统隔振传递率曲线中 $r=0$ 和 $r=\sqrt{2}$、$\eta_v=1$ 的情况相似。通过使 $\xi_2=0$ 和 $\xi_2=\infty$ 两种特殊情况下，同一个 Q 点或 P 点的传递率相等的条件，确定 P 点和 Q 点的坐标值。由式（2-94a）得出以下关系式。

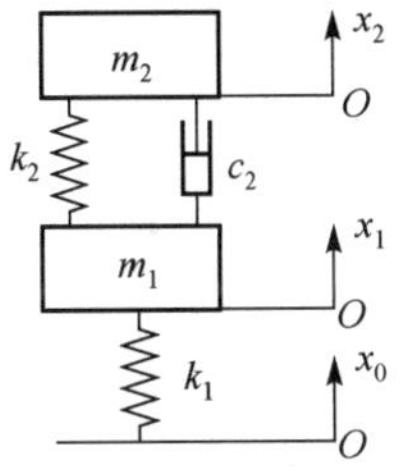

当 $\xi_2=0$ 时，有

$$\eta_{10}=\frac{r_0^2-r_1^2}{(1-r_1^2)(r_0^2-r_1^2)-\mu r_0^2 r_1^2} \quad (2\text{-}95)$$

当 $\xi_2=\infty$ 时，有

$$\eta_{10}=\frac{\pm 1}{1-r_1^2-\mu r_1^2} \quad (2\text{-}96)$$

图 2-27 有阻尼动力消振器的原理图

令式（2-95）与式（2-96）相等，当式（2-96）取正值时，可解出在 $r_0 \neq 0$ 时，$r_1=0$，这是无意义的。当式（2-96）取负值时，可得

$$\frac{r_0^2-r_1^2}{(1-r_1^2)(r_0^2-r_1^2)-\mu r_0^2 r_1^2}=\frac{-1}{1-r_1^2-\mu r_1^2}$$

求解得

$$r_{P,Q}^2=\frac{1+r_0^2+\mu r_0^2}{2+\mu}\mp\sqrt{\left(\frac{1+\mu r_0^2+r_0^2}{2+\mu}\right)^2-\frac{2r_0^2}{2+\mu}} \quad (2\text{-}97)$$

将式（2-97）代入式（2-96），即可求出 P 点和 Q 点的纵坐标值 η_P 和 η_Q：

$$\eta_P=\frac{1}{1-r_P^2-\mu r_P^2} \quad (2\text{-}98\text{a})$$

$$\eta_Q=\frac{-1}{1-r_Q^2-\mu r_Q^2} \quad (2\text{-}98\text{b})$$

η_Q 取负值是因为在 Q 点，m_1 和 m_2 两者相位相反。

2．有阻尼动力消振器设计

由如图 2-28 所示的曲线可以看出，不论阻尼比如何，最大传递率总不会小于 P、Q 两点的纵坐标值。因此，我们关心的是：①使 P、Q 两点等高，确定最佳频率比；②选用最佳阻尼比，使 P、Q 两点的纵坐标值就是最大传递率，如图 2-29 所示。

1）使 P、Q 两点等高——最佳频率比的确定

要使 P、Q 两点等高，只需要令式（2-98a）和式（2-98b）相等，可得

$$\eta_P=\frac{1}{1-r_P^2-\mu r_P^2}=\eta_Q=\frac{-1}{1-r_Q^2-\mu r_Q^2} \quad (2\text{-}99)$$

求解得

$$r_P^2+r_Q^2=\frac{2}{1+\mu} \quad (2\text{-}100)$$

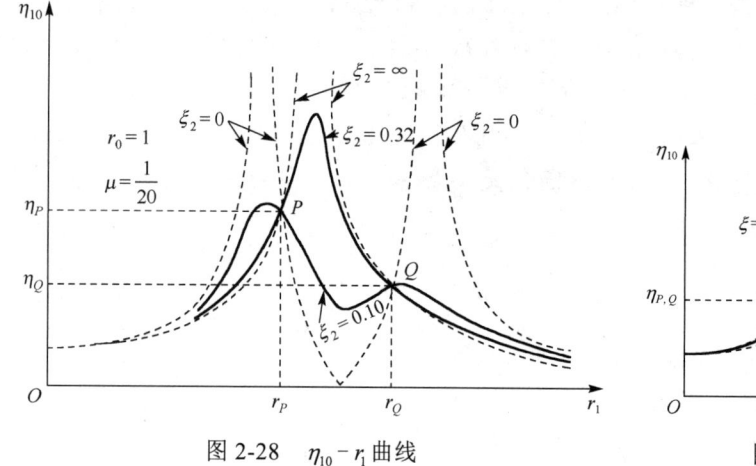

图 2-28 η_{10}-r_1 曲线

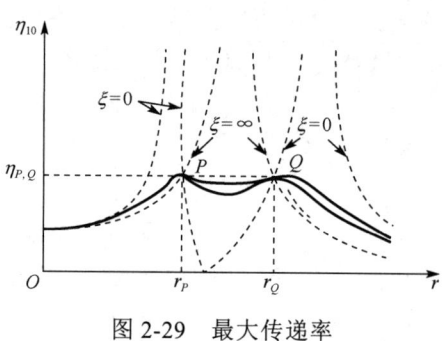

图 2-29 最大传递率

此外，由式（2-97）有

$$r_P^2 + r_Q^2 = \frac{2(1 + r_0^2 + \mu r_0^2)}{2 + \mu} \tag{2-101}$$

使式（2-100）和式（2-101）右边相等，可解出最佳频率比 r_0：

$$r_0 = \frac{1}{1 + \mu} \tag{2-102}$$

将式（2-102）代入式（2-97），得 r_P 和 r_Q 的横坐标为

$$r_{P,Q}^2 = \frac{1}{1+\mu}\left(1 \mp \sqrt{\frac{\mu}{2+\mu}}\right) \tag{2-103}$$

将式（2-103）代入式（2-98），即可求出传递率：

$$\eta_{P,Q} = \left(\frac{X_1}{X_0}\right)_P = \left(\frac{X_1}{X_0}\right)_Q = \pm\sqrt{1 + \frac{2}{\mu}} \tag{2-104}$$

由式（2-104）可知，要使 $\eta_{P,Q}$ 减小，只有增大质量比 μ，即增大附加质量 m_2。但 m_2 的增大往往受工程实际条件的限制，故应根据周围的空间、隔振器的承载量、激励力的大小等具体情况来定。

2）最佳阻尼比 ξ_0 的确定

根据式（2-94a），使 $\dfrac{\mathrm{d}\eta_{10}}{\mathrm{d}r_1} = 0$，并将 $r_0 = \dfrac{1}{1+\mu}$ 代入，即可求出使 P、Q 两点成为传递率曲线最高点时的阻尼比 ξ_{0P} 和 ξ_{0Q}：

$$\xi_{0P}^2 = \frac{\mu}{8(1+\mu)^3}\left(3 - \sqrt{\frac{\mu}{2+\mu}}\right) \tag{2-105a}$$

$$\xi_{0Q}^2 = \frac{\mu}{8(1+\mu)^3}\left(3 + \sqrt{\frac{\mu}{2+\mu}}\right) \tag{2-105b}$$

由式（2-105a）和式（2-105b）可知，$\xi_{0P} \neq \xi_{0Q}$，即在同一个阻尼比值下，P、Q 两

点是不可能等高的。为了使其数值比较接近，取其平均阻尼比为最佳阻尼比 ξ_0，则有

$$\xi_0 = \sqrt{\frac{3\mu}{8(1+\mu)^3}} \tag{2-106}$$

2.4 连续弹性体系统的振动

电子设备中的很多支承、传力杆件等均可视为连续弹性体系统。其质量和刚度原则上是连续分布的。它们的运动状态需要用无穷多个坐标来描述。

在讨论连续弹性体系统的振动问题时，有两个基本假设：①其材料均匀连续，各向同性；②其应力应变关系符合胡克定律（线性的）。

2.4.1 杆的纵向振动

在电子设备中，大到天线的桁架、机柜结构，小到电阻、电容引线，均可视为杆构件。

1. 杆的纵向振动及振动方程

图 2-30（a）所示为均质等截面细长杆，以 x 轴作为杆的中心线，假设杆的振动位移仅沿 x 轴向（这称为杆的纵向振动），其上任一截面始终保持为平面而且与 x 轴垂直。在静止状态，每一截面的位置均可用坐标 x 表示。当杆振动时，任一截面的位移不仅与 x 坐标有关，而且与时间 t 有关。故在任一截面 x 处，截面振动位移显然是 x 和 t 的函数，以 $u(x,t)$ 表示，其中 u 表示质点运动的广义坐标。

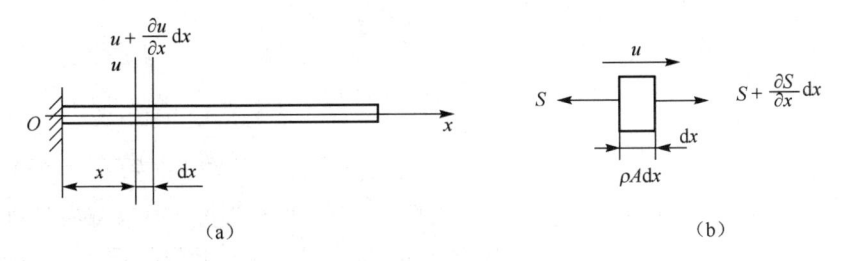

图 2-30 杆的纵向振动

从 x 处截取一个微元体 $\mathrm{d}x$，其受力状态如图 2-30（b）所示。在 t 时刻，如果截面 x 处的振动位移为 $u(x,t)$，轴向力为 S，则在截面 $x+\mathrm{d}x$ 处的位移增量应为 $\frac{\partial u}{\partial x}\mathrm{d}x$，轴向力为 $S + \frac{\partial S}{\partial x}\mathrm{d}x$。当材料密度为 ρ 且截面积为 A 时，微元体的质量 $\mathrm{d}m = \rho A \mathrm{d}x$，加速度为 $\frac{\partial^2 u}{\partial t^2}$，惯性力为 $\rho A \mathrm{d}x \frac{\partial^2 u}{\partial t^2}$。根据达朗贝尔原理，有

$$\left(S + \frac{\partial S}{\partial x}\mathrm{d}x\right) - S - \rho A \mathrm{d}x \frac{\partial^2 u}{\partial t^2} = 0 \tag{2-107}$$

整理后有

$$\frac{\partial S}{\partial x} - \rho A \frac{\partial^2 u}{\partial t^2} = 0 \qquad (2\text{-}108a)$$

由于微元体的位移增量 $\frac{\partial u}{\partial x}\mathrm{d}x$ 就是其总伸长量，其单位伸长（也称应变）$\varepsilon = \frac{\partial u}{\partial x}$。应变与材料弹性模量 E 的乘积等于截面应力，即 $\sigma = E\varepsilon$，故截面的轴向力为

$$S = A\sigma = EA\frac{\partial u}{\partial x} \qquad (2\text{-}108b)$$

将式（2-208b）代入式（2-208a），令 $\frac{E}{\rho} = a^2$，有

$$\frac{\partial^2 u}{\partial x^2} = \frac{1}{a^2}\frac{\partial^2 u}{\partial t^2} \qquad (2\text{-}108c)$$

式（2-108c）就是均质等截面杆的纵向自由振动（本小节所讲杆的纵向振动主要是指杆的纵向自由振动）方程，称为一维波动方程。其中，a 表示波沿 x 轴的传播速度，对一个确定的杆来说，a 为常数。

2．杆纵向振动的固有角频率和主振型

利用分离变量法，将式（2-108c）的解设为

$$u(x,t) = U(x)T(t) \qquad (2\text{-}109)$$

式中，$U(x)$ 是仅与 x 坐标有关的函数，表示振动系统的空间形态，称为振型函数；$T(t)$ 是仅与时间 t 有关的函数，表示系统的振动方式。将式（2-109）代入式（2-108c），有

$$T(t)\frac{\mathrm{d}^2 U(x)}{\mathrm{d}x^2} = \frac{1}{a^2}U(x)\frac{\mathrm{d}^2 T}{\mathrm{d}t^2}$$

整理上式，令 $\frac{\mathrm{d}^2 U(x)}{\mathrm{d}x^2} = U''(x)$，$\frac{\mathrm{d}^2 T}{\mathrm{d}t^2} = \ddot{T}(t)$，有

$$\frac{\ddot{T}(t)}{T(t)} = a^2\frac{U''(x)}{U(x)} \qquad (2\text{-}110)$$

由式（2-110）可知，时域函数 $\ddot{T}(t)/T(t)$ 与位移 x 无关，位移域函数 $U''(x)/U(x)$ 与时间 t 无关。因此，式（2-110）两边必须等于同一常数才能成立，并且只有把常数假设为负值，式（2-110）才有非零解。设该常数为 $-\omega_n^2$，于是得出下列两式：

$$U''(x) + \frac{\omega_n^2}{a^2}U(x) = 0 \qquad (2\text{-}111)$$

$$\ddot{T}(t) + \omega_n^2 T(t) = 0 \qquad (2\text{-}112)$$

对以上两式分别求解得

$$U(x) = C\cos\frac{\omega_n}{a}x + D\sin\frac{\omega_n}{a}x \qquad (2\text{-}113)$$

$$T(t) = P\cos\omega_n t + Q\sin\omega_n t \qquad (2\text{-}114)$$

式中，P、Q、C、D 为常数，它们分别由初始条件和边界条件求得。于是，杆纵向振动的响应为

$$u(x,t) = \left(C\cos\frac{\omega_n}{a}x + D\sin\frac{\omega_n}{a}x\right)(P\cos\omega_n t + Q\sin\omega_n t) \tag{2-115}$$

式（2-115）为杆纵向振动的主振动，它表示杆各个质点以 $U(x)$ 形态做角频率为 ω_n 的振动，所以式（2-113）表示的 $U(x)$ 就是主振型，ω_n 是振动固有角频率。

杆的简单边界条件如表 2-3 所示。杆纵向振动的固有角频率和主振型如表 2-4 所示。表 2-4 列出了两种不同边界条件下的情况。

表 2-3　杆的简单边界条件

	固定—固定	固定—自由	自由—自由
$x = 0$	$U(0) = 0$	$U(0) = 0$	$U'(0) = 0$
$x = l$	$U(l) = 0$	$U'(l) = 0$	$U'(l) = 0$

表 2-4　杆纵向振动的固有角频率和主振型

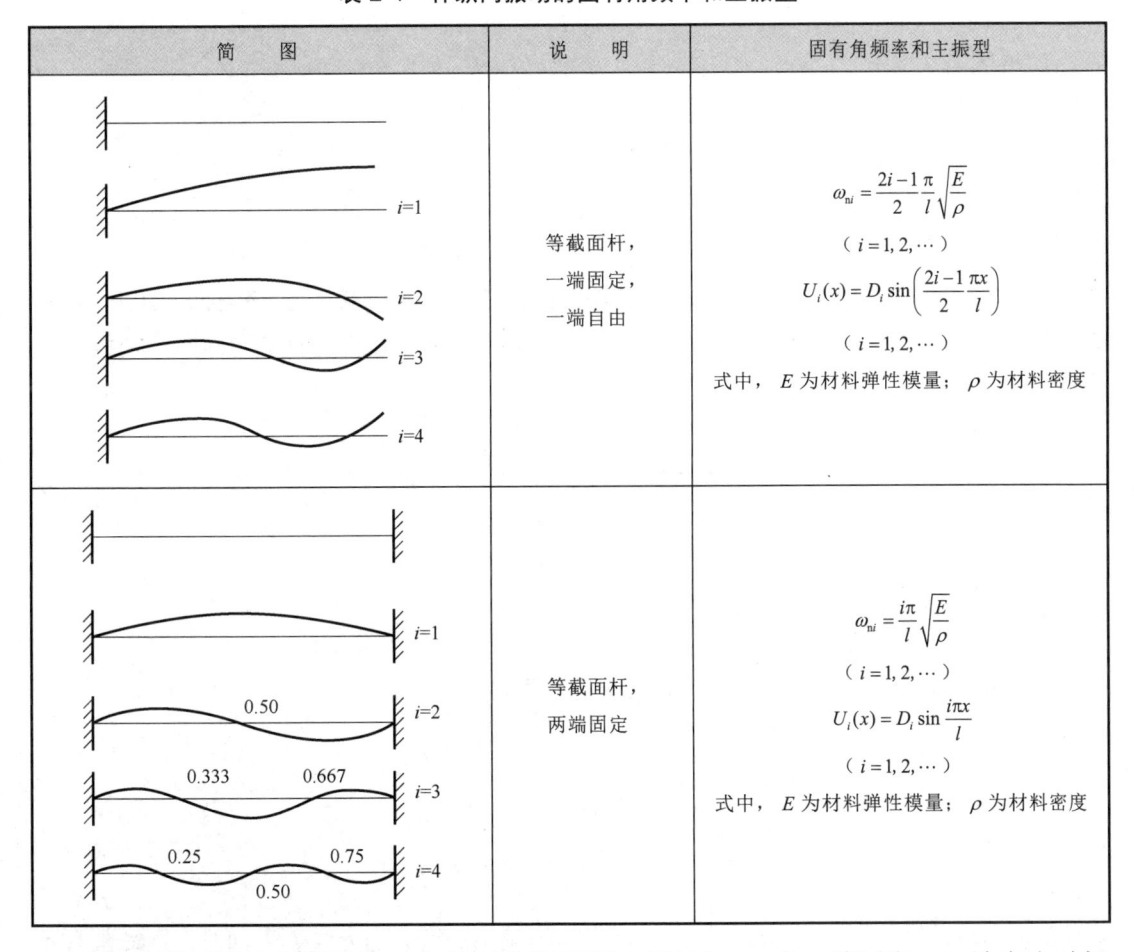

简　图	说　明	固有角频率和主振型
（一端固定、一端自由，$i=1,2,3,4$ 振型图）	等截面杆，一端固定，一端自由	$\omega_{ni} = \dfrac{2i-1}{2}\dfrac{\pi}{l}\sqrt{\dfrac{E}{\rho}}$ （$i = 1, 2, \cdots$） $U_i(x) = D_i \sin\left(\dfrac{2i-1}{2}\dfrac{\pi x}{l}\right)$ （$i = 1, 2, \cdots$） 式中，E 为材料弹性模量；ρ 为材料密度
（两端固定，$i=1,2,3,4$ 振型图，节点位置 0.50；0.333, 0.667；0.25, 0.50, 0.75）	等截面杆，两端固定	$\omega_{ni} = \dfrac{i\pi}{l}\sqrt{\dfrac{E}{\rho}}$ （$i = 1, 2, \cdots$） $U_i(x) = D_i \sin\dfrac{i\pi x}{l}$ （$i = 1, 2, \cdots$） 式中，E 为材料弹性模量；ρ 为材料密度

【例 2-4】图 2-31 所示为一个均质等截面杆，杆长为 l。求一端固定、一端自由时杆纵向振动的固有角频率和主振型。

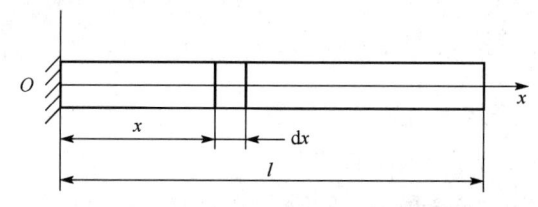

图 2-31 一端固定、一端自由时杆的纵向振动

解：由表 2-3 可知，杆一端固定、一端自由时的边界条件为
$$x=0, \quad U(0)=0; \quad x=l, \quad U'(l)=0$$
将以上边界条件代入式（2-113），得
$$C=0, \quad D\frac{\omega_n}{a}\cos\frac{\omega_n l}{a}=0$$

由 $D\dfrac{\omega_n}{a}\cos\dfrac{\omega_n l}{a}=0$ 得杆纵向振动的频率方程为
$$\cos\frac{\omega_n l}{a}=0$$

解得固有角频率为
$$\omega_{ni}=\frac{(2i-1)\pi a}{2l} \quad (i=1,2,\cdots)$$

相应的主振型为
$$U_i(x)=D_i\sin\frac{(2i-1)\pi x}{2l} \quad (i=1,2,\cdots)$$

【**例 2-5**】图 2-32 所示为一个均质等截面杆，杆的弹性模量为 E，截面积为 A，杆长为 l。杆左端固定，右端与一个弹簧刚度为 k 的弹簧相连，求杆纵向振动的固有角频率和主振型。

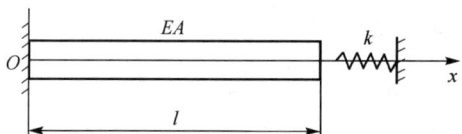

图 2-32 左端固定、右端与弹簧相连时杆的纵向振动

解：杆左端为固定端，其边界条件为
$$x=0, \quad U(0)=0$$
杆右端受到弹簧力 $-kU(l)$ 的作用，其边界条件为
$$x=l, \quad EA\frac{\mathrm{d}U}{\mathrm{d}x}=-kU(l)$$
上式称为力边界条件。将以上边界条件代入式（2-213），得
$$C=0, \quad EA\frac{\omega_n}{a}\cos\frac{\omega_n l}{a}=-k\sin\frac{\omega_n}{a}l$$

$EA\dfrac{\omega_n}{a}\cos\dfrac{\omega_n l}{a}=-k\sin\dfrac{\omega_n}{a}l$ 即为杆纵向振动的频率方程。当 k 取值不同时，系统具有不同的固有角频率。

当杆与较软的弹簧连接，即 $k\approx 0$ 时，杆的右端可视为自由端。

当杆与较硬的弹簧连接，即 $k\to\infty$ 时，杆的右端可视为固定端，其频率方程为

$$\sin\frac{\omega_n l}{a}=0$$

解得固有角频率为

$$\omega_{ni}=\frac{i\pi a}{l} \quad (i=1,2,\cdots)$$

相应的主振型为

$$U_i(x)=D_i\sin\frac{i\pi}{l}x \quad (i=1,2,\cdots)$$

由此可见，改变杆端的边界条件，是提高杆固有角频率最有效的办法。当杆端由自由状态变为紧固状态时，其相应的各阶固有角频率几乎成倍提高。

2.4.2 轴的扭转振动

为便于讨论，假设做扭转振动的杆为均质等截面圆杆，将其称为轴。轴的扭转振动如图 2-33 所示。设轴长为 l，剪切弹性模量为 G，截面的极惯性矩为 J_p，材料密度为 ρ，x 轴为轴心线。当轴受外力矩 M 作用时，轴上任一截面的转角 θ 是位置坐标 x 和时间 t 的函数，以 $\theta(x,t)$ 表示。

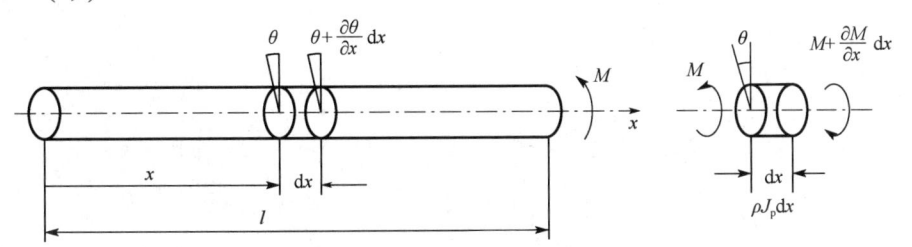

图 2-33 轴的扭转振动

轴的扭转自由振动（本小节所讲轴的扭转振动主要是指轴的扭转自由振动）方程为

$$\frac{\partial^2\theta}{\partial x^2}=\frac{1}{a^2}\frac{\partial^2\theta}{\partial t^2} \tag{2-116}$$

式中，$a^2=\dfrac{G}{\rho}$。式（2-116）与式（2-108c）具有相同的表达形式，因此可按 2.4.1 节中求解的方法，求出在不同边界条件下轴扭转振动的固有角频率和主振型。

2.4.3 梁的横向振动

细长杆做垂直于其轴线方向的振动，其运动方式主要是弯曲变形，这称为梁的横向振动或弯曲振动。对电子设备整机的结构及其内部元器件来说，梁的横向振动的影响比纵向振动和扭转振动的更为显著。在讨论梁的横向振动时，忽略了剪切变形及转动惯量在振动过程中的影响。

1. 梁的横向振动及振动方程

梁的横向振动如图 2-34 所示。设材料密度为 ρ，EJ 为梁的截面抗弯刚度，J 为截面对中心轴的惯性矩，A 为截面积，$V(x,t)$ 为剪力，$M(x,t)$ 为弯矩，$y(x,t)$ 为梁的横向振动位移。

以 y 轴向上为正，根据牛顿第二定律，可得梁在 y 方向的振动方程为

$$V-\left(V+\frac{\partial V}{\partial x}\mathrm{d}x\right)-\rho A\mathrm{d}x\frac{\partial^2 y}{\partial t^2}=0 \qquad (2-117)$$

由材料力学知

$$V=\frac{\partial M}{\partial x}, \qquad M=EJ\frac{\partial^2 y}{\partial x^2}$$

将上式代入式（2-117），整理后有

$$EJ\frac{\partial^4 y}{\partial x^4}=-\rho A\frac{\partial^2 y}{\partial t^2} \qquad (2-118)$$

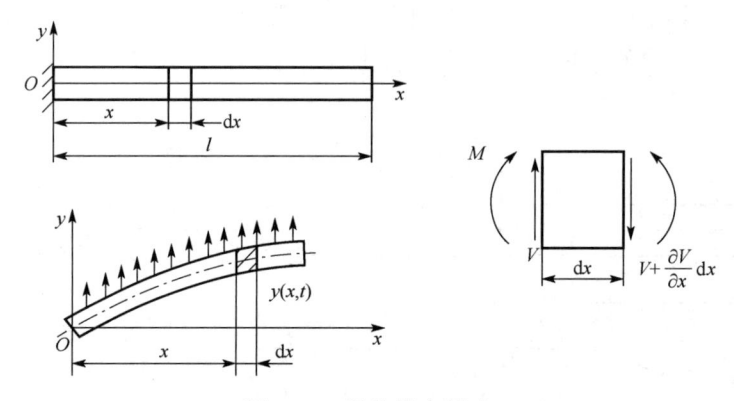

图 2-34 梁的横向振动

设 EJ 为常数，并令 $a^2=\dfrac{EJ}{\rho A}$，则有

$$\frac{\partial^4 y}{\partial x^4}=-\frac{1}{a^2}\frac{\partial^2 y}{\partial t^2} \qquad (2-119)$$

式（2-119）就是均质等截面梁的横向自由振动（本小节所讲梁的横向振动主要是指梁的横向自由振动）方程。

2. 梁横向振动的固有角频率和主振型

利用分离变量法，将式（2-119）的解设为

$$y(x,t)=Y(x)T(t) \qquad (2-120)$$

式中，$Y(x)$ 是仅与 x 坐标有关的振型函数；$T(t)$ 是仅与时间有关的函数。将式（2-120）代入式（2-119），整理后有

$$\frac{a^2}{Y(x)}\frac{\mathrm{d}^4 Y(x)}{\mathrm{d}x^4}=-\frac{1}{T(t)}\frac{\mathrm{d}^2 T(t)}{\mathrm{d}t^2}=\omega_\mathrm{n}^2 \qquad (2-121)$$

令 $\dfrac{\omega_n^2}{a^2} = \lambda^4$，则式（2-121）改写为下列两式：

$$\frac{\mathrm{d}^4 Y(x)}{\mathrm{d} x^4} - \lambda^4 Y(x) = 0 \tag{2-122}$$

$$\frac{\mathrm{d}^2 T(t)}{\mathrm{d} t^2} + \omega_n^2 T(t) = 0 \tag{2-123}$$

式（2-123）的解可表示为

$$T(t) = P_1 \cos \omega_n t + Q_1 \sin \omega_n t \tag{2-124}$$

式中，P_1 和 Q_1 为常数，可以由初始条件求得。

为求式（2-122）的解，假设

$$Y(x) = C \mathrm{e}^{sx}$$

式中，C 和 s 为常数。将上式代入式（2-122），得

$$s^4 - \lambda^4 = 0$$

该方程的根为

$$s_{1,2} = \pm \lambda, \quad s_{3,4} = \pm \mathrm{j} \lambda$$

于是式（2-122）的解为

$$Y(x) = C_1 \mathrm{e}^{\lambda x} + C_2 \mathrm{e}^{-\lambda x} + C_3 \mathrm{e}^{\mathrm{j} \lambda x} + C_4 \mathrm{e}^{-\mathrm{j} \lambda x} \tag{2-125}$$

式中，C_1、C_2、C_3、C_4 为常数，可以由边界条件求得。式（2-122）的解可写成通用形式，有

$$Y(x) = C_1 \cos \lambda x + C_2 \sin \lambda x + C_3 \mathrm{ch}\, \lambda x + C_4 \mathrm{sh}\, \lambda x \tag{2-126}$$

式（2-126）就是梁横向振动的主振型。将式（2-126）和式（2-124）代入式（2-120），即得式（2-119）的解：

$$y(x,t) = (C_1 \cos \lambda x + C_2 \sin \lambda x + C_3 \mathrm{ch}\, \lambda x + C_4 \mathrm{sh}\, \lambda x) \cdot (P_1 \cos \omega_n t + Q_1 \sin \omega_n t) \tag{2-127}$$

式中，C_1、C_2、C_3、C_4 为待定常数，梁的每个端点有两个边界条件，因此梁的两个端点有 4 个边界条件，恰好可以求出这些待定常数；λ 也可由梁的边界条件确定；ω_n 为振动的固有角频率。

下面列出几种常见的梁的边界条件。

（1）对固定端而言，端面的位移及转角均等于零，即

$$Y = 0, \quad \frac{\mathrm{d} Y(x)}{\mathrm{d} x} = 0$$

（2）对自由端而言，端面承受的弯矩及剪力均等于零，即

$$EJ \frac{\mathrm{d}^2 Y(x)}{\mathrm{d} x^2} = 0, \quad \frac{\mathrm{d}}{\mathrm{d} x}\left[EJ \frac{\mathrm{d}^2 Y(x)}{\mathrm{d} x^2} \right] = 0$$

（3）当端部为铰支端时，端面的位移及承受的弯矩均等于零，即

$$Y = 0, \quad EJ \frac{\mathrm{d}^2 Y(x)}{\mathrm{d} x^2} = 0$$

（4）当端面承受外力及外力偶矩时，其边界条件为

$$\frac{\mathrm{d}}{\mathrm{d} x}\left[EJ \frac{\mathrm{d}^2 Y(x)}{\mathrm{d} x^2} \right] = -F \mathrm{e}^{\mathrm{j} \omega_n x}, \quad EJ \frac{\mathrm{d}^2 Y(x)}{\mathrm{d} x^2} = M_0 \mathrm{e}^{\mathrm{j} \omega_n x}$$

上两式中，外力 F 的方向以图 2-34 中所示的 y 轴的负方向为正；外力偶矩 M_0 的方向以图 2-34 中所示的 M 方向为正。

下面以悬臂梁为例来求解悬臂梁横向振动的固有角频率和主振型。

如图 2-35 所示，悬臂梁一端固定，一端自由。其边界条件为：在 x=0 处，梁为固定端，其位移、转角为零；在 x=l 处，梁为自由端，其弯矩、剪力为零，即

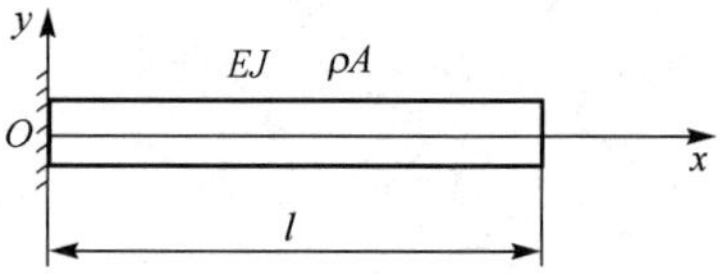
y
EJ ρA
O
x
l

图 2-35 悬臂梁

$$x=0\text{处:}\quad Y=0,\quad \frac{\mathrm{d}Y(x)}{\mathrm{d}x}=0$$

$$x=l\text{处:}\quad \frac{\mathrm{d}^2Y(x)}{\mathrm{d}x^2}=0,\quad \frac{\mathrm{d}^3Y(x)}{\mathrm{d}x^3}=0$$

将以上边界条件代入式（2-126），得

$$C_1=-C_3,\qquad C_2=-C_4$$

及

$$\begin{cases}C_4(\sin\lambda l+\operatorname{sh}\lambda l)+C_3(\cos\lambda l+\operatorname{ch}\lambda l)=0\\ C_4(\cos\lambda l+\operatorname{ch}\lambda l)-C_3(\sin\lambda l-\operatorname{sh}\lambda l)=0\end{cases}$$

欲使 C_3、C_4 具有非零解，应使

$$\begin{vmatrix}\sin\lambda l+\operatorname{sh}\lambda l & \cos\lambda l+\operatorname{ch}\lambda l\\ \cos\lambda l+\operatorname{ch}\lambda l & -\sin\lambda l+\operatorname{sh}\lambda l\end{vmatrix}=0$$

展开此行列式可得悬臂梁横向振动的频率方程：

$$1+\cos\lambda l\operatorname{ch}\lambda l=0$$

求得频率方程的根 $\lambda_i l$，然后根据 $\lambda^4=\dfrac{\rho A\omega_{\mathrm{n}}^2}{EJ}$，则可求得悬臂梁横向振动的各阶固有角频率：

$$\omega_{\mathrm{n}i}=\left(\frac{\lambda_i l}{l^2}\right)^2\sqrt{\frac{EJ}{\rho A}}\qquad (i=1,2,\cdots)$$

将所求得的 C_1、C_2、C_3、C_4 和各阶固有角频率 $\omega_{\mathrm{n}i}$ 代入式（2-126），即得悬臂梁横向振动的各阶主振型。

梁横向振动的频率方程、固有角频率和主振型如表 2-5 所示。表 2-5 列出了 6 种不同边界条件下的情况。

表 2-5 梁横向振动的频率方程、固有角频率和主振型

简 图	说 明	频率方程、固有角频率和主振型
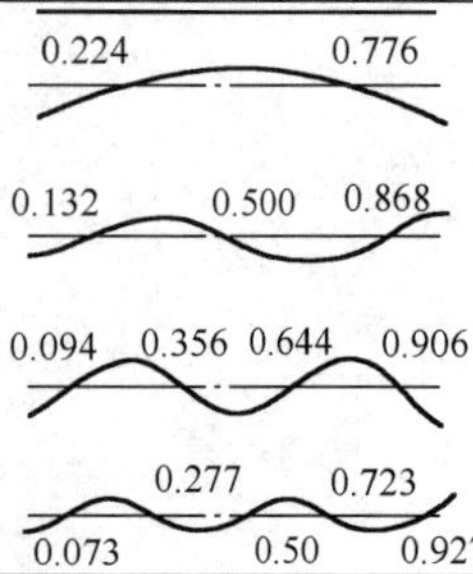0.224 0.776 0.132 0.500 0.868 0.094 0.356 0.644 0.906 0.277 0.723 0.073 0.50 0.927	两端自由边界条件为： $x=0$ $Y''(0)=0$ $Y'''(0)=0$ $x=l$ $Y''(l)=0$ $Y'''(l)=0$	频率方程： $1-\operatorname{ch}\lambda l\cos\lambda l=0,\quad \omega_{\mathrm{n}i}=\dfrac{(\lambda_i l)^2}{l^2}\sqrt{\dfrac{EJ}{\rho A}}$ $\lambda_1 l=4.730,\quad \lambda_2 l=7.853,\quad \lambda_3 l=10.996,\quad \lambda_4 l=14.137$ 主振型： $Y_i(x)=\operatorname{ch}\lambda_i x+\cos\lambda_i x+\dfrac{\operatorname{ch}\lambda_i l-\cos\lambda_i l}{\operatorname{sh}\lambda_i l-\sin\lambda_i l}\cdot(\operatorname{sh}\lambda_i x+\sin\lambda_i x)$

续表

简 图	说 明	频率方程、固有角频率和主振型
(简图：一端固定，一端铰支；各阶振型节点位置：0.560；0.384，0.632；0.294，0.529，0.765)	一端固定，一端铰支边界条件为： $x = 0$ $Y(0) = 0$ $Y'(0) = 0$ $x = l$ $Y(l) = 0$ $Y''(l) = 0$	频率方程： $\text{ch}\,\lambda l\sin\lambda l - \text{sh}\,\lambda l\cos\lambda l = 0$, $\omega_{ni} = \dfrac{(\lambda_i l)^2}{l^2}\sqrt{\dfrac{EJ}{\rho A}}$ $\lambda_1 l = 3.927$, $\lambda_2 l = 7.069$, $\lambda_3 l = 10.210$, $\lambda_4 l = 13.352$ 主振型： $$Y_i(x) = \text{sh}\,\lambda_i x - \dfrac{\text{sh}\,\lambda_i l}{\sin\lambda_i l}\sin\lambda_i x$$
(简图：一端铰支，一端自由；0.736；0.446，0.853；0.308，0.616，0.898；0.235，0.471，0.707，0.922)	一端铰支，一端自由边界条件为： $x = 0$ $Y(0) = 0$ $Y''(0) = 0$ $x = l$ $Y''(l) = 0$ $Y'''(l) = 0$	频率方程： $\text{ch}\,\lambda l\sin\lambda l - \text{sh}\,\lambda l\cos\lambda l = 0$, $\omega_{ni} = \dfrac{(\lambda_i l)^2}{l^2}\sqrt{\dfrac{EJ}{\rho A}}$ $\lambda_1 l = 3.927$, $\lambda_2 l = 7.069$, $\lambda_3 l = 10.210$, $\lambda_4 l = 13.352$ 主振型： $$Y_i(x) = \text{sh}\,\lambda_i x + \dfrac{\text{sh}\,\lambda_i l}{\sin\lambda_i l}\sin\lambda_i x$$
(简图：一端固定，一端自由；0.774；0.500，0.868；0.356，0.644，0.906)	一端固定，一端自由边界条件为： $x = 0$ $Y(0) = 0$ $Y'(0) = 0$ $x = l$ $Y''(l) = 0$ $Y'''(l) = 0$	频率方程： $\cos\lambda l\,\text{ch}\,\lambda l = -1$, $\omega_{ni} = \dfrac{(\lambda_i l)^2}{l^2}\sqrt{\dfrac{EJ}{\rho A}}$ $\lambda_1 l = 1.875$, $\lambda_2 l = 4.694$, $\lambda_3 l = 7.855$, $\lambda_4 l = 10.996$ 主振型： $$Y_i(x) = \text{ch}\,\lambda_i x - \cos\lambda_i x - \dfrac{\text{sh}\,\lambda_i l - \sin\lambda_i l}{\text{ch}\,\lambda_i l + \cos\lambda_i l}\cdot(\text{sh}\,\lambda_i x - \sin\lambda_i x)$$
(简图：两端铰支；0.500；0.333，0.667；0.25，0.50，0.75)	两端铰支边界条件为： $x = 0$ $Y(0) = 0$ $Y''(0) = 0$ $x = l$ $Y(l) = 0$ $Y''(l) = 0$	频率方程： $\sin\lambda l = 0$, $\omega_{ni} = \dfrac{(\lambda_i l)^2}{l^2}\sqrt{\dfrac{EJ}{\rho A}}$ $\lambda_1 l = \pi$, $\lambda_2 l = 2\pi$, $\lambda_3 l = 3\pi$, $\lambda_4 l = 4\pi$ 主振型： $$Y_i(x) = \sin\lambda_i x = \sin\dfrac{i\pi x}{l}$$
(简图：两端固定；0.500；0.359，0.641；0.278，0.50，0.722)	两端固定边界条件为： $x = 0$ $Y(0) = 0$ $Y'(0) = 0$ $x = l$ $Y(l) = 0$ $Y'(l) = 0$	频率方程： $1 - \text{ch}\,\lambda l\cos\lambda l = 0$, $\omega_{ni} = \dfrac{(\lambda_i l)^2}{l^2}\sqrt{\dfrac{EJ}{\rho A}}$ $\lambda_1 l = 4.730$, $\lambda_2 l = 7.853$, $\lambda_3 l = 10.996$, $\lambda_4 l = 14.137$ 主振型： $$Y_i(x) = \text{ch}\,\lambda_i x - \cos\lambda_i x + \dfrac{\text{ch}\,\lambda_i l - \cos\lambda_i l}{\text{sh}\,\lambda_i l - \sin\lambda_i l}\cdot(\text{sh}\,\lambda_i x - \sin\lambda_i x)$$

2.5 非线性系统的振动

2.5.1 非线性系统的分类

对工程中的非线性系统很难有一个很完整、很明确的分类。

1．按系统所包含的非线性因素分类

一般按系统所包含的非线性因素将其分为3类。
（1）非线性弹性元件产生非线性恢复力，构成弹性非线性系统。
（2）线性弹性元件在非线性结构影响下产生非线性恢复力，构成结构（或几何）非线性系统。
（3）干摩擦阻尼、结构内阻等产生非线性阻力，构成非线性阻尼系统。
真实的非线性系统可以是包含某一类或两类甚至3类同时存在的非线性振动系统。

2．按系统在振动过程中是否有外界能量的不断输入分类

按系统在振动过程中是否有外界能量的不断输入将其分为两大类。
（1）无能量输入的系统称为自治系统，其振动微分方程为

$$\ddot{x} + f(x, \dot{x}) = 0 \tag{2-128}$$

（2）有能量输入的系统称为非自治系统，其振动微分方程为

$$\ddot{x} + f(x, \dot{x}, t) = 0 \tag{2-129}$$

此外，与线性系统分类类似，非线性系统也可分为单自由度非线性系统和多自由度非线性系统，以及有阻尼非线性系统和无阻尼非线性系统。

2.5.2 非线性系统振动的物理特性

1．非线性系统固有角频率与振幅的关系

在图 2-36 中，纵坐标 ω_n 代表固有角频率，横坐标 A 代表振幅。其中，水平虚线表示线性系统的固有角频率与其振幅的大小无关。非线性系统则不然，对于硬特性非线性系统，其固有角频率随振幅的增大而增大；对于软特性非线性系统，其固有角频率则随振幅的增大而减小。

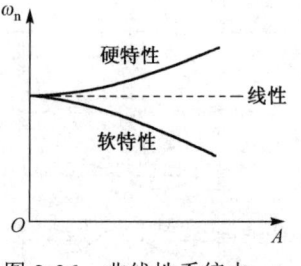

图 2-36 非线性系统中 ω_n 与 A 的关系

2．强迫振动的跳跃与滞后现象

具有非线性恢复力的系统当受到简谐激励力作用时，随着

激励力角频率 ω_i 的变化,系统的振幅 A 和相位 φ 会在 ω_i 达到某些特殊值时发生跳跃;并且,在 ω_i 的增大过程中发生跳跃的点与随后在 ω_i 的减小过程中发生跳跃的点并不相同,而有滞后现象。

图 2-37 和图 2-38 所示分别为具有硬特性恢复力的非线性系统(硬特性非线性系统)在简谐激励力作用下的幅频响应曲线和相频响应曲线。

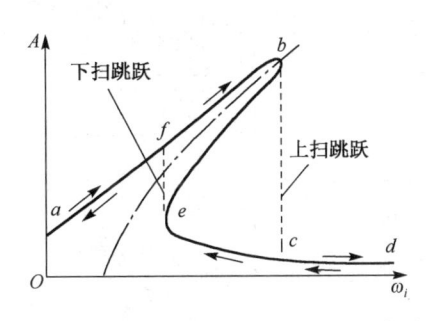

图 2-37　硬特性非线性系统在简谐激励力作用下的幅频响应曲线

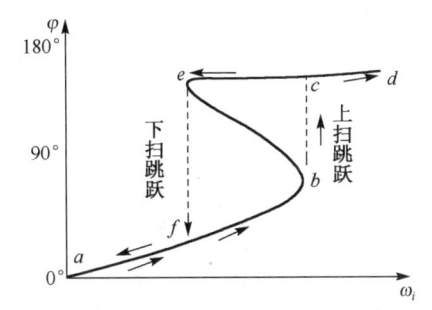

图 2-38　硬特性非线性系统在简谐激励力作用下的相频响应曲线

当激励力的幅值保持不变,而缓慢地增大激励力角频率 ω_i 时,强迫振动的振幅 A 变化为:自 O 点开始逐渐增大 ω_i,则振幅 A 沿 afb 逐渐增大;到达 b 点后,若继续增大 ω_i,则振幅 A 由 b 点突然降到 c 点,发生一个跳跃;此后,若继续增大 ω_i,则振幅 A 沿 cd 逐渐减小。在 ω_i 的缓慢增大过程中,系统强迫振动的振幅沿 $afbcd$ 变化。反之,若从高频开始逐渐减小 ω_i,则系统强迫振动的振幅沿 $dcefa$ 变化,由 e 点突然上升到 f 点,也有一个跳跃。所以,当非线性系统在进行扫频试验,由低频向高频上扫时,其振动的振幅 $A_{\max} = A_b$;反之,下扫时 $A'_{\max} \approx A_f$。显然,$A_f < A_b$。因此,在进行振动试验时,由低频向上扫和由高频向下扫,其试验结果是不等价的。

可以看出,在 ω_i 的增大及减小过程中,发生振幅跳跃时的 ω_i 值并不相同,而且 ω_i 逆变时的振幅跳跃点总是落后于 ω_i 顺变时的振幅跳跃点。这种现象称为滞后现象(振动回滞)。不仅振幅有跳跃,相位也有跳跃,如图 2-38 所示。

表 2-6 列举了工程中常见非线性系统在简谐激励力作用下的幅频响应曲线,显示了它们的跳跃情况。图中的点画线是该系统自由振动时的响应曲线(脊骨曲线),实线是稳定振幅,虚线是不稳定振幅。

表 2-6　工程中常见非线性系统在简谐激励力作用下的幅频响应曲线

非线性系统的恢复力	幅频响应曲线	非线性系统的恢复力	幅频响应曲线
硬特性		软特性	小于临界阻尼,非线性特性较强

非线性系统的恢复力	幅频响应曲线	非线性系统的恢复力	幅频响应曲线
软特性		分段线性	
软特性	小于临界阻尼，非线性特性较弱	几何非线性	

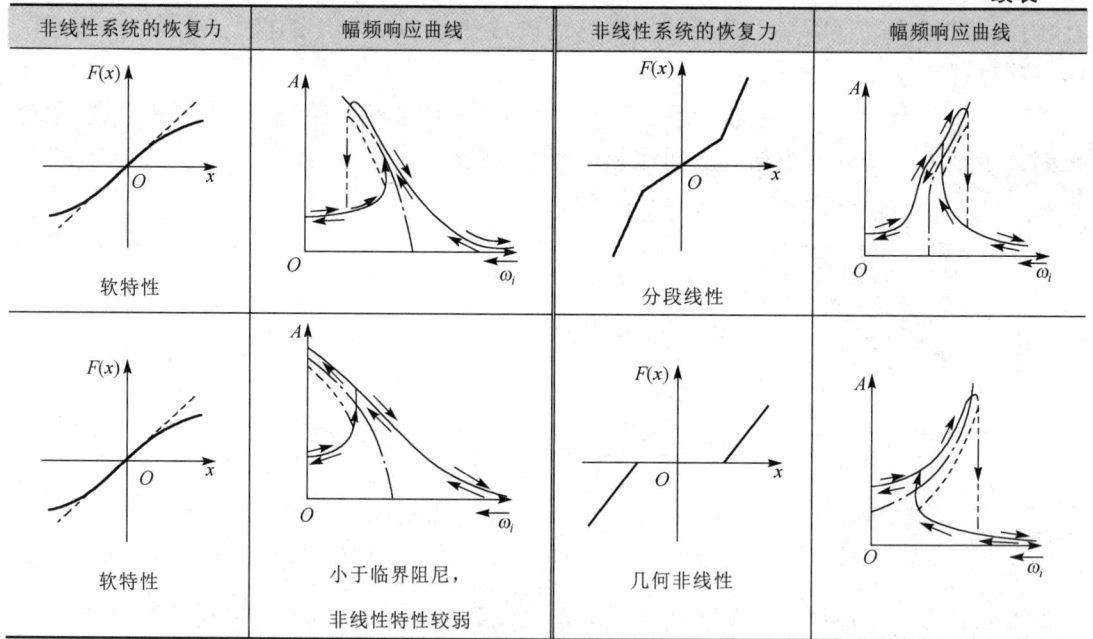

3. 强迫振动的次谐波响应与超谐波响应

线性系统在简谐激励力作用下的强迫振动，是频率等于激励力频率的简谐振动。对于在简谐激励力作用下的非线性系统，其强迫振动不一定是简谐振动，其响应会发生畸变。原因在于非线性系统的响应除含有角频率与激励力角频率相等的 ω_i 谐波响应外，还含有角频率等于 ω_i/n 的次谐波响应及角频率等于 $m\omega_i$ 的超谐波响应（m、n 为正整数），如图 2-39 所示。要从物理上解释次谐波响应和超谐波响应存在的原因，则不是一件容易的事情。

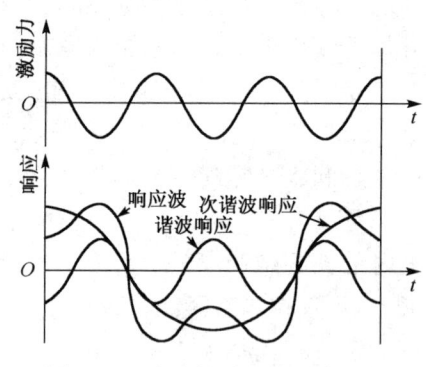

图 2-39 非线性系统的响应畸变

次谐波响应与超谐波响应在性质上有以下两点不同。

（1）超谐波响应在一般的非线性系统中都或多或少地存在，而次谐波响应则只在一定的条件下才能产生。

（2）当系统中存在阻尼时，它只能影响超谐波响应的振幅；对于次谐波响应，只要阻尼超过某一定值，就可以完全阻止次谐波响应的出现。

由于存在次谐波响应与超谐波响应，非线性系统的共振频率数目将多于系统的自由度数。当激励力频率 f 接近系统固有频率 f_n 的整数倍时（如 3 倍，即 $f \approx 3f_n$），则系统会在接近固有频率 f_n 的 $f/3$ 频率点出现次谐波共振，也称亚谐波共振；反之，当激振力频率 f 接近系统固有频率 f_n 的整数分之一时（如 1/4，即 $f \approx f_n/4$），则会出现固有频率 f_n 的超谐波共振。

4. 多个简谐激励力作用下的组合频率响应

若非线性系统受到两个激励力 $P_1\sin\omega_{i1}t$ 和 $P_2\sin\omega_{i2}t$ 的作用，则系统不仅会出现角频率为 ω_{i1}、ω_{i2} 及 $2\omega_{i1}$、$2\omega_{i2}$ 等的强迫振动，还会出现角频率为激励力角频率之和及激励力角频率之差的强迫振动，即强迫振动的角频率为 $\omega_{i1}\pm\omega_{i2}$、$2\omega_{i1}\pm\omega_{i2}$、$2\omega_{i2}\pm\omega_{i1}$ 等。各个组合频率的分量大小不等，在一定条件下某个组合频率的分量要比其他分量大得多。

5. 叠加原理对非线性系统不适用

线性系统中普遍使用的叠加原理不适用于非线性系统，因为此原理的基础——线性关系已不复存在，即非线性系统在多个激励力作用下的响应不是各个激励力单独作用下系统响应的简单叠加，实际上各激励力之间还存在着相互影响。

6. 频率俘获现象

在线性系统中，如果同时存在角频率为 ω_0 和 ω 的两个简谐振动，则当 ω_0 和 ω 比较接近时会产生拍振。ω_0 和 ω 相差越小，拍振周期越大。当 $\omega_0=\omega$ 时拍振才消失，两个振动会合成为一个简谐振动。

而在非线性系统中，当自激振动系统以某个频率进行自激振动时，若受到接近该自激频率的周期性激励力的作用，则原有的自激振动将会被抑制，系统的振动频率将与激励力的频率同步，这一现象称为频率俘获。能产生俘获现象的频带称为俘获带域。

图 2-40 所示为非线性系统中 $|\omega-\omega_0|$ 与 ω 的关系。ω_0 为自激角频率，ω 为激励力的角频率。对于自激振动系统，当 $|\omega-\omega_0|$ 小于某一数值时，系统出现频率俘获现象，则图中的 $\Delta\omega$ 为俘获带域。

在工程中，多个并联工作的机械振动器之间的同步，以及检验钟表计时准确性的方法等，都是利用频率俘获现象的例子。

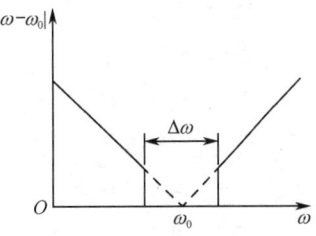

图 2-40 非线性系统中 $|\omega-\omega_0|$ 与 ω 的关系

2.5.3 研究非线性系统振动的常用方法

研究非线性系统振动的方法可分为定性方法和定量方法两类。定性方法主要研究振动方程积分曲线的分布情况，直观、定性地分析振动的情况，观察参数变化对振动的影响。定量方法则可进行数值计算，得到定量的答案。由于非线性系统振动的复杂性，至今还没有一个能适用于各种情况的通用方法，也只有极少数问题可以求得精确解，对大多数问题只能用各种近似方法求得近似解。对不同性质的系统，分析方法也各有不同。研究非线性系统振动的常用方法如表 2-7 所示。

表 2-7 研究非线性系统振动的常用方法

名 称	适 用 范 围
特殊函数法	可用椭圆函数或 T 函数等求得少数特殊问题的精确解，以及构造包含弹性力三次项的强非线性系统的摄动解
接合法	可研究分段线性系统
相平面法	可研究强非线性自治系统
点映射法	可研究强非线性系统的全局性态，并且是研究混沌问题的有力工具
频闪法	求拟线性系统的周期解，但必须将非自治系统化为自治系统
三级数法	求拟线性系统的周期解和非定常解，高阶近似较烦琐
平均法	求拟线性系统的周期解和非定常解，高阶近似较烦琐
小参数法	求拟线性系统的定常周期解
多尺度法	求拟线性系统的周期解和非定常解
谐波平衡法	求强非线性系统和拟线性系统的定常周期解，但必须已知解的谐波成分
等效线性化法	求拟线性系统的定常周期解和非定常解
伽辽金法	求解拟线性系统，多取一些项也可用于求解强非线性系统
数值解法	求拟线性系统、强非线性系统的解

表 2-7 给出的大多数方法适用于求解弱非线性系统的近似解，遇到强非线性系统就不适用了。

其中，相平面法是研究非线性系统振动的有效方法之一。它是一种几何方法，也是一种定性方法。相平面法可将振动系统一切可能的运动都一目了然地表示在相平面上，并且当振动系统中出现强非线性项时，相平面法也可对强非线性进行定性和稳定性研究。

在电子设备结构动力学分析中，非线性问题往往是由螺钉松动而引起的强烈振动、冲击，因此在采用螺钉连接的结合处必须采用防松措施，并且消除结构件之间的间隙。

2.5.4 标准冲击脉冲发生器

1. 概述

GJB 150.18A—2009 规定：若有可用的实测冲击响应谱，且又能在试验设备上实现冲击响应谱的模拟时，则应优先采用。若不具备上述条件，应按"下列方法"进行。GJB 150.18A—2009 规定的"下列方法"就是标准冲击脉冲试验法。该试验方法要求试验设备能产生符合标准规定的冲击脉冲波形时域函数曲线，并且其冲击后速度变化量应符合标准规定的要求。

1）电磁振动台

目前，电磁振动台的推力不断增大（国内已生产出世界上最大推力达 700kN 的电磁振动台），同时开发了用于电磁振动台产生 GJB 150.18A—2009 规定的标准冲击脉冲的软件，使大多数电子设备的功能冲击试验、坠撞安全冲击试验均可采用电磁振动台进行。

特别是在电子设备的研发阶段,需要进行正弦扫频试验确定电子设备的共振频率和危险频率,采用随机振动试验进行应力筛选、验证电子设备的随机功能及评估其随机耐久性,进行冲击试验校核电子设备的功能稳定性和抗强冲击能力(如坠撞安全冲击试验),以及需要进行其他相关试验,采用电磁振动台只要一次安装就可以按不同的严酷度进行全部试验,体现了电磁振动台的优点。

电磁振动台产生的冲击脉冲,其波形、持续时间、速度变化量及峰值加速度等的符合程度、一致性及重复性等特性也是其他振动、冲击试验设备所无法比拟的。然而,由于电磁振动台自身控制及保障系统复杂,价格高,试验成本高,以及受电磁振动台最大推力F_m和动圈位移量δ_0的限制,在某些场合是不适用的。

(1)电磁振动台最大推力F_m不够,无法进行大加速度的冲击试验。以国内某厂生产的最大推力为100kN的电磁振动台为例,其动圈可动部分的质量m_1=100kg,扩展台面的质量m_2=185kg。当电磁振动台空载质量m_1+m_2=285kg时,电磁振动台峰值加速度$\ddot{x}_{m1}$≈35g。当电磁振动台不加扩展台面(m_2=0)时,电磁振动台峰值加速度$\ddot{x}_{m2}$≈100g。当夹具加电子设备自重m_3=300kg时,试验的总质量$m_1+m_2+m_3=m$=585kg,电磁振动台峰值加速度$\ddot{x}_{m3}$≈17g。此时,当电子设备的冲击试验峰值加速度$\ddot{x}_m$=30g时,在此电磁振动台上就无法进行。由此可见,当要进行的冲击试验峰值加速度$\ddot{x}_m$>100g时,再轻的电子设备也无法在此电磁振动台上进行冲击试验。

(2)电磁振动台动圈位移量δ_0不够,无法进行大脉冲宽度的冲击试验。当冲击脉冲峰值加速度不大,但冲击脉冲持续时间D(脉冲持续时间也称脉冲宽度)较长时,需要较大的动圈位移量δ_0才能满足要求。例如,冲击试验采用半正弦波,峰值加速度为7g,D=100ms,每分钟进行2或3次的冲击试验,需要动圈位移量δ_0=218.36mm才能达到D=100ms,如图2-41(a)所示。由于最大推力为100kN的电磁振动台动圈位移量δ_0≈26mm,所以该电磁振动台也只能实现半正弦波、峰值加速度为7g、D≤34ms的冲击脉冲的冲击试验,如图2-41(b)所示。

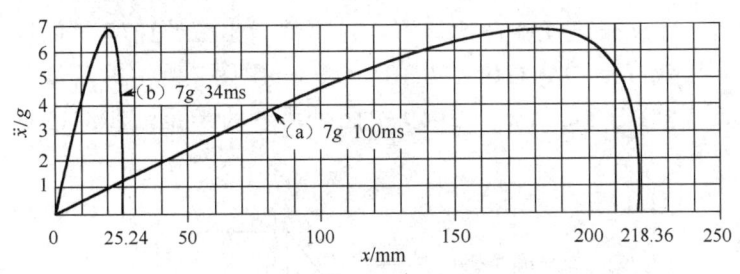

图2-41 半正弦波冲击脉冲的加速度-位移曲线举例

(3)电磁振动台在试验重复次数多时成本太高,不经济。当电子设备的冲击试验严酷度在电磁振动台上可以实现,但重复次数很多时(例如,$\ddot{x}_m$=7g,D=16ms,冲击3000次;$\ddot{x}$=10g或$\ddot{x}$=20g,D=11ms,冲击多于3000次),由于试验成本升高,经济上不划算,则会采用低成本的机械冲击试验设备。

(4)用电磁振动台进行实时冲击试验的实验室模拟有时有困难。当用电磁振动台进行实时冲击试验的实验室模拟有困难时,则需要在现场进行试验,如水下爆炸试验、破甲冲击试验等。

2）机械冲击台

鉴于电磁振动台存在的问题，可以采用机械冲击台（也称机械碰撞台）或其他设备来进行冲击试验。

机械冲击台的工作原理是：将电子设备安装平台（工作台）抬升一定高度 h 后，由 $mgh = \frac{1}{2}m(\Delta v)^2$ 确定速度变化量 Δv，在机械冲击台基座上放置由各类弹性垫块组成的垫层作为标准冲击脉冲成形器，从而实现规定的标准冲击脉冲波形。机械冲击台可实现大负载、长冲程或大峰值加速度的冲击模拟，但由于各类弹性垫层的厚度、阻尼特性、刚度各不相同，所以冲击脉冲波形的误差较大，并且被试设备质量改变时又必须重调垫层，调试起来也很烦琐，往往调试时间很长而试验时间却很短。如果能找出工作台，夹具和被试设备总质量 m_0 对应单位质量 I_0 的标准弹性曲线 $K(m_0) = m_0 K(I_0)$，$K(I_0)$ 实际上是单位质量 I_0 在特定冲击脉冲下的加速度-位移曲线，那么就能实现机械冲击台的波形控制。

现有机械冲击台分为两个类型。

（1）对机械冲击台产生的冲击脉冲，只考核冲击试验时的冲击能量，而不考核冲击脉冲波形。

（2）机械冲击台产生的冲击脉冲，必须完全符合相关冲击试验标准规定的冲击脉冲波形及其容差（也称允差）的有关要求。

2．常用标准冲击脉冲

1）常用标准冲击脉冲简介

在国内外标准化组织或机构颁布的冲击和碰撞环境试验标准中，均规定了试验设备应满足的冲击、碰撞加速度脉冲的波形、容差带和相应的速度变化量、容差。其中，具有代表性且应用较广泛的有 GJB 150.18A—2009 中图 3 所示的后峰锯齿波冲击脉冲（如图 2-42 所示）和 GB/T 2423.5—2019 中图 1 所示的半正弦波冲击脉冲（如图 2-43 所示）。

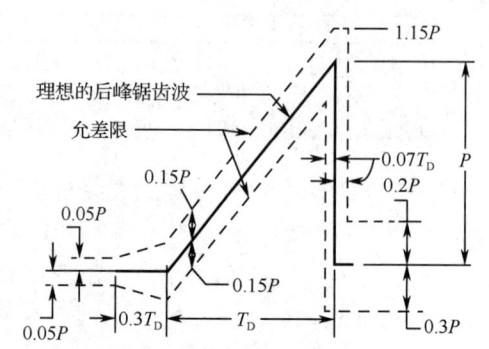

P—锯齿脉冲的峰值加速度；T_D—锯齿脉冲的持续时间。

图 2-42　后峰锯齿波冲击脉冲（GJB 150.18A—2009 中的图 3）

第 2 章 电子设备振动冲击理论基础

图 2-43 半正弦波冲击脉冲（GB/T 2423.5—2019 中的图 1）

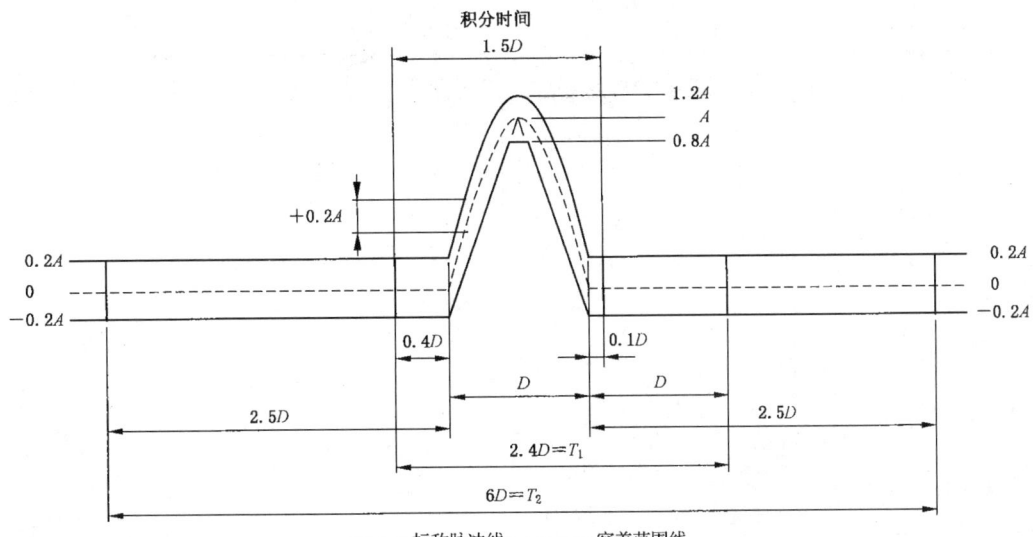

----- 标称脉冲线；—— 容差范围线。

D—标称脉冲的持续时间；A—标称脉冲的峰值加速度；
T_1—用传统冲击试验台产生冲击时，对脉冲监测的最短时间；
T_2—用电动振动试验台产生冲击时，对脉冲监测的最短时间。

由图 2-42 和图 2-43 可见，国家军用标准（GJB）和国家标准（GB）两个标准体系的符号、容差带及波形记录时间是有很大差别的。

2）常用标准冲击脉冲的时域函数和曲线

（1）半正弦波冲击脉冲的时域函数和曲线

半正弦波冲击脉冲的时域函数和曲线如表 2-8 所示。

表 2-8 半正弦波冲击脉冲的时域函数和曲线

项 目		时 域 曲 线	时 域 函 数
	加速度 $\ddot{x}(t)$		$\ddot{x}(t) = \begin{cases} A\sin\dfrac{\pi}{D}t, & 0 \leq t \leq D \\ 0, & t > D \end{cases}$ $\ddot{x}_m = A, \quad t = \dfrac{D}{2}$
有回跳[①] $\dot{x}_1(D) \neq 0$	速度 $\dot{x}_1(t)$		$\dot{x}_1(t) = \begin{cases} -\dfrac{AD}{\pi}\cos\dfrac{\pi}{D}t, & 0 \leq t \leq D \\ \dfrac{AD}{\pi}, & t > D \end{cases}$ $\dot{x}_{1m}^{③} = \dfrac{AD}{\pi}, \quad t = D$
	位移 $x_1(t)$		$x_1(t) = \begin{cases} -\dfrac{AD^2}{\pi^2}\sin\dfrac{\pi}{D}t, & 0 \leq t \leq D \\ 0, & t > D \end{cases}$ $x_{1m} = \dfrac{AD^2}{\pi^2}, \quad t = \dfrac{D}{2}$

续表

项目		时域曲线	时域函数
无回跳[②] $\dot{x}_2(D) \neq 0$	速度 $\dot{x}_2(t)$		$\dot{x}_2(t) = \begin{cases} -\dfrac{AD}{\pi}(1+\cos\dfrac{\pi}{D}t), & 0 \leq t \leq D \\ 0, & t > D \end{cases}$ $\dot{x}_{2m}$[③] $= \dfrac{2AD}{\pi}, \quad t = 0$
	位移 $x_2(t)$		$x_2(t) = \begin{cases} -\dfrac{AD}{\pi}t - \dfrac{AD^2}{\pi^2}\sin\dfrac{\pi}{D}t, & 0 \leq t \leq D \\ -\dfrac{AD^2}{\pi}, & t > D \end{cases}$ $x_{2m} = \dfrac{AD^2}{\pi}, \quad t = D$

注：① 有回跳是指在 $t=D$ 时，$\ddot{x}(D)=0$，$\dot{x}_1(D) \neq 0$，尚有动能使质量 m 产生回跳。

② 无回跳是指在 $t=D$ 时，$\ddot{x}(D)=0$，$\dot{x}_2(D)=0$，没有动能使质量 m 产生回跳。

③ 由于 $\dot{x}_{1m} = \dfrac{AD}{\pi}$，$\dot{x}_{2m} = \dfrac{2AD}{\pi}$，故无回跳时的工作高度 h_2 应大于有回跳时工作台的提升高度 $h_1(h_2 = 4h_1)$。

① 有回跳

由表 2-8 可见，在有回跳的情况下，其加速度 $\ddot{x}$、速度 $\dot{x}_1$、位移 x_1 的时域函数符合线性系统在 $0 \leq t \leq D$ 区间进行简谐振动的运动规律，并且在 $t \geq D$ 时，质量 m 向上回跳到一定高度后，用工作台抱紧机构抱住工作台（见图 2-49），使工作台不再向下跌落。由 $F = ma$ 可知，动载荷 F 与质量 m 和加速度 a 的变化均呈线性关系，但标准冲击脉冲成形器弹簧下压过程中储存的变形能，在静平衡位置时转换为工作台向上动能，引起了工作台的回跳。有回跳标准冲击脉冲成形器的弹性特性是一系列线性特性的曲线簇。

通常，可用不同厚度和软硬度的毛毡、橡胶垫等弹性垫块组成所需的垫层来作为标准冲击脉冲成形器。

② 无回跳

由表 2-8 可见，在无回跳的情况下，其加速度 $\ddot{x}$、速度 $\dot{x}_2$、位移 x_2 的时域函数不再是简谐振动函数。其特点是：在 $t = D$ 时，速度 $\dot{x}_2(D) = 0$，加速度 $\ddot{x}(D) = 0$，工作台跌落到 $x_2(D) = -AD^2/\pi$ 时，如果弹簧刚度 k_L 突变为 $k_L = 0$，或者引入 $-x_2(D)$ 使弹簧的变形量突变为零，则可确保弹簧反力为零，使工作台静止而不产生回跳。这就是无回跳标准冲击脉冲成形器的设计理论基础。

如果标准冲击脉冲成形器的脉冲反力是由阻尼力产生的，那么在工作台下降过程中，阻尼力形成了标准冲击脉冲波形，到冲击脉冲持续时间结束时阻尼力为零，并且所有冲击能量都被阻尼力耗散掉，工作台的加速度为零，工作台便不会回跳。

当标准冲击脉冲成形器的脉冲反力由弹性力组成时，弹性力在冲击脉冲结束后会产生弹性恢复力，使工作台产生回跳。因此，跌落式冲击台带有防止反复回跳的抱紧机构。

无回跳标准冲击脉冲成形器的弹性特性不再是线性特性的曲线簇。其弹性特性可由加速度-位移$(\ddot{x}-x_2)$和速度-位移$(\dot{x}-x_2)$的位移域曲线描述。

第 2 章　电子设备振动冲击理论基础

（2）后峰锯齿波冲击脉冲的时域函数和曲线

后峰锯齿波冲击脉冲的时域函数和曲线如表 2-9 所示。由表 2-9 可见，不论是有回跳情况还是无回跳情况，在 $0 \leqslant t \leqslant D$ 区间，均不再是简谐振动，所以用具有线性特性的垫层难以产生所需的冲击脉冲波形。

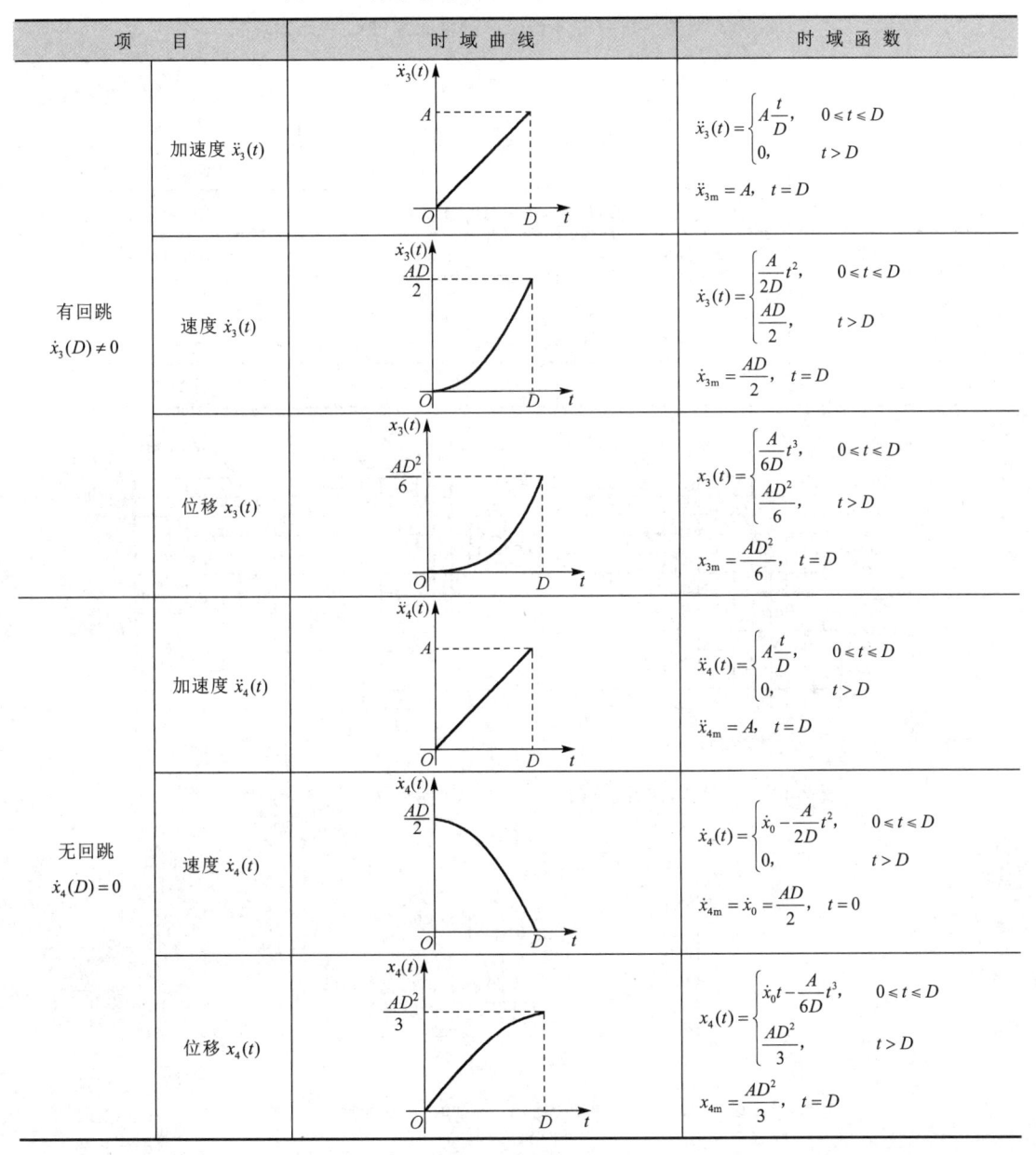

表 2-9　后峰锯齿波冲击脉冲的时域函数和曲线

项　目		时域曲线	时　域　函　数
有回跳 $\dot{x}_3(D) \neq 0$	加速度 $\ddot{x}_3(t)$		$\ddot{x}_3(t) = \begin{cases} A\dfrac{t}{D}, & 0 \leqslant t \leqslant D \\ 0, & t > D \end{cases}$ $\ddot{x}_{3m} = A, \quad t = D$
	速度 $\dot{x}_3(t)$		$\dot{x}_3(t) = \begin{cases} \dfrac{A}{2D}t^2, & 0 \leqslant t \leqslant D \\ \dfrac{AD}{2}, & t > D \end{cases}$ $\dot{x}_{3m} = \dfrac{AD}{2}, \quad t = D$
	位移 $x_3(t)$		$x_3(t) = \begin{cases} \dfrac{A}{6D}t^3, & 0 \leqslant t \leqslant D \\ \dfrac{AD^2}{6}, & t > D \end{cases}$ $x_{3m} = \dfrac{AD^2}{6}, \quad t = D$
无回跳 $\dot{x}_4(D) = 0$	加速度 $\ddot{x}_4(t)$		$\ddot{x}_4(t) = \begin{cases} A\dfrac{t}{D}, & 0 \leqslant t \leqslant D \\ 0, & t > D \end{cases}$ $\ddot{x}_{4m} = A, \quad t = D$
	速度 $\dot{x}_4(t)$		$\dot{x}_4(t) = \begin{cases} \dot{x}_0 - \dfrac{A}{2D}t^2, & 0 \leqslant t \leqslant D \\ 0, & t > D \end{cases}$ $\dot{x}_{4m} = \dot{x}_0 = \dfrac{AD}{2}, \quad t = 0$
	位移 $x_4(t)$		$x_4(t) = \begin{cases} \dot{x}_0 t - \dfrac{A}{6D}t^3, & 0 \leqslant t \leqslant D \\ \dfrac{AD^2}{3}, & t > D \end{cases}$ $x_{4m} = \dfrac{AD^2}{3}, \quad t = D$

3）常用标准冲击脉冲的位移域曲线

（1）半正弦波冲击脉冲的位移域曲线

以表 2-8 中的 $\ddot{x}(t)$ 为纵坐标（也可以 $\dot{x}_2(t)$ 为纵坐标），以表 2-8 中的 $x_2(t)$ 为横坐标，

将冲击脉冲持续时间 D 分为 10~20 等份，将每个时刻的量值分别代入 $\ddot{x}(t)$、$x_2(t)$，在坐标系中得到一系列点，将这些点连接起来，即可获得如表 2-10 所示的典型半正弦波冲击脉冲的位移域曲线（无回跳）。显然，标准冲击脉冲成形器的反力 $F = m\ddot{x}$ 与位移 $x_2(t)$ 不再呈线性关系，而呈非线性关系。由此可见，用简单毛毡、橡胶垫等是很难产生无回跳标准冲击脉冲的。

表 2-10　典型半正弦波冲击脉冲的位移域曲线（无回跳）

峰值加速度 A/g	冲击脉冲持续时间 D/ms	最大位移 x_{2m}/mm	位移域曲线
1200	1	3.74	图 2-44（a）
	1.5	8.42	图 2-44（b）
	2	14.97	图 2-44（c）
7	100	218.36	图 2-41（a）
	34	25.24	图 2-41（b）
15	11	5.66	图 2-45（a）
30	11	11.32	图 2-45（b）

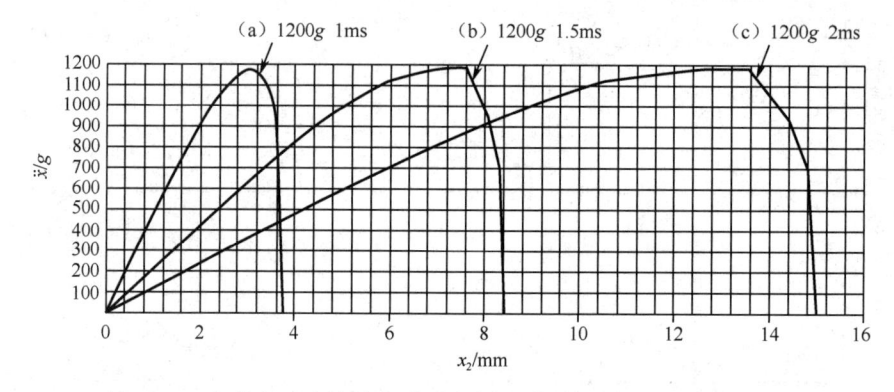

图 2-44　典型半正弦波冲击脉冲的加速度-位移曲线（无回跳）1

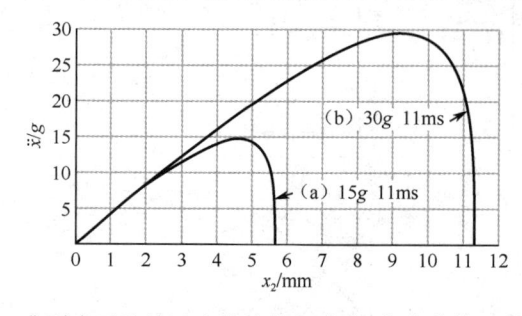

图 2-45　典型半正弦波冲击脉冲的加速度-位移曲线（无回跳）2

（2）后峰锯齿波冲击脉冲的位移域曲线

同理，分别以表 2-9 中的 $\ddot{x}_4(t)$ 和 $\dot{x}_4(t)$ 为纵坐标，以表 2-9 中的 $x_4(t)$ 为横坐标，获得如表 2-11 所示的典型后峰锯齿波冲击脉冲的位移域曲线（无回跳）。

表 2-11　典型后峰锯齿波冲击脉冲的位移域曲线（无回跳）

峰值加速度 A/g	冲击脉冲持续时间 D/ms	最大位移 x_{4m}/mm 有回跳	最大位移 x_{4m}/mm 无回跳	位移域曲线（无回跳）
20	11	2.95	7.9	图 2-46（a）
20	11	2.95	7.9	图 2-46（c）
40	11	7.9	15.8	图 2-46（b）
40	11	7.9	15.8	图 2-46（d）

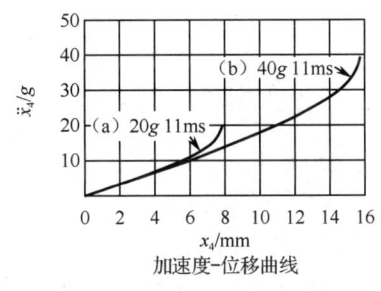

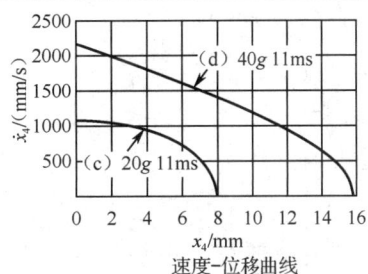

图 2-46　典型后峰锯齿波冲击脉冲的加速度-位移曲线和速度-位移曲线（无回跳）

（3）半正弦波冲击脉冲的位移域容差带曲线

由表 2-8 可知，在冲击脉冲持续时间 D 内，用半正弦波冲击脉冲的时域函数表示的容差带为（$\ddot{x}_1$、$\ddot{x}$、$\ddot{x}_2$ 分别表示冲击脉冲的容差上限、标称值、容差下限）

$$\begin{cases} \ddot{x}_1 = A\sin\dfrac{\pi}{D}t + 0.2A \\ \ddot{x} = A\sin\dfrac{\pi}{D}t \\ \ddot{x}_2 = A\sin\dfrac{\pi}{D}t - 0.2A \end{cases}, \quad 0 \leq t \leq D$$

则可得到半正弦波冲击脉冲的位移域容差带曲线（以无回跳、A=30g、D=11ms 为例）如图 2-47 所示。

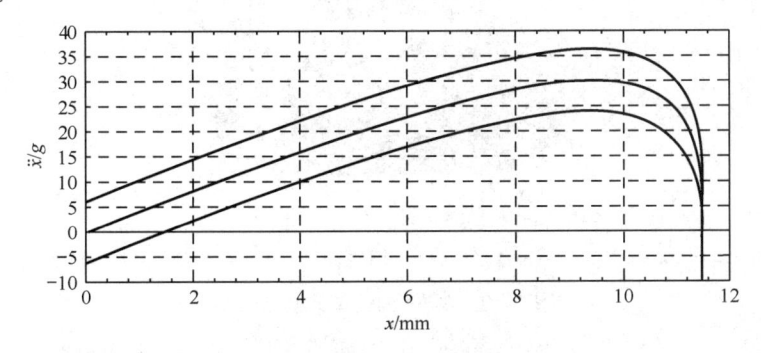

图 2-47　半正弦波冲击脉冲的位移域容差带曲线（以无回跳、A=30g、D=11ms 为例）

（4）后峰锯齿波冲击脉冲的位移域容差带曲线

由表 2-9 可知，在冲击脉冲持续时间 D 内，用后峰锯齿波冲击脉冲的时域函数表示的容差带为（$\ddot{x}_1$、$\ddot{x}$、$\ddot{x}_2$ 分别表示冲击脉冲的容差上限、标称值、容差下限）

$$\begin{cases} \ddot{x}_1 = A\dfrac{t}{D} + 0.15A \\ \ddot{x} = A\dfrac{t}{D} \\ \ddot{x}_2 = A\dfrac{t}{D} - 0.15A \end{cases}, \quad 0 \leqslant t \leqslant D$$

则可得到后峰锯齿波冲击脉冲的位移域容差带曲线（以无回跳、$A=20g$、$D=11$ms 为例）如图 2-48 所示。

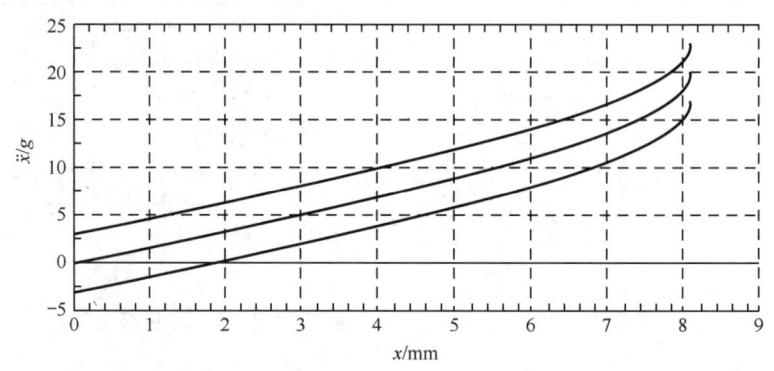

图 2-48 后峰锯齿波冲击脉冲的位移域容差带曲线（以无回跳、$A=20g$、$D=11$ms 为例）

3．跌落式机械冲击台

根据不同被试样品（设备）的冲击试验要求，机械冲击台的技术参数和结构组成非常多。典型的跌落式机械冲击台如图 2-49 所示。

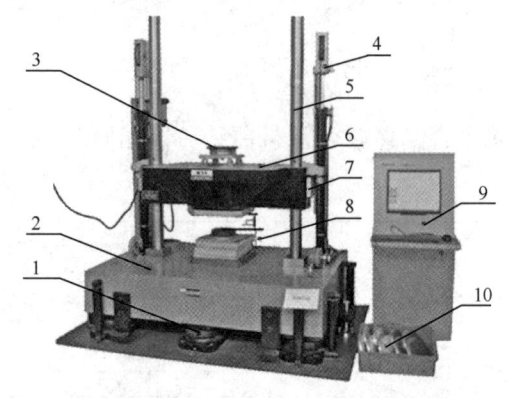

1—基座隔振器；2—基座；3—被试样品（设备）；4—工作台气动升降机构；5—导向柱；6—工作台（m_1）；
7—工作台抱紧机构；8—标准冲击脉冲成形器；9—测控显示台；10—标准冲击脉冲成形器垫块（配件）。

图 2-49 典型跌落式机械冲击台

跌落式机械冲击台的结构形式很多，但其主要组成如下。

（1）将势能转换为动能的升降机构：该机构可以是气缸、油缸、机械凸轮、电机卷扬轮等。

（2）固定被试设备的工作台。

（3）产生标准冲击脉冲的标准冲击脉冲成形器。

（4）导向柱（保持工作台稳定）。

（5）冲击台整体连接部件。

（6）测控显示台。

（7）其他附件：如基座与地面的隔振器、防止工作台回跳的抱紧机构。

工作台底部与标准冲击脉冲成形器之间的高度 h 由冲击脉冲的速度变化量 Δv 确定：由 $mgh = \frac{1}{2}m(\Delta v)^2$ 有 $h = \frac{1}{2g}(\Delta v)^2$。

跌落式机械冲击台的主要机械结构及测控技术均为成熟技术，比较容易达到技术要求。但是，由于其标准冲击脉冲成形器采用多个厚薄不等的毛毡、橡胶垫及弹性塑料盘等弹性垫块组合重叠而成，随着冲击脉冲波形、峰值加速度、冲击脉冲持续时间和被试设备质量的不同，其组合是千变万化的，每次试验均要进行多次调试，往往正式试验只有3~9次，而调试却要十几次甚至几十次，不但很麻烦，也不经济。为此，研发调试方便、冲击脉冲波形精度高、重复性好的标准冲击脉冲发生器成为当务之急。

4．机械式无回跳后峰锯齿波标准冲击脉冲发生器的理论模型

飞机起降时的回跳及发射等大都可视为后峰锯齿波，且其冲击响应谱也是较为平直的响应谱。所以，在 GJB 150.18A—2009 中推荐将它作为冲击试验的标准冲击脉冲。

1）无回跳后峰锯齿波位移域理论特性曲线特征

（1）当图 2-42 中的峰值加速度 P（也可用 A 表示）和冲击脉冲持续时间 T_D（也可用 D 表示）不变时，$F(t) = m\ddot{x}(t)$ 随 m 的增大而线性增大，如图 2-50（a）所示。

（2）当质量 m 不变，而冲击脉冲持续时间 T_D 和峰值加速度 P 分别单独变化时，$F(t)$ 均呈非线性变化，分别如图 2-50（b）、（c）所示。$t = T_D^+$ 时，若 $K(T_D^+) = 0$，则 $F(T_D)$ 迅速由 F_m 减小为零。

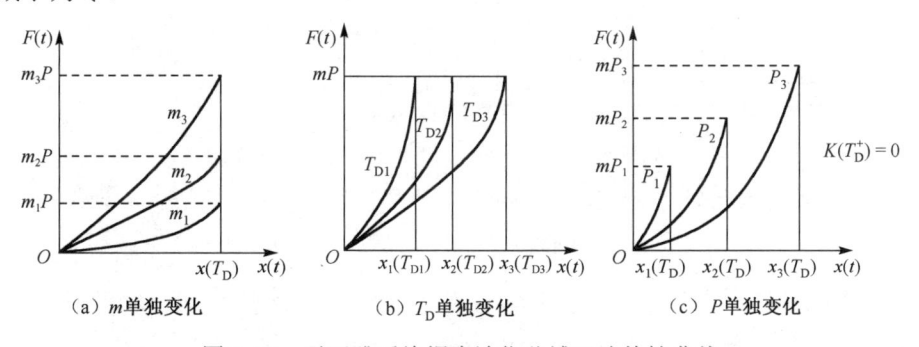

图 2-50　无回跳后峰锯齿波位移域理论特性曲线

2）机械式无回跳后峰锯齿波标准冲击脉冲发生器的设计理念

当被试设备质量 m_2 和工作台质量 m_1 组成质量为 m 的刚性质量块后，针对表 2-9 中的 $\ddot{x}_4(t)$ 获得 $F(t)$（$m\ddot{x}_4(t)$）和 $x_4(t)$ 的理想弹性曲线，即力-位移曲线 $F(t)$-$x_4(t)$（以下 $x_4(t)$ 以 $x(t)$ 代替）。

由图 2-42 可见，机械式无回跳后峰锯齿波标准冲击脉冲发生器要在 $t=T_D$ 时的 $\pm 0.07T_D$ 冲击脉冲持续时间容差带和 $\pm 0.15P$ 峰值加速度容差带内使 $\ddot{x}(T_D)$ 迅速由 $\ddot{x}_m$ 减小到 $\ddot{x}(T_D^+)=0$ 是很困难的。为此，机械式无回跳后峰锯齿波标准冲击脉冲发生器的设计理念如下。

（1）弹簧刚度拟合型：采用弹簧刚度拟合技术，使弹簧的拟合刚度曲线逼近 $F(t)-x(t)$ 曲线，即 $K(t) \cdot x(t) = F(t)$，并使冲击能量完全被拟合弹簧储存；在 $t=T_D$ 时，$\ddot{x}(T_D)=\ddot{x}_m$，$\dot{x}(T_D)=0$，若 $K(T_D^+)=0$，则弹簧储存的能量在瞬间释放，使反力 $F(T_D)$ 迅速由 F_m 减小为零（$F(T_D^+)=0$）。

（2）油阻尼器耗散型：在质量 m（设备）下降过程中，阻尼力 $F_2(x)$ 逼近 $F(t)-x(t)$ 曲线，并且冲击能量在下降过程中已被阻尼器耗散；当 m 下降到该标准冲击脉冲发生器下端时，$x_m=x(T_D)$，$\dot{x}(T_D)=0$，$\ddot{x}(T_D)=\ddot{x}_m$，$t>T_D$ 时，油阻尼器反力（阻尼力）为零，$\ddot{x}=0$。

（3）由于标准规定的严酷度是有限的，故可按峰值加速度 P 和冲击脉冲持续时间 T_D 设计成不同的标准冲击脉冲发生器，并采用模块化设计方法减少其规格数量。

5．并联弹簧刚度拟合无回跳后峰锯齿波标准冲击脉冲发生器

1）并联弹簧刚度拟合设计

现以 $m=400\text{kg}$、峰值加速度 $P=20g$、冲击脉冲持续时间 $T_D=11\text{ms}$ 的无回跳后峰锯齿波标准冲击脉冲发生器为例加以说明，其设计步骤如下。

（1）画出如图 2-51（a）所示的理论曲线 $K_1(x)$。

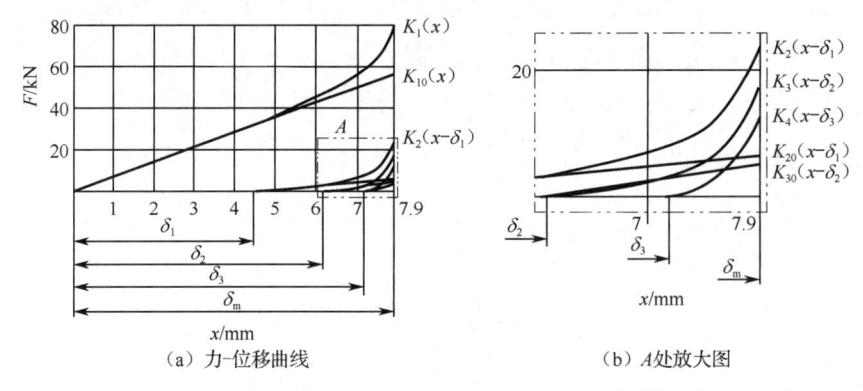

(a) 力-位移曲线

(b) A 处放大图

图 2-51　无回跳后峰锯齿波标准冲击脉冲发生器的并联弹簧刚度拟合设计

（$m=400\text{kg}$，$P=20g$，$T_D=11\text{ms}$）

（2）画出线性刚度曲线 $K_{10}(x)$，$0 \leq x \leq \delta_1$ 时误差小于或等于 5%，并画出 $x>\delta_1$ 时的曲线 $K_2(x-\delta_1)=K_1(x)-K_{10}(x)$。

（3）在 $\delta_1<x\leq\delta_m$ 区域内，自 δ_1 开始画出线性刚度曲线 $K_{20}(x-\delta_1)$，$\delta_1<x\leq\delta_2$ 时误差小于或等于 5%，并画出 $x>\delta_2$ 时的曲线 $K_3(x-\delta_2)=K_2(x-\delta_1)-K_{20}(x-\delta_1)$。

（4）重复上述步骤，用逐步逼近法在 $\delta_2<x\leq\delta_m$ 区域内，画出曲线 $K_{30}(x-\delta_2)$ 和 $K_4(x-\delta_3)$，如图 2-51（b）所示。

显而易见，$K_1(x)$ 在 $0\leq x\leq\delta_m$ 区域内由线性弹簧拟合设计的情况如下。

① $K_1(x) = K_{10}(x)$, $0 \leq x \leq \delta_1$
② $K_1(x) = K_{10}(x) + K_2(x - \delta_1)$, $\delta_1 < x \leq \delta_2$
③ $K_1(x) = K_{10}(x) + K_{20}(x - \delta_1) + K_3(x - \delta_2)$, $\delta_2 < x \leq \delta_3$
④ $K_1(x) = K_{10}(x) + K_{20}(x - \delta_1) + K_{30}(x - \delta_2) + K_4(x - \delta_3)$, $\delta_3 < x \leq \delta_m$

2）力学模型和工作过程

（1）力学模型

并联弹簧刚度拟合无回跳后峰锯齿波标准冲击脉冲发生器的力学模型如图 2-52（a）所示。将拟合 K_1 要求设计的 K_{10}、K_{20}、K_{30} 和 K_4（注意：文字表述时经常用弹簧刚度来表示弹簧）分别安置在弹簧座内和限位套上，并按相对位移要求调整 δ_1、δ_2、δ_3 和 δ_m。K_4 可用毛毡、橡胶垫等垫块在压力机上调试。

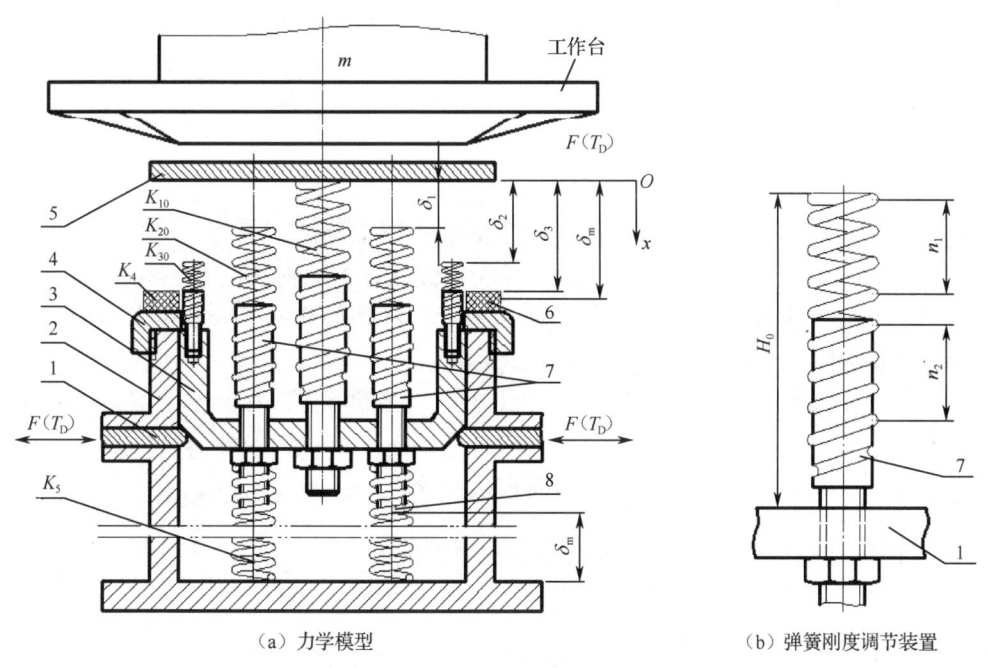

（a）力学模型　　（b）弹簧刚度调节装置

1—$F(T_D)$力控调节插销；2—底座；3—弹簧座；4—限位套；5—上板；
6—橡胶垫 K_4；7—刚度和相对位移调节器；8—复位弹簧 K_5。

图 2-52　并联弹簧刚度拟合无回跳后峰锯齿波标准冲击脉冲发生器的力学模型及弹簧刚度调节装置

弹簧座上端被安装在底座上的限位套限位，限位套可调节 δ_m，弹簧座下端被 $F(T_D)$ 力控调节插销支承。

（2）工作过程

当工作台连同质量 m（设备）跌落并以速度 $\dot{x}_0 = \frac{1}{2}PT_D$ 与上板相碰下移时，顺次与 K_{10}、K_{20}、K_{30} 和 K_4 接触并形成后峰锯齿波。

当 $x(t) \to \delta_m$、$F(t) \to F(T_D)$ 时，上板被限位套及橡胶垫 K_4 支承，$F(T_D)$ 力控调节插销迅速拔出，弹簧座迅速下滑，K_{30}、K_{20}、K_{10} 依次恢复到自由高度，3 个弹簧反力为零，使 $t > T_D$ 时 $\ddot{x}(t) = 0$，弹簧座（与 3 个弹簧）被 K_4 和 K_5 支承，由于 K_4 和 K_5 很小，反弹也

很小。当工作台与质量 m（设备）上抬准备下一次冲击时，弹簧座被 K_4 复位，$F(T_D)$ 力控调节插销插入，当工作台上升到与 K_{10} 脱离时，K_{20}、K_{30} 和 K_4 均恢复到自由高度，即可进行下一次冲击。

3）弹簧刚度调节装置简介

K_{10}、K_{20} 和 K_{30} 是线性螺旋簧，其刚度 k 为

$$k = \frac{Gd^4}{8nD_{中}^3} \tag{2-130}$$

式中，G 为弹簧钢丝的剪切弹性模量（N/mm²）；d 为弹簧钢丝的直径（mm）；n 为弹簧的有效圈数（圈）；$D_{中}$ 为弹簧的中径（mm）。

弹簧刚度调节装置如图 2-52（b）所示。当质量 m（设备）有变化时，刚度 k 可通过调节有效圈数 n_1 实现。螺旋簧 K_{10}、K_{20}、K_{30} 上端并圈，下端不并圈，并旋入节距、内径、中径与螺旋簧相同的刚度和相对位移调节器内，旋入的为无效圈数 n_2。调节图 2-52（b）中各弹簧相应的 H_0，可改变各弹簧到上板间的相对位移 δ_1、δ_2、δ_3 [见图 2-52（a）]。

4）小结

由于 GJB 150.18A—2009 规定的后峰锯齿波冲击脉冲仅有 $P=20g$、$T_D=11\text{ms}$ 和 $P=40g$、$T_D=11\text{ms}$ 两种规格，故无回跳后峰锯齿波标准冲击脉冲发生器可制成两种，即 $\delta_m=7.9\text{mm}$ 和 $\delta_m=15.8\text{mm}$。不同质量 m 的设备，仅需要用相同节距、不同圈数、不同钢丝直径的螺旋簧旋入刚度和相对位移调节器即可。

该标准冲击脉冲发生器的难点是：在 $\pm0.07T_D$ 内准确实现 $F(T_D)$ 力控调节，即在拔销后能迅速使弹簧反力为零，使后峰锯齿波下降沿陡直，但也可在冲击脉冲波形结束后用抱紧机构抱紧工作台，防止反弹。本模型可推广到其他标准冲击脉冲发生器。

6．无回跳油阻尼后峰锯齿波标准冲击脉冲发生器

1）工作原理

根据厚壁小孔出流示意图（如图 2-53 所示），并由伯努利方程得出

$$h_1 + p_1/(\rho g) + a_1 u_1^2/(2g) = h_0 + p_0/(\rho g) + a_0 u_0^2/(2g) + \Delta h \tag{2-131}$$

式中，h_1 和 h_0 分别为 AA 和 BB 液面到孔口的高度；p_1 为活塞对液体的压强；p_0 为大气压强；u_1 和 u_0 分别为 AA 和 BB 液面的升降速度；a_1 和 a_0 为动能修正系数；Δh 为液体流经小孔的总阻力压头损失；ρ 为液体密度；g 为重力加速度。

由于在 dt 时间内，液体介质重力压头的变化与总压头的变化相比是高阶小量，即 $\rho g(h_1-h_0) \approx 0$，且在活塞截面积与储油桶液面面积相近时，有 $u_1 \approx u_0$，则式（2-131）可改写为

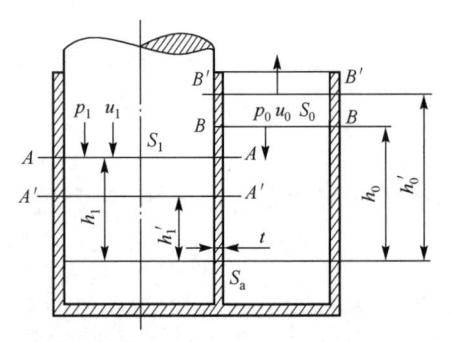

图 2-53　厚壁小孔出流示意图

$$p_1 = p_0 + \rho g\Delta h \quad 或 \quad p_1 - p_0 = \rho g\Delta h \tag{2-132}$$

当活塞截面积为 S_1 时，液体的总压力 F 为

$$F = (p_1 - p_0)S_1 = \rho g \Delta h S_1 \quad (2\text{-}133)$$

当活塞下降速度 $u_1 = dh_1/dt$ 时，在 dt 时间内，活塞下降引起的流量变化为 $dQ = S_1 u_1$，它与小孔中流出的流量 $u_a S_a$ 相等，即

$$u_a S_a = S_1 dh_1/dt = S_1 u_1 \quad (2\text{-}134)$$

则

$$u_a = u_1 S_1 / S_a \quad (2\text{-}135)$$

式中，S_a 为小孔出流截面积；u_a 为小孔出流速度。由相关参考文献知，液体流经小孔的总阻力压头损失 Δh 为

$$\Delta h = C_d u_a^2 / (2g) \quad (2\text{-}136)$$

式中，C_d 为阻力系数。

由式（2-133）、式（2-135）和式（2-136）可得

$$F = \rho C_d u_1^2 S_1^3 / (2 S_a^2) \quad (2\text{-}137)$$

在壁面上打 n 个截面积相同的小孔，其出流总阻力（活塞总压力）为

$$F = \rho C_d u_1^2 S_1^3 / (2 n^2 S_a^2) \quad (2\text{-}138)$$

式中，n 为截面积相同的小孔数。

由式（2-138）可知，活塞受到的反力（活塞总压力）F 与小孔数 n 的平方成反比，与活塞下降速度 u_1 的平方成正比。如果活塞下降过程中不断堵住某些小孔，使有效出流的小孔数不断变化，同时受小孔阻流影响，活塞下降速度 u_1 不断减小，则 F 也相应发生变化。若使活塞下降速度 $u_1(\dot{Z}(t))$ 与有效出流小孔数 $N(t)$ 的比值符合表 2-9 中 $\ddot{x}_4(t)$ 的变化规律，即可获得标准规定的后峰锯齿波冲击脉冲：

$$m\ddot{Z}(t) = C[\dot{Z}(t)/N(t)]^2 \quad (2\text{-}139)$$

式中，常数 C 是液体密度 ρ、阻力系数 C_d、活塞截面积 S_1 和小孔出流截面积 S_a 的函数，即

$$C = \rho C_d S_1^3 / (2 S_a^2) \quad (2\text{-}140)$$

加速度为

$$\ddot{Z}(t) = C[\dot{Z}(t)/N(t)]^2 / m \quad (2\text{-}141)$$

2）主要结构

无回跳油阻尼后峰锯齿波标准冲击脉冲发生器的主要结构示意图如图 2-54 所示。它由开了很多小孔的波形成形器、开有槽口的油孔阻塞钢套、活塞、波形后沿调节器、波形前沿调节器、波形调节套、活塞复位弹簧、油缸及锁紧螺套组成。将波形调节套压紧，O 形密封圈实现油缸的密封。油孔阻塞钢套底部用两个钢套防转销钉与油缸相连，防止调节小孔数时跟转。油孔阻塞钢套底部有小孔和回油槽与波形成形器下部的小孔相通，小孔用缓冲密封垫封闭。活塞回弹时，缓冲密封垫稍微抬起，工作油进入活塞下部，当活塞上抬到有小孔的部位时，由小孔进油增大活塞回弹速度。当活塞下冲时迅速压下缓冲密封垫，将油路封闭。

3）应用实例

设工作台和被试设备的总质量分别为 $m_1 = 100\text{kg}$、$m_2 = 200\text{kg}$、$m_3 = 300\text{kg}$，以后峰

锯齿波峰值加速度为 20g、冲击脉冲持续时间为 11ms 为例说明其工作原理。

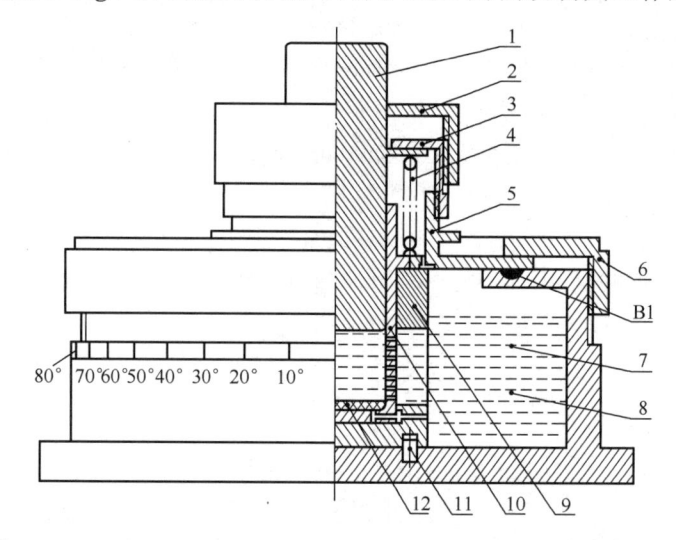

1—活塞；2—波形后沿调节器；3—波形前沿调节器；4—活塞复位弹簧；5—波形调节套；6—锁紧螺套；
7—油缸；8—工作油；9—油孔阻塞钢套；10—波形成形器；11—钢套防转销钉；12—缓冲密封垫；B1—O 形密封圈。

图 2-54 无回跳油阻尼后峰锯齿波标准冲击脉冲发生器的主要结构示意图

将 T_D =11ms 分为 20 等份，分别求出质量 m_1 =100kg、m_2 =200kg、m_3 =300kg 所需的孔径和孔数排列，列于表 2-12 中。在波形成形器上，按表 2-12 中的孔径和孔数排列打点，并将其套入开有槽口的油孔阻塞钢套，转动波形调节套，带动波形成形器，可改变暴露在油孔阻塞钢套槽口内的孔数，从而获得不同峰值加速度 P、不同冲击脉冲持续时间 T_D 的冲击脉冲波形，以及相同 P、T_D，不同质量 m 时的 $F(t)$-$Z(t)$ 曲线。

表 2-12 20g、11ms 后峰锯齿波冲击脉冲所需的孔径和孔数排列

时间/ms	位移/mm	孔径/mm	质量 m_1=100kg 孔数排列 第 1 列	第 2 列	第 3 列	质量 m_2=200kg 孔数排列 第 1 列	第 2 列	第 3 列	质量 m_3=300kg 孔数排列 第 1 列	第 2 列	第 3 列
0.05T_D	0.60	0.8	0	0	0	0	0	0	0	0	0
0.10T_D	1.21	0.8	2	2	15	0	2	15	0	0	15
0.15T_D	1.80	0.8	2	2	12	0	2	12	0	0	12
0.20T_D	2.39	0.8	1	2	8	0	2	8	0	0	8
0.25T_D	2.96	0.8	0	1	2	0	1	2	0	0	2
0.30T_D	3.52	0.8	0	1	7	0	1	7	0	0	7
0.35T_D	4.06	0.8	0	1	7	0	0	7	0	0	7
0.40T_D	4.58	0.8	0	1	2	0	1	2	0	0	2
0.45T_D	5.08	0.8	0	1	6	0	1	6	0	0	6
0.50T_D	5.55	0.8	1	1	5	0	1	5	0	0	5
0.55T_D	5.98	0.8	1	0	5	0	0	5	0	0	5
0.60T_D	6.39	0.8	1	0	4	0	0	4	0	0	4

$P = 20g$，$T_D = 11$ms，最大行程 $H = 60$mm

续表

时间/ms	位移/mm	孔径/mm	质量 m_1=100kg 孔数排列 第1列	第2列	第3列	质量 m_2=200kg 孔数排列 第1列	第2列	第3列	质量 m_3=300kg 孔数排列 第1列	第2列	第3列
$0.65T_D$	6.76	0.8	0	0	4	0	0	4	0	0	4
$0.70T_D$	7.09	1.0	1	0	3	0	0	3	0	0	3
$0.75T_D$	7.37	1.0	0	0	3	0	0	3	0	0	3
$0.80T_D$	7.61	1.0	0	1	2	0	1	2	0	0	2
$0.85T_D$	7.81	1.0	1	1	2	0	1	2	0	0	2
$0.90T_D$	7.94	1.0	1	1	2	0	0	2	0	0	2
$0.95T_D$	8.04	1.0	1	1	2	0	0	2	0	0	2
$1.00T_D$	8.12	1.0	0	0	2	0	0	2	0	0	2

$P=20g$，$T_D=11$ms，最大行程 $H=60$mm

例如，当 $m_1=100$kg 时，3 列孔全部对应油孔阻塞钢套上开口处；当 $m_2=200$kg 时，关闭第 1 列孔；当 $m_3=300$kg 时，关闭第 1 列、第 2 列孔。$m<m_1$、$m_1<m<m_2$、$m_2<m<m_3$ 时均可通过加配重使其分别达到 m_1、m_2、m_3。

当 $t \to T_D$ 时，$\dot{x}(T_D)=0$，$\ddot{x}(T_D)=\ddot{x}_m$；当 $t>T_D$ 时，$\dot{x}=0$，$\ddot{x}=0$，将不会出现回跳。

4）小结

根据小孔油阻尼原理，可获得较符合标准规定的无回跳后峰锯齿波标准冲击脉冲发生器，但其液压密封及油黏度系数的不稳定性会使误差加大。

7. 串联弹簧刚度拟合无回跳半正弦波标准冲击脉冲发生器

根据以上的讨论可知，机械式无回跳半正弦波标准冲击脉冲发生器可以通过线性弹簧刚度拟合实现，因此下面不具体讲解实例，只介绍设计思路。

机械式无回跳半正弦波标准冲击脉冲发生器由不同刚度、不同材质的弹性垫块（相当于弹簧）串联组合而成，如图 2-55（a）所示。弹性垫块（相当于弹簧）刚度特性曲线如图 2-55（b）所示。先将所有弹性垫块（相当于弹簧）的 $K_i(\delta_i)$ 曲线求出来，然后根据半正弦波冲击脉冲的峰值加速度 P、冲击脉冲持续时间 T_D 和质量 m 画出无回跳半正弦波标准冲击脉冲发生器的理论力-位移曲线及容差带曲线 [如图 2-55（c）所示]，再根据理论力-位移曲线刚度的分段要求，分别求出符合相应刚度特性 $K_i(\delta_i)$ 的弹性垫块（相当于弹簧）K_i，不断拼接满足误差允许范围的弹性垫块（相当于弹簧）组成无回跳半正弦波标准冲击脉冲发生器，这样可以克服目前盲目换垫块的缺点。

8. 电磁式标准冲击脉冲发生器

前面分别介绍了并联弹簧刚度拟合、油阻尼和串联弹簧刚度拟合标准冲击脉冲发生器的基本原理，它们都是根据标准冲击脉冲的加速度-位移曲线，利用弹性元件串并联或油阻尼产生的。这些标准冲击脉冲发生器在被试设备的质量和冲击脉冲波形变化时，要做复杂的调节，往往操作人员调试很长时间也无法达到要求，并且波形控制精度不高。

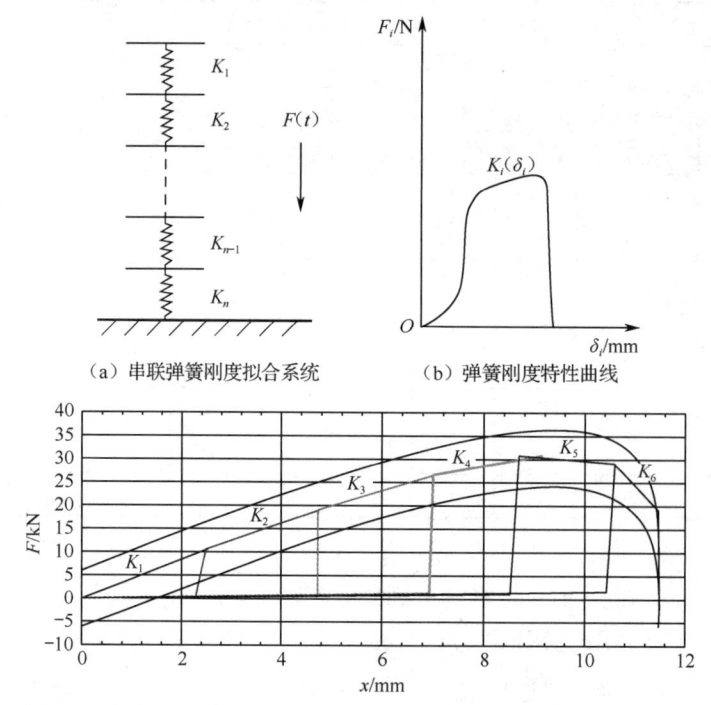

(a) 串联弹簧刚度拟合系统　　(b) 弹簧刚度特性曲线

(c) 无回跳半正弦波标准冲击脉冲发生器的理论力-位移曲线及容差带曲线（m=100kg，P=30g，T_D=11ms）

图 2-55　无回跳半正弦波标准冲击脉冲发生器的串联弹簧刚度拟合设计

本小节开始部分简述了电磁振动台在电子设备动力学环境试验中的优势和重要作用，下面就电磁振动台复现经典冲击脉冲波形（经典冲击脉冲一般指半正弦波冲击脉冲、后峰锯齿波冲击脉冲、梯形波冲击脉冲）原理做一简介，并提出新的电磁式标准冲击脉冲发生器的工作原理。

1）电磁振动台复现经典冲击脉冲波形原理

利用电磁振动台复现经典冲击脉冲波形实际上和电磁振动台的瞬态波形复现有异曲同工之妙，首先也是需要得到安装有被试设备的振动试验系统的传递函数 $H(f)$。

对于一个线性时不变的振动试验系统，系统的输入 $x(t)$ 和输出 $y(t)$ 在频域存在如下关系：

$$Y(f) = H(f) \cdot X(f) \quad (2\text{-}142)$$

按照傅里叶变换的定义，任意一种能量有限的时间函数 $x(t)$ 与其频谱 $X(f)$ 之间存在唯一的对应关系：

$$X(f) = \int_{-\infty}^{\infty} x(t) \mathrm{e}^{-\mathrm{j}2\pi ft} \mathrm{d}t \quad (2\text{-}143)$$

$$x(t) = \int_{-\infty}^{\infty} X(f) \mathrm{e}^{\mathrm{j}2\pi ft} \mathrm{d}f \quad (2\text{-}144)$$

对于给定的经典冲击脉冲波形 $r(t)$，用傅里叶正变换[式（2-143）]就可以得到相应的频谱 $R(f)$（含幅值谱及相位谱）。如果直接用规定的经典冲击脉冲波形 $r(t)$ 去激励振动试验系统，那么根据式（2-142），在电磁振动台上输出的响应频谱应该是激励频谱

$R(f)$ 与系统传递函数 $H(f)$ 的乘积 $H(f) \cdot R(f)$。显然，对这个响应频谱 $H(f) \cdot R(f)$ 进行傅里叶逆变换［式（2-144）］，是不可能得到满足要求的经典冲击脉冲波形 $r(t)$ 的。因此，在经典脉冲波形冲击试验中，要从电磁振动台上得到规定的经典冲击脉冲波形 $r(t)$，是不能直接用规定的经典冲击脉冲波形 $r(t)$ 去激励振动试验系统的。应该先通过式（2-145）计算出 $X(f)$：

$$X(f) = R(f)/H(f) \tag{2-145}$$

有了 $X(f)$，数字式控制系统才可以利用傅里叶逆变换［式（2-144）］产生一个对应于 $X(f)$ 的时间历程 $x(t)$，再用这个通过傅里叶逆变换得到的时间历程 $x(t)$ 作为输入的冲击脉冲波形，按照式（2-142），振动试验系统的输出频谱 $Y(f)$ 才是我们所期望的与经典冲击脉冲波形 $r(t)$ 相对应的 $R(f)$：

$$Y(f) = H(f) \cdot X(f) = R(f) \tag{2-146}$$

根据上述分析，电磁振动台复现经典冲击脉冲波形 $r(t)$ 的步骤如下。

（1）实测得到振动试验系统的传递函数 $H(f)$。

（2）对给定的经典冲击脉冲波形 $r(t)$ 进行傅里叶正变换［式（2-143）］，得到其对应的频谱 $R(f)$。

（3）按照式（2-145）得到驱动信号频谱 $X(f)$。

（4）对 $X(f)$ 进行傅里叶逆变换［式（2-144）］，得到驱动信号 $x(t)$。

（5）用 $x(t)$ 作为驱动信号，激励振动试验系统，从而在电磁振动台上产生满足试验要求的经典冲击脉冲波形 $r(t)$。

在上面的分析过程中认定电磁振动台是一个线性时不变的振动试验系统，而实际的振动试验系统存在着很多的非线性因素。因此，在求取传递函数 $H(f)$ 的过程中，必须采集足够多的样本才能得到比较符合实际状态的传递函数，即包含幅值特性和相位特性的复数传递函数 $H(f) = |H(f)| e^{-j\varphi(f)}$。故求取系统传递函数需要经过多次循环、反复迭代的过程，不可一蹴而就。实测振动试验系统传递函数的原理框图如图 2-56 所示。

在电磁振动台上实现经典脉冲波形冲击试验的流程图如图 2-57 所示。

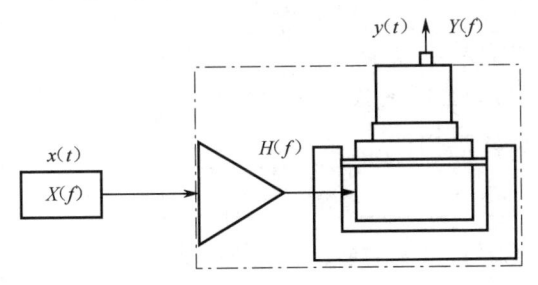

图 2-56 实测振动试验系统传递函数的原理框图

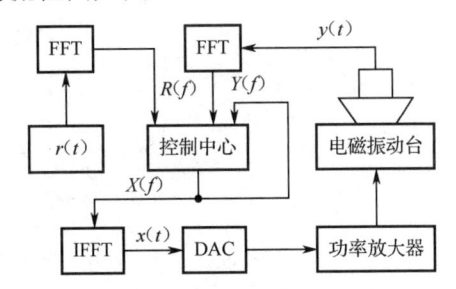

图 2-57 在电磁振动台上实现经典脉冲波形冲击试验的流程图

（1）按照图 2-56，实测得到振动试验系统的复数传递函数 $H(f) = |H(f)| e^{-j\varphi(f)}$。

（2）按照图 2-57，对给定的经典冲击脉冲波形 $r(t)$ 进行快速傅里叶变换（FFT），得到 $R(f)$，并输送至控制中心。

（3）在控制中心进行 $X(f) = R(f)/H(f)$ 的计算，得到 $X(f)$，输送至 IFFT。

（4）对 $X(f)$ 进行快速傅里叶逆变换（IFFT），得到 $x(t)$，经过数模转换器（DAC）、功率放大器（简称功放），输送至电磁振动台。

（5）在电磁振动台夹具或被试设备上实测得到冲击试验波形 $y(t)$，进行 FFT 得到 $Y(f)$，并反馈至控制中心。

（6）在控制中心将反馈信号频谱 $Y(f)$ 和参考信号频谱 $R(f)$ 进行比较，根据两个频谱的差值（幅值及相位）对 $X(f)$ 进行修正后再输送至 IFFT。

（7）重复步骤（4）到步骤（6）的过程，直到反馈信号频谱 $Y(f)$ 和参考信号频谱 $R(f)$ 基本一致为止。在控制中心的屏幕上同时显示时域波形 $y(t)$ 是否进入经典冲击脉冲波形 $r(t)$ 的误差带内。若已进入，则可以固化输入的 $X(f)$，实施后续的冲击试验。若没有进入，则返回步骤（6）。

也可以将图 2-56 和图 2-57 综合为图 2-58，按照同样的步骤在电磁振动台上实现经典冲击脉冲波形复现。

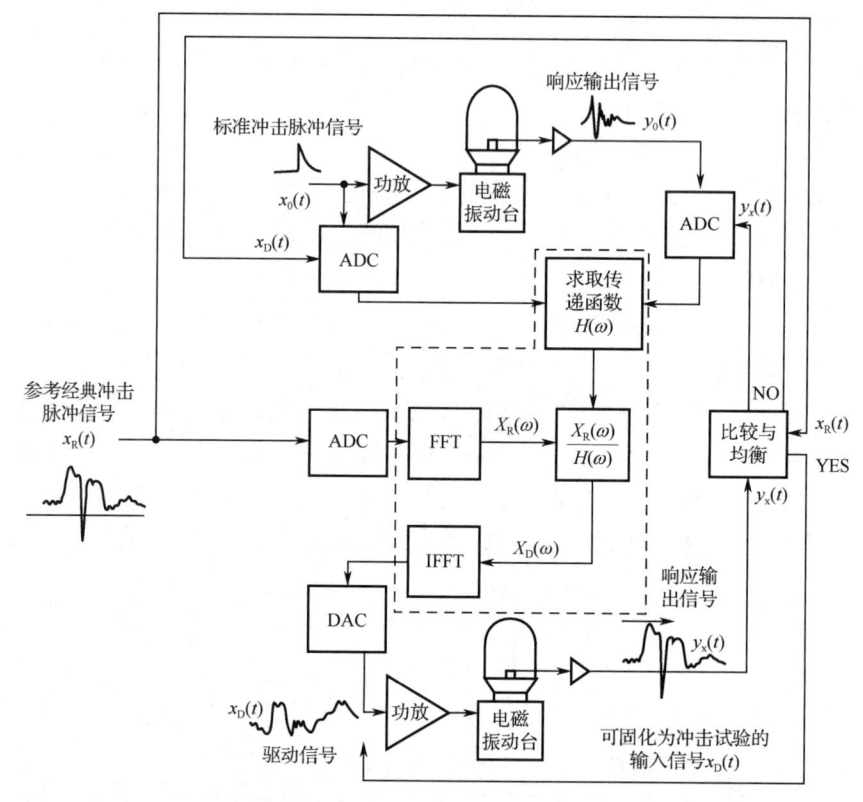

图 2-58 在电磁振动台上实现经典脉冲波形冲击试验的完整流程图

（1）向电磁振动台输入一个用于求取系统传递函数的标准冲击脉冲信号 $x_0(t)$。这个标准冲击脉冲信号可以是冲激函数信号、后峰锯齿波信号、快速扫频的正弦信号、白噪声信号等，但是要求标准冲击脉冲信号的频率范围能涵盖经典冲击脉冲波形的频谱。采集电磁振动台系统的响应输出信号 $y_0(t)$。使两个时域信号经过 ADC，再按离散数字信号处理原则和方法求取系统的传递函数 $H(\omega)$。

（2）使冲击试验的参考经典冲击脉冲信号 $x_R(t)$ 经过 ADC、FFT，得到参考经典冲击脉冲信号的傅里叶复数频谱 $X_R(\omega)$。

（3）根据 $X_R(\omega)$ 和系统的传递函数 $H(\omega)$，得到对应于冲击试验的参考经典冲击脉冲信号 $x_R(t)$ 的驱动信号频谱 $X_D(\omega)$：$X_D(\omega) = X_R(\omega)/H(\omega)$。

（4）使 $X_D(\omega)$ 经过 IFFT、DAC，得到对应于冲击试验的参考经典冲击脉冲信号 $x_R(t)$ 的驱动信号 $x_D(t)$。

（5）将实测得到的电磁振动台的响应输出信号 $y_x(t)$ 与冲击试验的参考经典冲击脉冲信号 $x_R(t)$ 进行比较与均衡。如果响应输出信号 $y_x(t)$ 在参考经典冲击脉冲信号 $x_R(t)$ 的误差带内（YES），则其对应的驱动信号 $x_D(t)$ 可固化为此次冲击试验的输入信号，返回到电磁振动台的输入端。如果响应输出信号 $y_x(t)$ 不能进入参考经典冲击脉冲信号 $x_R(t)$ 的误差带（NO），则使驱动信号 $x_D(t)$ 和响应输出信号 $y_x(t)$ 经过 ADC，再次求取系统的传递函数，按照步骤（3）得到新的驱动信号频谱 $X_D(\omega)$，并再次重复步骤（4）和步骤（5）的过程。如此反复迭代，最终得到比较理想的经典冲击脉冲时域波形复现的试验输入时域波形。

在电磁振动台上实施经典脉冲波形冲击模拟试验结束后，电磁振动台必须恢复到起始的静止状态，否则电磁振动台将受到损害。由于3种经典冲击脉冲波形的加速度-时间历程都是正值的，如果简单地利用原始波形实施复现，则冲击试验结束后电磁振动台的位移（加速度的二次积分）、速度（加速度的一次积分）不可能恢复到起始的静止状态，故在电磁振动台上实施经典脉冲波形冲击模拟试验时，必须对原始冲击脉冲波形进行修正。

由此可见，目前在电磁振动台上实现标准规定的经典冲击脉冲波形的控制程序是非常复杂的。

2）电磁式标准冲击脉冲发生器的工作原理

鉴于前面讨论的电磁振动台复现经典冲击脉冲波形的复杂性，就目前电动控制系统而言，很容易通过控制电流变化来控制推力，因此我们将加速度-位移曲线的控制方法转化为电流-位移曲线的控制方法，通过增大推力及动圈位移量，即可实现大量级、长冲程的标准冲击脉冲波形。

电磁式标准冲击脉冲发生器的设计思路是：将被试设备固定于电磁式标准冲击脉冲发生器的台面，通过控制流过动圈的电流和台面的位移，即可得到所需的标准冲击脉冲波形。

下面介绍电磁式标准冲击脉冲发生器的工作原理。根据"大学物理"课程的相关知识可知，在回路系统中通以电流时，由于各回路自感和回路之间互感的作用，回路中的电流要经历一个从零到稳定值的变化过程，在此过程中，电源必须提供能量用来克服自感电动势及互感电动势而做功，使电能转换为载流回路的能量和回路电流间的相互作用能，也就是磁场的能量。下面以如图2-59所示的简单电路为例来讨论自感磁能，由此得出磁场的能量。

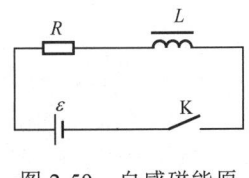

图2-59 自感磁能原理图

如图2-59所示，电路含有一个自感系数为 L 的线圈、一个电阻为 R 的电阻器，电源电动势为 ε。在开关 K 未闭合时，电路中没有电流，线圈中也没有磁场。在开关 K 闭合后，线圈中的电流逐渐增大，线圈中有自感电动势。在此过程中，电源供给的能量分成两个部分：一部分转换为电阻器上的焦耳热，另一部分则转换为线圈中的磁场能量。

由闭合电路的欧姆定律得

$$\varepsilon + \varepsilon_L = Ri \tag{2-147}$$

即

$$\varepsilon - L\frac{\mathrm{d}i}{\mathrm{d}t} = Ri \tag{2-148}$$

式（2-148）两边同乘以 $i\mathrm{d}t$，得

$$\varepsilon i\mathrm{d}t - Li\mathrm{d}i = Ri^2\mathrm{d}t \tag{2-149}$$

对式（2-149）两边积分，得

$$\int_0^t \varepsilon i\mathrm{d}t - \int_0^I Li\mathrm{d}i = \int_0^t Ri^2\mathrm{d}t \tag{2-150}$$

式中，$\int_0^t \varepsilon i\mathrm{d}t$ 为电源在 0 到 t 这段时间内所做的功，也就是电源所供给的能量；$\int_0^t Ri^2\mathrm{d}t$ 为在这段时间内消耗在电阻器上的能量，它以焦耳热的形式放出；而 $\int_0^I Li\mathrm{d}i = \frac{1}{2}LI^2$ 则为电源反抗自感电动势所做的功，这部分功以能量形式储存在线圈中。这表明在一个自感系数为 L 的线圈中建立强度为 I 的电流时，线圈中储存的能量为

$$E_L = \frac{1}{2}LI^2 \tag{2-151}$$

这部分能量称为自感磁能。

由式（2-151）给出的自感磁能公式可知，在冲击过程中，动圈磁场能量的表达式为

$$E_L = \frac{1}{2}LI^2 \tag{2-152}$$

式中，L 为自感系数，$L = \mu_r\mu_0 n^2 sl$，μ_0 为励磁磁导率，μ_r 为相对磁导率，n 为动圈匝数，s 为动圈横截面积，l 为动圈线圈长度；I 为动圈电流。

根据动力学原理，在冲击过程中，动圈总动能的表达式为

$$E_M = \frac{1}{2}MV^2 \tag{2-153}$$

式中，M 为冲击过程中各部分质量的总和，包括动圈质量 m_L、台面质量 m_T、夹具和被试设备总质量 m_0；V 为动圈的速度，即被试设备的冲击速度 $\dot{x}$。

为了保证冲击脉冲波形的准确性，在冲击过程中，被试设备在任意位移时刻，动圈的总动能应与动圈的磁场能量相等，即

$$E_M = E_L \text{ 或 } \frac{1}{2}MV^2 = \frac{1}{2}LI^2 \tag{2-154}$$

则有

$$I = \pm\sqrt{\frac{M}{L}} \times V = \pm\sqrt{\frac{M}{L}} \times \dot{x} \tag{2-155}$$

式中，$\dot{x}$ 可参见表 2-8 中无回跳半正弦波冲击脉冲时域函数速度与位移关系的表达式。

无回跳半正弦波冲击脉冲的速度与位移函数关系（$\dot{x}$-x）曲线如图 2-60（a）所示。

与式（2-155）相对应的 $I-x$ 曲线如图 2-60（b）所示。因此，电流与位移的关系只需要控制在容差带范围内（虚线所示）就不需再做校核了。

（a）无回跳半正弦波冲击脉冲的速度与位移函数关系（$\dot{x}-x$）曲线

（b）与式（2-155）相对应的 $I-x$ 曲线

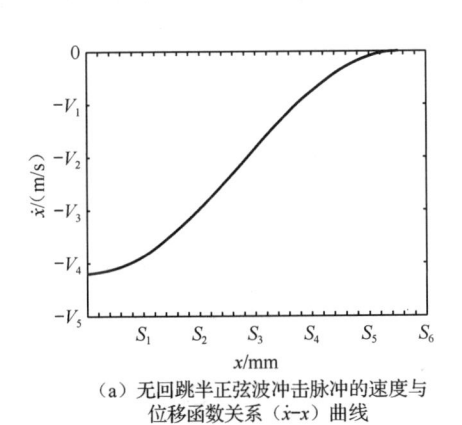

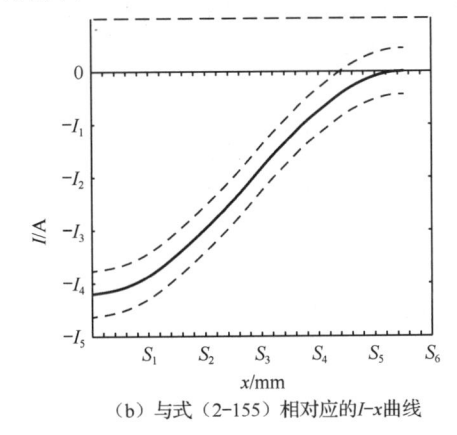

图 2-60　无回跳半正弦波冲击脉冲的速度与位移函数关系（$\dot{x}-x$）曲线及与式（2-155）相对应的 $I-x$ 曲线

在试验过程中，通过控制电磁式标准冲击脉冲发生器流过动圈的电流 I，从而控制电磁式标准冲击脉冲发生器台面上被试设备的位移 x，当台面上被试设备的位移 x 按如图 2-60 所示的规律变化时，则系统产生的冲击脉冲加速度 $\ddot{x}$ 和脉冲宽度也将按规律变化，即可得到半正弦波标准冲击脉冲。同理，也可采用相同方法产生其他标准冲击脉冲。

2.5.5　非线性系统的应用和刚度拟合技术

由于工程机械系统必须是稳定系统，所以影响了人们主动利用非线性系统的非稳定性特性来处理工程问题。但对电子设备抗冲击设计师而言，由于瞬态过程也是非稳态过程，主动利用非线性系统非稳态来处理瞬态冲击问题还是很有前途的。

同时，当机械工程中需要特殊刚度曲线时，利用线性或非线性弹簧的刚度拟合技术也是可取的。为了方便读者直观地理解刚度拟合技术，现仅以线性正刚度（$K>0$）、线性负刚度（$K<0$）和零刚度（$K=0$）这 3 种弹簧的并联和串联特性来讨论。

1. 并联弹簧的刚度拟合

两个并联弹簧的力学模型如图 2-61（a）所示。当受外力 F 作用时，其变形 $\delta_1=\delta_2=\delta$，则有 $F=k_1\delta+k_2\delta=(k_1+k_2)\delta$。如图 2-61（b）所示，当刚度分别为 k_1 和 k_2 的两个并联弹簧用一个等效刚度（也称拟合刚度）为 k 的弹簧代替时，其等效理论是在相同变形 δ 的条件下，$F=(k_1+k_2)\delta=k\delta$，所以有

$$k=k_1+k_2 \tag{2-156}$$

并联弹簧刚度拟合图解法如图 2-61（c）所示。当 $k_1>0$ 且 $k_2>0$ 时，在平面直角坐标系中画出 $F=k_1\delta$ 和 $F=k_2\delta$，在横轴上任取一点 A，其横坐标为变形量 δ_A，过 A 点做垂线，交 $F=k_1\delta$ 于 B 点，交 $F=k_2\delta$ 于 C 点，则有 $F_B=k_1\delta_A$ 和 $F_C=k_2\delta_A$。从 C 点向上延长垂线到 D

点，使 $CD=AB$，则有 $F_D = F_B + F_C = (k_1+k_2)\delta_A = k_D \delta_A$。连接 OD，此时 OD 的斜率即为并联弹簧的等效刚度 k。图 2-61（d）所示为 $k_1>0$ 且 $k_2=0$ 时的情况。当 $k_2=0$ 时，在 $\delta=0$ 处刚度为 k_2 的弹簧的弹簧力 F_{20} 有 $F_{20}>0$、$F_{20}=0$、$F_{20}<0$ 这 3 种情况，但这一区别并不影响并联弹簧的等效刚度对应于斜率，和弹性特性，此时 $k=k_1$，唯有工作点和承载能力有所区别。

(a) 两个并联弹簧的力学模型

(b) 等效刚度

(c) 并联弹簧刚度拟合图解法

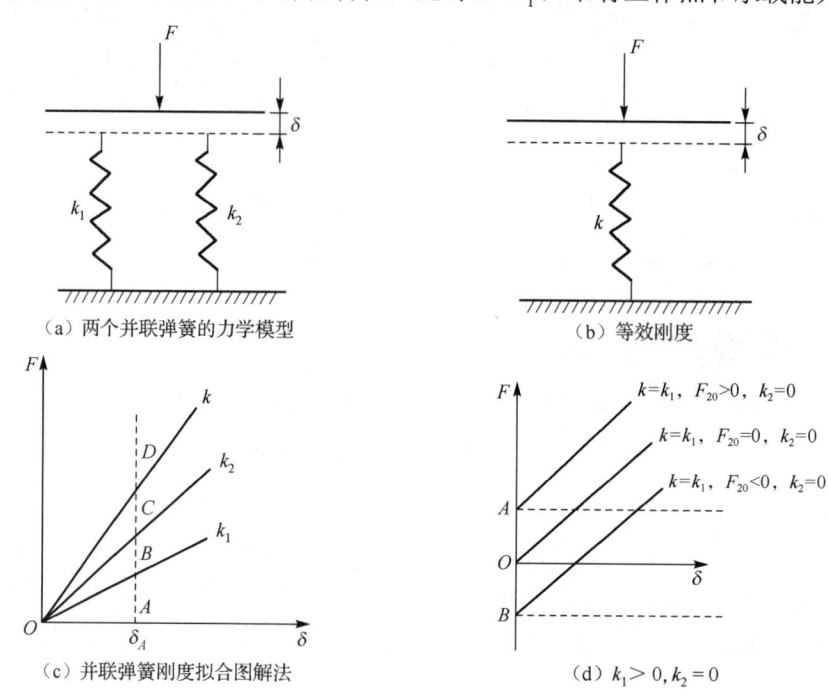

(d) $k_1>0, k_2=0$

图 2-61 并联弹簧的刚度拟合

并联弹簧的刚度拟合情况如表 2-13 所示。

表 2-13 并联弹簧的刚度拟合情况（$k=k_1+k_2$）

并联弹簧的刚度拟合情况	图 解 法	并联弹簧的刚度拟合情况	图 解 法
$k_1>0$, $F_{10}=0$ $k_2>0$, $F_{20}=0$ $k=k_1+k_2$ $\delta=0$ 时，$F=0$		$k_1>0$, $F_{10}=0$ $k_2>0$, $F_{20}=0$ $(0\leqslant\delta\leqslant\delta_1)$ $k_{OA}=k_1$，$(0\leqslant\delta\leqslant\delta_1)$ $k_{AB}=k_1+k_2$，$(\delta>\delta_1)$ $(CC'=DD')$	
$k_1>0$, $F_{10}=0$ $k_2<0$, $F_{20}>0$ $k_1=|k_2|$ $k=0$ $\delta=0$ 时，$F=F_{20}$		$k_1>0$, $F_{10}=0$ $k_2=0$, $F_{20}>0$ $k=k_1$ $\delta=0$ 时，$F=F_{20}$	
$k_1>0$, $F_{10}=0$ $k_2<0$, $F_{20}>0$ $k_1>|k_2|$ $k>0$ $\delta=0$ 时，$F=F_{20}$		$k_1=0$, $F_{10}>0$ $k_2<0$, $F_{20}>0$ $k=k_2$ $\delta=0$ 时，$F=F_{10}$	
$k_1>0$, $F_{10}=0$ $k_2<0$, $F_{20}>0$ $k_1<|k_2|$ $k<0$ $\delta=0$ 时，$F=F_{20}$		$k_1=0$, $F_{10}>0$ $k_2=0$, $F_{20}>0$ $k=0$ $\delta=0$ 时，$F=F_{10}+F_{20}$	

2. 串联弹簧的刚度拟合

对于如图 2-62（a）所示的两个串联弹簧，当刚度为 k_1 的弹簧受外力 F 作用时，由 A_1 点下降到 A_2 点，$\delta_1 = A_1A_2$，如图 2-62（b）所示；当刚度为 k_2 的弹簧受外力 F 作用时，支承点由 B_1 点下降到 B_2 点，$\delta_2 = B_1B_2$，如图 2-62（c）所示；此时，刚度为 k_1 的弹簧的 B_1 点也跟随下降到 B_2 点，其上端 A_2 点随之下降到 A_3 点，如图 2-62（d）所示。由此可见，A_1 点总下降为

$$\delta = A_1A_3 = A_1A_2 + B_1B_2 = \delta_1 + \delta_2 \tag{2-157}$$

结论：串联弹簧的作用力相等，即 $F = k_1\delta_1 = k_2\delta_2 = k\delta$，而系统总变形 $\delta = \delta_1 + \delta_2$，则等效刚度 k 为

$$k = \frac{k_1 k_2}{k_1 + k_2} \tag{2-158}$$

串联弹簧刚度拟合图解法如图 2-63 所示。当 $k_1>0$ 且 $k_2>0$ 时，在平面直角坐标系中画出 $F=k_1\delta$ 和 $F=k_2\delta$，在纵轴上任取一点 Q，其纵坐标为 F_0，过 Q 点做水平线，交 $F=k_1\delta$ 于 M_1 点，交 $F=k_2\delta$ 于 N_1 点。过 M_1 点和 N_1 点分别做垂线，交横轴于 M_2 点和 N_2 点，则有 $OM_2 = \delta_1$，$ON_2 = \delta_2$，在横轴上取 C_2 点，并使 $OC_2 = \delta_1 + \delta_2$，过 C_2 点做垂线，交 $F=F_0$ 水平线于 C_1 点。连接 OC_1，此时 OC_1 的斜率即为串联弹簧的等效刚度 k。

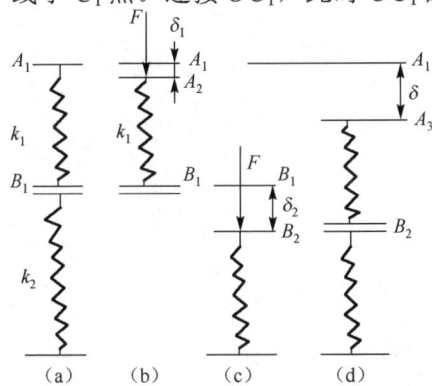

图 2-62 两个串联弹簧的力学模型

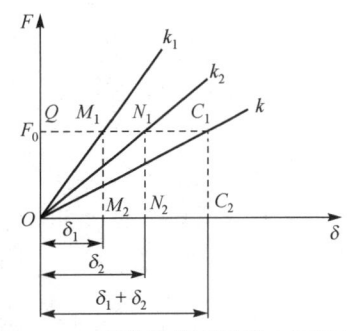

图 2-63 串联弹簧刚度拟合图解法

串联弹簧的刚度拟合情况如表 2-14 所示。

表 2-14 串联弹簧的刚度拟合情况 $\left(k = \dfrac{k_1 k_2}{k_1 + k_2}\right)$

串联弹簧的刚度拟合情况	图 解 法	串联弹簧的刚度拟合情况	图 解 法
$k_1 > 0$，$F_{10} = 0$，$k_1 = F_0/\delta_1$ $k_2 > 0$，$F_{20} = 0$，$k_2 = F_0/\delta_2$ $k = \dfrac{F_0}{\delta_1 + \delta_2}$ $\delta = 0$ 时，$F = 0$		$k_1 > 0$，$F_{10} = 0$ $k_2 < 0$，$F_{20} > 0$ $k_1 < \|k_2\|$ （1）$k_{OA} = k_1$（$k_1\delta < F_{20}$） （2）$k_{AB} > 0$ （3）$k_{BC} = k_2 < 0$	

续表

串联弹簧的刚度拟合情况	图 解 法	串联弹簧的刚度拟合情况	图 解 法
$k_1 > 0$, $F_{10} = 0$ $k_2 = 0$, $F_{20} > 0$ （1）$k = k_1 > 0$ （$k_1\delta_1 \leq F_{20}$） （2）$k = k_2 = 0$ （$k_1\delta_1 > F_{20}$）		$k_1 > 0$, $F_{10} = 0$ $k_2 < 0$, $F_{20} > 0$ $k_1 > |k_2|$ （1）$k_{OA} = k_1$ （$\delta \leq \delta_A = \dfrac{F_{20}}{k_1}$） （2）$k_{AB} < 0$ （$\delta_A < \delta \leq \delta_B = -\dfrac{F_{20}}{k_2}$） （3）$k_{BC} = k_2$ （$\delta > \delta_B$）	
$k_1 > 0$, $F_{10} = 0$ $k_2 < 0$, $F_{20} > 0$ $k_1 = |k_2|$, $\delta_0 = F_{20}/k_1$ （1）$k_{OA} = k_1$ （$\delta < \delta_0$） （2）$k_{AB} = -\infty$ （$\delta = \delta_0$） （3）$k_{BC} = k_2$ （$\delta > \delta_0$）		$k_1 = 0$, $F_{10} > 0$ $k_2 = 0$, $F_{20} > 0$ $F_{10} > F_{20}$ $k = k_2$ （$\delta \geq 0$）	

第 3 章

电子设备环境适应性平台

3.1 概述

1. 电子设备动力学环境

电子设备动力学环境是指电子设备经受到的各种动态环境应力,包括振动环境、冲击环境、离心加速度环境、噪声环境、倾斜摇摆环境、风压(特别是阵风)环境、海浪导致的颠簸环境等。就振动而言,有驻留振动、扫频振动、随机振动、炮击振动、地震振动等。随机振动又可分为平稳随机振动和非平稳随机振动。就冲击而言,有道路车辆因路面不平引起的重复冲击、轨道车辆因轨道接头引起的冲击、水雷爆炸冲击、导弹发射冲击与爆炸冲击、火箭级间分离冲击、航空飞行器的弹射起飞和拦阻着陆冲击等。

在此需要说明的是,本书中的电子设备是指以运载工具为载体的电子设备,即安装在各种运载工具上的任务电子系统与设备,而不是指保证和控制运载工具本身正常和安全运行的电子系统与设备(这类电子系统与设备可以本书中内容作为参考)。

2. 电子设备环境适应性平台的发展

电子设备动力学环境通过电子设备安装平台(也就是电子设备环境平台)直接作用在电子设备上,而电子设备为了能抗御这些动力学环境,必须建立起自己对动力学环境的适应性平台(也就是电子设备环境适应性平台)。这个平台真正开始建立是在 20 世纪 30 年代,这是因为在第二次世界大战中发现许多武器装备、综合保障资源在战场的动力学环境中经受不住考验,故障和失效层出不穷。为了建立这个平台,以美国为首的国家投入许多经费。美国陆军器材司令部从自然环境、诱发环境入手,收集汇总了大量的军民用设备与装备的平台环境数据,共形成了一整套电子设备环境平台的工程设计手册,共 220 多万字。该套手册共 5 册:第 1 册为基本环境概念,第 2 册为自然环境因素,第 3 册为诱发环境因素,第 4 册为寿命期环境,第 5 册为环境名词术语。为了建立起电子设备耐环境平台能力的环境适应性平台，美国军方编制和出版了一系列的规范和标准，如1962年出版的MIL-STD-810《军用整机环境适应性标准》、1980年出版的MIL-STD-202《军用元器件、零部件环境适应性标准》等。

从电子设备安装平台可能遇到的各种环境因素和各种环境应力来看，要建立电子设备环境适应性平台，而且要将所有环境因素和环境应力都包含进去难度是很大的，几乎是不可能的，有许多环境因素当今还无法量化，无法用数学模型来描述，实验室模拟现场环境的技术是随着科学技术的发展而发展的。例如，对于振动技术，在模拟技术的年代，都是借用正弦振动来建立环境适应性振动平台的，即都是用正弦振动来提抗振动设计要求、进行抗振动设计和进行实验室抗振动能力验证的。科技发展到数字技术的时候，随机振动模拟随着这一技术的出现而形成。所以，当今建立电子设备环境适应性平台有以下3种方式。

（1）重现现场环境条件。这是指电子设备环境适应性设计要求和实验室的考核和验证方法等，直接来自现场环境数据，或者从现场环境数据的统计分析中得出。

（2）重现现场环境的影响。这是指电子设备环境适应性设计要求和实验室的考核和验证方法等的结果，与现场环境对电子设备的影响相一致，即效果相等效。

（3）重现疲劳的影响。电子设备都是有寿命的，一般为15年左右。在动力学环境中电子设备会产生疲劳是不可避免的问题，对此，按抗疲劳设计要求进行验证与鉴定验收也是电子设备环境适应性平台的一项重要内容。重现疲劳的影响一般都是采用加速应力进行的，采用等效损伤的概念，因此过多的重复试验是必须要避免的。

3．电子设备环境适应性平台的指标论证

对电子设备要形成合适的环境适应性指标，首先必须要进行指标论证。指标论证除首先考虑满足使用要求外，还要考虑完成指标的技术难度、指标的先进性和经济性，同时考虑满足研发时间的要求。在当前国内是买方市场的大形势下，制造方为了能得到任务，往往没有认真论证自己完成指标的能力（其中包括使用方所提出的环境适应性指标的合理性），导致鉴定和交付出现一系列问题。可见供需双方在签订合同时，一定要将环境适应性指标论证清楚。

4．确保电子设备环境适应性平台的可靠度

如何确保所建立的电子设备环境适应性平台的可靠度，当今一般采用增加平台的设计余量的方法，即采用安全系数设计方法。采用这种安全系数设计方法简单、方便，有一定的工程实践作为依据，但该方法没有考虑到电子设备（特别是整机、装备与系统）安装平台环境应力和电子设备耐安装平台环境应力强度各自的分散性。另外，安全系数设计方法还具有较大的经验性和一定的盲目性，这就会出现即使安全系数大于1电子设备仍有可能失效的情况，或者安全系数取得过大造成电子设备笨重和浪费。

电子设备安装平台上的各种环境因素和各种环境应力都是具有分散性的，从大量数据统计角度来看是符合正态分布的，电子设备耐安装平台各种环境因素和各种环境应力强度（通常是按受安装平台环境应力响应设计的）就众多的元器件、外场可更换单元（Line

Replaceable Unit，LRU）、内场可更换单元（Shop Replaceable Unit，SRU）等的环境适应性同样也是符合正态分布的。

由图 3-1 可见：如果两个正态分布完全不重合，则电子设备环境适应性平台的置信度（也就是可靠度）$C=1$；如果发生重合，则其置信度 C 就小于 1，重合得越多则置信度越小。电子设备环境适应性平台的置信度涉及电子设备的重要性、经济性、技术难度、进度，特别是任务时间等，可按重叠面积来计算。

假设图 3-1 中的电子设备安装平台环境应力概率密度函数曲线为正态分布 $N(\mu,\sigma^2)$ 曲线。若电子设备耐安装平台环境应力强度概率密度函数曲线与电子设备安装平台环境应力概率密度函数曲线相交在电子设备安装平台环境应力概率密度函数曲线的 $\mu+2.5\sigma$ 处，则理论上有 98.76%的置信度；若相交在 $\mu+3\sigma$ 处，则有 99.74%的置信度；若相交在 $\mu+6\sigma$ 处，则往往称该电子设备为无缺陷产品。

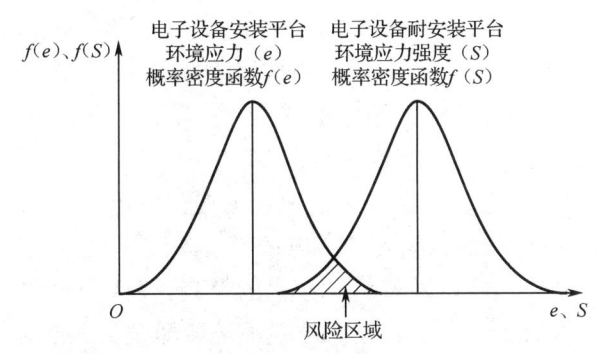

图 3-1 电子设备安装平台环境应力、耐安装平台环境应力强度概率密度函数曲线

5. 电子设备环境适应性平台的抗疲劳与抗衰退设计

电子设备环境适应性往往与它的使用时间有关。随着使用时间的延长，电子设备会产生疲劳、衰退和磨损，从而使其环境适应性明显下降，如图 3-2 所示。

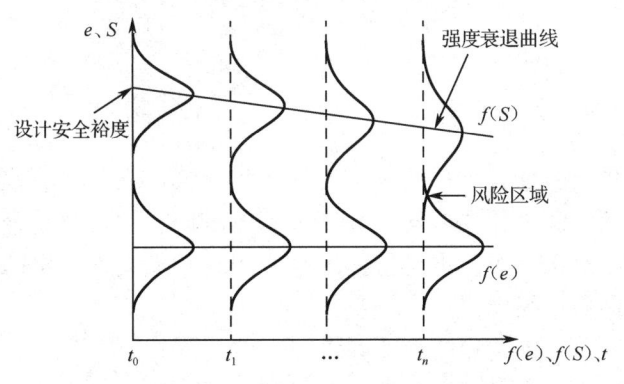

图 3-2 电子设备环境适应性随时间衰退曲线

对此，电子设备设计师要充分考虑到这一点。例如，道路车辆要按运行 45 万公里或 15 年寿命进行设计，轨道车辆要按运行 25 年寿命进行设计。

电子设备环境适应性通常是指电子设备在被考核的环境因素及其指标方面，是否能够通过测试或达到合格标准的能力，在某种程度上具有定性指标的含义。而可靠性是在一定置信度下的定量指标。实际上，可靠性与环境适应性是密切相关的，环境适应性的高低直接决定了可靠性的高低。因此在一般情况下，可靠性要求高的电子设备，其环境适应性要求也一定要高。例如，某飞机的任务时间 t=24h，可靠度 $R(t)$=0.99，则平均无故障时间 T_{MTBF}=$-t/\ln R(t)$≈24h/0.01=2400h。又如，某水面舰艇的任务时间 t=168h，可靠度 $R(t)$=0.95，则平均无故障时间 T_{MTBF}=$-t/\ln R(t)$≈168h/0.05129≈3275h。

单从电子设备的可靠性角度考虑，其环境适应性也一定要高。可靠性是指在规定的条件（环境条件）和规定的时间内完成规定功能的能力（概率）。当前，要求水面舰艇用任务电子系统达到很长的平均无故障时间是可以实现的。然而，要达到 $R(t)$=0.99 的可靠度则要通过保障性措施（如快速更换备件 LRU、SRU）实现。

就军用电子设备而言，其战斗力的强弱在某种程度上取决于其通用质量特性水平的高低。假设水面舰艇一次作战的任务时间是 168h，要保证在 168h 内有 95%的把握可靠使用。电子设备环境适应性设计将从这一新的思路去论证设计指标，因为通用质量特性所包含的环境适应性、可靠性、测试性、维修性、保障性、安全性、电子兼容性是相辅相成的，只有协调一致，才能共同提高。

对如图 3-2 所示的诸如道路车辆、轨道车辆上的任务电子设备，其环境适应性设计应按无限寿命设计。无限寿命设计是指按照电子设备安装平台环境应力要求，要经过 10^8 次循环（以前一般为 10^7 次循环，随着科学技术的发展，材料的性能，特别是疲劳强度，有了大幅度的提高，现已达到 10^8～10^{11} 次循环不破坏即被认为永远不会破坏的程度）。

3.2 电子设备环境适应性平台的环境因素

3.2.1 正弦振动

1. 正弦振动的时间历程

振动是物体围绕平衡位置进行往复运动的一种形式，通常用一些物理量（如位移、速度、加速度等）随时间变化的函数来表征振动的时间历程。简单来说，振动可以认为是一个质点或物体相对于一个基准位置的运动。当这种运动在一定的时间间隔后仍精确地重复时，就称之为周期振动。

电子设备安装平台的正弦振动主要来自：

（1）旋转机械的旋转运动，如发动机的振动、发电机的振动、电动机的振动。

（2）安装平台运动过程中引起的共振及倍频振动。

2. 正弦振动对安装平台上电子设备的影响

在对电子设备进行正弦振动环境适应性平台设计时，应注意到：

（1）结构部件、引线或元器件接头产生疲劳，特别是导线上有裂纹，或者有类似缺陷的情况。

（2）导线磨损。

（3）螺钉连接松动。

（4）汇流条及连接到印制电路板上的钎焊点受到高应力引起钎焊薄弱点故障。

（5）安装不当的组件、模块脱离插座。

（6）与可做相对运动的部件桥形连接的元器件引线因没有充分消除内应力而造成损坏。

（7）已受损或安装不当的脆性绝缘材料出现裂纹。

3．正弦振动的描述

正弦振动是指振动的位移、速度和加速度随时间的变化呈现正弦或余弦波形，可以用正弦或余弦函数来描述。简谐振动中的物体受到一个与位移成正比的回复力，且这个力的方向总是指向平衡位置。简谐振动也是周期性的，其位移、速度和加速度随时间的变化可以用正弦或余弦函数来描述。

正弦振动可以包括阻尼作用和外部激励，因此在实际应用中更为广泛。简谐振动通常假定没有阻尼作用和外部激励，只考虑系统的固有振动。

在严格的物理学定义中，简谐振动是一种特殊类型的正弦振动，它遵循特定的物理定律（如回复力与位移成正比），而正弦振动则涵盖了更广泛的实际振动现象。在工程和实际应用中，正弦振动和简谐振动常常可以视为相同的概念，两者往往可以互换使用，特别是在描述振动的基本性质时。有关正弦振动的描述可以参考 2.1 节中有关简谐振动的内容。

3.2.2 随机振动

1．随机振动的时间历程

随机振动由于其振动的质点处于不规则的运动状态，永远不会精确地重复，对其进行一系列的测量，各次记录都不一样，所以没有任何固定的周期。在任何确定的时刻，随机振动的振幅、频率、相位都不能预先知道，因此就不可能用简单的周期函数和函数的组合来描述。图 3-3 所示为典型的宽带随机振动的时间历程。

随机振动最明显的特点是非周期性，瞬时值无法预测。对随机振动信号的研究、处理和分析必须用统计的方法来进行。

随机过程有平稳的和非平稳的，有各态历经的和非各态历经的，有正态分布的和非正态分布的。就电子设备随机振动环境适应性平台而言，通常假设随机振动为平稳的、各态历经的，并且符合正态分布。

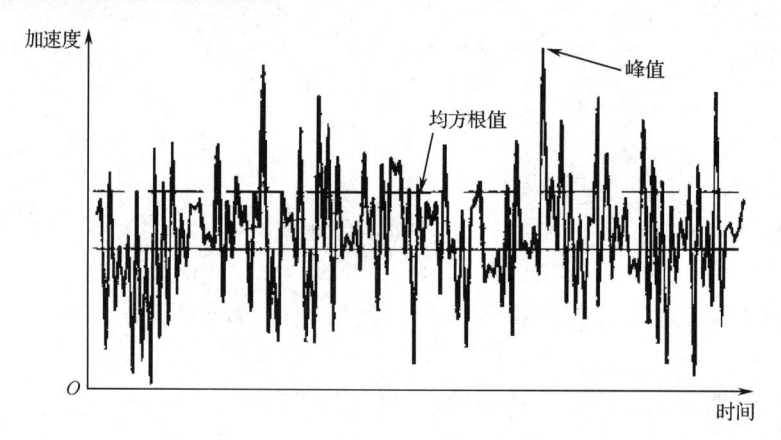

图 3-3　典型的宽带随机振动的时间历程

2．随机振动的描述

对某一随机振动，通常用下列 3 种统计方法来描述它。

1）幅值域统计描述

幅值域统计描述有均值、均方值、均方根值、方差、标准差、概率密度函数、概率分布函数等。

（1）均值（也称平均值）描述一个随机变量或一组数据的平均状态。在数理统计和概率论中，此值称为数学期望，表示随机变量的位置特性。在随机振动试验中，通常将均值取为零。

（2）均方值描述一个随机变量或一组数据在均值周围的分散性，即在均值上下的波动大小。在随机振动试验中，均方值表示试验能量的大小，由于将均值取为零，故均方值就是方差。

（3）均方根值描述一个随机变量或一组数据在均值周围的集中程度。在随机振动试验中，由于将均值取为零，故均方根值就是标准差。

2）时延域统计描述

时延域统计描述有自相关函数、互相关函数。

3）频率域统计描述

频率域统计描述有自功率谱密度函数、互功率谱密度函数、频率响应函数及相关函数等。

3．瞬时幅值的概率分布函数曲线

瞬时幅值的概率分布函数曲线描述了随机振动瞬时幅值大小的分布规律，描述的是随机振动瞬时幅值小于或等于某一特定值的概率。随机振动符合均值 $\mu=0$ 的正态分布时的瞬时幅值的概率分布函数曲线如图 3-4 所示。图 3-4 中概率分布函数的容差带如图 3-5 所示。

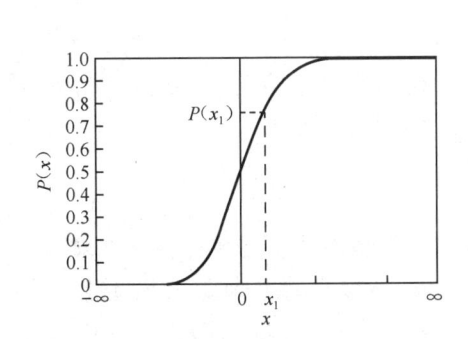

图 3-4　随机振动符合均值 $\mu=0$ 的正态分布时的瞬时幅值的概率分布函数曲线

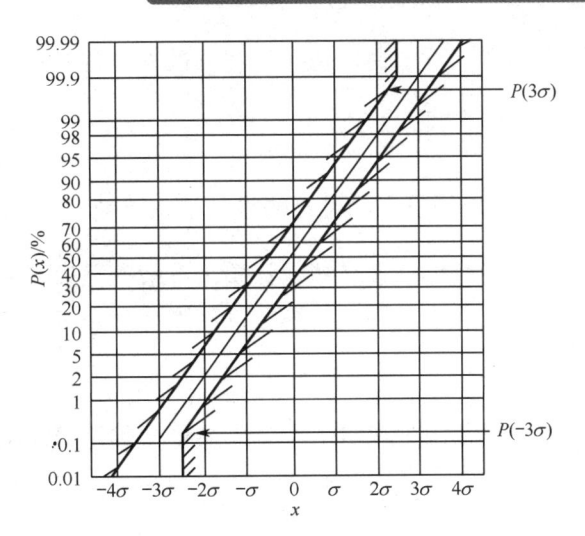

图 3-5　图 3-4 中概率分布函数的容差带

$P(x)$ 是 x 的函数，瞬时幅值小于或等于 x_1 的概率为 $P(x_1)$，当 $x \to \infty$ 时 $P(\infty)=1$，当 $x \to -\infty$ 时，$P(-\infty)=0$，所以瞬时幅值的概率分布函数的范围为 $0 \leqslant P(x) \leqslant 1$。该分布主要用于对随机振动信号的分析和研究中，即用于电子设备随机振动环境适应性平台的设计中。

4．瞬时幅值的概率密度函数曲线

瞬时幅值的概率密度函数曲线描述的是随机振动瞬时幅值落在某一区间内的概率，它与前面所讲的瞬时幅值的概率分布函数曲线一道描述了随机振动瞬时幅值大小的分布规律。在随机振动试验中，瞬时幅值的概率密度函数曲线为正态分布曲线，如图 3-6 所示，其中均值 $\mu=0$。

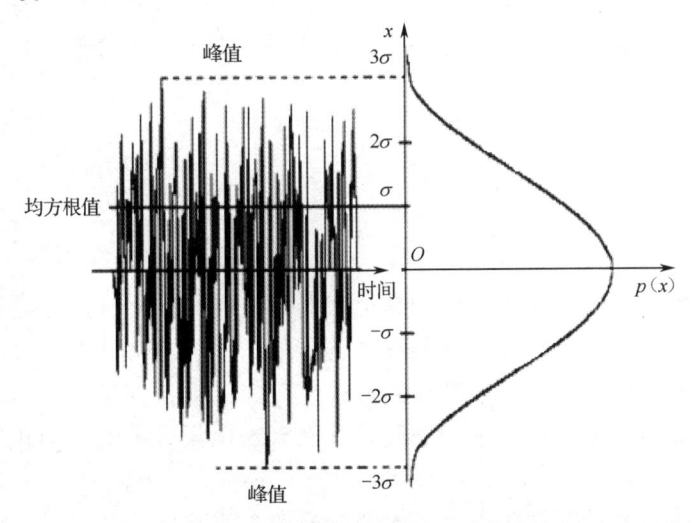

图 3-6　随机振动符合均值 $\mu=0$ 的正态分布时的瞬时幅值的概率密度函数曲线

在图 3-6 中，$-\sigma<x<\sigma$ 占 68.26%，$-2\sigma<x<2\sigma$ 占 95.44%，$-2.5\sigma<x<2.5\sigma$ 占 98.76%，$-3\sigma<x<3\sigma$ 占 99.74%。

为了分析方便，通常还将标准差 σ 规范化为 1，则瞬时幅值的概率密度函数为

$$p(x) = \frac{1}{\sqrt{2\pi}} e^{-\frac{x^2}{2}} \qquad (3\text{-}1)$$

5. 抗随机振动设计的设计输入参数

抗随机振动设计的设计输入参数就是表征随机振动的参数，涉及电子设备经受到随机振动的频率范围、加速度功率谱密度及其频谱、总均方根加速度等参数。

1）频率范围

频率范围是指电子设备安装平台的随机振动对电子设备产生有效激励的最大频率和最小频率之间的范围。典型的最小频率通常是取电子设备最小共振频率的 $\sqrt{2}$ 倍或其安装平台产生明显振动的最小频率；典型的最大频率通常是取电子设备最大共振频率的 2 倍或其安装平台产生明显振动的最大频率，又或者是可以有效地、机械地传递振动的最大频率。通常认为机械传递振动的最大频率是 2000Hz，尽管实际上常常会更小。如果需要 2000Hz 以上的频率，则通常将其划入抗声振设计范畴。

2）加速度功率谱密度及其频谱

随机振动可以用定义在相关频率范围内的加速度功率谱密度（简称加速度谱密度）及其频谱的形式来表征。加速度谱密度是指单位频率上的平均能量，即当带宽趋于零且平均时间趋于无穷大时，各单位带宽内通过中心频率那部分加速度信号的均方值。加速度谱密度频谱展示了振动能量在整个频率范围内的分布情况。

3）总均方根加速度

总均方根加速度（G_rms）可用来衡量随机振动条件的高低或严酷度。总均方根加速度是加速度谱密度在整个频率范围内积分的平方根值，它不包含任何频率信息。

3.2.3 炮击振动

1. 炮击振动的概述

炮击振动（炮火冲击）是指火炮或其他武器系统连续发射时产生的重复冲击和瞬态振动对电子设备安装平台上的电子设备和结构造成的动态应力和振动效应。

炮击振动的时域信号呈现瞬态振动的形式，在电子设备安装平台的固有频率和电子设备本身的固有频率处会产生最大的激励，从而影响电子设备的结构和功能完整性。具体表现如下。

（1）导致部件之间及部件接口之间的摩擦力增大或减小。

（2）引起绝缘电阻减小，磁场和电场强度变化。

（3）引发电路板故障与损坏，以及电连接器失效。

（4）造成永久性机械变形。

（5）导致机械部件断裂。

（6）加速疲劳（低周疲劳）。

（7）产生潜在的压电效应。

（8）导致晶体、陶瓷、环氧树脂或玻璃封装件的破裂与断裂。

2．抗炮击振动设计的设计输入方法

抗炮击振动设计的设计输入方法就是表征炮击振动的方法。

1）直接再现实测到的电子设备安装平台受炮击振动后的时域响应

这种方法是将实测到的电子设备安装平台受炮击振动后的时域响应直接进行再现。实测到的典型电子设备安装平台受炮击振动后的时域响应如图3-7所示。

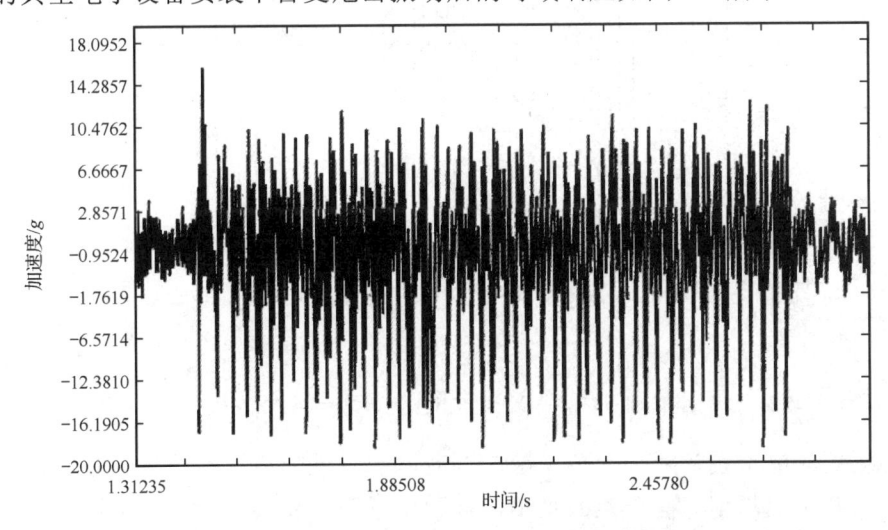

图3-7 实测到的典型电子设备安装平台受炮击振动后的时域响应

2）利用统计模型生成重复冲击脉冲的时域信号

这种方法是先建立电子设备安装平台受炮击振动后的时域响应的统计模型，再利用该统计模型生成重复冲击脉冲的时域信号。利用统计模型生成的50发30mm口径火炮炮击振动重复冲击脉冲的时域信号如图3-8所示。

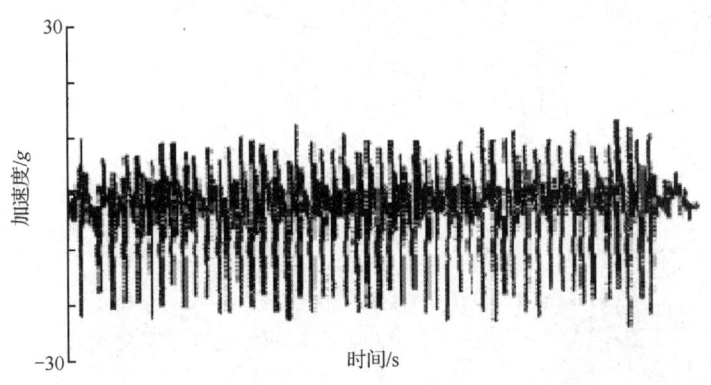

图3-8 利用统计模型生成的50发30mm口径火炮炮击振动重复冲击脉冲的时域信号

3）生成重复冲击脉冲的冲击响应谱

这种方法是先将实测到的电子设备安装平台受炮击振动后的时域响应分解成单个冲击脉冲，然后变换得出单个冲击脉冲的冲击响应谱（Shock Response Spectrum，SRS），再生成重复冲击脉冲的冲击响应谱。这种方法要考虑到冲击脉冲持续时间、炮击速率、初始响应和残余响应。电子设备安装平台受炮击振动后整个频率范围内的冲击响应谱如图3-9所示。

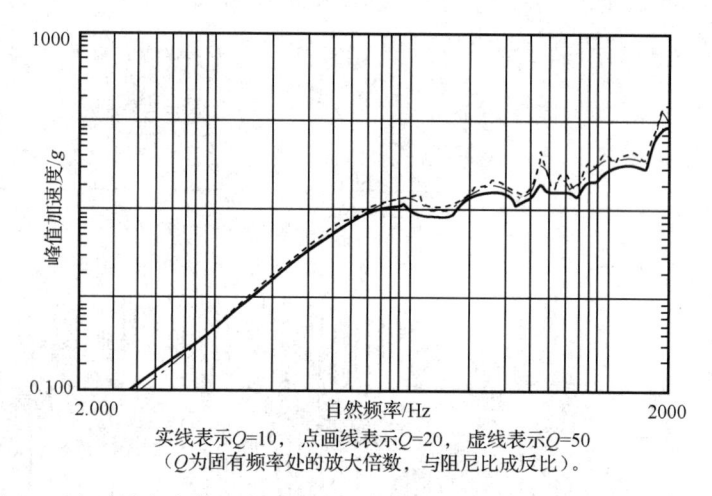

实线表示Q=10，点画线表示Q=20，虚线表示Q=50
（Q为固有频率处的放大倍数，与阻尼比成反比）。

图3-9　电子设备安装平台受炮击振动后整个频率范围内的冲击响应谱

4）采用正弦振动+宽带随机振动或窄带随机振动+宽带随机振动

若实测到的电子设备安装平台受炮击振动后的时域响应没有明显的脉冲特性，或者电子设备安装平台离炮口有一定的距离，同时电子设备安装平台受炮击振动后只呈现大量值的结构随机振动，则采用正弦振动+宽带随机振动，或者采用窄带随机振动+宽带随机振动。正弦振动+宽带随机振动的加速度谱密度频谱如图3-10所示。

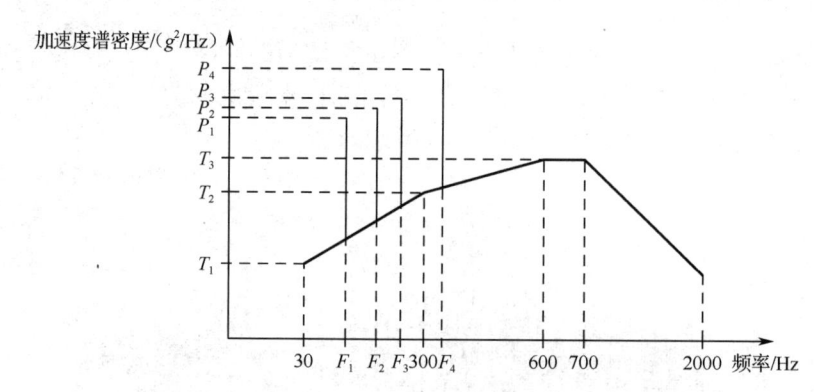

F_1,F_2,F_3,F_4—正弦振动的4阶频率，F_1为炮击振动基频；P_1,P_2,P_3,P_4—与4阶正弦振动频率对应的加速度谱密度；
T_1,T_2,T_3—宽带随机振动加速度谱密度频谱转折处的纵坐标值。

图3-10　正弦振动+宽带随机振动的加速度谱密度频谱

3.2.4 地震

1. 地震的概述

地震产生的地面运动（水平、垂直）会被插入地面的建筑物过滤、放大，并使楼面产生不同振幅（随震级不同）的正弦振动。描述楼面运动的典型窄带谱以单频为主，从而造成建筑物和安装在建筑物楼板上的电子设备的动态加速度达到数倍于地面加速度的值，具体取决于其自然频率和阻尼。放大的程度和带宽取决于建筑物和电子设备结构的动力学特性。

地震还会对放在地下长期储存的武器装备产生影响，所以必须进行抗地震设计。

2. 地震的时间历程

图 3-11 所示为 1971 年圣费尔南多谷地地震的加速度时域信号，地震时产生了 3 个不同方向上的地震基波加速度时域信号。对这种地震波，如果用当代的数据采集器采集，则其波形要丰富得多。

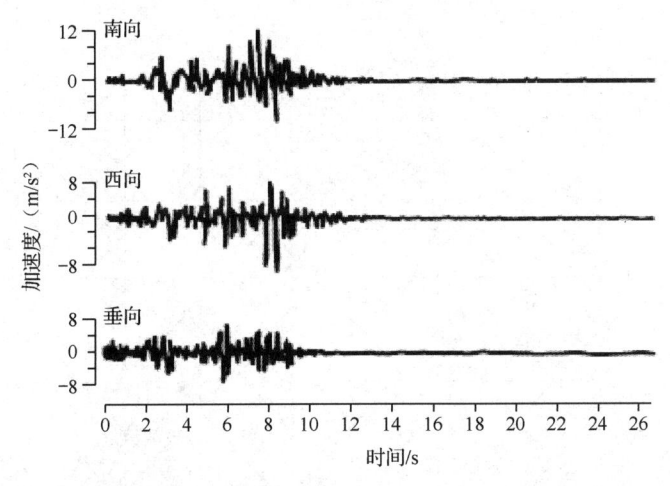

图 3-11　1971 年圣费尔南多谷地地震的加速度时域信号

3. 抗地震设计的设计输入参数

抗地震设计的设计输入参数就是表征地震的参数，分为时域参数和频域参数。

1）时域参数

用于抗地震设计的正弦拍频波如图 3-12 所示。

正弦拍频波的数学模型为

$$a(t) = a_0 \sin 2\pi ft \cdot \sin \frac{2\pi ft}{\rho} \qquad (3\text{-}2)$$

式中，$0 \leq t \leq \dfrac{\rho}{2f}$；$a_0$ 为地震最大加速度；f 为地震频率；ρ 为地震频率和调制频率之比。

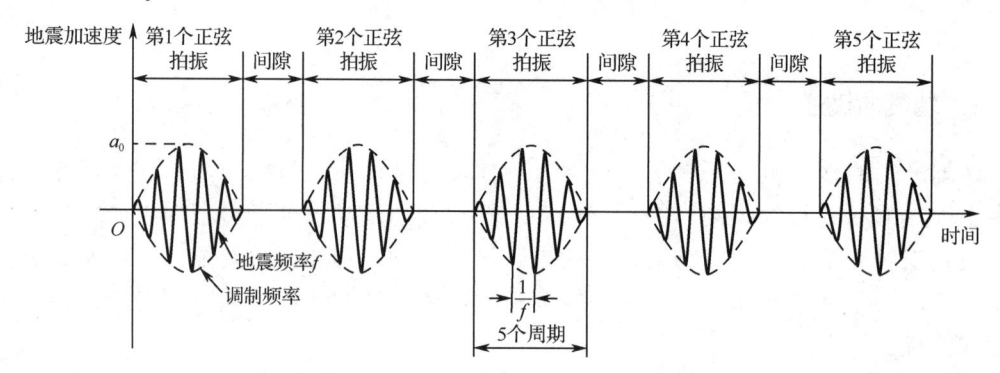

图 3-12 用于抗地震设计的正弦拍频波

正弦拍频波是抗地震设计的时域设计输入。因此，抗地震设计的时域设计输入参数包括地震最大加速度、地震频率、地震频率和调制频率之比。

2）频域参数

用于抗地震设计的规定响应谱如图 3-13 所示。

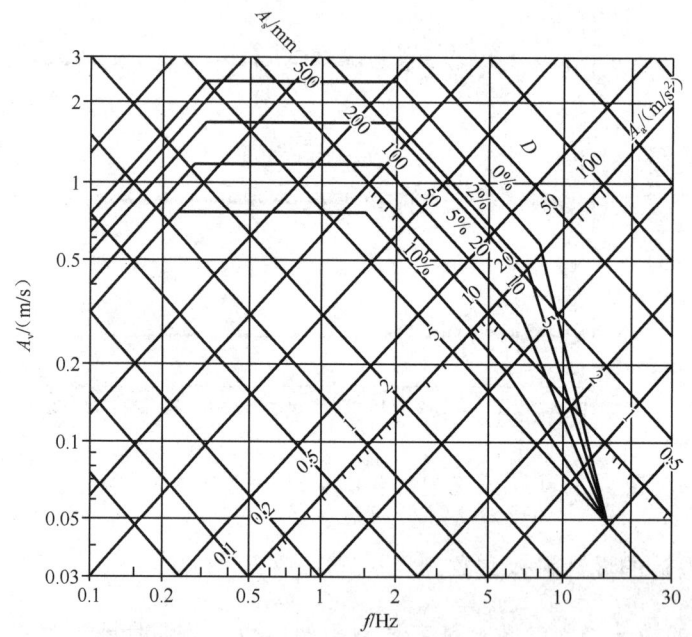

D—相对于1971年圣费尔南多谷地地震的阻尼百分比；
A_a—响应加速度幅值；
A_s—响应位移幅值；
A_v—响应速度幅值；
f—频率。

图 3-13 用于抗地震设计的规定响应谱

用于抗地震设计的规定响应谱反映电子设备安装平台遭受地震后所产生的响应，这是抗地震设计的频域设计输入。因此，抗地震设计的频域设计输入参数包括地震的频率范围、响应加速度幅值、响应位移幅值、响应速度幅值。

根据 YD 5083—2005《电信设备抗地震性能检测规范》中规定的要求，9 级烈度地震水平向试验参数如表 3-1 所示。

表 3-1　9 级烈度地震水平向试验参数

频率/Hz	0.5	1	5	10	20	50
响应量是施加量的倍数	1.5	3	3	1.5	1	1
最大响应加速度/（m/s^2）	1.62	3.24	3.24	1.62	0.81	0.81
最大响应位移/mm	164	82	3.28	0.5	0.051	0.0082

3.2.5　声振

1. 声振的概述

声振是一种噪声，是随着航空航天技术的飞速发展而发展起来的一个新型的动力学环境项目。

人类能听到的声音的频率范围为 20～20000Hz，声振的频率范围通常为 63～8000Hz（或 63～10000Hz）。频率超过 20000Hz 的声波称为超声波或超声。超声波不在人类听觉范围内，但是高声压级的超声波可能对人体产生某些影响。

强声场主要出现在各种飞行器上，如喷气噪声、旋转噪声（螺旋桨或旋翼）、附面层压脉动噪声等。众所周知，由于飞行器的外壳多是薄壳结构，作用在飞行器外表面的、由发动机喷气流和空气动力引起的外声场，会使飞行器的外壳发生振动，进而导致飞行器内部空气的振动，从而形成飞行器内部的声场。另外，车辆和动力装置及其他声源也可能产生强声场，如泵和发电机组等大型机械内部或附近。

噪声环境会产生大幅度的空气压力脉动和起伏的声场。通常，这些压力脉动和起伏的声场在 5kPa～87kPa 的幅值范围内和 10Hz～10kHz 的宽频带内表现出随机性。有时，可能存在很大幅值的离散频率压力脉动（纯音）。当这种压力脉动和起伏的声场作用在电子设备上时，会引起电子设备的振动。振动的电子设备可再辐射声能（新的压力脉动），也可导致电子设备内部的零部件振动或空腔噪声。因此，需要测量电子设备的响应，当然电子设备的阻尼也可吸收能量。

在声场内，直接作用在电子设备上的声压所激起的振动类似于机械传递所产生的振动，不同的是机械传递的振动可以被减振器有效地隔离，但噪声不能被隔离。因此，机械传递振动的影响可以忽略，而噪声对电子设备的影响应予充分考虑。

对振动敏感的电子设备通常对噪声也是敏感的。然而，抗噪声设计不能代替抗声振设计。这是因为电子设备安装平台的振动环境会受到安装架、减振器等的影响而衰减，并且这种衰减能够避免一些高频元器件的高频响应和高频谐振。

在宽带随机噪声环境中，当总声压级达到或超过 130dB（参考声压为国家标准中的基准声压，其定义为 2×10^{-5}Pa 或 20μPa，声压定义为在给定的时间间隔内瞬时声压的均方根值，单位为 Pa 或 N/m²）时，或者在每赫兹带宽下的声压级达到或超过 100dB 时，对电子设备应进行抗声振设计。这是因为当电子设备的表面或内部所承受的声压级达到或超过 130dB 时，经过一段时间后可能会导致结构疲劳。可见，从某种意义上讲，抗声振设计可以看作是对振动、冲击试验的补充。因为振动受到高频（一般最高为 2000Hz，而声振可到 11200Hz）的限制，并且受到夹具、减振器、结构传递等的影响，而声波可以直接通过空气作用到元器件上，无法完全避免一些高频元器件的高频响应和高频谐振。

2．抗声振设计的设计输入参数

抗声振设计的设计输入参数就是表征声振的参数，涉及总声压级和声压级频谱。

1）总声压级

总声压级最简单的计算，是将单个声压级加上 5dB，也可按下式进行计算，即

$$L = 10\lg \sum_{i=1}^{m} 10^{\frac{L_i}{10}} \tag{3-3}$$

式中，L 为总声压级；L_i 为第 i 个 1/3 倍频程或 1 倍频程上的声压级；m 为 1/3 倍频程或 1 倍频程的数目。

2）声压级频谱

1/3 倍频程宽频带声压级频谱实例如图 3-14 所示。

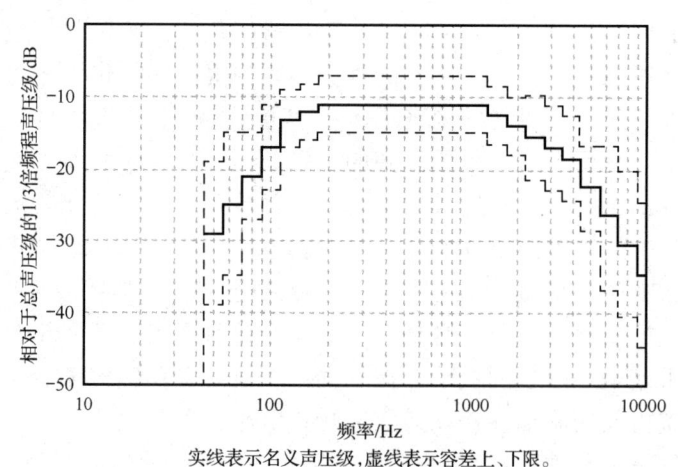

实线表示名义声压级，虚线表示容差上、下限。

图 3-14 1/3 倍频程宽频带声压级频谱实例

3.2.6 冲击

1．冲击的概述

电子设备在使用和运输过程中所经受到的冲击主要有：在道路运输中由于路面不平、紧急制动和意外碰撞等而产生的冲击；在轨道交通中由于车辆换轨、驼峰调车、车厢连

接、紧急制动和意外碰撞等而产生的冲击；在舰船运行过程中由于制动操作、海浪颠簸、靠岸操作和舰船间相互碰撞等而产生的冲击；在航空器弹射起飞、拦阻着陆、空投作业和紧急迫降时产生的冲击；在航天器点火发射、级间爆炸分离和再入大气层时产生的冲击；火炮发射、化学能爆炸和核能爆炸时产生的冲击；在导弹及高性能武器点火分离和再入大气层时产生的冲击；在搬运过程中由于跌落和野蛮装卸等而产生的冲击；在维修过程中由于倾斜和摇摆等而产生的冲击。冲击是一种很复杂的物理过程。与随机振动一样，它具有连续的频谱，但又是一个瞬变过程，不具备稳态随机的条件。

2. 冲击的描述

电子设备受冲击后，其机械系统的运动状态要发生突变，并将产生瞬态冲击响应。这种响应的特征有高频振荡、短持续时间、明显的初始上升时间和大量级的正负峰值。冲击的峰值响应一般可用一个随时间递减的指数函数包络。对于具有复杂多模态特性的电子设备，其冲击响应包括两种频率响应分量：施加在电子设备上的外部激励环境的强迫频率响应分量和在激励施加期间或之后电子设备固有频率的响应分量。从物理概念上讲，电子设备受冲击（瞬态激励）后所产生的冲击响应的大小代表了电子设备实际所受到的冲击强度。若电子设备的瞬时响应幅值超过电子设备本身的结构强度，则将导致电子设备破损。由此可见，电子设备受冲击所产生的损伤，不同于累积损伤效应所造成的破坏，而属于相对于电子设备结构强度的极限应力的峰值破坏。

当冲击脉冲持续时间与电子设备固有频率的倒数一致，或者输入冲击的主要频率分量与电子设备的固有频率一致时，会进一步增大对电子设备功能和结构完好性的不利影响。这种机械冲击一般限制在：频率不超过 10000Hz，持续时间不长于 1.0s。在大多数情况下，电子设备的主要响应频率不超过 2000Hz，响应的持续时间短于 0.1s。图 3-15 所示为现场冲击脉冲的有效持续时间。

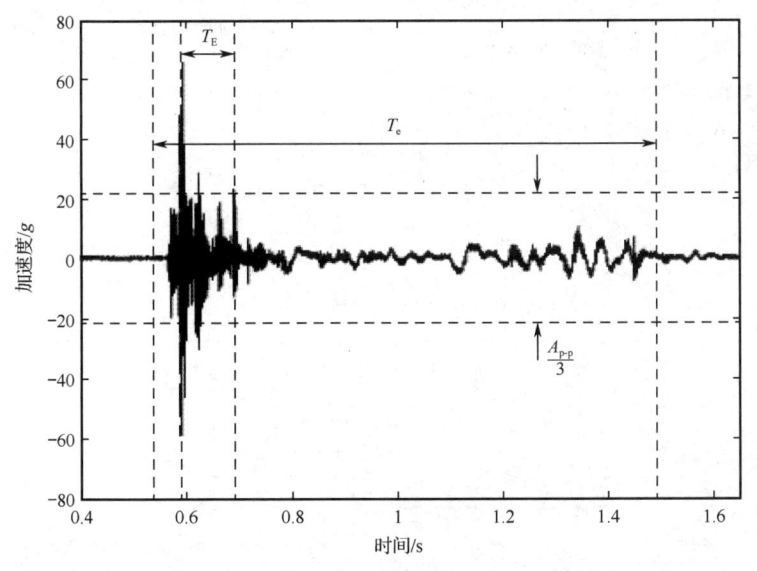

$A_{p\text{-}p}$—加速度峰峰值；T_E—冲击脉冲的有效持续时间；T_e—冲击脉冲持续时间。

图 3-15 现场冲击脉冲的有效持续时间

3．抗冲击设计的方法

由图 3-15 可见，现场冲击脉冲的峰值加速度很大，冲击脉冲持续时间的变化范围也很大，并且冲击脉冲又十分复杂，无规律可循，很难用数学模型来描述。所以，当今的抗冲击设计一般采用 5 种方法进行，即采用标准冲击脉冲进行设计、采用冲击响应谱进行设计、采用满足一种冲击机考核的方法进行设计、综合现场实测数据进行设计、采用弹道冲击保护技术进行设计。下面主要介绍前 3 种设计方法。

1）采用标准冲击脉冲进行设计

采用标准冲击脉冲进行设计，是一种经典的抗冲击设计方法，这采用的是等效损伤原理。用这种设计方法进行设计得出的损伤与现场车辆在各种工况下行驶所遇到的冲击、飞机在跑道上起飞和降落所遇到的冲击、舰船在高海况下遇到的冲击等所造成的损伤是近似等效的。

（1）典型的标准冲击脉冲

典型的标准冲击脉冲（也就是经典冲击脉冲）主要有 3 种，如图 3-16 所示。

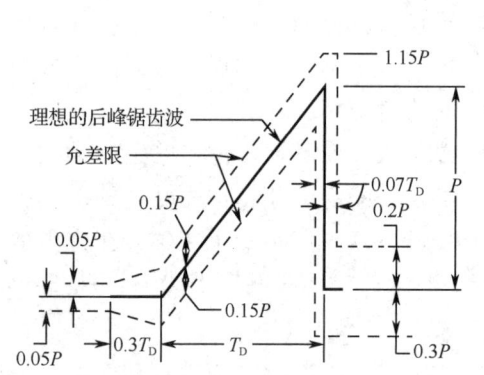

P—锯齿脉冲的峰值加速度；T_D—锯齿脉冲的持续时间。

（a）后峰锯齿波冲击脉冲（军品设计用，GJB 150.18A—2009 中的图 3）

A_m—梯形脉冲的峰值加速度；T_D—梯形脉冲的持续时间；T_R—上升沿时间；T_P—下降沿时间。

（b）梯形波冲击脉冲（军品设计用，GJB 150.18A—2009 中的图 4）

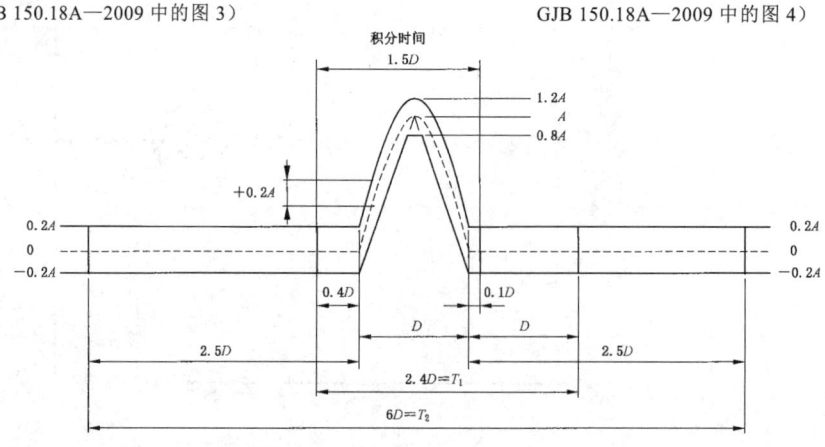

（c）半正弦波冲击脉冲（民品设计用，GB/T 2423.5—2019 中的图 1）

图 3-16 典型的标准冲击脉冲

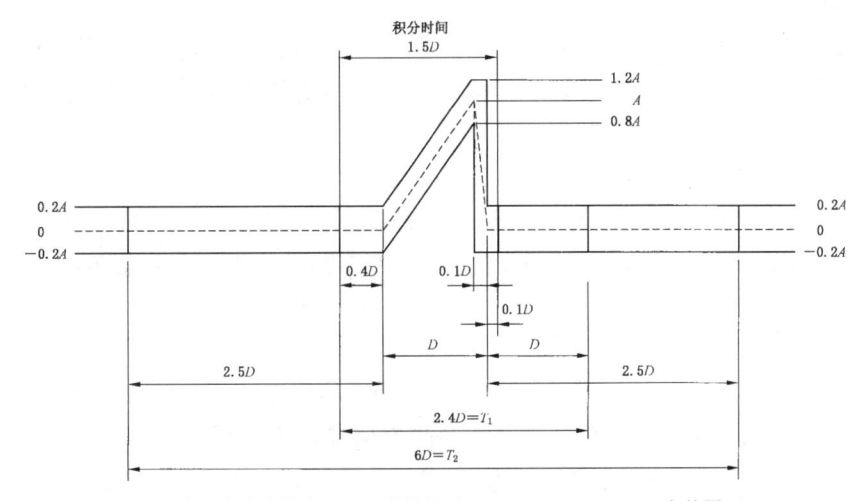

（d）后峰锯齿波冲击脉冲（民品设计用，GB/T 2423.5—2019 中的图 2）

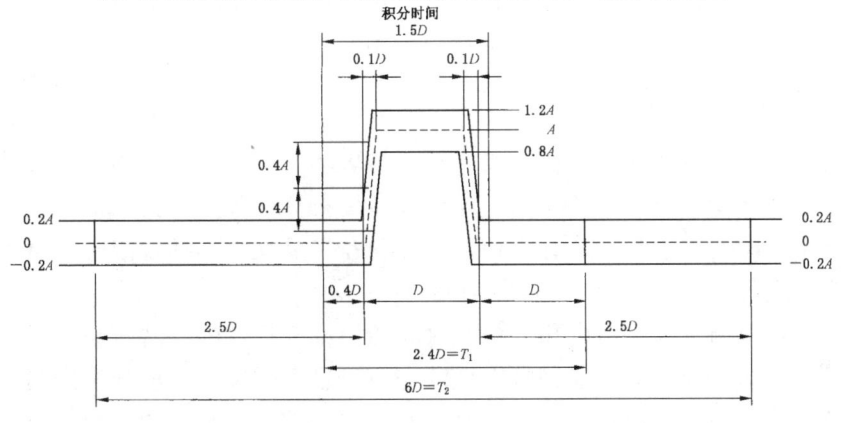

（e）梯形波冲击脉冲（民品设计用，GB/T 2423.5—2019 中的图 3）

说明［图（c）～图（e）适用］：
-----标称脉冲线；———容差范围线。
D—标称脉冲的持续时间；
A—标称脉冲的峰值加速度；
T_1—用传统冲击试验台产生冲击时，对脉冲监测的最短时间；
T_2—用电动振动试验台产生冲击时，对脉冲监测的最短时间。

图 3-16　典型的标准冲击脉冲（续）

（2）冲击脉冲的设计值

① 峰值加速度

峰值加速度（用 P 或 A 表示）的大小能直观地反映出施加给电子设备的冲击力的大小。由于电子设备的结构大都是线性系统，即使是非线性系统，在应变不大的情况下，也可以看作是线性系统，所以电子设备受冲击后所产生的响应加速度与激励加速度是成比例的。可见在一般情况下峰值加速度越大，对电子设备的破坏作用越大。

② 冲击脉冲持续时间

冲击脉冲持续时间是指加速度保持在规定加速度波形上的时间间隔。冲击脉冲持续时间（用 T_D 或 D 表示）对电子设备的影响很复杂，它对冲击损伤效果的影响与电子设备的固有周期（T）有关。

对半正弦波当 $D/T<0.3$ 时,对后峰锯齿波当 $D/T<0.5$ 时,对梯形波当 $D/T<0.2$ 时,在电子设备上所造成的响应加速度都将随着 D/T 比值的增大而增大,但最大不超过冲击脉冲本身的峰值加速度。

对半正弦波当 $0.3D \leqslant D/T<3$ 时,对后峰锯齿波当 $0.5 \leqslant D/T<1.2$ 时,对梯形波当 $0.2 \leqslant D/T<10$ 时,在电子设备上所造成的响应加速度都将超过冲击脉冲的峰值加速度。而且,对半正弦波在 $D/T=0.8$ 附近,对后峰锯齿波在 $D/T=0.65$ 附近,对梯形波在 $D/T=0.55$ 附近,都将出现最大响应加速度,其值分别为冲击脉冲峰值加速度的 1.78 倍(半正弦波)、1.5 倍(后峰锯齿波)、2 倍(梯形波)。

对半正弦波当 $D/T \geqslant 3$ 时,对后峰锯齿波当 $D/T \geqslant 1.2$ 时,对梯形波当 $D/T \geqslant 10$ 时,在电子设备上所造成的响应加速度与冲击脉冲的峰值加速度相同。

由此可见,对同一种冲击脉冲,即使峰值加速度一样,由于冲击脉冲持续时间不同,对电子设备作用的冲击能量不同,对相同电子设备由于各 LRU 与 SRU 及各元器件本身固有频率不同所产生的响应和造成的影响也不相同。

2)采用冲击响应谱进行设计

电子设备安装平台受冲击后所造成的损伤与破坏,除与冲击的强度有关外,更主要的是与受冲击后自身的响应密切相关。电子设备的抗冲击设计与抗振动设计一样,与其说是按安装平台的动力学环境进行设计,不如说是按受动力学环境激励后电子设备自身所产生的响应进行设计。

冲击脉冲是用加速度、速度和位移对时间的历程来描述的。冲击对电子设备的影响与电子设备本身的特性有关,这种特性反映在电子设备受冲击后所产生的响应上面。任何机械系统都可以用刚性质量块、无质量弹簧、阻尼器三者组成的模型来表示,不同的机械系统不过是这三者的不同组合,复杂的机械系统也只是这三者的复杂串联和并联。为了方便起见,可将电子设备中的每一个元器件、LRU、SRU 都归纳为一个单自由度系统来研究,并以此作为复杂电子设备受到冲击激励所产生的响应的分析基础。平台上(电子设备中)多个单自由度系统如图 3-17 所示。

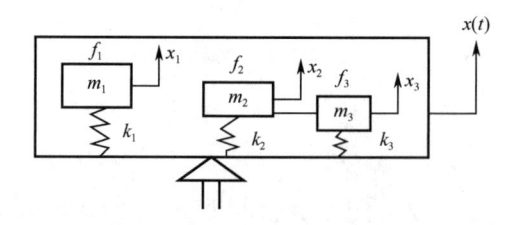

图 3-17 平台上(电子设备中)多个单自由度系统

当单自由度线性质量-弹簧系统受到冲击脉冲的激励时,质量块的响应详见表 2-2。

单自由度系统受冲击激励后所产生的响应与冲击脉冲的幅值、冲击脉冲持续时间,以及系统的固有频率、阻尼系数有关。当阻尼系数 $c=0$ 时,系统的响应幅值最大,而且在最大响应后产生稳定的正弦振荡。当阻尼系数 $c=\infty$ 时,系统的响应幅值为零。当 $0<c<\infty$ 时,系统在最大响应后便是一个衰减振荡,其程度与冲击脉冲的幅值、冲击脉冲持续时间和系统的固有频率有关。冲击是一个瞬态过程,阻尼对冲击响应的影响实际

上并不大，因此一般的冲击响应谱均为无阻尼的响应谱。可见在谈论一个冲击响应谱时，若未加特别说明，则通常是指无阻尼时的冲击响应谱。这样做的好处是，把无阻尼时的响应作为系统响应的上限，可以代表实际使用时的最坏情况，以无阻尼时的响应作为电子设备抗冲击强度的标准将使所研究的问题更简化。

若将从 1Hz 到 1000Hz（甚至更大频率）的多个单自由度系统安装在同一个平台上，给平台一个冲击激励，然后将各单自由度系统的响应在频域中连成一条曲线，即为冲击响应谱。这样一个在时域中复杂的无法用数学模型描述的冲击，就可量化为电子设备环境适应性平台的抗冲击设计指标。图 3-18 所示为实测到的某挖掘机碎石时驾驶舱电子设备安装平台所经受到的冲击时域信号。可见由于冲击脉冲波形的复杂性，它难以形成电子设备环境适应性平台的设计指标。图 3-19 所示为从图 3-18 转换出的冲击响应谱。

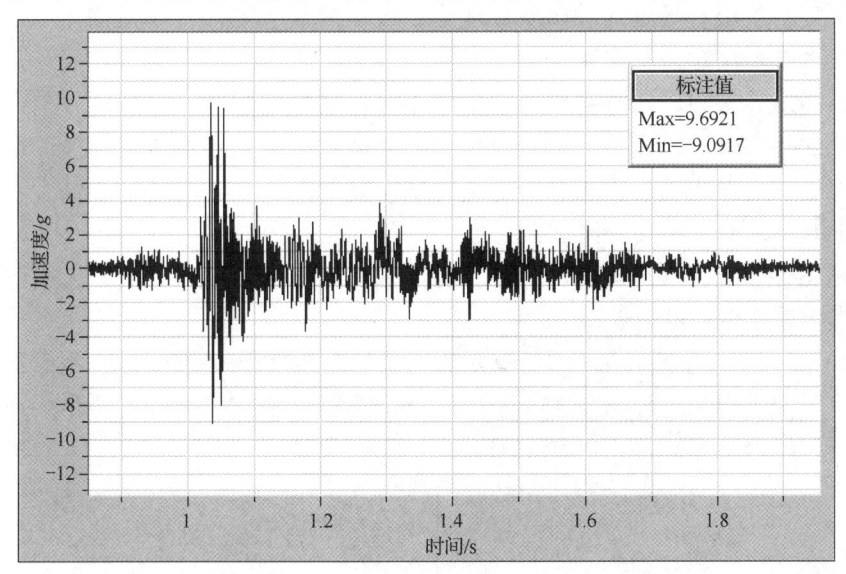

图 3-18 实测到的某挖掘机碎石时驾驶舱电子设备安装平台所经受到的冲击时域信号

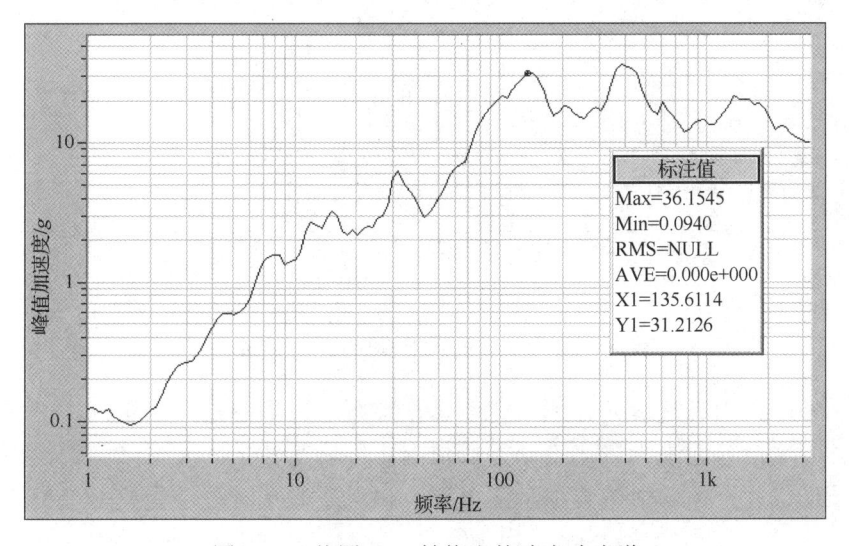

图 3-19 从图 3-18 转换出的冲击响应谱

当然，要形成工程设计用的具有规定置信度的冲击响应谱，还需要对电子设备在各种工况下的冲击响应谱按对振动、冲击数据处理的要求和方法进行检查、分析、鉴别、合成和归纳。采用冲击响应谱进行设计的前提是电子设备的各个组成部分都简化成单自由度系统。当电子设备的机柜（箱）不设计隔振系统并采用冲击响应谱进行试验时，其试验结果是可以评价电子设备的抗冲击能力的；但当电子设备采用了非线性隔振系统时，避开隔振系统直接采用冲击响应谱对电子设备进行试验就严酷了，建议将电子设备带隔振系统一起试验。

3）采用满足一种冲击机考核的方法进行设计

军用装备会受到水下爆炸、武器发射、近距离空中爆炸的影响。当今，我国正在大力发展海军，水下爆炸导致的冲击对舰船电子设备的影响是值得研究的。

水雷在水下爆炸时会产生冲击波、气泡运动和二次压力波。固态炸药在水下爆炸时将形成高温高压的气泡。这种高温高压的气泡强烈挤压周围的水，并向外扩散，气泡的直径在膨胀的初始阶段急骤增大。当气泡直径膨胀的速度大于水中声速 1500m/s 时，爆炸能量以冲击波的形式辐射出去，于是便形成了初始冲击波。初始冲击波引起的加速度实测到的最大值达到 $1969g$，滞后流引起的加速度实测到的最大值达到 $618.6g$。冲击波传播的同时还会伴随有气泡的脉动作用，并产生二次压力波。二次压力波引起的加速度实测到的最大值达到 $358.2g$。

图 3-20（a）所示为在水面下 70cm 处放置的 10g TNT 炸药爆炸时实测到的冲击时域信号，传感器位于距离爆炸点 2.45m 的同一水平面上。图 3-20（b）所示为在浮动冲击平台上实测到的水下爆炸冲击时域信号。

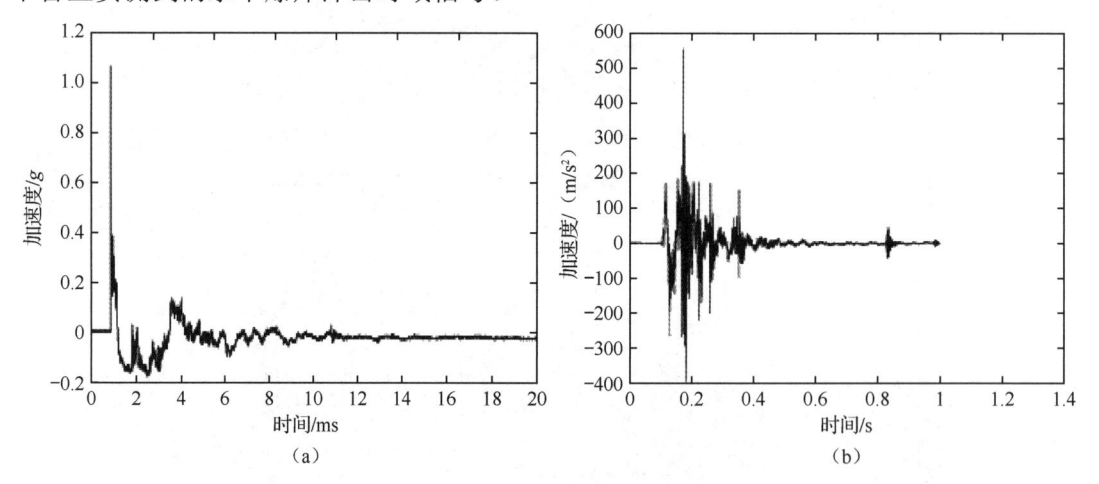

图 3-20 实测到的水下爆炸冲击时域信号

对水下爆炸、武器发射、近距离空中爆炸等所造成的冲击，由于冲击时域信号的复杂性，这种时域信号无法为量化设计提供依据，要将其转换为冲击响应谱，由于数据量不足，很难形成制定规范中的数据，所以至今仍采用满足一种冲击机考核的方法进行抗冲击设计。

（1）采用满足强碰撞冲击机考核的方法进行设计

对质量在 120kg 及以下的舰船电子设备采用满足轻量级强碰撞冲击机考核的方法进行设计。轻量级强碰撞冲击机的最大位移为 4cm，最大速度为 4.6m/s，最大加速度为 2000g。轻量级强碰撞冲击机如图 3-21（a）所示。

对质量为 120～2700kg 的舰船电子设备采用满足中量级强碰撞冲击机考核的方法进行设计。中量级强碰撞冲击机的最大位移为 8cm，最大速度为 3.3m/s，最大加速度为 2000g，横向为垂向的 0.5 倍。中量级强碰撞冲击机如图 3-21（b）所示。

（a）轻量级强碰撞冲击机　　　　　（b）中量级强碰撞冲击机

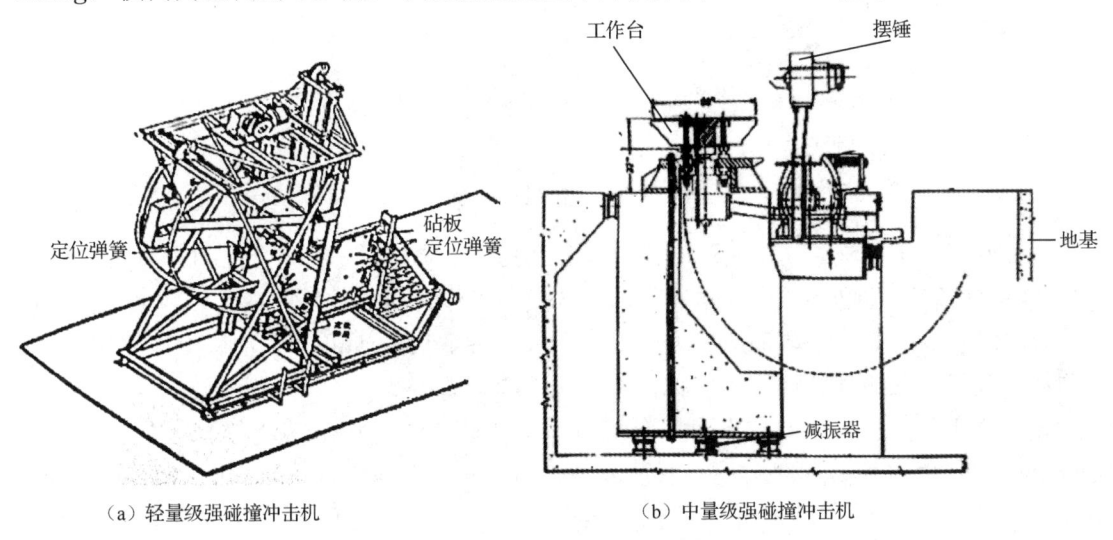

图 3-21　强碰撞冲击机

（2）采用满足双波冲击机考核的方法进行设计

根据德国军用标准 BV043/85，可采用双波冲击机模拟舰船电子设备经受到的爆炸冲击，其标准双波冲击脉冲为双三角形脉冲或双半正弦波脉冲。

① 标准双波冲击脉冲的时域波形和冲击响应谱如图 3-22 所示。标准双波冲击脉冲波形由正波和负波组成。

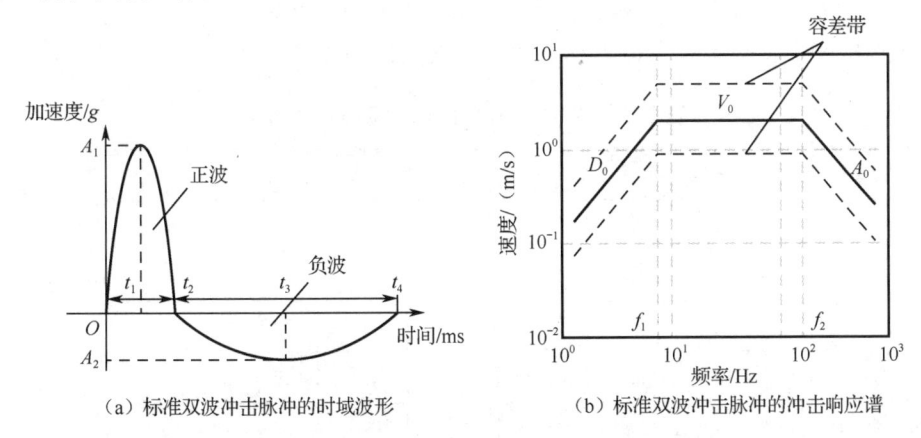

（a）标准双波冲击脉冲的时域波形　　　　　（b）标准双波冲击脉冲的冲击响应谱

图 3-22　标准双波冲击脉冲的时域波形和冲击响应谱

② 双波冲击机的结构示意图和实物外形图如图 3-23 所示。

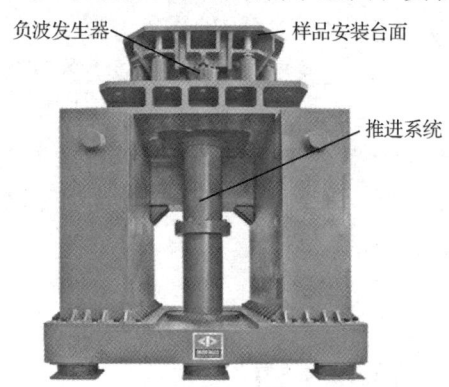

（a）垂直双波冲击机的实物外形图　　（b）水平双波冲击机的实物外形图

图 3-23　双波冲击机的实物外形图

③ 海军装备研究院（现为海军研究院）2015 年发布的气-液耦合直驱式双波冲击试验系统可实现正、负波冲击，冲击速度达到 5m/s，工作台面能承受的最大载荷为 5000kg，正向加速度为 158g，负向加速度为-51g，正波脉冲宽度为 5ms，负波脉冲宽度为 19ms（与标准双半正弦波加速度脉冲相比，正波吻合度较高，负波存在一定误差）。

④ 苏州东菱振动试验仪器有限公司生产的垂直水平气动双波冲击试验系统可实现正、负波冲击，冲击速度为 3~7m/s，工作台面能承受的最大载荷为 5000kg，样品安装台面尺寸为 15000mm×1500mm，正向加速度为 20g~160g，能够实现的负向加速度范围是从-10g 至-50g，正波脉冲宽度为 5ms~30ms，负波脉冲宽度为 20ms~50ms。

⑤ 德国军用标准 BV043/85 对大于 2000t 的舰船上电子设备冲击环境分 3 类安装区域来要求。

Ⅰ：船壳机座和主甲板以下隔舱壁。该安装区域的冲击强度最大，加速度大，持续时间短。

Ⅱ：下甲板和主甲板隔离壁。该安装区域为甲板安装，冲击强度中等。

Ⅲ：上层建筑。该安装区域的冲击加速度最小，但位移最大。

表 3-2 和表 3-3 所示为 BV043/85 中最严酷的试验条件数据。

表 3-2　BV043/85 中的部分双波冲击数据

区域	方向	t_1/ms	t_2/ms	t_3/ms	t_4/ms	A_1/g	$-A_2$/g	V_0/（m/s）	D_0/cm
Ⅰ	垂向	2.2	5.6	11.9	16.1	192	（20%~35%）A_1	5.26	4.55
	横向	2.2	5.4	9.7	12.5	170	（20%~35%）A_1	4.5	3.15
Ⅱ	垂向	3.9	9.6	15.1	18.8	96	（20%~35%）A_1	4.48	4.45
	横向	3.2	8.1	18.2	24.9	58	（20%~35%）A_1	2.3	3.12
Ⅲ	垂向	5.3	13.2	21.8	27.5	58	（20%~35%）A_1	3.74	5.45
	横向	5.4	13.5	30.4	41.7	24	（20%~35%）A_1	2.25	4.95

表 3-3　BV043/85 中的部分双波冲击响应谱数据

区域	方向	等加速度谱的 A/g	等速度谱的 V/（m/s）	等位移谱的 D/cm
I	垂向	320	7.0	4.3
	横向	280	6.0	3.0
II	垂向	170	6.0	4.2
	横向	100	3.1	3.0
III	垂向	100	5.0	5.2
	横向	60	3.0	4.7

（3）采用满足浮动冲击平台考核的方法进行设计

美国军用标准 MIL-S-901D 规定 18t 及以下的装备都要通过冲击试验才能装船使用。对质量为 2.7~18t 的舰船电子设备采用满足浮动冲击平台考核的方法进行设计，这是将舰船电子设备装在浮动冲击平台上，采用水下爆炸的方法进行考核的设计方法。浮动冲击平台如图 3-24 所示。

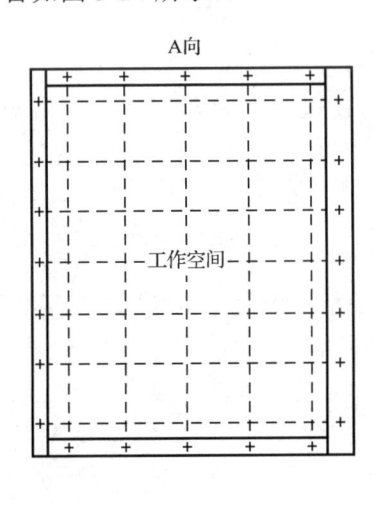

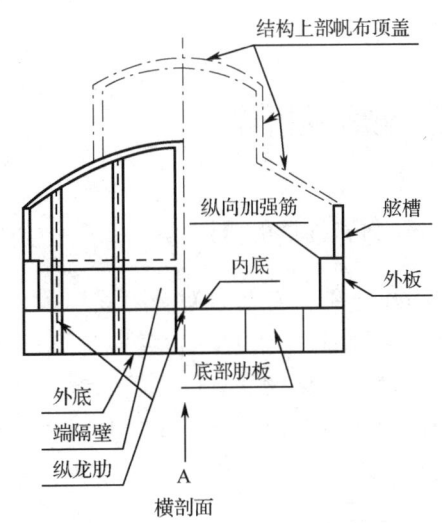

图 3-24　浮动冲击平台

3.2.7　颠振与碰撞

1. 颠振

颠振描述的是在鱼雷快艇、导弹快艇、水翼船、高速炮艇，以及航速大于 35kn 的特种快艇上工作的电子设备，在高海况下因波浪拍击舰船而经历的多次冲击。实际这种多次冲击的加速度非常小，冲击脉冲持续时间达到 300ms~500ms 或 500ms 以上。对这种动力学特性，在制定颠振试验标准时，决定采用近似半正弦波冲击脉冲来描述，但在工程中要实现 300ms~500ms 或 500ms 以上的近似半正弦波冲击脉冲的持续时间，不论是在制定标准时（20世纪80年代初）还是在现在，都是非常困难的，即使能实现，也不具备经济性。为此，只能采用等效速度变化量的方法来实现，即通过增大半正弦波冲击脉冲的加速度、缩短冲击脉冲持续时间（一般大于16ms）来实现对这种动力学环境的模拟。

随着我国海军实力的快速提升，海军各类舰船特别是大吨位舰船大量列装，它们受海浪拍击的影响越来越小。现在对舰船电子设备进行抗颠振设计的主要实际意义在于提高舰船电子设备的可靠度和延长其寿命方面。

2．碰撞

安装在车载平台上的电子设备会经受到由于路面不平产生的重复冲击的影响，而这种冲击的强度与车辆速度、载荷的大小密切相关。重复冲击会使电子设备性能下降和产生累积损伤。对这种重复冲击，以前的民用标准将其称为碰撞，并要求将其作为电子设备的动力学设计输入。由于这种重复冲击与单次冲击的性质相同，也采用标准冲击脉冲（半正弦波冲击脉冲）来描述，不同的是这种冲击不断重复地作用在电子设备上。所以，现已将碰撞归入冲击范畴，称之为多次冲击。

3.2.8　倾斜和摇摆

1．倾斜和摇摆的概述

舰船在停靠和航行中遇到海损事故、操作失误、装载不平衡及遇到风和浪等外力作用时会诱发倾斜，这种倾斜有纵向倾斜和横向倾斜。舰船在风和波浪等诱发环境影响下会产生摇摆，这种摇摆有：纵摇、横摇、首摇、纵荡、横荡、垂荡，以及它们之间的相互耦合运动。纵摇、横摇、首摇是指舰船绕其纵向、横向、垂向3个坐标轴所做的交变性角位移运动。纵荡、横荡、垂荡则是指舰船沿其纵向、横向、垂向3个坐标轴所做的往复性平移运动。

2．倾斜和摇摆的故障和失效模式

倾斜和摇摆可能导致电子设备产生下述效应：系统内原有作用力平衡状态被改变或破坏，并由此引起一连串的变化，如受力、连接、接触、功能、性能等的变化。

倾斜和摇摆的故障和失效模式如下。

（1）结构卡死或损坏。

（2）轴承温升超过允许值。

（3）性能指标超差。

（4）靠重力平衡的系统不平衡。

（5）导致误动作、误接触或呆滞。

（6）指示失灵或失误。

（7）轴承受力改变。

（8）润滑条件不正常或恶化。
（9）液面位置变化而导致工作失效或外泄。
（10）内部液体向外泄漏。

对电子设备进行抗倾斜和摇摆设计，是为了确保安装在舰船、潜艇和水上飞机直至海上石油勘探平台上的电子设备在倾斜和摇摆环境中的工作适应性和结构完整性。

3．抗倾斜和摇摆设计的设计输入参数

抗倾斜和摇摆设计的设计输入参数就是表征倾斜和摇摆的参数，涉及角度、周期、持续时间等。

3.2.9 风载荷

1．风载荷的概述

空气相对于地球表面的运动称为风。风是一种自然环境因素，是空气流动的现象，是由地球表面及其上方大气层之间温度分布不均导致的大气压力差引起的。风载荷是一个三维向量，包括风速、风向和风压。人们可以听到风的声音。风速和风向在短距离和短时间内可能会发生变化，特别是在遇到障碍物时。例如，室外天线等会因风速变化而产生振动，这是由风速变化引起的加速度和频率变化导致的。此外，这种振动的频率范围可能很大。

风速可分为瞬时值和平均值两种类型，一般使用平均值。风速是指单位时间内空气流动的距离。风速的标准单位是米/秒（m/s），但在不同的应用中也可能使用其他单位。风速是在距地面 2.5m 高度处测量的数据。风速的范围可为 0～100m/s。

2．风载荷的故障和失效模式

室外线缆在风的作用下可能会发生摆动和扭转，特别是在结冰的情况下，这种效应更为严重，可能导致线缆断裂。此外，风吹动树枝摆动和物品飞扬，可能砸断线缆，进而导致电力和通信中断。强风还可能直接将野外工作的设备吹倒，造成设备损坏。

风载荷的故障和失效模式如下。

（1）导致结构变形或激起结构共振，造成损坏。
（2）产生永久变形或断裂，导致电子设备失灵或损坏。
（3）使紧固件或固定支架断裂。
（4）影响雷达天线正常启动和旋转速度。
（5）加剧雨、冰雹和霜等对电子设备的破坏。
（6）产生低周疲劳。

3．抗风载荷设计的内容

对电子设备进行抗风载荷设计的内容有 3 个。

（1）抗风载荷的稳定性设计。
（2）抗风载荷的强度设计。
（3）抗风载荷的疲劳与寿命设计。

3.2.10 加速度

1. 加速度的概述

任何处于运动状态的电子设备的安装平台或运载平台，如道路车辆、轨道车辆、高速快艇、航空器、航天器等，在启动、起飞、加速、点火、级间分离、转弯、停止、降落（特别是迫降）、再入大气层及运行过程中，由于速度的变化（加速和减速），均会诱发不同大小的加速度值。此外，安装在旋转部件、抛物体上的电子设备也会经历类似的加速度环境。

2. 加速度的故障和失效模式

加速度通常会在电子设备安装支架上和电子设备内部产生惯性载荷。可以说，电子设备的所有部分（包括液体）都会受到由加速度造成的惯性载荷的作用。另外，加速度环境对人体也有很大的影响，人体能承受的最大加速度为 $7g$～$9g$。

加速度的故障和失效模式如下。
（1）结构变形影响电子设备运行。
（2）永久变形或断裂导致电子设备失灵或损坏。
（3）紧固件或固定支架的断裂使电子设备散架。
（4）电子线路板短路或开路。
（5）电感值和电容值变化。
（6）继电器断开或吸合。
（7）执行机构或其他机构卡死。
（8）密封泄漏。
（9）压力和流量调节数值变化。
（10）泵出现气蚀。
（11）伺服阀中的滑阀移位引起错误和危险的控制系统响应。

3. 抗加速度设计的目的

抗加速度设计的目的如下。
（1）使电子设备具有在结构上能够承受使用环境中由安装平台加、减速和机动引起的稳态惯性载荷的能力，以及在这些载荷作用期间和作用后其性能不会降低的能力。
（2）使电子设备具有承受坠撞惯性过载之后不会发生危险的能力。
（3）使电子设备具有保持其结构完整性的能力。

4．加速度的表征

加速度往往发生在 3 个轴 6 个方向上，一般以重力加速度给出。例如，发生在机载平台上的加速方向如图 3-25 所示。

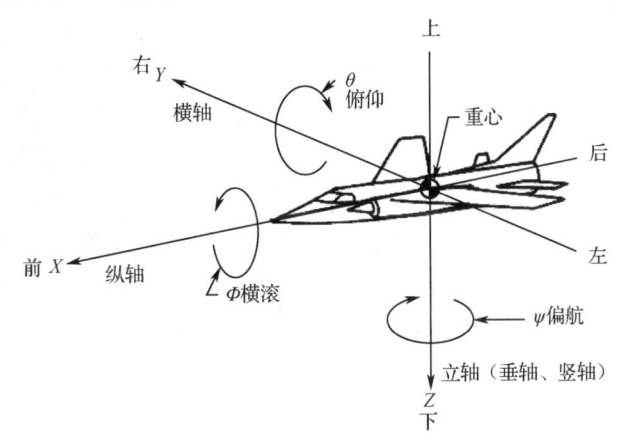

图 3-25 发生在机载平台上的加速度方向

3.3 电子设备环境适应性平台举例

电子设备都是安装在不同平台上使用的，为了适应不同平台的动力学环境，电子设备环境适应性设计都必须以电子设备安装平台的动力学环境为依据，并由此考虑在电子设备中诱发出的响应，以及安全裕度或可靠度。

电子设备安装平台的动力学环境数据，来自国内外标准、规范中的数据，相似电子设备给出的环境数据，现场实测数据，文献、研究报告、学术论文等给出的数据。

当依据标准中的数据进行设计时，基础标准（如 GB/T 2423）提供了一系列环境条件参数。这些参数适用于不同等级、不同使用场合、不同安装平台的电子设备，为它们提供了选择的基础。这种做法在民用电子设备领域比较普遍，并且在国际贸易中尤为重要，因为它确保使用共同语言，即统一标准、同一尺度。专业标准、行业标准、国家标准等均会针对其适用的电子设备，规定具体的环境适应性设计要求。

标准中的数据概括性比较强，包含面比较宽，对某一具体电子设备，很难完全适合，特别是在动力学环境中还涉及其本身对动力学环境的响应，所以在实际工程中，首先采用电子设备安装平台的现场实测数据，因为这是最真实最可靠的，然后采用相似电子设备给出的环境数据，即在该安装平台上老电子设备的环境适应性设计输入，因为这是经过使用与试验验证过的符合使用要求的设计输入数据，最后在没有上述两种数据的情况下才采用标准、规范中的数据作为电子设备环境适应性平台的设计输入。

3.3.1 道路车辆平台

道路车辆平台（也称车载平台）指的是安装有任务电子系统的道路车辆。在军事领域，这类平台被称为地面军工机动平台（简称地面机动平台），并已在多个军种中获得广泛使用。当然，控制车辆运行和保证安全运行的电子设备也包括在内。车载平台的动力学环境因素主要有振动、冲击、加速度、碰撞、摇摆，但真正作为环境适应性设计输入的主要是振动、冲击，其他因素由于本身量级小，出现概率小，暂时没有考虑。

当前，针对车载平台环境应力的标准有 IEC 60721-3-2:2018（等同采用的中文版本是 GB/T 4798.2—2021《环境条件分类 环境参数组分类及其严酷程度分级 第 2 部分：运输和装卸》）、GJB 3493—1998《军用物资运输环境条件》、GJB 150A—2009《军用装备实验室环境试验方法》等。这些标准都通过实测得出各种运输工具安装平台的环境条件数据。

1．振动

1）GJB 3493—1998 中的道路运输实测数据

表 3-4 所示为 1995 年从用东风、解放两种汽车底盘的运输车辆底板上测得的振动数据（GJB 3493—1998 中），而且是在离左右挡板和后挡板各 30cm 振动最大处测得的数据。实测时，车辆装载至其额定载重能力的 50%～75%，载荷为袋装沙子，车速为路面和车辆允许的最大速度。对这些数据进行鉴别、分析、处理和归纳之后，发现由于所测得的数据量较大，在总均方根值的分布上呈现出很好的正态分布。为使用方便，将这些数据分为 3 类给出。

（1）Ⅰ类为民用运输动力学环境条件，这是在京津塘高速公路及新疆一级、二级公路上测得的大量数据取"均值+3σ（标准差）"得出的。

（2）Ⅱ类与Ⅲ类为军用运输动力学环境条件，这是在四川雅安到西藏拉萨的三级公路上、三级以下公路上，以及新疆巴音布鲁克大草原上（无路）测得的大量数据取"均值+3σ（标准差）"得出的。

表 3-4　1995 年从用东风、解放两种汽车底盘的运输车辆底板上测得的振动数据（GJB 3493—1998 中）

振动方向	Ⅰ类：民用运输动力学环境条件			Ⅱ类与Ⅲ类：军用运输动力学环境条件		
	总均方根加速度 G_{rms}/g	加速度谱密度 $/(g^2/Hz)$	频率 /Hz	总均方根加速度 G_{rms}/g	加速度谱密度 $/(g^2/Hz)$	频率 /Hz
垂向	1.337	0.0800	2	2.498	0.4000	2
		0.0800	10		0.4000	10
		0.0010	28		0.0010	50
		0.0010	90		0.0010	90
		0.0035	115		0.0100	150
		0.0035	300		0.0100	200
		0.0001	500		0.0010	500

续表

振动方向	I类：民用运输动力学环境条件			II类与III类：军用运输动力学环境条件		
	总均方根加速度 G_{rms}/g	加速度谱密度 $/(g^2/Hz)$	频率 /Hz	总均方根加速度 G_{rms}/g	加速度谱密度 $/(g^2/Hz)$	频率 /Hz
横向	0.573	0.00150	2	1.012	0.0060	2
		0.00150	40		0.0060	10
		0.00004	60		0.0006	50
		0.00004	110		0.0001	61
		0.00150	250		0.0001	120
		0.00150	310		0.0040	300
		0.00016	500		0.0040	415
					0.0010	500
纵向	0.364	0.00080	2	0.629	0.0180	2
		0.00080	40		0.0180	10
		0.00001	60		0.0001	60
		0.00001	100		0.0001	105
		0.00055	150		0.0010	150
		0.00055	200		0.0010	200
		0.00008	500		0.0001	500

注意：在形成国家军用标准时，冲击分为I类、II类、III类，为与之相对应，振动也分为I类、II类、III类，但振动的II类与III类的动力学环境条件完全一样。

GJB 3493—1998 中的道路运输振动谱如图 3-26 所示。

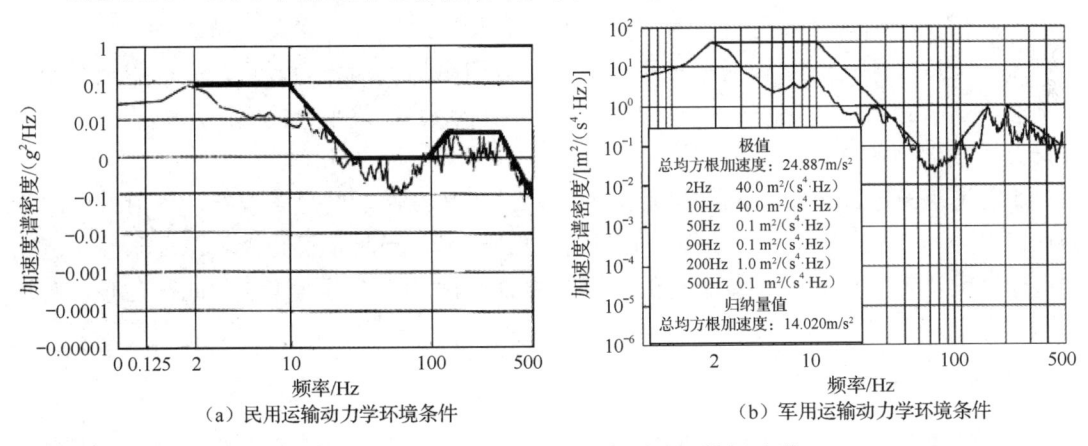

图 3-26　GJB 3493—1998 中的道路运输振动谱
(a) 民用运输动力学环境条件　(b) 军用运输动力学环境条件

2）GJB 150A—2009（等同 MIL-STD-810F）中的道路运输实测数据

GJB 150.16A—2009 中的车辆振动数据来自美国在制定 MIL-STD-810D 时对从 7 种技术状态不同的卡车和半拖车的货仓底板上测得的数据综合处理的结果。这种运输环境具有宽带随机特征，这是由于车体的悬挂（含气垫悬挂）系统和结构与不连续的路面相互作用而造成的。装备从制造场地到最终使用地点的运输过程可分为两个阶段：高速公路卡车运输与任务/外场运输。任务/外场运输又进一步划分为两轮拖车（我军规定不用两轮拖车运输）或组合轮式车辆运输和履带车运输。

（1）GJB 150.16A—2009 中的图 C.1 所示为高速公路卡车运输振动谱（曲线拐点见该标准中的表 C.7），这是从在高速公路上运行的卡车货仓底板上测出的运输振动谱。装备在这种振动谱下经受振动 1h，相当于紧固货物在高速公路上运输 1600km。从制造场地到仓库或前方供应点，通常用大型卡车（含多轮拖车）在高速公路上运输，距离一般为 3200~6400km。图 C.1 是对实测数据处理归纳后经标准化（拉直线包络）的振动谱。这种谱相对于实际在高速公路上行驶时的振动量值要大 3~5 倍。如图 C.1 所示的高速公路卡车运输振动谱及表 C.7 中对应的曲线拐点量值，到 MIL-STD-810H 中变化不大，分别对应 MIL-STD-810H 中的图 514.8C-2 和表 514.8C-Ⅰ。

（2）GJB 150.16A—2009 中的图 C.3 所示为从部队前方供应点到使用地点的装备运输振动谱（曲线拐点见该标准中的表 C.7），这是从组合轮式车辆（含多轮拖车）货仓底板上测出的运输振动谱。装备在这种振动谱下经受振动 40min，相当于紧固货物在从部队前方供应点到使用地点的路上行驶 805km。图 C.3 是对实测数据处理归纳后的振动谱，未进行标准化（拉直线包络）处理。这种谱相对于实际任务/外场运输的振动量值要大 3 倍左右。如图 C.3 所示的组合轮式车辆运输振动谱及表 C.7 中对应的曲线拐点量值，到 MIL-STD-810H 中变化较大，分别见 MIL-STD-810H 中的图 514.8C-6 和表 514.8C-Ⅶ。

GJB 150.16A—2009 中的图 C.2 所示为两轮拖车运输振动谱（曲线拐点见该标准中的表 C.7）。两轮拖车我国现在几乎不用（当前我国多轮拖车用得多）。

GJB 150.16A—2009 中的图 C.4 所示为履带车运输振动谱。

任务/外场运输的典型距离为 500~800km。任务/外场运输的路况与普通货运不同，因为作战情况下的车辆要通过没有修整的路面和野外地段（没有覆盖层的路面）。

GJB 150.16A—2009 认为车载平台在全寿命期内的振动应力数据，应根据全寿命环境剖面中的道路条件（路况、车辆速度、机动工况）和车载平台的实际承载情况（一般取最大承载能力的 75%）实测得出。

随着道路建设标准的提高，以及车辆平稳性和减振性能的显著改善，当前的道路运输环境已经与 20 世纪八九十年代的情况大不相同。基于当时车辆特性和路况条件实测出的运输振动谱，作为当今车载平台的环境应力设计输入已不再适用。因此，有必要对该标准进行更新。

3）地面机动平台

随着军事科学技术的飞跃发展，当今的车载平台已不是过去的简单运输车、通信车等，已发展成地面机动平台了。这种地面机动平台除平台本身的动力系统、运行控制系统外，还装载有多种电子系统，如预警系统、通信系统、火控系统（如导弹发射系统）、计算机系统、电子对抗系统等，当然也配备有必不可少的电源系统、核心处理机、显控终端等。对于这样的地面机动平台，其环境适应性的高低直接涉及装备战斗力的强弱。面对这种情况，继续借鉴美国运输车辆的数据已越来越不符合我军地面机动平台的真实环境应力需求。特别是 GJB 150.16A—2009 中附录 D 的履带车运输振动环境数据及美军装甲车辆的振动数据，更是与我国履带车车辆移动平台不匹配。

地面机动平台是由车辆及以紧固方式安装在车厢内的电子设备共同构成的。车辆在各种路况和各种速度下运行，诱发出来的振动响应与安装在车厢内的电子设备的动力学特性密切有关，会产生相互动态耦合，在一般情况下大载荷的最大振动量值产生在低频段，小载荷的最大振动量值产生在高频段。这就是 GJB 150.16A—2009 中的图 C.1 和附录 D 不能完全代替的道理所在。当前，解决这一问题的办法就是要开展"地面机动平台车载设备振动谱重构"工作。要做好这项工作，关键要解决：

（1）实测数据的处理方法、加速因子和置信度的确定。

（2）振动谱重构可以在频域中进行，也可以在时域中最终给出。

（3）确保根据振动谱重构设计出的电子设备失效模式与实际使用中的故障和失效模式保持一致。

MIL-STD-810H 中的道路运输振动数据和道路运输振动谱分别如表 3-5 和图 3-27 所示。

表 3-5 MIL-STD-810H 中的道路运输振动数据

高速公路卡车运输振动数据（MIL-STD-810H 中的表 514.8C-Ⅰ）							组合轮式车辆运输振动数据（MIL-STD-810H 中的表 514.8C-Ⅶ）				
垂向 G_{rms}=1.08g		横向 G_{rms}=0.21g		纵向 G_{rms}=0.76g		垂向 G_{rms}=2.24g		横向 G_{rms}=1.45g		纵向 G_{rms}=1.32g	
频率/Hz	加速度谱密度/(g²/Hz)	频率/Hz	加速度谱密度/(g²/Hz)	频率/Hz	加速度谱密度/(g²/Hz)	频率/Hz	加速度谱密度/(g²/Hz)	频率/Hz	加速度谱密度/(g²/Hz)	频率/Hz	加速度谱密度/(g²/Hz)
5	0.01500	5	0.00013	5	0.00650	5	0.12765	5	0.04070	5	0.01848
40	0.01500	10	0.00013	20	0.00650	6	0.12926	6	0.04415	6	0.02373
500	0.00015	20	0.00065	120	0.00020	7	0.30000	7	0.11000	7	0.05000
		30	0.00065	121	0.00300	8	0.30000	8	0.11000	8	0.05000
		78	0.00002	200	0.00300	9	0.10000	9	0.04250	9	0.02016
		79	0.00019	240	0.00150	12	0.10000	12	0.04250	12	0.02016
		120	0.00019	340	0.00003	14	0.15000	14	0.07400	14	0.05000
		500	0.00001	500	0.00015	16	0.15000	16	0.07400	16	0.05000
						19	0.04000	19	0.02000	19	0.01030
						90	0.00600	100	0.00074	23	0.01030
						125	0.00400	189	0.00130	25	0.00833
						190	0.00400	350	0.00400	66	0.00114
						211	0.00600	425	0.00400	84	0.00107
						440	0.00600	482	0.00210	90	0.00167
						500	0.00204	500	0.00142	165	0.00151
										221	0.00333
										455	0.00296
										500	0.00204

(a) 高速公路卡车运输振动谱
（MIL-STD-810H中的图514.8C-2）

(b) 组合轮式车辆运输振动谱
（MIL-STD-810H中的图514.8C-6）

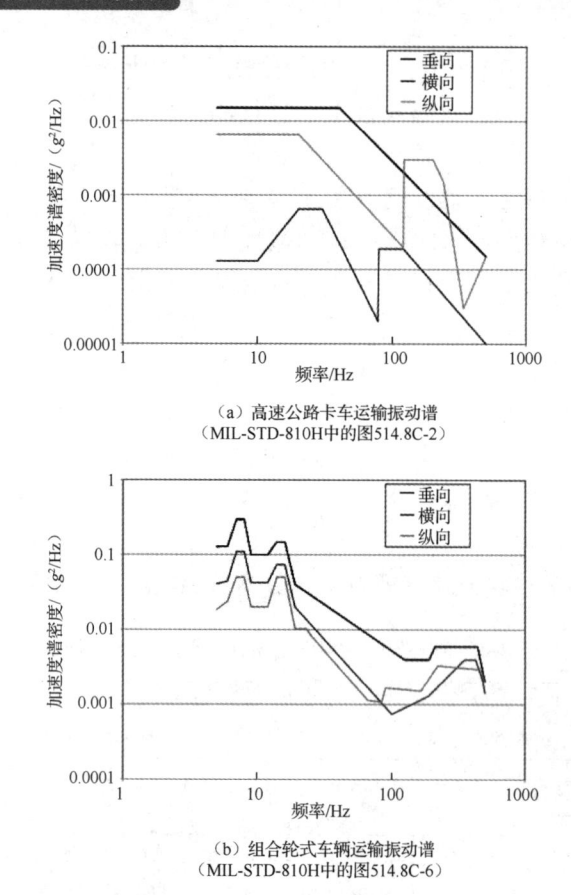

图 3-27　MIL-STD-810H 的道路运输振动谱

2．冲击

1）现场实测车载平台的冲击

现场实测车载平台的冲击是在公路交通试验场进行的。试验中测量的是东风、解放汽车底板上的冲击。木制障碍物是公路交通试验场所提供的，长 4.2m，截面为高 80mm、底边长 400mm 的等腰三角形。测量所得的东风、解放汽车通过障碍物时的冲击时域信号和频域中的冲击响应谱及其数据分别如图 3-28 和表 3-6 所示。

(a) 东风汽车以速度20km/h通过障碍物时的冲击时域信号　(b) 东风汽车以速度20km/h通过障碍物时的冲击响应谱

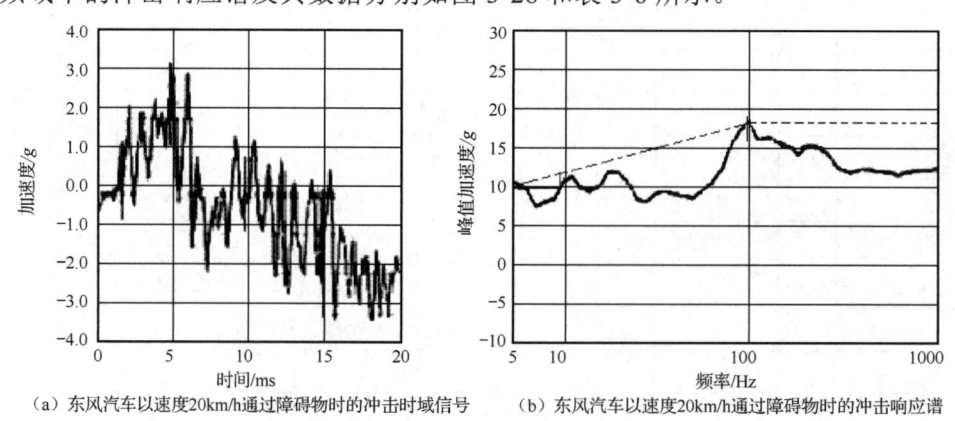

图 3-28　东风、解放汽车通过障碍物时的冲击时域信号和频域中的冲击响应谱

(c) 东风汽车以速度70km/h通过障碍物时的冲击时域信号　　(d) 东风汽车以速度70km/h通过障碍物时的冲击响应谱

(e) 解放汽车以速度20km/h通过障碍物时的冲击时域信号　　(f) 解放汽车以速度20km/h通过障碍物时的冲击响应谱

(g) 解放汽车以速度70km/h通过障碍物时的冲击时域信号　　(h) 解放汽车以速度70km/h通过障碍物时的冲击响应谱

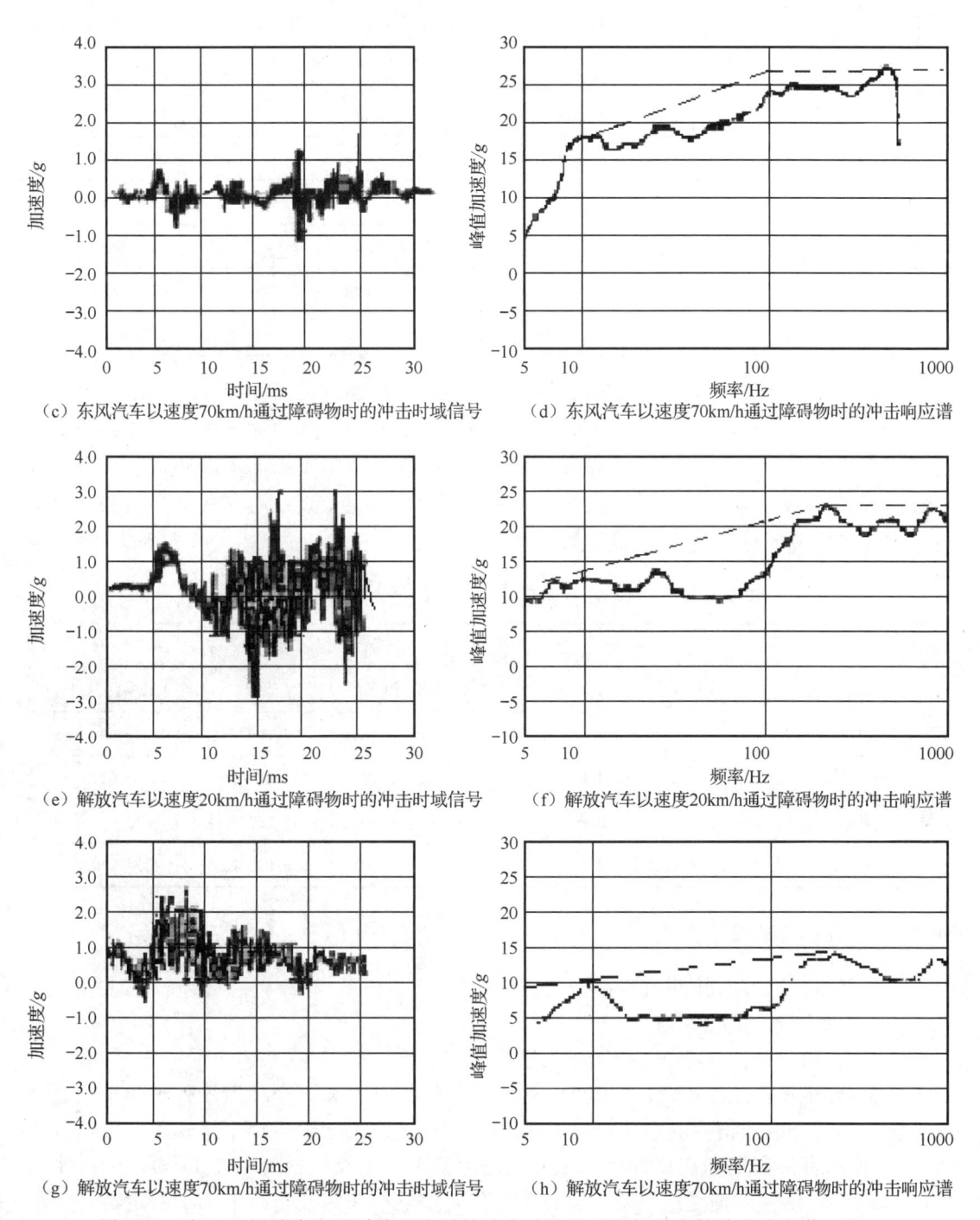

图 3-28　东风、解放汽车通过障碍物时的冲击时域信号和频域中的冲击响应谱（续）

表 3-6 东风、解放汽车通过障碍物时的冲击时域信号和频域中的冲击响应谱数据

车速/(km/h)	东风汽车 冲击时域信号峰值	东风汽车 最大冲击响应（5%的阻尼百分比）	解放汽车 冲击时域信号峰值	解放汽车 最大冲击响应（5%的阻尼百分比）
20	3g	17g（100Hz）	3g	23g（200Hz）
30	2.0g	12g（170Hz）	2.7g	14g（210Hz）
40	0.8g	20g（100Hz）	0.9g	21g（800Hz）
50	—	—	0.9g	20g（200Hz）
60	—	—	0.9g	20g（200Hz）
70	1.8g	27g（450Hz）	2.7g	14.5g（200Hz）

试验中用一辆 2.5t 的汽车来模拟实际运输情况，货物通过隔振架安装在车厢内，并用链子固定以防止移动。所以，车厢的冲击响应就是货物受到的冲击激励（传感器安装在车厢底板的前后主要位置上）。实测以 4 种工况进行：倒车纵向撞向装货台、车辆以 70km/h 横向驶过铁轨、车辆驶过水洼、车辆驶过牲畜护栏。2.5t 汽车在 4 种实测工况下的最大冲击响应汇总表如表 3-7 所示。

表 3-7 2.5t 汽车在 4 种实测工况下的最大冲击响应汇总表

实测工况	位置	方向	冲击时域信号峰值	最大冲击响应 无阻尼	最大冲击响应 3%的阻尼百分比	最大冲击响应 10%的阻尼百分比
倒车纵向撞向装货台	车厢前部	纵向	0.75g	3.1g（9.5Hz）	2.05g（9.5Hz）	1.2g（9.5Hz）
车辆以 70km/h 横向驶过铁轨	车厢后部	垂直	2.2g	30g（200Hz）	10g（200Hz）	5.7g（200Hz）
车辆驶过水洼	车厢后部	垂直	3.5g	48g（170Hz）	14g（220Hz）	9.2g（200Hz）
车辆驶过牲畜护栏	车厢后部	垂直	2.5g	50g（200Hz）	11g（200Hz）	6.0g（200Hz）

2）车载平台的抗冲击设计

（1）采用标准冲击脉冲或冲击响应谱进行设计

这种方法请参考 3.2.6 节。

（2）按 IEC 60721-3-2:2018 中的要求进行设计

图 3-29 给出了 IEC 60721-3-2:2018 中不同运输工具安装平台环境条件下的半正弦波冲击脉冲的冲击响应谱。其中，2M4 包括轨道运输、水上运输、空中运输（仅限喷气式飞机）、使用良好车辆和在良好道路上的道路运输，这一类包括使用 ISO 容器的货物运输；2M5 包括 2M4 所描述的条件，以及使用劣质车辆和在劣质道路上的道路运输与使用没有减振装置的小车的搬运；2M6 包括 2M4 和 2M5 所描述的条件，以及使用螺旋桨飞机和直升飞机进行的空中运输。

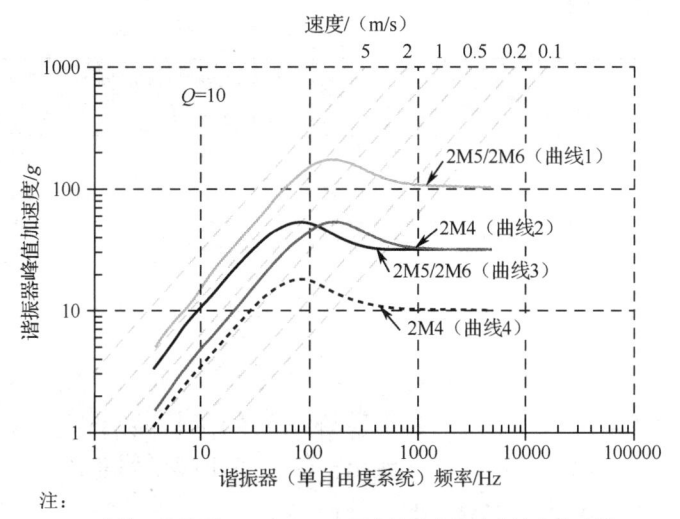

注：
2M4：曲线 4 相当于 10g、11ms 半正弦波冲击脉冲的冲击响应谱；
曲线 2 相当于 30g、6ms 半正弦波冲击脉冲的冲击响应谱。
2M5：曲线 3 相当于 30g、11ms 半正弦波冲击脉冲的冲击响应谱；
曲线 1 相当于 100g、6ms 半正弦波冲击脉冲的冲击响应谱。
2M6：曲线 3 相当于 30g、11ms 半正弦波冲击脉冲的冲击响应谱；
曲线 1 相当于 100g、6ms 半正弦波冲击脉冲的冲击响应谱。

图 3-29 半正弦波冲击脉冲的冲击响应谱

（3）按 GJB 150.18A—2009 中的要求进行设计

GJB 150.18A—2009 没有给出标准冲击脉冲的抗冲击设计参数，给出了图 3-30 和表 3-8。如果一定要按标准冲击脉冲来进行设计，则可将如图 3-30 所示的冲击响应谱按 $Q=10$ 转换为相应的标准冲击脉冲波形参数进行抗冲击设计。

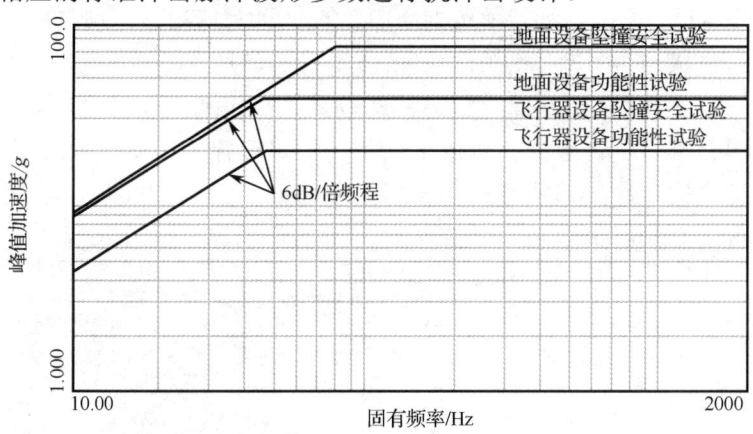

图 3-30 没有测量数据时使用的冲击响应谱

表 3-8 没有测量数据时使用的冲击响应谱数据

满足的环境	峰值加速度/g	产生冲击响应谱要求的时域信号持续时间/ms	转折频率/Hz
满足飞行器设备功能性正常要求	20	15～23	45
满足地面设备功能性正常要求	40	15～23	45

续表

满足的环境	峰值加速度/g	产生冲击响应谱要求的时域信号持续时间/ms	转折频率/Hz
满足飞行器设备坠撞安全要求	40	15～23	45
满足地面设备坠撞安全要求	75	8～13	80

3.3.2 轨道车辆平台

随着电子科学技术的飞速发展，轨道车辆的运行越来越电子化，越来越自动化。铁路历来是按半军事化管理的，随着当代军事科学技术的发展，轨道军工机动平台（简称轨道机动平台）早就服役了。如何保证轨道车辆平台上电子设备的超高环境适应性、高可靠性和长寿命是电子设备设计必须解决的问题。

不论是轨道车辆平台还是轨道机动平台，由于在轨道上运行，其振动应力相对于在道路上运行的车载平台都是比较小的。但由于这些平台投资大，都按 25 年寿命设计，总体集成单位（如车辆厂）为保证 25 年寿命，对外购买的配置件甚至有要求按 30 年寿命交货的。

1. 抗振动设计

对于一般运载工具的振动，其数据处理是在频域中进行的。在频域中处理，是对各子样在频域中各频率上的分布求均方值，然后得出功率谱密度频谱。由于车载、机载等的工况很复杂，导致各子样在同一频率上的量值分布不是真正的正态分布（若转换成对数，在对数范畴内处理，则是相对接近对数正态分布的），因此一般假设它符合对数正态分布来处理。这种频域中处理方法的功能试验量级通常取"均值+1σ（标准差）"。

GB/T 21563—2018《轨道交通 机车车辆设备 冲击和振动试验》（IEC 61373:2010）中的振动应力数据来自实测数据。轨道车辆从启动、运行、停靠到进库都是在轨道上进行的，其加速度谱密度频谱形状相对比较简单和一致，如图 3-31 所示。

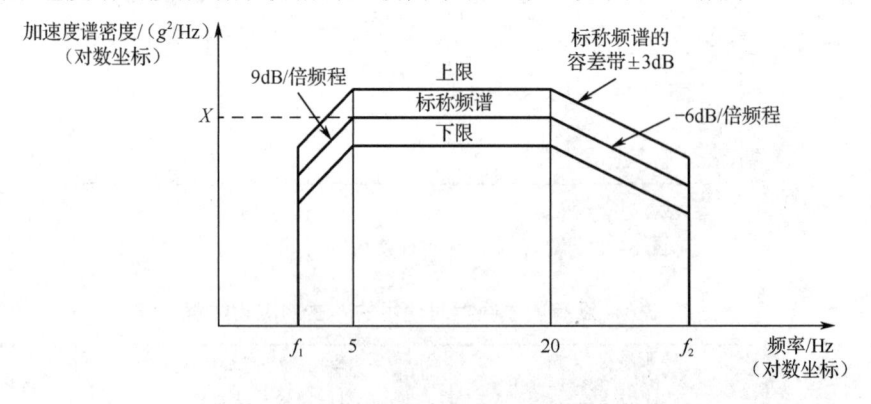

图 3-31 轨道车辆平台的加速度谱密度频谱

在频域分析中，加速度谱密度用于描述振动信号的能量分布。然而，在某些情况下，可能会选择使用总均方根加速度来处理振动数据。当子样数量足够多时，根据中心极限定理，这些子样的总均方根加速度的分布将趋于一个理想的正态分布。因此，可以通过计算所有子样的总均方根加速度来确定系统正常运行时的振动应力量级。总均方根加速度为

$$G_{\text{rms}} = \overline{X}_{\text{rms}} + K\sigma_{\text{rms}} \tag{3-4}$$

式中，G_{rms} 为总均方根加速度；$\overline{X}_{\text{rms}}$ 为总均方根加速度的均值；K 为保守因子（超过正常振动环境的可接受概率）；σ_{rms} 为总均方根加速度在正态分布中的标准差。

正常运行（在 GB/T 21563—2018 中称为功能振动试验）的抗振动设计输入振动量级旨在确保电子设备在承受作用其上的振动应力时仍能正常工作。在轨道交通领域，该量级用于指导设计，以保证将电子设备设计成在轨道车辆平台和轨道机动平台上使用时满足正常运行的要求。

满足正常运行要求的数据来自实测数据。表 3-9 所示为实测得出的正常运行的车厢的总均方根加速度量级。这是从正常运行的安装有电子设备的车厢（在 GB/T 21563—2018 中为车体）内实测并经数据处理后得出的数据。表 3-9 中最右侧一栏给出了各测量值的实测次数，每次实测中频谱不重叠的子样数均达到 120。这表明所收集的数据量足以满足设计所要求的置信度。

表 3-9　实测得出的正常运行的车厢的总均方根加速度量级

类别	方向	总均方根加速度最大量级/g	总均方根加速度平均量级/g	标准差 σ_{rms}/g	该值的实测次数
车厢	垂向	0.124	0.049	0.026	19
	横向	0.043	0.029	0.008	15
	纵向	0.082	0.030	0.020	8

由表 3-9 得出轨道车辆平台上电子设备的抗振动设计输入振动量级，如表 3-10 所示。

表 3-10　轨道车辆平台上电子设备的抗振动设计输入振动量级

分类、分级	方向	$\overline{X}_{\text{rms}} + nK\sigma_{\text{rms}}$	G_{rms}/g	在正态分布中出现的概率
直接安装在车厢内的机柜（箱）、组件、模块等（$n=1$）（GB/T 21563—2018 中的 1 类 A 级）	垂向	0.049g+1×0.026g	0.075	68.28%
	横向	0.029g+1×0.08g	0.037	68.28%
	纵向	0.030g+1×0.020g	0.050	68.28%
安装在车厢机柜（箱）内的组件、模块等（$n=2$）（GB/T 21563—2018 中的 1 类 B 级）	垂向	0.049g+2×0.026g	0.101	95.44%
	横向	0.029g+2×0.08g	0.045	95.44%
	纵向	0.030g+2×0.020g	0.070	95.44%

（1）对直接安装在车厢内的机柜（箱）、组件、模块等进行抗振动设计时，采用 $n=1$。这在设计时考虑了 68.28%的振动出现概率。这一要求相当于在绝大多数情况下电子设备能正常运行并满足功能和性能要求的输入振动量级。

（2）对安装在车厢机柜（箱）内的组件、模块等，采用 $n=2$。由于机柜（箱）对来

自车厢的振动响应有放大作用,所以安装在车厢机柜(箱)内的组件、模块等经历的振动量级通常大于直接安装在车厢内的机柜(箱)等。因此,抗振动设计时采用 $n=2$,这相当于考虑了 95.44%的振动出现概率。

(3)表 3-10 中的数据适用于对轨道车辆平台和轨道机动平台上的电子设备进行抗振动设计。特别是在对轨道机动平台上的电子设备进行抗振动设计时,要留足够的设计余量。

(4)电子设备的抗振动设计应该是响应设计,即对电子设备按标准、规范中规定的要求进行设计时,实测到的作用在电子设备上的振动应力是电子设备经受到满足要求的振动应力激励后所产生的响应应力,这种响应的谱型和量级与标准、规范中规定的要求一般不会相同,甚至会有很大的差别。就某高铁裙板而言,其实际的响应振动比 GB/T 21563—2018(IEC 61373:2010)规定的高出 10 倍以上。这一点可以通过当今高铁运行中出现的一些疲劳事例得到证实,原因当然是多方面的。在这里还要特别指出的是,进行抗振动设计时必须要有谱型,仅按量级,即总均方根值,是不可能有一个好的设计的。

2. 长寿命设计

1)长寿命设计要求

表 3-10 中的量级是保证安装在轨道车辆平台上的电子设备能正常运行并满足功能和性能要求的抗振动设计输入振动量级,不具备耐久性,因为时间长了电子设备会产生性能衰退、磨损、疲劳,任何设计都要解决这个问题。例如,GB/T 28046《道路车辆 电气及电子设备的环境条件和试验》(ISO 16750)以不发生疲劳损伤为前提给出了商用车和乘用车电气及电子设备安装平台上的振动环境条件及在该环境条件下满足不发生疲劳要求的时间,所以故障模式均为疲劳失效。从该标准可以看出,与国家军用标准相比,其振动环境条件要严格得多,而且试验时间也显著延长。另外,该标准将车辆分为 13 个部位给出振动环境条件,这是因为车辆对道路和车速的响应存在差异,导致安装在车辆上不同位置的电气及电子设备所经历的振动环境也存在很大的差别。这种细分设计输入的方法比将多种车辆和同一车辆上各电子设备安装位置的振动数据综合处理更具针对性。它不仅能降低研制成本,提高设计的精确度,还能缩短研制和更新设计的时间。GJB 150A—2009 将这类要求称为耐久试验。

在轨道交通中,将这种电子设备要在其安装平台上长期使用的设计要求称为长寿命设计要求。长寿命设计要求的目的是证实轨道车辆平台和轨道机动平台上的电子设备在长期运行情况下性能衰退、磨损、疲劳等的结构完整性。为满足长寿命设计要求,必须解决两个问题:①电子设备必须能承受运行过程中由持续作用产生的低强度的重复载荷引起的疲劳损伤;②结构必须能承受运行过程中可能遇到的极限(最高)强度的振动引起的损伤。

2)疲劳

任何一个受动态应力作用的电子设备要获得长寿命,疲劳是必须解决的问题。疲劳是指电子设备在交变重复载荷(应力)作用下,损伤逐渐累积,最终导致破坏的现象。

可以说，疲劳是所有工程结构（特别是安装在运载工具上的电子设备结构）性能衰退的一个致命因素。据有关资料介绍，电子设备结构遭受损伤和破坏有50%～90%是由疲劳引起的。疲劳研究的奠基人是德国的沃勒（Wöhler），他在19世纪五六十年代最早得到表征疲劳性能的 S-N 曲线（也称疲劳曲线），并提出疲劳极限的概念。1945年，美国的迈因纳（Miner）明确提出了 Miner 线性累积疲劳损伤理论，这一理论也称为帕姆格伦-迈因纳（Palmgren-Miner）定律（法则），简称迈因纳（Miner）定律（法则）。

（1）疲劳方面的概念

① 应力循环

在工程中，引起疲劳破坏的应力（或应变）有时呈周期性变化，有时是随机的。但在疲劳的试验研究中，人们常常把它们简化成等振幅应力循环的波形及其参数来描述。应力循环是指应力随时间做周期性变化的一个完整过程。

② 疲劳寿命

在给定应力水平下，材料在疲劳破坏前所经历的应力循环次数称为疲劳寿命，一般用 N 表示。

③ 静应力强度

当应力循环次数较少（通常是在1000以下）时，使材料发生疲劳破坏的最大应力值基本不随应力循环次数而变，此时的应力强度可被视为静应力强度。

④ 高周疲劳和低周疲劳

按疲劳寿命分类，疲劳可分为高周疲劳和低周疲劳。高周疲劳是指材料在低于其屈服强度的循环应力作用下，经 10^6 以上次数的循环而产生的疲劳。低周疲劳是指材料在接近或超过其屈服强度的循环应力作用下，经 10^2～10^5 次塑性应变循环而产生的疲劳。高周疲劳时，应力一般比较小，材料处于弹性范围，所以应力与应变是成正比的。低周疲劳时，应力一般都超过弹性极限，产生了比较大的塑性变形，所以应力与应变不成正比。对于低周疲劳，采用应变作为参数时，可以得出较好的规律，所以低周疲劳的主要参数是应变。这样，低周疲劳也常称为应变疲劳。与此相应，高周疲劳也常称为应力疲劳。因高周疲劳是各种机械中最常见的，所以通常所说的疲劳一般指高周疲劳。

⑤ 疲劳极限

疲劳极限指的是材料在指定循环基数下能长久承受的最大交变应力。对钢材，指定循环基数一般规定为 10^7 次或更高；对铝合金等有色金属，指定循环基数一般规定为 $(5$～$10)\times10^7$ 次。

（2）疲劳损伤的描述

材料的疲劳损伤与其经受到的应力水平和其所经历的应力循环次数密切相关，它们之间的关系多用幂函数形式表示为

$$D = \alpha \cdot \sigma^m \cdot n \tag{3-5}$$

式中，D 为材料的疲劳损伤；n 为应力循环次数；σ 为应力；α 为常数；m 为指数（典型值为3～9，与材料有关），与 S-N 曲线的斜率有关。

材料的疲劳寿命取决于材料的力学性能和应力水平。一般来说，材料的强度极限越高，应力水平越低，材料的疲劳寿命就越长；反之，疲劳寿命就越短。表示这种应力和

材料疲劳寿命之间关系的曲线称为材料 S-N 曲线（如图 3-32 所示），简称 S-N 曲线（也称疲劳曲线）。因为这种曲线通常表示的是中值疲劳寿命和应力间的关系，所以也称中值 S-N 曲线。又因为这种曲线由德国的沃勒（Wöhler）首先提出，所以又称 Wöhler 曲线。

S-N 曲线通常取最大应力 σ_{max} 为纵坐标，但也常取应力幅 σ_a 为纵坐标。S-N 曲线中的疲劳寿命通常都使用对数坐标，而应力则有时使用线性坐标，有时使用对数坐标，二者均统称 S-N 曲线。S-N 曲线的左段在双对数坐标系中一般为一条直线，在单对数坐标系中一般不为直线，但由于用直线比较简便，在单对数坐标系中也常简化为直线。S-N 曲线的右段则可以分为两种形式：第 1 种形式[如图 3-32（a）所示]是有明显的水平区段，为结构钢和钛合金的典型形式；第 2 种形式[如图 3-32（b）所示]是没有水平区段，为非铁金属和腐蚀疲劳的典型形式。S-N 曲线的左段有时也会出现断开[如图 3-32（c）所示]和转折[如图 3-32（d）所示]。断开可能是由于裂纹尖端由平面应力状态转变为平面应变状态和由穿晶破坏转变为晶闸破坏等而引起的。转折点则往往是不同破坏区域的交界点，如循环蠕变与低周疲劳的交界点、低周疲劳与高周疲劳的交界点等。

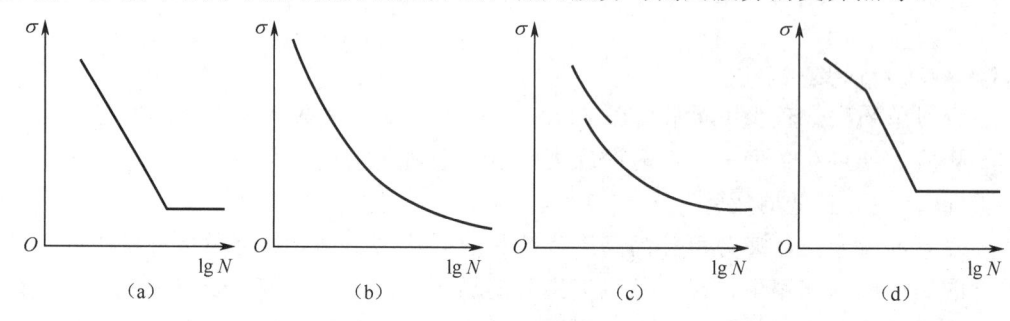

图 3-32 材料 S-N 曲线的主要形式

S-N 曲线的左段常表示为

$$\sigma^m N = C$$

式中，m 和 C 均为材料常数 $C = \dfrac{1}{\alpha}$。将上式两边取对数得

$$m \lg \sigma + \lg N = \lg C$$

由上式可见，S-N 曲线的左段在双对数坐标系中为直线，$1/m$ 为直线的负斜率。

由试验数据得到的 S-N 曲线如图 3-33（a）所示，图中的曲线是取试验数据的平均值。工程化的 S-N 曲线如图 3-33（b）所示。

由图 3-33（b）可见，在一定的应力 σ_1 作用下，材料所能承受的应力循环次数为 N_1，N_1 称为在应力 σ_1 作用下的疲劳寿命。若材料在小于某一特定应力时不再发生破坏，即在此应力下材料可承受无限次应力循环，则该应力就称为材料的疲劳极限，即图 3-33（b）中的 σ_{el}。疲劳极限是材料抗疲劳能力的重要性能指标，也是进行疲劳强度设计和长寿命设计的主要依据。

疲劳极限一般为屈服强度 σ_s 的 50%～80%，具有代表性的数值为 50%，即 $\sigma_{el} = 0.5\sigma_s$。图 3-33（b）中的纵坐标以 σ_{el} 进行标准化，纵坐标为 1 的地方对应的是疲劳极限 σ_{el}，纵坐标为 2 的地方对应的是屈服强度 σ_s。

(a) 由试验数据得到的S-N曲线

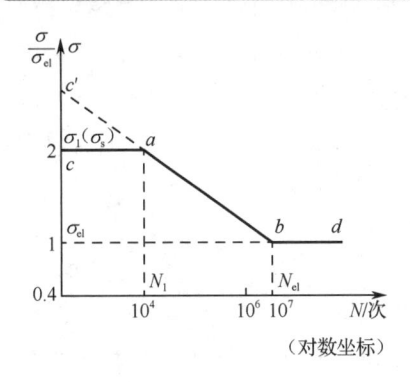

(b) 工程化的S-N曲线

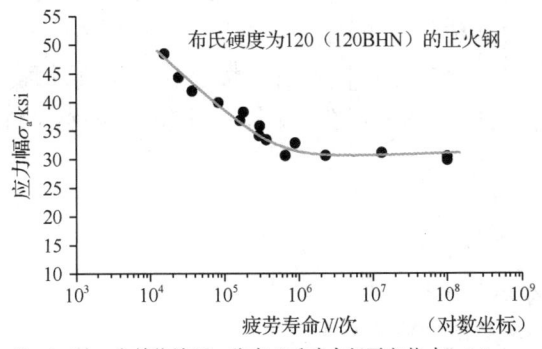

注：ksi是一个单位缩写，代表"千磅力每平方英寸"（kilopounds per square inch），1ksi≈6.895MPa。

图3-33 由试验数据得到的S-N曲线和工程化的S-N曲线

静拉伸试验表明，一般当应变超过0.4%时，材料就产生塑性变形。此时应力超过弹性极限，即达到屈服强度，从而产生永久变形。经验告诉我们，一般当应变超过0.4%时，材料的疲劳寿命就少于10^4次应力循环。如果把材料看成理想塑性材料，则在应力达到屈服强度后，即使外力继续增大，应力也将保持不变。也就是，当材料发生破坏时的应力循环次数少于10^4时，其S-N曲线平行于N轴，即图3-33（b）中的ac段。如果材料不产生屈服，则材料发生破坏时的应力循环次数少于10^4时的S-N曲线如图3-33（b）中的ac′段（虚线）所示。如果S-N曲线的右边部分存在转折点，则大都在10^6～10^7之间，一般在10^7这个数量级，这就确定了图3-33（b）中的b点（a点和b点之间的部分为直线）。b点的左边为有限寿命区，b点的右边为无限寿命区。b点说明，材料在σ_{el}作用下，经过10^7次应力循环还不破坏，就永远不会在该应力下破坏，这就决定了图3-33（b）中的bd段为平行于N轴的直线。图3-33（b）中的bd段实际上并不是真正的直线，而是试验数据的平均值，是在对数坐标系中拟合出的直线。

由图3-33（b）中的ab段可见，当材料所经受到的应力小时，材料发生破坏时的应力循环次数就多；反过来，当材料所经受到的应力大时，材料发生破坏时的应力循环次数就少。由此可见，载荷越大，疲劳寿命越短。这就是加速振动的原理。可见只要将前面叙述的σ-N关系转换为A（峰值加速度）-N（破坏振动循环次数）关系，就可用于实际的加速振动试验中。A-N关系的经验公式为

$$\frac{N}{N_{el}}=\left(\frac{A}{A_{el}}\right)^{-K}, \quad 10^4 \leqslant N \leqslant N_{el} \tag{3-6}$$

式中，N、A分别为曲线上任一点处的破坏振动循环次数和相对应的振动峰值加速度；N_{el}、A_{el}分别为曲线上转折点处的破坏振动循环次数和相对应的振动峰值加速度；K为大于零的常数，工程上取5比较合适。

式（3-6）表明：对被试材料（设备）来说，如果它在原规定的振动加速度和振动循环次数时发生破坏（不破坏），则按A-N曲线增大振动加速度和减少振动循环次数后同样会出现破坏（不破坏），也就是说，可以保证加速振动试验与不加速振动试验的等效性。

（3）Miner线性累积疲劳损伤理论

根据Miner线性累积疲劳损伤理论，如果材料在某个特定的应力水平下能够承受N_i

次应力循环而不发生失效,那么每一次应力循环都会对该材料造成 $1/N_i$ 的损伤。当材料经历了多个不同大小的应力时,每个应力水平对应的损伤都可以按照这个规则计算,然后将这些损伤相加得到总的累积疲劳损伤(可简称累积损伤)D,本书中也将其称为 Miner 累积疲劳循环比 R,表示为

$$D = \sum_{i=1}^{k} \frac{n_i}{N_i}$$

式中,D 为累积疲劳损伤;n_i 为第 i 个应力水平下的实际应力循环次数;N_i 为第 i 个应力水平下导致失效的总应力循环次数(也就是第 i 个应力水平下的疲劳寿命,从 S-N 曲线或其他试验数据中获得);k 为不同应力水平的数量。

Miner 线性累积疲劳损伤理论假设,当 D 达到或超过 1 时,材料被认为会失效。这意味着一旦所有应力水平下的损伤总和达到了 1,就预计会发生疲劳破坏。

3)超高周疲劳

(1)超高周疲劳的发现

在 20 世纪 80 年代以前,人们通过对钢材等黑色金属的研究,将材料经受 10^7 次应力循环而不破坏的最大交变应力定为疲劳极限,其含义是材料能够在这样的应力水平下经受 10^7 次应力循环不破坏,就永远不会破坏,就可承受无限次应力循环,即具有无限寿命。但是,随着科技的发展和高速机械的广泛应用,对高速机械疲劳的研究发现,即使材料在一定应力水平下经受的应力循环次数超过 10^7,材料仍然有可能发生疲劳破坏。这使得传统的疲劳理论被质疑,并促使研究人员开始重视这种疲劳行为。特别是 1998 年 6 月 3 日发生的德国高铁事故,当时运行了 13 年的 ICE 884 号列车在以 200km/h 的速度行驶时突然出轨,造成 101 人死亡、105 人受伤的重大悲剧,进一步凸显了这一问题的重要性。

该事故是车轮外环(轮圈)的超高周疲劳破坏引起的。为此,超高周疲劳问题逐渐引起疲劳科学家的重视。应该说对超高周疲劳的研究,实际上从 20 世纪 80 年代就开始了。疲劳科学家奈托(Naito)对铬钼钢等材料进行了 10^8 次应力循环试验,发现超高周疲劳 S-N 曲线与传统 S-N 曲线不同,它存在两个转折点,如图 3-34 所示,并由此一般都把疲劳极限取定为 10^8 次应力循环对应的应力水平。从此,超高周疲劳问题越来越引起疲劳科学家的高度重视。当前在航天、航空及车辆等领域,机械部件的实际承载周期载荷已远超过 10^7 次,有的甚至达到 $10^9 \sim 10^{11}$ 次,发生在这个超长寿命区的超高周疲劳失效现象已屡见不鲜。

(2)超高周疲劳的 S-N 曲线

图 3-34 所示为由试验数据得到的超高周疲劳 S-N 曲线和工程化的超高周疲劳 S-N 曲线。

由图 3-34(b)可见,当应力幅小于截止极限(也就是疲劳极限)$\Delta \sigma_L$ 时,材料所能承受的应力循环次数(也就是疲劳寿命)超过 10^8,这时可认为疲劳寿命是无穷大的,这就意味着应力幅小于截止极限时不产生任何损坏。

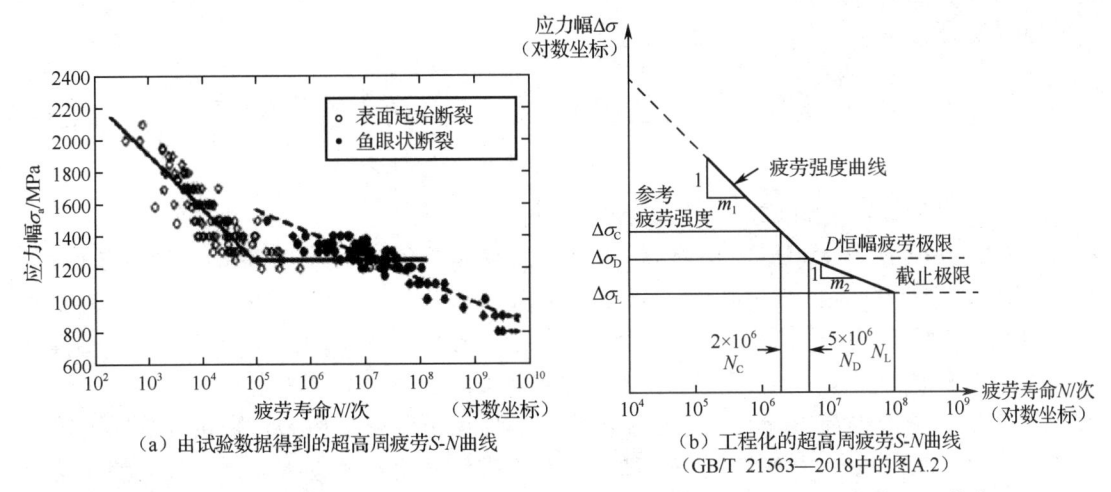

图 3-34 由试验数据得到的超高周疲劳 S-N 曲线和工程化的超高周疲劳 S-N 曲线

（3）超高周疲劳的加速振动模型

试验损伤为

$$D_1 = \alpha_1 \Delta \sigma_t^{m_1} n_t \tag{3-7}$$

实际运行损伤为

$$D_2 = \alpha_2 \Delta \sigma_s^{m_2} n_s \tag{3-8}$$

以上两式中，D_1、D_2 分别为试验损伤、实际运行损伤；n_t、n_s 分别为试验应力循环次数、实际运行应力循环次数；$\Delta \sigma_t$、$\Delta \sigma_s$ 分别为试验应力幅、实际运行应力幅；α_1、α_2 分别为试验损伤、实际运行损伤的常数；m_1、m_2 分别为试验损伤、实际运行损伤的指数（典型值为 3~9，与材料有关），与对应 S-N 曲线的斜率有关，$m_2 = m_1 + 2$。

众所周知，加速的原则是：未加速前的应力和加速后的应力，对被试材料（设备）所造成的失效机理和失效模式必须是一致的。所以，有

$$D_1 = \alpha_1 \Delta \sigma_t^{m_1} n_t = D_2 = \alpha_2 \Delta \sigma_s^{m_2} n_s$$

由图 3-34（b）可得到如下结论。

当 $N \leqslant 5 \times 10^6$ 时，有

$$\lg N = \lg a - m_1 \lg(\Delta \sigma)$$

当 $5 \times 10^6 \leqslant N \leqslant 100 \times 10^6$ 时，有

$$\lg N = \lg b - m_2 \lg(\Delta \sigma)$$

令 $a = \dfrac{1}{\alpha_1}$，$b = \dfrac{1}{\alpha_2}$，则得到如下结论。

当 $N \leqslant 5 \times 10^6$ 时，有

$$\alpha_1 N \Delta \sigma^{m_1} = 1, \qquad \alpha_1 N_t \Delta \sigma_t^{m_1} = 1$$

当 $5 \times 10^6 \leqslant N \leqslant 100 \times 10^6$ 时，有

$$\alpha_2 N \Delta \sigma^{m_2} = 1, \qquad \alpha_2 N_s \Delta \sigma_s^{m_2} = 1$$

在 D 点有

$$\alpha_1 = \dfrac{1}{\Delta \sigma_D^{m_1} N_D}, \qquad \alpha_2 = \dfrac{1}{\Delta \sigma_D^{m_2} N_D}$$

加速因子 β 为

$$\beta = \frac{\Delta\sigma_t}{\Delta\sigma_s} = \frac{A_t}{A_s} = \frac{(\alpha_2 N_s)^{\frac{1}{m_2}}}{(\alpha_1 N_t)^{\frac{1}{m_1}}} = \frac{N_s^{\frac{1}{m_2}}(\Delta\sigma_D^{m_1} N_D)^{\frac{1}{m_1}}}{N_t^{\frac{1}{m_1}}(\Delta\sigma_D^{m_2} N_D)^{\frac{1}{m_2}}} = \frac{N_s^{\frac{1}{m_2}}}{N_t^{\frac{1}{m_1}}} \cdot \frac{N_D^{\frac{1}{m_1}}}{N_D^{\frac{1}{m_2}}} = \frac{N_s^{\frac{1}{m_2}}}{N_t^{\frac{1}{m_1}}} N_D^{\frac{1}{m_1}-\frac{1}{m_2}} \quad (3\text{-}9)$$

（4）超高周疲劳在轨道车辆平台中的应用

GB/T 21563—2018（IEC 61373:2010）指出：轨道车辆一般按 25 年的使用寿命设计，即按使用 25 年、每年工作 300 天、每天工作 10 小时计算。轨道车辆平台所经受到的是宽带随机振动，频率范围随安装在其上面的电子设备质量的不同而不同。对安装在轨道车辆平台上的电子设备，其频率范围为 2～250Hz。由于轨道车辆平台的振动是宽带随机振动，在进行无限寿命设计时，其抗振动强度，即所需承受的应力，是按最少应力循环次数计算的，即在该应力下经该应力循环次数不破坏就永远不会破坏，一般认为在该应力下经 10^8 次应力循环不破坏就永远不会破坏。可见对安装在轨道车辆平台上的电子设备，按在 2Hz 的最低频率处达到 10^8 次应力循环不破坏就永远不会破坏计算就可以了。从无限寿命的观点出发，电子设备在该振动应力下在低频端达到无限寿命后，在相同振动量级的高频端也就没有问题了。

（5）轨道车辆平台上电子设备加速因子的计算

按使用 25 年、每年工作 300 天、每天工作 10 小时的设计要求进行计算。

① 计算最低频率 2Hz 处的加速因子

最低频率 2Hz 处的应力循环次数：25a×300d/a×10h/d×3600s/h×2Hz=5.4×10^8 次。

由于当今的高铁速度很快，所用的材料质量要求很高，其疲劳寿命都在 10^7 次以上，若其疲劳寿命按超高周疲劳设计，则如前面所述，需要按 10^8 次应力循环考虑。然而，若要进行 10^8 次应力循环，则在 2Hz 处就需要约 13888.89h，这在工程中是不可取的。对此，GB/T 21563—2018（IEC 61373:2010）将工程中可接受的 5h 作为实验室试验验收时间，即应力循环次数为 2Hz×5h×3600s/h=3.6×10^4 次。这就提出了一个必须加速的问题，为此，现根据式（3-9）计算加速因子（对典型金属材料，m_1=4，则 m_2=6）：

$$\beta = \frac{\Delta\sigma_t}{\Delta\sigma_s} = \frac{A_t}{A_s} = \frac{(1\times10^8)^{\frac{1}{6}}}{(3.6\times10^4)^{\frac{1}{4}}} \times (5\times10^6)^{\frac{1}{4}-\frac{1}{6}} \approx \frac{21.544}{13.774} \times 3.616 \approx 5.656 \quad (3\text{-}10)$$

根据式（3-9）计算得出加速因子 $\beta \approx 5.66$，由此得出轨道车辆平台上电子设备的长寿命设计输入振动量级，如表 3-11 所示。

表 3-11 轨道车辆平台上电子设备的长寿命设计输入振动量级

分类、分级	方向	抗振动设计输入振动量级 G_{rms}/（m/s^2）	加速因子	长寿命设计输入振动量级 G_{rms}/（m/s^2）
直接安装在车厢内的机柜（箱）、组件、模块等（GB/T 21563—2018 中的 1 类 A 级）	垂向	0.75	5.66	0.75×5.66≈4.25
	横向	0.37	5.66	0.37×5.66≈2.09
	纵向	0.50	5.66	0.50×5.66≈2.83
安装在车厢机柜（箱）内的组件、模块等（GB/T 21563—2018 中的 1 类 B 级）	垂向	1.01	5.66	1.01×5.66≈5.72
	横向	0.45	5.66	0.45×5.66≈2.55
	纵向	0.70	5.66	0.70×5.66≈3.96

② 计算其他最低频率处的加速因子

为使电子设备的长寿命设计更符合实际情况，需要考虑电子设备安装处的实际振动情况。在对电子设备安装处的振动进行实测后发现，除有最低频率 2Hz 外，受电子设备的尺寸和质量等诸多因素的影响，还有其他更合适的最低频率。使用式（3-9）可计算出可能产生的加速因子。表 3-12 给出了 9 种最低频率处的加速因子。在保证使用和节省研制成本的基础上，表 3-12 列出的加速因子可供电子设备设计时参考采用。

表 3-12　9 种最低频率处的加速因子

最低频率/Hz	加速因子	最低频率/Hz	加速因子	最低频率/Hz	加速因子
2	5.656	5	4.498	8	3.999
3	5.110	6	4.297	9	3.883
4	4.756	7	4.135	10	3.782

4）影响疲劳的因素

据统计，在振动应力作用下工作的电子设备所经受到的损伤和破坏中，由疲劳引起的约占 50%，其中由低周疲劳引起的约占 12%，由高周疲劳引起的约占 24%，由其他疲劳引起的约占 14%。也有工程调查发现，疲劳破坏占动力学破坏的 50%～90%。所以，运载工具及安装在其上面的电子设备必须进行抗疲劳设计。抗疲劳设计是长寿命设计的一个重要组成部分。一个具有良好抗疲劳特性的设计有助于延长电子设备的使用寿命。除按表 3-11 的要求满足 10^8 次应力循环进行抗疲劳设计外，还要明白影响疲劳的因素很多。

（1）材料的影响

材料对疲劳的影响很大。不同的材料有不同的 S-N 曲线，如图 3-35 所示。

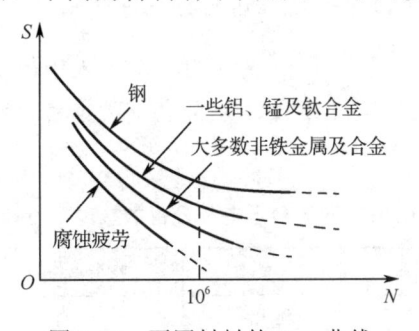

图 3-35　不同材料的 S-N 曲线

（2）温度的影响

环境温度与湿度等都会对疲劳寿命与疲劳极限造成影响。某些零件、构件在高于或低于常温的环境下工作时的 S-N 曲线与在常温下工作时的 S-N 曲线有所不同。为更精确地计算温度对 S-N 曲线的影响，要测量不同温度下的 S-N 载荷，以便进行差值计算。在考虑疲劳受温度的影响时，疲劳现象可分为低温疲劳、高温疲劳、热疲劳（由热应力循环作用而产生的疲劳）。高温对疲劳的影响明显。当温度高于材料熔点的一半时，材料会出现晶界弱化，有时晶界上产生蠕变空位，因此在考虑疲劳的同时必须考虑高温蠕变的影响。高温下金属的 S-N 曲线没有水平部分，一般将在 10^7~10^8 次应力循环下不出现破坏的最大应力作为高温疲劳极限。另外，应力循环的频率对高温疲劳极限有明显影响，当频率降低时，高温疲劳极限明显减小。在轨道车辆平台上电子设备的设计中，为避免高温的影响，通常将运行时的温度控制在不超过160℃。低温对疲劳的影响主要是缩短焊接头的疲劳寿命等。

（3）不良设计的影响

疲劳还会受到不良设计的影响。微动磨损疲劳是零件等在高接触压应力的反复作用下产生的疲劳。经多次应力循环后，零件的工作表面局部区域产生小片或小块金属剥落，形成麻点或凹坑。接触疲劳使零件工作时噪声增大，振幅增大，温度升高，磨损加剧，最后导致零件不能正常工作而失效。在滚动轴承、齿轮等零件中常发生这种现象。其他的不良设计还有局部的应力集中（高应力区会有塑性变形，引发裂纹，这是低周疲劳的特点）、拉压和弯曲等。

（4）环境的影响

环境的影响主要指腐蚀疲劳。腐蚀疲劳是零件等在腐蚀介质中承受循环应力时所产生的疲劳。腐蚀介质在疲劳过程中能促进裂纹的形成和加快裂纹的扩展。经受到腐蚀疲劳的材料的 S-N 曲线无水平段。另外，加载频率对腐蚀疲劳的影响很大。可以说，使用条件越恶劣，疲劳破坏事故越层出不穷。

（5）工艺的影响

表面光洁度、表面处理等对疲劳也有影响。

3．抗冲击设计

1）用半正弦波冲击脉冲的冲击响应谱进行抗冲击设计

对轨道车辆平台和轨道机动平台所受到的冲击，采用等效损伤的方法，用半正弦波冲击脉冲的冲击响应谱来进行抗冲击设计。轨道车辆平台上电子设备的抗冲击设计输入量级如表3-13所示。

表3-13 轨道车辆平台上电子设备的抗冲击设计输入量级

分类、分级	方 向	峰值加速度 A/g	冲击脉冲持续时间 D/ms
直接安装在车厢内的电子设备（GB/T 21563—2018中的1类A级与B级）	垂向	3	30
	横向	3	30
	纵向	5	30

注：某些安装在车厢内的特殊用途的电子设备可能需要额外增加峰值加速度为3g和冲击脉冲持续时间为100ms的冲击试验，这需要在研制合同或协议书中明确规定。

电子设备的抗冲击设计与抗振动设计一样也是响应设计。半正弦波冲击脉冲的冲击响应谱如图3-36所示。

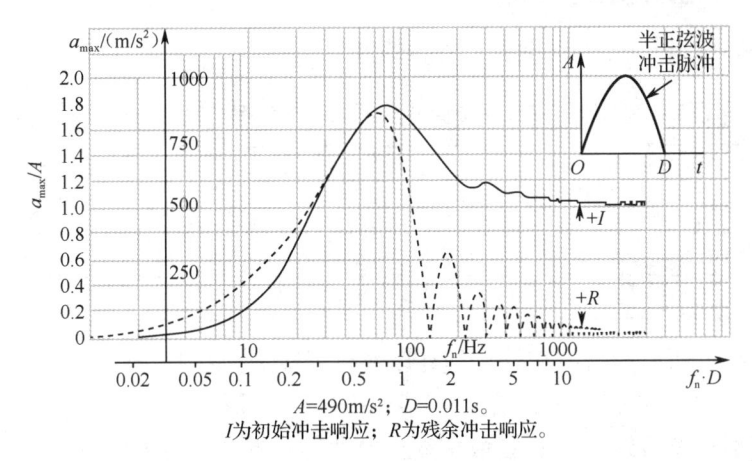

图 3-36　半正弦波冲击脉冲的冲击响应谱

由图 3-36 可见，电子设备受半正弦波冲击后的最大响应为冲击脉冲量级的 1.78 倍。按表 3-13 中车厢内电子设备的 3g 抗冲击设计要求，当电子设备的固有频率 f_n 与冲击脉冲持续时间 D 的乘积在 0.75 时，则安装平台受 3g 半正弦波冲击后的无阻尼响应为 5.34g，所以抗冲击强度的设计，若不考虑设计余量，则应按 5.34g 设计。说得更详细一点儿，单自由度系统受冲击后的初始冲击响应和残余冲击响应分别作为系统固有频率的函数排列起来并描成曲线，这便是冲击响应谱，如图 3-36 所示。其中，反映初始冲击响应的曲线称为初始冲击响应谱，反映残余冲击响应的曲线称为残余冲击响应谱。又由于系统受冲击所产生的响应发生在正、负两个方向上，所以又有：

（1）正初始冲击响应谱：指在冲击脉冲持续时间内与冲击脉冲同方向上出现的最大响应曲线。

（2）负初始冲击响应谱：指在冲击脉冲持续时间内与冲击脉冲反方向上出现的最大响应曲线。

（3）正残余冲击响应谱：指在冲击脉冲持续时间后与冲击脉冲同方向上出现的最大响应曲线。

（4）负残余冲击响应谱：指在冲击脉冲持续时间后与冲击脉冲反方向上出现的最大响应曲线。

由于正初始冲击响应在任何时候都比负初始冲击响应大，又由于正、负残余冲击响应谱互相对称，并且冲击试验是在 6 个方向上进行的（即沿着每个轴线的相反两个方向进行），所以一般只画出正初始冲击响应谱和正残余冲击响应谱。

因此，严格来说，在进行抗冲击设计时，应同时考虑初始冲击响应和残余冲击响应。对此，现以 3g、30ms 的半正弦波冲击脉冲为例进一步进行说明，它对不同固有频率的电子设备所造成的冲击响应（也就是抗冲击强度的要求）如表 3-14 所示。由表 3-14 可见，3g、30ms 的半正弦波冲击脉冲对不同固有频率的电子设备所造成的冲击响应（损伤）是不一样的。当电子设备的固有频率为 50～200Hz 时，电子设备受半正弦波冲击后的响应仍是放大的。此后放大幅度越来越小，到 400Hz 及以上频率时，电子设备呈现刚性状态，即此时冲击响应既不放大也不缩小。可见要得到一个好的设计，设计师应尽量将电子设备的固有频率设计在其受冲击后响应的低处。

表 3-14　3g、30ms 的半正弦波冲击脉冲对不同固有频率的电子设备所造成的冲击响应

电子设备的固有频率 f_n/Hz	10	20	25	30	40	50	60	80	100	200	400	500
$f_n \cdot D$	0.3	0.6	0.75	0.9	1.2	1.5	1.8	2.4	3.0	6.0	12	15
初始冲击响应/g	3	3.6	5.34	5.1	4.8	4.2	4.0	4.1	3.6	3.5	3	3
残余冲击响应/g	3	3.6	5.34	3.9	1.5	1.6	2.0	0.6	0.5	0.3	0.1	0.1

某些安装在车厢内的特殊用途的 1 类设备可能需要额外增加峰值加速度为 3g 和冲击脉冲持续时间为 100ms 的冲击试验，在这种情况下，进行抗冲击设计的验收。由于当今的实验室一般不具有按这一要求完成试验的能力，即使个别单位勉强具有这种能力，试验费也相当高，冲击波形也不完全符合要求。对此，建议用速度变化量相等的原则来实现。因为加速度是通过速度变化来产生的，没有速度变化就没有加速度，所以可用速度变化量相等的原则来进行转换。现计算如下。

半正弦波冲击脉冲的速度变化量 $\Delta V = \dfrac{2AD}{\pi}$。

3g、100ms 的半正弦波冲击脉冲的速度变化量 $\Delta V = \dfrac{2AD}{\pi} \approx \dfrac{2 \times 30\text{m/s}^2 \times 0.1\text{s}}{3.1416} \approx 1.9\text{m/s}$。

按速度变化量相等的原则，将 3g、100ms 的半正弦波冲击脉冲等效为当今试验设备能实现的冲击脉冲持续时间为 30ms 的半正弦波冲击脉冲，则此时的峰值加速度 $A = \dfrac{\Delta V \pi}{2D} \approx \dfrac{1.9\text{m/s} \times 3.1416}{2 \times 0.03\text{s}} \approx 100\text{m/s}^2 \approx 10g$。

由以上的计算可见，3g、100ms 的半正弦波冲击脉冲可转换为等效的 10g、30ms 的半正弦波冲击脉冲。

2）用实测冲击响应谱进行抗冲击设计

如果有轨道车辆平台和轨道机动平台的实测冲击数据，则可将实测冲击时域数据转换为冲击响应谱，并以此作为依据进行抗冲击设计。与前面的用半正弦波冲击脉冲的冲击响应谱进行设计一样，尽量将电子设备的固有频率设计在冲击响应谱的低处。

3.3.3　机载平台

机载平台指的是任何设计用于在大气层中飞行并携带有效载荷（如人员、货物、传感器、武器系统等）的飞行器。下面主要讲机载平台的抗振动设计。

1. 用现场实测振动数据进行抗振动设计

根据国家有关文件中的规定，在 1995 年完成了对伊尔-76（英文是 IL-76）、安-26、运-8 和波音 737 这 4 种机型的机舱底板上的振动、冲击实测，形成机载平台振动、冲击环境条件，并写入 GJB 3493—1998《军用物资运输环境条件》，以此作为安装在机载平台上的电子设备的设计输入与验收依据。机载平台的现场实测振动数据如下。

1）喷气式运输机的现场实测振动数据

伊尔-76的数据归纳结果量值和数据归纳标准化量值分别如表3-15和表3-16所示。

表3-15 伊尔-76的数据归纳结果量值

状 态		垂向/g	横向/g	纵向/g
地面振动	最大值	1.1539	0.7757	0.7138
	平均值+3σ	1.0997	0.8194	0.7363
空中振动	最大值	0.4336	0.3117	0.3089
	平均值+3σ	0.3432	0.2501	0.2472
	1%风险率值	0.3572	0.2415	0.2219

表3-16 伊尔-76的数据归纳标准化量值

状 态		垂向/g	横向/g	纵向/g
地面振动	最大值	1.8560	1.4150	0.7855
	平均值+3σ	1.7620	1.4440	0.7885
空中振动	最大值	0.7837	0.6342	0.4533
	平均值+3σ	0.5911	0.5299	0.3506

喷气式运输机宽带随机振动的振动谱和量值分别如图3-37和表3-17所示。

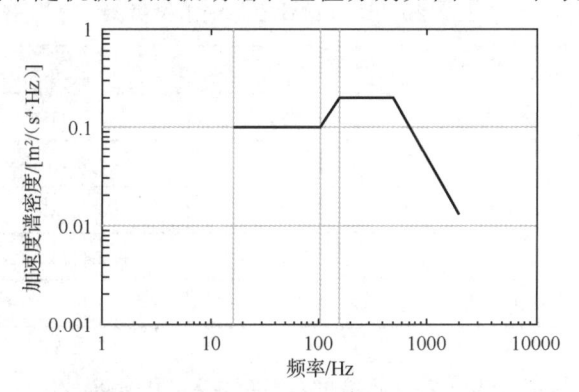

图3-37 喷气式运输机宽带随机振动的振动谱

表3-17 喷气式运输机宽带随机振动的量值

频率/Hz	加速度谱密度/(g^2/Hz)	总均方根加速度 G_{rms}/g
10	0.0010	
170	0.0010	
250	0.0040	1.856
530	0.0040	
2000	0.0005	

2）螺旋桨运输机的现场实测振动数据

安-26的数据归纳结果量值和数据归纳标准化量值分别如表3-18和表3-19所示。

表 3-18　安-26 的数据归纳结果量值

状　态		垂向/g	横向/g	纵向/g
地面振动	最大值	0.6292	0.7702	0.1515
	平均值+3σ	0.5748	0.7064	0.1514
空中振动	最大值	0.4145	0.2653	0.1200
	平均值+3σ	0.2818	0.2428	0.0974
	1%风险率值	0.2673	0.2160	0.0850

表 3-19　安-26 的数据归纳标准化量值

状　态		垂向/g	横向/g	纵向/g
地面振动	最大值	1.0020	0.7178	0.1759
	平均值+3σ	0.9308	0.6367	0.1702
空中振动	最大值	1.0937	0.5058	0.2625
	平均值+3σ	0.7568	0.4378	0.1662

运-8 的数据归纳结果量值和数据归纳标准化量值分别如表 3-20 和表 3-21 所示。

表 3-20　运-8 的数据归纳结果量值

状　态		垂向/g	横向/g	纵向/g
地面振动	最大值	1.0856	0.3205	0.2934
	平均值+3σ	1.1516	0.3841	0.3243
空中振动	最大值	1.7694	0.5016	0.2411
	平均值+3σ	1.7174	0.4414	0.2259
	1%风险率值	1.4436	0.3643	0.2072

表 3-21　运-8 的数据归纳标准化量值

状　态		垂向/g	横向/g	纵向/g
地面振动	最大值	2.0060	0.6986	0.3713
	平均值+3σ	2.1470	0.8159	0.4431
空中振动	最大值	3.8520	0.7804	0.5283
	平均值+3σ	3.8260	0.8018	0.4251

安-26 和运-8 都是螺旋桨运输机。螺旋桨运输机的振动是宽带随机振动+窄带随机振动。安-26 的一阶频率为 87Hz；运-8 有 4 叶螺旋桨时的一阶频率为 71Hz，运-8 有 6 叶螺旋桨时的一阶频率为 107.5Hz。考虑到螺旋桨的桨叶频率本身有±5%的漂移，可将它们的现场实测振动数据合成在一起供螺旋桨运输机上的电子设备抗振动设计参考使用。螺旋桨运输机宽带随机振动+窄带随机振动的振动谱和量值分别如图 3-38 和表 3-22 所示。

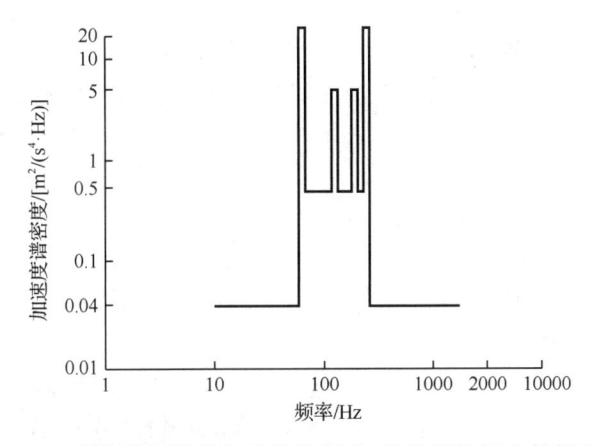

图 3-38　螺旋桨运输机宽带随机振动+窄带随机振动的振动谱

表 3-22　螺旋桨运输机宽带随机振动+窄带随机振动的量值

一阶频率为 71Hz（4 叶）		一阶频率为 107.5Hz（6 叶）	
频率/Hz	加速度谱密度/（g^2/Hz）	频率/Hz	加速度谱密度/（g^2/Hz）
10～67	0.0004	10～102	0.0004
67～74	0.2000	102～113	0.3000
74～135	0.0050	113～204	0.0050
135～149	0.0500	204～225	0.0750
149～202	0.0050	225～306	0.0050
202～223	0.0500	306～338	0.0750
223～270	0.0050	338～409	0.0050
270～298	0.2000	409～451	0.3000
298～2000	0.0004	451～2000	0.0004
总均方根加速度 G_{rms} 为 3.25g		总均方根加速度 G_{rms} 为 4.66g	

2．用标准、规范中的振动数据进行抗振动设计

与其他运载工具一样，尽可能以机载平台的现场实测振动数据作为机载平台上电子设备抗振动设计的依据。当然，也可用标准、规范中的振动数据进行抗振动设计。

1）机载平台上的电子设备

如果电子设备本身不影响机载平台的振动特性（如电子设备不需要机载平台提高刚度和增大质量），那么无论电子设备如何安装，电子设备与机载平台各连接点的振动都是相同的，此时机载平台与电子设备是作为一个系统振动的。这种假设在一定的精度范围内是正确的。

这种假设同样适用于电子设备内部的子部件的相互作用和装备与振动激励装置的相互作用。

当电子设备相对于飞机结构在尺寸或质量上较大时，会与飞机结构产生动态耦合，当电子设备的固有频率低于 20Hz 时尤其如此。这种耦合作用会对飞机载荷产生影响，并可能导致颤振。电子设备设计师设计前应对此做出评估。对尺寸或质量较大的电子设备（如机柜），其整体固有频率一定要设计得不低于30Hz（约为20Hz的$\sqrt{2}$倍）。

2）喷气式飞机

当以喷气式飞机作为电子设备的安装平台时，这种动力学平台的振动是宽带随机振动。其最大振动通常由发动机的喷气噪声和起飞、降落滑行过程中跑道对喷气式飞机的激励引起。当进入空中巡航时，喷气式飞机的振动量级迅速地减小到巡航量级，该小量级的巡航振动由边界层的噪声产生。

对喷气式飞机，典型的振动条件从 15Hz 开始。当电子设备经受到的振动的频率低于 15Hz 时（如喷气式飞机因阵风、着陆冲击和机动飞行等产生的低频振动）可假设没有动态响应，即假设它为稳态惯性载荷。

当用标准、规范中的振动数据对喷气式飞机上的电子设备进行抗振动设计时，可参考采用 MIL-STD-810H 中的图 514.8C-9 和表 514.8C-IX。MIL-STD-810H 中的图 514.8C-9 和表 516.8C-IX 分别给出美国喷气式飞机 C-5、KC-10、C-17、C/KC-135、E/KE-3、T-43A（737）的振动谱和振动数据。将图 514.8C-9（如图 3-39 所示）中多种机型的振动谱用于喷气式飞机上电子设备的抗振动设计是比较合适的。该振动谱是在最恶劣工况（包含起飞）下和振动最严酷区域上测得的。尽管它可能无法覆盖不同谱型的所有峰值，但对安装在喷气式飞机上的电子设备来说仍是一个比较保守的基准。此外，由于它不允许在每个谱中出现低谷，因此它具有覆盖其他具有不同动态特性的喷气式飞机振动包络曲线的能力。

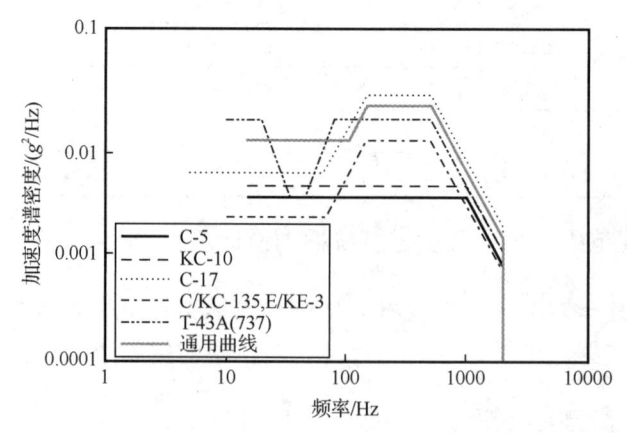

图 3-39　喷气式飞机的振动谱（MIL-STD-810H 中的图 514.8C-9）

3）螺旋桨飞机

螺旋桨飞机运行功率的变化是通过改变燃料流量和改变桨叶和螺旋桨的倾角来达到的。当以螺旋桨飞机作为电子设备的安装平台时，电子设备在该平台上经受到的振动主要是由螺旋桨诱发的振动。其振动谱是在宽带随机振动背景谱上叠加一些窄带尖峰。宽带随机振动背景谱是由各种不同的随机振源产生的，而窄带尖峰是由旋转机械（如发动机、齿轮箱、旋转轴等）的不平衡引起的周期振动造成的。

窄带尖峰是由近似正弦的振动造成的，且其幅值相对较大。尖峰是由螺旋桨桨叶旋转的压力场产生的。它们的频带较窄，主要集中在螺旋桨的通过频率（螺旋桨转速乘以螺旋桨桨叶数）及其谐波频率上，通常到 4 倍频。由于发动机速度的变化，这些尖峰的频率会在窄带带宽内变化（其原因是转速存在少量的漂移，而且是非纯正弦波），一般漂移在螺旋桨通过频率的±5%内。如果一种电子设备要在多种螺旋桨飞机上安装，则对该种电子设备设计时，其窄带应该覆盖多种螺旋桨飞机的通过频率，然后再考虑各通过频率±5%的漂移来确定窄带带宽。应该注意的是，有时同一种螺旋桨飞机也会有两种通过频率。例如，对于运-8，当螺旋桨桨叶数为 4 时，其通过频率为 71Hz，当螺旋桨桨叶数为 6 时，其通过频率为 107.5Hz。另外，在进行电子设备设计时，尽量不要将其固有频率设计在窄带带宽内。

当以螺旋桨飞机作为电子设备的安装平台时，其宽带随机振动是小量级的随机振动，主要是由飞机的边界层气流造成的。典型的宽带随机振动条件从 15Hz 开始到 2000Hz。在频率低于 15Hz 的频带上假设电子设备没有动态响应，即电子设备的振动与其安装平台螺旋桨飞机的振动一样，既不放大，也不缩小。此时，电子设备经受到的低频振动（如由阵风、着陆冲击、机动飞行等引起的振动）通常会在设计中计算稳态惯性加速度时考虑。

当用标准、规范中的振动数据对螺旋桨飞机上的电子设备进行抗振动设计时，可参考采用 MIL-STD-810H 中的图 514.8D-2 和表 514.8D-Ⅱ。螺旋桨飞机的振动谱（MIL-STD-810H 中的图 514.8D-2）如图 3-40 所示。

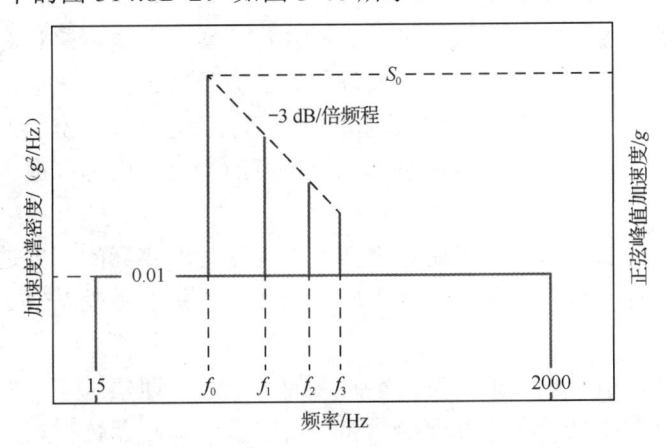

图 3-40 螺旋桨飞机的振动谱（MIL-STD-810H 中的图 514.8D-2）

4）直升机

直升机的振动谱是在小量级的连续宽带随机振动背景谱上叠加一些强烈的窄带尖峰。窄带尖峰是由旋翼、尾桨及旋转机械引起的许多正弦或近似正弦的振动造成的。宽带随机振动背景谱是由气流流场引起的小量级随机振动造成的。

当用标准、规范中的振动数据对直升机上的电子设备进行抗振动设计时，可参考采用 MIL-STD-810H 中的图 514.8D-4 和表 514.8D-Ⅲ。直升机的振动谱（MIL-STD-810H 中的图 514.8D-4）如图 3-41 所示。

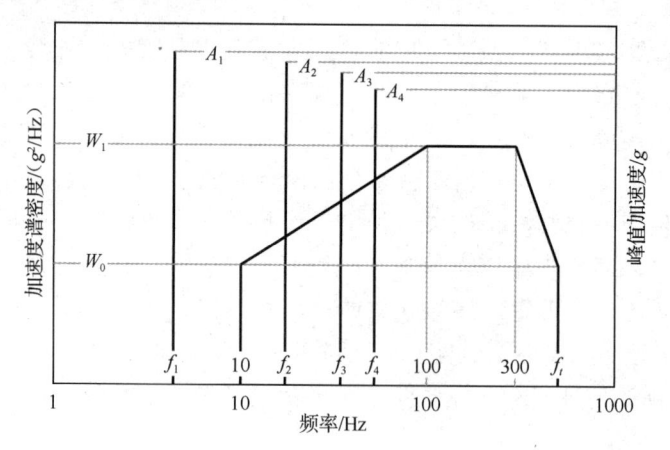

图 3-41　直升机的振动谱（MIL-STD-810H 中的图 514.8D-4）

对直升机上的电子设备进行抗振动设计时，要避免电子设备的共振频率与直升机旋翼的强迫频率相重合或基本接近（其中包括±5%的漂移），即要采用相差 2 倍频或至少 $\sqrt{2}$ 倍频的原则。设计时应注意的是，即使是对于同一型号的直升机，随电子设备安装位置的不同，各模态值也会有一定程度的差别。

直升机舱内货物的位置就是电子设备的安装位置，货物的质量和刚度与直升机结构相互作用，此处安装电子设备，其质量和刚度同样与货物一样会与直升机结构相互作用。要准确地确定振动，应测量特定直升机舱内货物的振动环境。

直升机上电子设备的安装位置为机舱底板装货位置，距离尾桨和旋转机械较远，受到的主要是旋转部件旋翼引起的正弦波或近似正弦波及其谐波的振动，以及气流流场引起的小量级宽带随机振动。其中，旋转部件的正常运行速度一般是恒定的，变化小于 5%。对于桨叶速度可变的直升机，可考虑整个旋转速度的变化范围为：最小转速的 0.975 至最大转速的 1.025。

将所有小量级的振动都加以考虑并将其用于设计是不实际的，也是没有必要的，这会使电子设备的设计过程变得复杂，因为同一型号直升机的各模态值在一定程度上也是有差别的。

振动量级和谱型由于直升机类型的不同会相差较大，即使是同一型号的直升机，由于振源位置和强度的不同及结构几何形状和刚度的不同，相差也很大，所以要得到真正满足电子设备设计要求的抗振动设计数据应通过实测来获得。

5）外挂

本书所涉及的外挂是指内装有电子设备的外挂，主要指预警机、侦察机、干扰机等信息化类飞机上的外挂。

（1）喷气式飞机外挂

喷气式飞机外挂的振动在低频段主要是飞机起飞、降落和在跑道上时由喷气发动机产生的，一般低于 20Hz，这是通过飞机机械结构传递到外挂上的。另外，通过机械结构传递到外挂上的低频振动，一般与低频湍流产生的振动分不开。因此，在飞行中外挂的振动主要由分布在外挂表面的气动湍流引起。

噪声主要在高频段,实际上不能通过机械结构传递给外挂。设计时可将低频振动和高频振动分开。在某些情况下,对低频振动可用瞬态振动来设计。对高频振动,由于信息类飞机外挂的外壳是玻璃钢的,它与空气摩擦产生的振动频率和量值与铝蒙皮相比是小的。

实测数据表明,对喷气式飞机外挂内电子设备的抗振动设计,可参考采用 MIL-STD-810H 中的图 514.8C-9 和表 514.8C-Ⅸ。

（2）螺旋桨飞机外挂

目前还没有螺旋桨飞机外挂的实测数据,不过由于激励源相同,对螺旋桨飞机外挂内电子设备的抗振动设计,可参考采用 MIL-STD-810H 中的图 514.8D-2 和表 514.8D-Ⅱ。

（3）直升机外挂

直升机外挂内电子设备的振动环境为：被外挂电子设备周围的扰动气流引起的小量级随机振动和直升机旋翼、尾桨及旋转机械引起的窄带尖峰二者的叠加。另外,还会有吊挂模态引起的垂向低频运动。

目前没有规定直升机外挂振动数据的标准、规范,但它的振动量级应该是小的,不会成为电子设备抗振动设计的重要因素。对直升机外挂内电子设备的抗振动设计,可参考采用 MIL-STD-810G 中的图 514.8E-2,如图 3-42 所示。

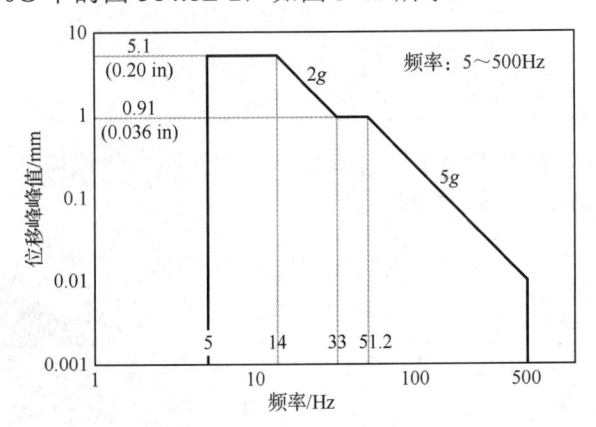

图 3-42 直升机最低限完整性振动条件（MIL-STD-810H 中的图 514.8E-2）

在进行电子设备抗振动设计时,应首先根据电子设备的尺寸和质量与主机单位协调,设计好吊挂架的刚度,使其悬挂频率与直升机旋翼的强迫频率不重合,即设计时要采用相差 2 倍频或至少 $\sqrt{2}$ 倍频的原则。这一原则也适合安装在舱内的电子设备,否则会发生剧烈共振。当同一吊挂的电子设备在多种直升机上使用时,要考虑使其悬挂频率与多个直升机旋翼的强迫频率不重合。

3.3.4 星载平台

星载平台上的电子设备发射入轨后是不可维修的一次性产品,要承受运输、发射、飞行和地面操作过程中复杂的振动、冲击和加速度等动力学环境,要具有足够的强度和刚度,以使其在经受这些动力学环境时不发生破坏及有害的变形、屈服、断裂,从而保证其满足功能、性能、可靠性、安全性与寿命要求。

星载平台上的电子设备一般要满足15年寿命和0.9可靠度的要求,其需要满足的动力学环境设计要求如以下实例所示。

【例 3-1】 某星载平台上的电子设备需要满足的冲击、随机振动环境设计要求分别如表 3-23、表 3-24 所示。

表 3-23 需要满足的冲击环境设计要求

频率范围/Hz	冲击响应谱数据
100～400	+6dB/倍频程
400～4000	峰值加速度为 4000g

表 3-24 需要满足的随机振动环境设计要求

方向	频率范围/Hz	加速度谱密度	总均方根加速度 G_{rms}/g
垂直于安装方向	10～200	+6dB/倍频程	16.8
	200～1500	$0.16g^2$/Hz	
	1500～2000	-12dB/倍频程	
平行于安装方向	10～200	+6dB/倍频程	12.8
	200～1500	$0.1g^2$/Hz	
	1500～2000	-12dB/倍频程	

【例 3-2】 某星载平台上的电子设备需要满足的冲击、随机振动、声振环境设计要求分别如表 3-25、表 3-26、表 3-27 所示。

表 3-25 需要满足的冲击环境设计要求

频率范围/Hz	冲击响应谱数据
100	峰值加速度为 30g
100～1500	+9.3dB/倍频程
1500～5000	峰值加速度为 2000g

表 3-26 需要满足的随机振动环境设计要求

频率范围/Hz	20～100	100～600	600～2000
加速度谱密度	+3dB/倍频程	$0.04g^2$/Hz	-9dB/倍频程
总均方根加速度 G_{rms}/g		5.73	

表 3-27 需要满足的声振环境设计要求

频率/Hz	声压级/dB (参考声压幅值为 0.00002Pa)
31.5	120
63	126
125	131

续表

频率/Hz	声压级/dB（参考声压幅值为 0.00002Pa）
250	137
500	135
1000	133
2000	126
4000	122
8000	115
总声压级	141

3.3.5 舰船平台

在制定 GJB 3493—1998《军用物资运输环境条件》时，共对 15 艘舰船的振动进行了测试，得到 866 个子样，累计航程 2700 多公里。从对所测得数据的分析、处理、归纳和研究的结果看：振源主要有柴油机的干扰力、螺旋桨轴系干扰力、波浪干扰力；振动的类型主要是低频正弦振动，随机振动也存在（主要是波浪对船体的影响）。这与 IEC 环境条件标准中的观点相一致。

1. 舰船平台的实测振动数据

1) 舰船平台的实测正弦振动数据

舰船平台的实测正弦振动数据如表 3-28 所示。

表 3-28 舰船平台的实测正弦振动数据

频率范围/Hz	峰值加速度/g
1~10	0.01~0.03
10~50	0.03~0.08
50~250	0.08~0.143

2) 舰船平台的实测随机振动谱

舰船平台的实测随机振动谱如图 3-43 所示。

2. 舰船平台上电子设备的抗振动设计

舰船平台的实测振动数据没有标准、规范中给出的要求高，对舰船平台上的电子设备可采用 MIL-STD-810H 中的图 514.8D-11（如图 3-44 所示）进行抗振动设计。

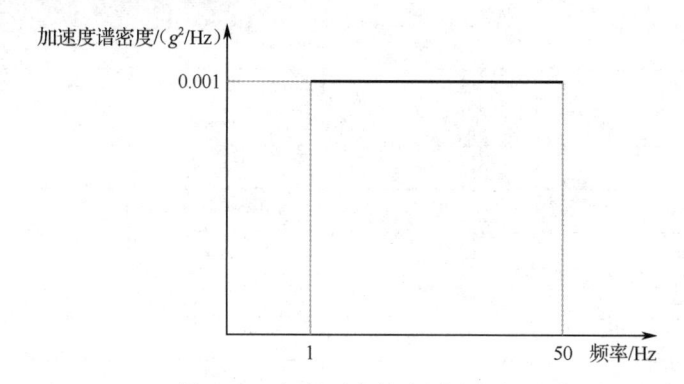

图 3-43　舰船平台的实测随机振动谱

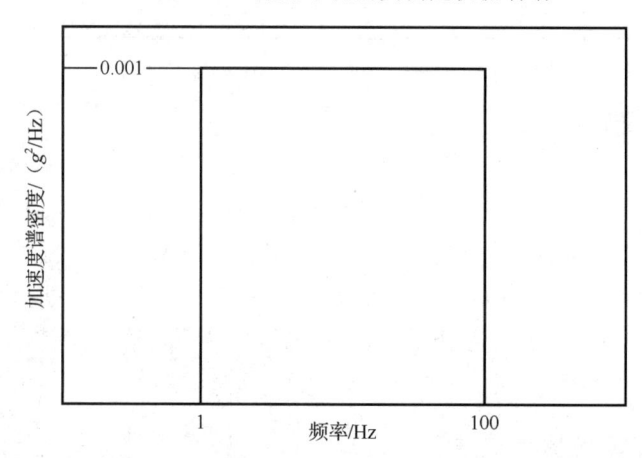

图 3-44　舰船平台上电子设备抗振动设计可采用的随机振动谱（MIL-STD-810H 中的图 514.8D-11）

3.4　电子设备动力学环境适应性设计准则

（1）电子设备安装平台本身的动力学环境数据通常被看作是对安装在其上电子设备的输入，然而当电子设备受到安装平台振动激励时，可将安装平台视为一个刚体。这样的简化，对于小设备，是可以接受的；对于大设备，应将电子设备与其安装平台视为一个弹性系统。例如，车辆对路面激励的动力学响应取决于整个电子设备及系统在车辆上的分布情况。通常，大载荷在低频段会产生最大位移振动量值，小载荷在高频段会产生最大加速度振动量值。在对运载工具上安装的电子设备及系统进行设计时，除要确保其能经受住运载工具的不同工况（特别是最恶劣的工况）外，还要考虑载荷尺寸等的影响。

（2）当尽可能用实测数据进行设计时，应充分考虑到：受传感器数量、测量点的可及性、极端情况下数据的线性度及其他一些因素所限，测量可能无法包括所有的极端工况，此时应考虑增加设计余量。当不考虑这些设计余量时要意识到：在质量和造价上的改进都将伴随着电子设备寿命的缩短和功能风险的增大。

（3）在无法得到电子设备安装处的实测数据，而采用标准、规范中的动力学环境要求进行设计时，要明白标准、规范中给出的动力学量级具有一定的保守性，即标准、规范中通常附加了余量。标准、规范中的数据基于对多种工况的包络，对任何运载工具都是保守的，一般不需要另外增加设计余量。

（4）由于振动应力引起的累积效应会与其他环境因素有关联，如温度循环可产生初始疲劳裂纹，裂纹在振动作用下扩展，所以抗振动设计时应考虑综合环境因素的影响。

（5）在运输时动力学环境比使用时动力学环境更严酷的情况下（如地面电子设备和舰载电子设备的运输振动量级一般比使用振动量级更严酷），对这些电子设备的抗振动设计要按两种工况考虑，因为运输时不工作，使用时要工作。如果使用振动量级比运输振动量级更严酷，则可不考虑运输振动要求，但要修改使用振动的振动谱型，使之包含运输振动要求。另外，还要考虑运输技术状态（包装、支撑和折叠等）与使用技术状态（安装在平台上的状态、工作时各部件展开布置的状态等）的差别。通常，将运输定义为对包装的输入，而将使用定义为作用在电子设备安装结构上的输入或电子设备对动力学环境的响应。

（6）在运载工具上使用的电子设备因动力学环境导致的失效机理与失效电子设备的动态特性密切相关，所以有必要将失效与动力学环境中电子设备的动态响应关联在一起。否则，不足以确定某个电子设备是由于高频疲劳损坏的还是由于磨损损坏的。因此，在失效分析中，除通常的材料特性、裂纹初始位置等数据外，还包含共振频率、模态、阻尼比和对动态应变分布的确定。

（7）应尽可能用实测数据和电子设备实际寿命期的持续时间来进行动力学环境适应性设计和制定设计规范及验收准则。有时，也可用已有数据库数据代替实测数据。

（8）制造、维修中的电子设备经受到的动力学环境可能会对电子设备造成振动疲劳损伤，但一般不作为设计依据。如果这种环境的作用明显，应评估这种动力学环境的影响。

第4章

电子设备振动冲击环境适应性设计技术

4.1 概述

任何电子设备都处于一定的环境之中，在一定的环境条件下使用、运输和储存，因此都逃脱不了这些环境的影响，特别是在恶劣条件下工作的电子设备更是如此。电子设备环境适应性高低的源头是环境适应性设计，因此要研制出一个环境适应性高的电子设备，首先抓的是环境适应性设计，设计奠定了电子设备的固有环境适应性。

4.2 电子元器件的环境适应性设计

电子元器件是电子设备的基础，从电子模块、组件、分机、整机直至系统，都是由电子元器件通过结构和工艺构成的。可见电子元器件是奠定电子设备环境适应性和可靠性的基本资源。随着当今电子技术的高速发展及其作用的日益凸显，特别是随着应用领域的日益拓宽，对电子元器件的环境适应性要求越来越高，所以对电子元器件的环境适应性设计越来越重要。就从电子设备的动力学环境性能来说，对其设计的优劣直接关系到电子元器件的结构抗振动和抗冲击性能、机械强度、耐磨损性能、电参数偏移故障和失效等。

4.2.1 电子元器件的类别

电子元器件可分为电子元件和电子器件两大类。

1. 电子元件

电子元件指的是无源元件，顾名思义，没有源，只是对外界信号产生响应。电子元件包括电阻器、电容器、电感器、继电器、开关、磁环、变压器、熔断器、晶振、陶振、传感器等。

2．电子器件

电子器件指的是有源器件，其内部实际上有一个"电源"，使用中要加一个外界电源和一个外界信号，然后使其完成信号放大、处理等功能。电子器件包括半导体分立器件、集成电路、电真空器件、机电类器件等。

1）半导体分立器件

半导体分立器件可以理解为在单一功能下不可再拆分的电子器件，如二极管、晶体管、晶闸管等。

2）集成电路

集成电路（Integrated Circuit，IC）也称微电路（microcircuit）、微芯片（microchip）、芯片（chip），在电子学中是一种把电路小型化的方式，并通常制造在半导体晶圆表面上。芯片可以被视为半导体器件产品的统称，是集成电路的载体，由晶圆分割而成。

将电路制造在半导体芯片表面上的集成电路又称薄膜（thin-film）集成电路。另有一种厚膜（thick-film）混合集成电路（hybrid integrated circuit），是由独立的半导体器件和无源元件集成到衬底或线路板上所构成的小型化电路。

根据处理信号的不同，集成电路可分为模拟集成电路、数字集成电路、数模混合集成电路。

（1）模拟集成电路

模拟集成电路是指由电容器、电阻器、晶体管等组成的模拟电路集成在一起用来处理模拟信号的集成电路。有许多的模拟集成电路，如运算放大器、模拟乘法器、锁相环、电源管理芯片等。模拟集成电路的主要构成电路有放大器、滤波器、反馈电路、基准源电路、开关电容电路等。

（2）数字集成电路

数字集成电路是指将元器件和连线集成于同一个半导体芯片上而制成的数字逻辑电路或系统。常见的数字集成电路类型有逻辑集成电路、存储集成电路、时序集成电路、通信集成电路。

（3）数模混合集成电路

数模混合集成电路是一种同时包含数字电路和模拟电路的集成电路。这种类型的集成电路在许多现代电子系统中非常重要，因为它们能够处理既有数字信号又有模拟信号的应用场景。

3）集成电路的分类

第一个集成电路是由杰克·基尔比（Jack Kilby）于1958年完成的，其中包括1个双极型晶体管、3个电阻器和1个电容器。

根据集成电路包含的电子元器件数量，可将集成电路分成以下几类。

（1）小规模集成电路（Small Scale Integrated circuit，SSI）：包含的电子元器件不超过100个。

（2）中规模集成电路（Medium Scale Integrated circuit，MSI）：包含的电子元器件为100至几千个。

（3）大规模集成电路（Large Scale Integrated circuit，LSI）：包含的电子元器件为几千至几万个。

（4）超大规模集成电路（Very Large Scale Integrated circuit，VLSI）：包含的电子元器件为数十万甚至更多个。

（5）特大规模集成电路（Ultra Large Scale Integrated circuit，ULSI）：包含的电子元器件超过100万个。

4.2.2 电子元器件质量等级

为了满足军用装备抗严酷环境（如航空环境、航天环境等恶劣环境）的需求，我国推出了电子元器件质量等级，即从推出"七专"（指专人、专机、专料、专批、专检、专技、专卡）电子元器件到按美国军用标准 MIL-STD-202 和 MIL-STD-883 设计生产电子元器件，再到参照美国军用标准制定出我国军用电子元器件的国家军用标准，以此来保证所设计出的军用装备具有所需要的环境适用性。

1．我国电子元器件质量等级的发展

为保证军用电子元器件的质量，我国制定了一系列电子元器件标准，如"七专"7905、"七专"8406、"七专"840611A（半导体分立器件）、"七专"补充技术协议、国家军用标准（GJB）。"七专"技术条件是建立我国军用电子元器件标准的基础。目前，按"七专"技术条件或加严"七专"技术条件控制生产的电子元器件仍在航天部门使用。

时至今日，我国军用标准化组织早已参照美国军用标准（MIL）体系建立了我国军用电子元器件的国家军用标准（GJB）体系。在该国家军用标准体系中详细给出电子元器件质量等级，著名的标准有 GJB 360B—2009《电子及电气元件试验方法》和 GJB 548C—2021《微电子器件试验方法与程序》。

2．电子元器件质量等级的概念

电子元器件质量等级是指在电子元器件装机使用前，按电子元器件产品执行标准或供需双方的技术协议，在制造、检验及筛选过程中对其质量进行控制的等级。质量等级越高，其可靠性等级也越高。

电子元器件质量等级是电子元器件本身的属性，取决于其设计、材料和制造工艺、过程控制的严格程度，并通过了相应产品规范规定的试验（检验）考核。电子元器件应用等级是由采用电子元器件的装备工程（型号）的重要程度及应用部位的关键程度所决定的。当应用等级与所使用电子元器件的质量等级相适应时，可直接使用；当不适应时，就应按规定进行补充筛选或（和）鉴定检验来解决。

由于电子元器件品种繁多，标准、规范也因品种、门类、生产工艺等的不同而多样化，所以电子元器件质量等级分类也相对较多。

3．电子元器件的可靠性保证要求

电子元器件的筛选分级比较简单，但其中涉及很多种电子元器件质量等级标识，需要一一进行说明。军用电子元器件的可靠性保证要求有两种表征方式：失效率等级和质量等级。前者用于大多数（并非全部）电子元器件可靠性保证水平的评价，后者则用于电子器件（包括部分电子元件）可靠性保证水平的评价。

1）失效率等级

失效率是电子元器件可靠性的重要指标，是整机平均无故障工作时间（MTBF）可靠性指标分配与预计的重要参数。为了保证电子元器件筛选后的有效性，必须按国家标准制定合格判据，超过合格判据要求的，整批电子元器件产品要被淘汰。所以，要保证筛选要求适中：若过于严酷，则会导致本来符合要求的电子元器件被淘汰，这样不仅花费了更多的筛选资金，还可能增加电子元器件的成本；当然如果过于宽松，也会导致不符合要求的电子元器件进入市场，即保证不了达到规定的失效率，将严重影响到整机的可靠性与安全性。为此，失效率与失效率等级是解决这一问题的重要指标。

失效率是指工作到某时刻尚未发生故障（失效）的产品，在该时刻后单位时间内发生故障（失效）的概率。根据 GJB 2649—1996《军用电子元件失效率抽样方案和程序》中的规定，失效率等级用%/1000h 表示，分为 L（当规定时）、M（1）、P（0.1）、R（0.01）、S（0.001）。

对要开展可靠性预计的电子设备，所用电子元器件必须有失效率数据，才能进行可靠性预计。

2）质量等级

（1）在 GJB 33A—1997《半导体分立器件总规范》中，质量等级如下。

① 宇航级，用字母 JY 表示。
② 超特军级，用字母 JCT 表示。
③ 特军级，用字母 JT 表示。
④ 普军级，用字母 JP 表示。

（2）在 GJB 597B—2012《半导体集成电路通用规范》中，质量等级如下。

① S 级：最高质量等级，供宇航用。
② BG 级：介于 S 级和 B 级之间。
③ B 级：标准军用质量等级。

（3）在 GJB 2438B—2017《混合集成电路通用规范》中，质量等级如下。

① K 级：最高质量等级（宇航级），电路的工作温度范围为-55～125℃。
② H 级：标准军用质量等级（普军级），电路的工作温度范围为-55～125℃。
③ G 级：标准军用质量等级的降级（工业级），电路的工作温度范围至少为-40～85℃。

④ D级：由承制方规定的质量等级（民品级），电路的工作温度范围至少为0～70℃。

4．国内外电子元器件质量等级对比

1）半导体分立器件质量等级对比

半导体分立器件质量等级对比如表4-1所示。

表4-1　半导体分立器件质量等级对比

MIL-PRF-19500	ESA/SCC5000	GJB 33A—1997	Q/W24	"七专"和加严"七专"
JANS（宇航级）	B1级、B2级	JY级（宇航级）		
JANTXV（超特军级）	B3级、C1级	JCT级（超特军级）	A级	
JANTX（特军级）	C2级、C3级	JT级（特军级）	B级	加严"七专"
JAN（普军级）		JP级（普军级）	C级	"七专"8406
				"七专"7905
	工业级			

2）微电路质量等级对比

微电路质量等级对比如表4-2所示。

表4-2　微电路质量等级对比

MIL-M-38510	MIL-PRF-38535	ESA/SCC5000	GJB 597B—2012	Q/W128	"七专"和加严"七专"
S级	V级	B1级、B2级	S级（宇航用）		
B级	Q级	B3级、C1级	BG级	A级	
	M级	C2级、C3级	B级（军用）	B级	加严"七专"
				C级	"七专"8406
军用温度范围工业级					"七专"7905
商用温度范围工业级					

3）阻容元件质量等级对比

阻容元件质量等级对比如表4-3所示。

表4-3　阻容元件质量等级对比

MIL	RSA/SCC5000	GJB	Q/W标准	"七专"和加严"七专"
		S级		
		J级	J级	
S级	B1级、B2级	B级	B级	
R级	B3级、C1级	Q级	Q级	加严"七专"
P级	C2级、C3级	L级	L级	"七专"8406
M级		W级		
L级		Y级		"七专"7905

4.2.3 电子元器件的筛选等级

根据 GJB 7243—2011《军用电子元器件筛选技术要求》中的规定，电子元器件可分为 Ⅰ 级、Ⅱ 级、Ⅲ 级 3 个筛选等级。

（1）Ⅰ 级是最高水平的筛选等级，相当于半导体器件中的 S（K、JY）级或有可靠性指标失效率等级不低于 S 级的高可靠性元器件的筛选。

（2）Ⅱ 级是中等水平的筛选等级，相当于半导体器件中的 B（H、JCT）级或有可靠性指标失效率等级为 R 级、P 级的中档元器件的筛选。

（3）Ⅲ 级是一般水平的筛选等级，相当于半导体器件中的 B1（G、JT）级或有可靠性指标失效率等级为 M 级及无可靠性指标的一般元器件的筛选。

4.2.4 电子元器件的环境适应性设计要求

1. 电子和电气（器）元件的环境适应性设计要求

1）抗低频振动设计要求

这主要用于对民用和固定使用的电子和电气（器）元件进行抗振动设计，以确保电子和电气（器）元件对可能经受到的低频振动的环境适应性和结构完好性。低频振动会使元件结构松动、内部部件产生相对位移，还能造成脱焊、接触不良，从而使元件的工作性能变差；这种振动还会使元件产生噪声、磨损、物理失效，甚至使元件结构疲劳，特别是在共振频率处。

电子和电气（器）元件的抗低频振动设计要求为：频率范围为 10~55Hz；位移幅值为 0.75mm；需要承受这种振动的时间为每个方向 2h，3 个方向共 6h，对称性结构元件仅需要考虑两个方向，但每个方向 3h，共 6h。

2）抗高频振动设计要求

这主要用于对运载工具上使用的电子和电气（器）元件进行抗振动设计，以确保电子和电气（器）元件对可能经受到的高频振动的环境适应性和结构完好性。高频振动会导致元件材料疲劳、微动磨损和电性能下降，还会使元件产生额外的热效应、机械噪声和电磁干扰。尽管电子和电气（器）元件在实际使用中所经受到的大部分振动都不是正弦振动，但通过正弦振动试验进行抗振动设计同样能帮助确定元件的振型，确定对结构和性能有影响的共振频率，从而使电子和电气（器）元件具有优良的抗振动特性。

电子和电气（器）元件的种类和规格繁多，特别是作为货架产品，它们要满足各行各业、各种整机的需求，所以电子和电气（器）元件的抗高频振动设计要求是按多种等级给出的，以满足各种用途的需求，以使其具有经济性。电子和电气（器）元件的抗高频振动设计要求如表 4-4 所示。

表 4-4 电子和电气（器）元件的抗高频振动设计要求

设 计 要 求	频率范围/Hz	位移幅值/mm	峰值加速度/（m/s²）	交越频率/Hz	总试验时间
A	10～500	0.75	100	57.7	3（方向）×3h=9h
B	10～2000	0.75	150	70.7	3（方向）×4h=12h
C	10～2000	0.75	100	57.7	3（方向）×4h=12h[①]
D	10～2000	0.75	200	81.6	3（方向）×4h=12h
E	10～2000	0.75	500	129.1	3（方向）×4h=12h
F	10～3000	0.75	200	81.6	3（方向）×4h=12h
G	10～2000	0.75	300	100	3（方向）×4h=12h
H	10～2000	0.75	800	163	3（方向）×(4/3)h=4h

注：在共振频率处能承受的最大振动按高于上述规定位移幅值、峰值加速度的 2 倍设计。

① 在 10～55Hz 范围内，每个方向振动 2h，3 个方向共 6h。

3）抗随机振动设计要求

为了确保安装在火箭发动机、运载火箭、导弹、喷气式飞机上的电子和电气（器）元件能够承受非常强烈的随机振动，特给出了电子和电气（器）元件的抗随机振动设计要求。鉴于这些元件同样属于货架产品范畴，因此提供了两组设计要求，以供客户选择（根据自己产品在运载工具上的安装部位实际经受到的振动来选择）。这里给出的设计要求包含了电子和电气（器）元件经受随机振动后的响应要求。

（1）设计要求 I

电子和电气（器）元件的抗随机振动设计要求 I 如表 4-5 和图 4-1 所示。

表 4-5 电子和电气（器）元件（微电子器件）的抗随机振动设计要求 I

设 计 要 求	加速度谱密度/[m²/（s⁴·Hz）]	总均方根加速度/（m/s²）	最长试验时间/h
A	2	53.5	8
B	4	75.6	8
C	6	92.6	8
D	10	119.5	8
E	20	169.1	8
F	30	207.1	8
G	40	239.1	8
H	60	292.8	8
J	100	378.0	8
K	150	463.0	8

（2）设计要求 II

电子和电气（器）元件的抗随机振动设计要求 II 如表 4-6 和图 4-2 所示。

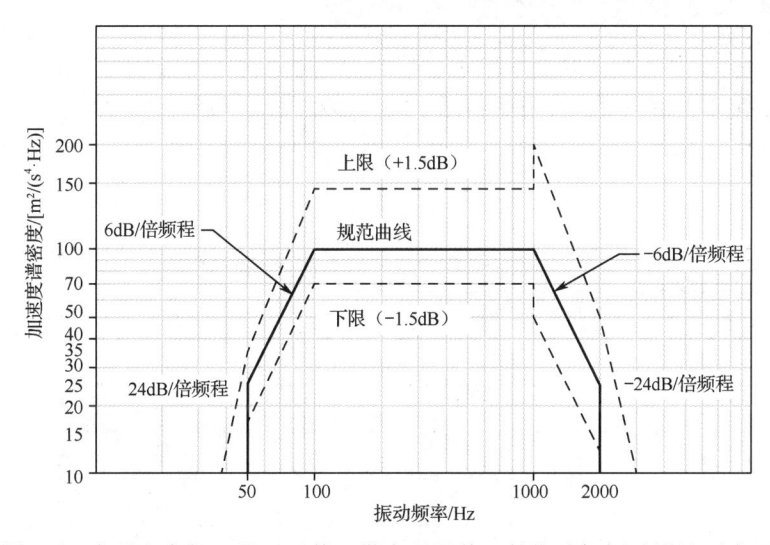

图 4-1 电子和电气（器）元件（微电子器件）的抗随机振动设计要求Ⅰ

表 4-6 电子和电气（器）元件（微电子器件）的抗随机振动设计要求Ⅱ

设 计 要 求	加速度谱密度/[m²/(s⁴·Hz)]	总均方根加速度/(m/s²)	最长试验时间/h
A	2	62.1	8
B	4	87.8	8
C	6	107.6	8
D	10	138.9	8
E	20	196.4	8
F	30	240.6	8
G	40	277.8	8
H	60	340.2	8
J	100	439.2	8
K	150	537.9	8

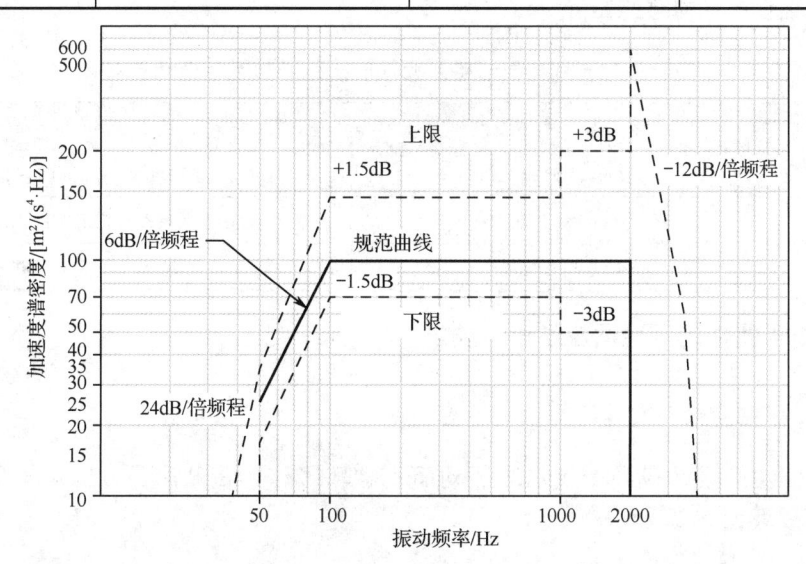

图 4-2 电子和电气（器）元件（微电子器件）的抗随机振动设计要求Ⅱ

4）抗冲击（规定脉冲）设计要求

为了确保电子和电气（器）元件在装卸、运输及现场操作中能够承受非重复性冲击，特给出了电子和电气（器）元件的抗冲击（规定脉冲）设计要求，如表 4-7 所示。这里给出的设计要求包含了电子和电气（器）元件经受冲击后的响应要求。

表 4-7 电子和电气（器）元件的抗冲击（规定脉冲）设计要求

设 计 要 求	峰值加速度/（m/s²）	冲击脉冲持续时间/ms	速度变化量/（m/s）	冲 击 脉 冲
A	500	11	3.44	半正弦波
B	750	6	2.80	半正弦波
C	1000	6	3.75	半正弦波
D	5000	1	3.11	半正弦波
E	10000	0.5	3.11	半正弦波
F	15000	0.5	4.69	半正弦波
G	500	11	2.68	后峰锯齿波
H	750	6	2.13	后峰锯齿波
I	1000	6	2.96	后峰锯齿波
J	300	11	2.07	半正弦波
K	300	11	1.62	后峰锯齿波

5）抗稳态加速度设计要求

安装在飞机、导弹上的电子和电气（器）元件在设计时，需要满足在起飞、发射、转弯、变轨过程中会经受到的稳态加速度的强度要求。另外，对电子和电气（器）元件的制造工艺的机械牢固性，也需要用稳态加速应力来设计。电子和电气（器）元件的抗稳态加速度设计要求如表 4-8 所示。

表 4-8 电子和电气（器）元件的抗稳态加速度设计要求

设 计 要 求	稳态加速度/（m/s²）	试 验 时 间
A	200、500 和 1000	每个方向 5min，6 个方向共 30min
B	100000 和 200000	沿有关标准规定的方向 1min
C	由有关标准规定	每个方向 10min，6 个方向共 60min

2. 微电子器件的环境适应性设计要求

1）抗扫频振动设计要求

微电子器件应设计成经受到扫频振动而不破坏。作为货架产品，微电子器件的抗扫频振动设计要求如表 4-9 所示。

表 4-9　微电子器件的抗扫频振动设计要求

设 计 要 求	频率范围/Hz	峰值加速度/（m/s²）	总试验时间/min
A	20～2000	196	48
B	20～2000	490	48
C	20～2000	686	48

2）抗随机振动设计要求

为了确保安装在导弹、高速推进喷气式飞机和火箭引擎装置上的微电子器件能够承受随机振动，特给出了微电子器件的抗随机振动设计要求。

（1）设计要求 Ⅰ

微电子器件的抗随机振动设计要求 Ⅰ 如表 4-10 和图 4-1 所示。

表 4-10　微电子器件的抗随机振动设计要求 Ⅰ

设 计 要 求	加速度谱密度/[m²/(s⁴·Hz)]	总均方根加速度/（m/s²）	试验时间/min
A	2	53.5	15（每个方向）
B	4	75.6	15（每个方向）
C	6	92.6	15（每个方向）
D	10	119.5	15（每个方向）
E	20	169.1	15（每个方向）
F	30	207.1	15（每个方向）
G	40	239.1	15（每个方向）
H	60	292.8	15（每个方向）
J	100	378.0	15（每个方向）
K	150	463.0	15（每个方向）

（2）设计要求 Ⅱ

微电子器件的抗随机振动设计要求 Ⅱ 如表 4-11 和图 4-2 所示。

表 4-11　微电子器件的抗随机振动设计要求 Ⅱ

设 计 要 求	加速度谱密度/[m²/(s⁴·Hz)]	总均方根加速度/（m/s²）	试验时间/min
A	2	62.1	15（每个方向）
B	4	87.8	15（每个方向）
C	6	107.6	15（每个方向）
D	10	138.9	15（每个方向）
E	20	196.4	15（每个方向）
F	30	240.7	15（每个方向）
G	40	277.8	15（每个方向）
H	60	340.2	15（每个方向）
J	100	439.2	15（每个方向）
K	150	537.9	15（每个方向）

3）抗振动疲劳设计要求

在运载工具上使用的微电子器件在全寿命期内往往一直在振动状态下工作，对该类微电子器件必须进行抗振动疲劳设计。微电子器件的抗振动疲劳设计要求如表 4-12 所示。

表 4-12　微电子器件的抗振动疲劳设计要求

设 计 要 求	频率范围/Hz	峰值加速度/（m/s²）	试验时间/h
A	20～2000	196	96
B	20～2000	490	96
C	20～2000	686	96

4）抗机械冲击设计要求

为了确保微电子器件在装卸、运输及现场操作中能够承受各种类型的冲击，包括爆炸冲击、弹道冲击等，特给出了微电子器件的抗机械冲击设计要求，如表 4-13 所示。

表 4-13　微电子器件的抗机械冲击设计要求

设 计 要 求	峰值加速度/（m/s²）	冲击脉冲持续时间/ms	冲 击 脉 冲
A	4900	1.0	半正弦波
B	14700	0.5	半正弦波
C	29400	0.3	半正弦波
D	49000	0.3	半正弦波
E	98000	0.2	半正弦波
F	196000	0.2	半正弦波
G	294000	0.12	半正弦波

5）抗稳态加速度设计要求

微电子器件的抗稳态加速度设计主要出于工艺设计需要。微电子器件的抗稳态加速度设计要求如表 4-14 所示。

表 4-14　微电子器件的抗稳态加速度设计要求

设 计 要 求	稳态加速度/（m/s²）	试验时间/min
A	49000	1（每个方向）
B	98000	1（每个方向）
C	147000	1（每个方向）
D	196000	1（每个方向）
E	294000	1（每个方向）
F	490000	1（每个方向）
G	735000	1（每个方向）
H	980000	1（每个方向）
J	1225000	1（每个方向）

4.2.5 电子元器件的二次筛选

电子元器件的环境适应性和电子整机的环境适应性一样都是设计奠定的、生产赋予的、在使用中完善成熟和达到的。但在这过程中，设计的环境适应性指标通常制造就不能完全达到，再加上电子元器件常以大批量的形式生产，各批次的一致性差，这直接影响到装机后的整机质量。环境应力筛选是解决这一问题而使电子元器件的性能尽量接近设计指标的重要手段。

1．二次筛选的目的

1) 保证电子元器件的质量

就我国当前电子元器件的生产水平而言，在一批产品中总有一部分存在各种潜在缺陷，其寿命远远短于产品的平均寿命，这种提前失效的产品称为早期失效产品。二次筛选就是针对不同的失效模式，对其施加加严的应力以剔除一次筛选中未能发现的导致产品早期失效的潜在缺陷，从而有效地提高电子设备与系统的整体可靠性。

作为货架产品的电子元器件由生产厂商进行一次筛选很难满足各领域电子设备的装机要求。进口电子元器件通常都是工业级的，甚至是工业级中的低档产品，特别是还存在假冒伪劣的风险。假冒、翻新电子元器件很难保证整机（特别是军用装备）的质量和可靠性。

电子元器件的二次筛选是当电子元器件的生产厂商进行的一次筛选不能满足用户要求时，由使用方或委托第三方在电子元器件生产厂商筛选的基础上再进行的筛选，是对电子元器件生产厂商筛选工作的补充和验证。

2) 产生可观的经济效益

从费效比角度出发，电子元器件的二次筛选不仅不会影响从生产链到供应链再到使用链的经济效益，反而能显著提高这些环节的经济效率，从而产生可观的经济效益。

根据国内外的筛选工作经验，通过有效的筛选可以使电子元器件的总使用失效率下降1~2个数量级。因此，不管是军用产品还是民用产品，筛选都是保证其可靠性的重要手段。

2．环境应力筛选的原理

环境应力筛选（Environment Stress Screening, ESS）是指将产品暴露在一种或多种应力环境中，通过施加环境应力和电应力，促使导致产品早期失效的潜在缺陷尽快暴露，并予以剔除。它是生产阶段使产品的可靠性尽量接近设计的固有可靠性指标的一项有力措施。

环境应力筛选是一种利用环境应力使产品从早期失效期直接过渡到稳定使用期的方法，主要目的是让产品在最终客户端少出问题，使产品更加稳定可靠。通过剔除产品的潜在缺陷筛除早期失效，使出厂产品接近设计的可靠性水平，避免在正常使用时因这类缺陷的存在而发生失效，减少维修成本及因失效返修引起的不必要损失。

环境应力筛选通常首先是生产厂商的一次筛选，然后是用户的二次筛选。环境应力筛选可分为对电子元器件的筛选，对模块、单元的筛选，对分机、整机的筛选，直至对系统交付前的筛选。

要搞好环境应力筛选，首先要正确理解：一般产品的故障率均服从其安装平台环境应力与为满足这种环境应力而为产品设计的产品耐安装平台环境应力强度之间的重叠性理论。

对电子产品而言，产品安装平台环境应力 e 是服从正态分布的，如图 4-3 中的概率密度函数曲线 $f(e)$ 所示；为产品设计的产品耐安装平台环境应力强度 S 也是服从正态分布的，如图 4-3 中的概率密度函数曲线 $f(S)$ 所示。

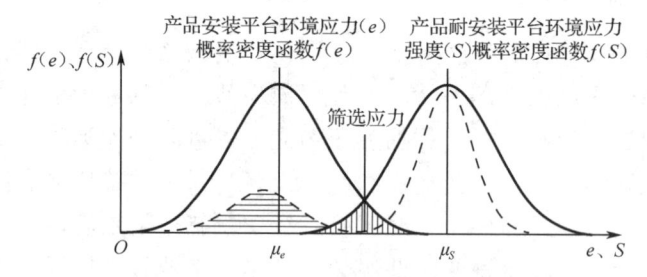

图 4-3　电子产品安装平台环境应力、耐安装平台环境应力强度概率密度函数曲线

当产品耐安装平台环境应力强度 S 远大于产品安装平台环境应力 e 时，两者的概率密度函数曲线的重叠区域将变得非常小，此时产品比较安全。因此，设计时应使两者的曲线尽可能分开，以提高产品的可靠性。

实际上这样的目标受经济和客观条件的限制是不易实现的，常见的情况是，两条曲线有部分重叠，如图 4-3 中的竖线阴影区所示。该阴影区表明，整批产品中的一部分产品耐安装平台环境应力强度小于产品安装平台环境应力，这些薄弱产品很可能在使用条件下被激发而发展成故障产品。

对于电子产品，由于其所含有的元器件、零部件众多，而且工艺及装配过程复杂，在列装定型后的批量生产中不可避免地会引入一些工艺和元器件缺陷，所以其耐安装平台环境应力强度不会像图 4-3 中实线那样呈现简单的单峰正态分布，而是像图 4-3 中虚线那样呈现由两个子集构成的双峰分布。其中，左边的小峰是由总体中有缺陷产品（次品小子集）所构成的，而右边的大峰是由总体中没有缺陷产品（好品大子集）所构成的。正是由于该次品小子集的存在，使产品安装平台环境应力概率密度函数曲线与产品耐安装平台环境应力强度概率密度函数曲线重叠面积大为增大。一旦这些混有次品的产品投入市场使用，在使用环境应力作用下就会产生早期失效现象。由于双峰分布的两个峰通常有一定距离，所以环境应力筛选恰好可利用这一点通过适当的筛选应力作用既能挑出次品，又不影响正常产品的性能和寿命，从而使交付产品的质量与可靠性大幅度提高。筛选应力在图 4-3 中标出。

3. 二次筛选的对象

电子元器件是任何电子、电气、机电一体化设备的基础，其质量的高低直接关系到装机成设备、系统的质量和可靠性。因此，电子元器件的设计、制造电子元器件的材料与工艺的选择、电子元器件的使用都应有严格的流程，其中包括电子元器件生产厂商的一次筛选和用户装机前的二次筛选。

当前，我国许多电子设备生产企业对所采购的电子元器件在投入使用前，一般都委托第三方实验室进行二次筛选。这主要针对以下几种情况的电子元器件。

（1）生产厂商在电子元器件出厂前尚未进行一次筛选。

（2）用户对电子元器件生产厂商的一次筛选的项目和应力不明确。

（3）用户对电子元器件的使用要求高于电子元器件生产厂商的产品规范与验收要求。

（4）部分特殊筛选项目在电子元器件的产品规范和所执行的标准中未做明确规定。

（5）电子元器件生产厂商不具备筛选能力或条件。

（6）用户提出质疑，需要再次对一次筛选的电子元器件进行验证，包括是否按合同中的技术要求条款进行制作等。

4. 二次筛选的动力学环境条件要求

为了满足电子元器件二次筛选的要求，二次筛选的动力学环境条件要求如下。

1）离心加速度试验

（1）原理

离心加速度试验也称恒定应力离心加速度试验。这项筛选通常在半导体器件上进行，把高速旋转产生的离心力作用于器件上，可以剔除键合强度过弱、内引线匹配不良和装架不良等缺陷。

（2）应力和时间

通常选用的离心加速度为 20000g，而且持续试验 1min。

2）监控振动试验与监控冲击试验

（1）原理

在对电子元器件进行振动试验或冲击试验的同时进行电性能的监测，常被称为监控振动试验或监控冲击试验。这种试验能模拟电子元器件使用过程中的振动或冲击环境，能有效地剔除瞬时短、断路等机械结构不良缺陷及整机中的虚焊等缺陷。特别是对要求高可靠性的继电器、接插件及军用电子元器件来说，监控振动试验与监控冲击试验是重要的二次筛选项目。

（2）应力和时间

① 典型振动条件是：频率为 20～2000Hz，加速度为 2g～20g，扫描 1～2 个周期，在共振频率附近要多停留一段时间。

② 典型冲击条件是：冲击脉冲的峰值加速度为 1500g～3000g，半正弦波冲击脉冲

的持续时间为 0.5ms，速度变化量为 4.775～9.55m/s，冲击次数为 3～5 次。

4.2.6 模块、组件的 HALT-HASS

对模块、组件可进行常规环境应力筛选，但进行高加速应力筛选（Highly Accelerated Stress Sceening，HASS）更有效。要进行高加速应力筛选，首先要得到产品耐安装平台环境应力强度的期望和分布。为此，需要首先利用高加速寿命试验（Highly Aceelerated Life Test，HALT）获得产品耐安装平台环境应力强度的信息，然后再利用高加速寿命试验得出的产品应力工作极限和破坏极限，求出高加速应力筛选的应力量值。可以说，这是目前得出高加速应力筛选条件和量值的一种最好和最快捷的方法。

1．HALT-HASS 的理论基础

HALT-HASS 的理论依据是失效物理学（physics of failure），它把失效当作研究的主要对象，通过发现、研究和根治故障达到提高可靠性的目的。对于当前高科技和高复杂度的电子或机电产品，要发现潜在的故障并不容易，特别是对于一些"潜伏"极深的或不易根除的间歇性故障，必须采用增大应力的方法使其暴露。因此，从故障预防和控制的角度来讲，HALT-HASS 的理论依据是科学的。

HALT-HASS 前后产品耐安装平台环境应力强度包络如图 4-4 所示。

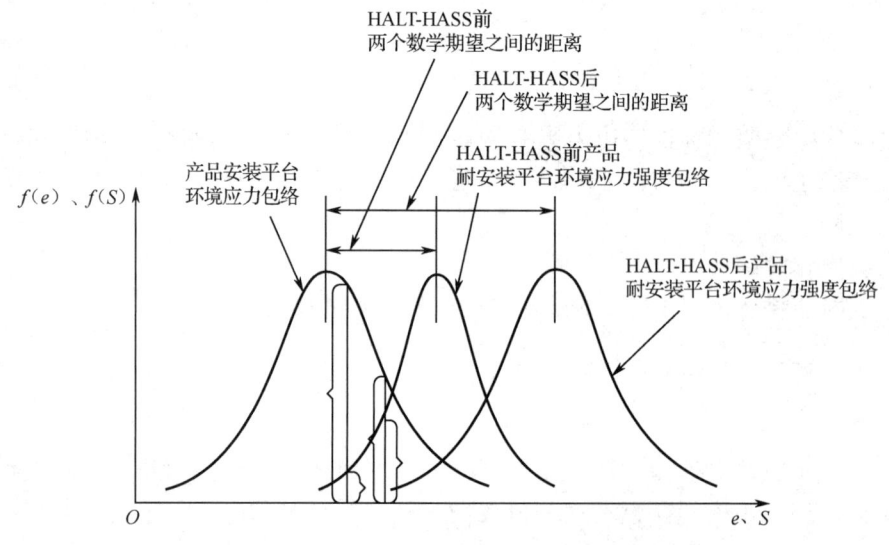

图 4-4 HALT-HASS 前后产品耐安装平台环境应力强度包络

与常规环境应力筛选主要针对制造过程中引入的缺陷不同的是，HALT-HASS 不仅关注制造过程中的缺陷，还致力于发现产品设计中的问题，用增大环境应力的方法，寻找残留的设计问题和投产引起的问题。

高加速寿命试验使用步进应力方法，不断地通过增大应力，发现和改进该应力激发的缺陷，使产品设计得越来越健壮，把其应力工作极限和破坏极限推向最高处，远高于规范规定或使用中会遇到的环境应力，得到非常大的设计余量。高加速应力筛选又进一

步全面剔除制造过程中引入的潜在缺陷,从而得到环境适应性非常高的产品。高加速应力筛选是使用于产品制造过程中的一种高效环境筛选试验方法,通过它可以发现制造过程中的潜在缺陷,防止这些非设计性缺陷进入外场。经高加速应力筛选后送到用户手里的产品应是一个无潜在缺陷的产品。通过高加速应力筛选给产品施加的高加速筛选试验应力(温度、振动等)暴露出产品在制造过程中留下的缺陷。高加速应力筛选相对于其他环境应力筛选,大大缩短了筛除早期失效的时间。经高加速应力筛选后,产品寿命的损失一般小于6%,所以可以放心出厂。

2. 步进应力

在如图 4-5 所示的步进应力示意图中,3 种广义应力互相垂直。这些应力可以是环境应力,如温度、振动、电应力。这里只提到 3 种应力,实际上所有可能产生失效的应力都必须考虑。在图 4-5 中,小立方体表示技术规范应力极限(简称技术规范极限),立方体的外角表示这些应力极限内最恶劣的应力状态;大立方体表示超出技术规范应力极限的一种应力组合;向量 T 从技术规范应力极限立方体的外角到试验应力极限立方体的外角,它描述了应力组合以步进方式增大所通过的路径。

在图 4-6 中,应力单位是被选择进行试验的组合应力的增量。

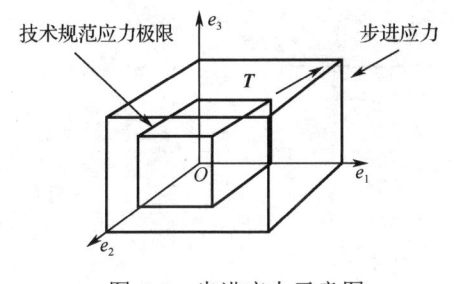

图 4-5 步进应力示意图   图 4-6 应力步进增量

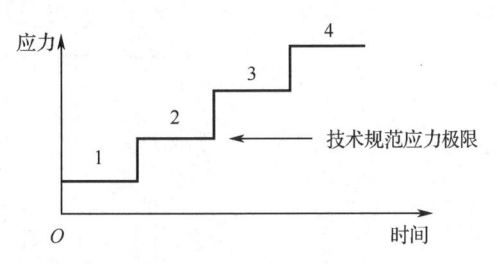

图 4-6 中的台阶相当于持续时间,通常以 min 为单位计算。不同形式的应力可以同时施加或顺序施加,它们也可以施加到单独的样品上。第一级或第一步通常处于或低于技术规范应力极限。这一步完成后将失效的零件拆除并进行分析。在继续进行试验之前,在这一步上,可以分析并纠正设计误差或其他缺陷。逐步增大应力等级重复这一过程,直至出现下述 3 种情况之一。

(1)全部零件都失效。

(2)应力等级已经达到并远远超过为验证耐用产品设计所要求的水平。

(3)随着以更大的应力等级引入新的失效机理,不相关失效(不相关失效是指使用中不可能出现的失效,如焊点熔化)开始出现。

3. 瞬态随机振动步进应力

瞬态随机振动步进应力是非平稳的瞬态振动应力。瞬态随机锤击振动时域信号如图 4-7 所示。这种时域信号在产品的现场使用中遇到的概率很大。尽管从统计学角度至今也没有找到很好的描述方法,但使用这种瞬态随机振动对设计过程中的产品进行激发、验证、发现与纠正设计缺陷非常有效,直至达到令人满意的设计效果,即达到较高的环境适应性和可靠性。不过,目前这种振动、冲击要求尚未被列入产品的设计要求或研制合同中。

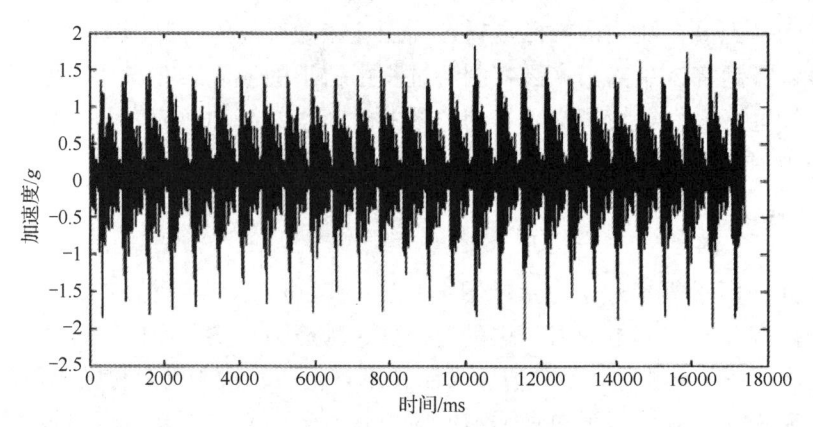

图 4-7　瞬态随机锤击振动时域信号

瞬态随机振动步进应力如图 4-8 所示。由图 4-8 可见,HALT-HASS 通过锤击产生的瞬态随机振动属于非平稳的超高斯类的瞬态振动,只能用类似的总均方根加速度来表示,所以用 g 表示其振动量级的大小。

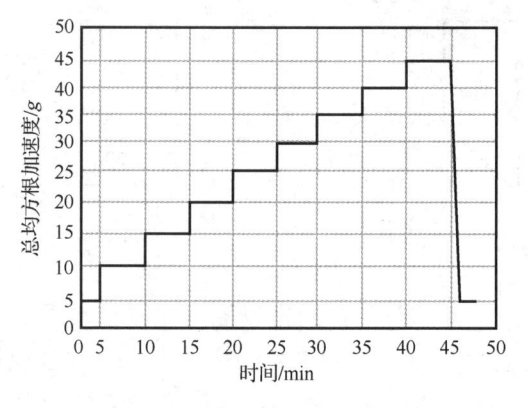

图 4-8　瞬态随机振动步进应力

瞬态随机振动的总均方根加速度自 $5g$ 开始,每个阶段增大 $5g$,并在每个阶段保持 5min 后在振动持续的条件下执行性能测试,以判断被试样品是否达到工作极限或破坏极限。当总均方根加速度达到 $45g$ 完成性能测试后,需要将总均方根加速度减至 $5g$ 进行性能测试。而后需要更大总均方根加速度的测试皆需要按此模式进行。若被试样品出现异常,则返回到前一个振动量级:如果功能可以恢复正常,那么异常出现时的振动量级就是工作极限;如果功能不能恢复正常,那么异常出现时的振动量级就是破坏极限。

4. 温度循环与瞬态随机振动综合步进应力

将温度循环与瞬态随机振动结合同时进行,筛选效果更显著,可在短时间内发现设计、制造中的问题。

温度循环与瞬态随机振动综合步进应力如图 4-9 所示。测试采用特定的温度循环条件及温变速率，瞬态随机振动自 5g 开始配合，每个温度循环递增 10g，且在每个温度循环的最高温度点及最低温度点各保持 5min，温度稳定后进行性能测试，如此重复直至达到产品的工作极限和破坏极限。

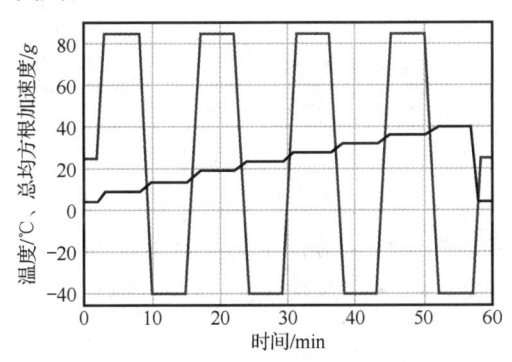

图 4-9 温度循环与瞬态随机振动综合步进应力

温度循环与瞬态随机振动综合步进应力通常取 80%的温度工作极限、50%的振动工作极限；除此之外，有时也会加上电压拉偏等，视具体产品而定。

在进行温度循环与瞬态随机振动相结合的综合高加速寿命试验时，每个综合循环的持续时间应为 2~5h，一般需要进行 10~30 个综合循环，但最少也需要 5 个综合循环。如果还没完成 5 个综合循环就发生了灾难性失效，则可以提前终止试验。

5．步进应力在 HALT-HASS 中的应用

高加速寿命试验是利用步进应力去加速发现设计的缺陷或薄弱环节的方法。在高加速寿命试验中，所施加的应力并不是要模拟产品的实际使用环境，而是通过前面所述的步进应力去激发产品早期失效，对施加的应力类型和量级不设限制，只要能尽快促使缺陷暴露就可以。同时，高加速寿命试验时间与实际使用时间相比，压缩了几个数量级，并降低了对被试样品的要求，有效地缩短了试验时间，降低了设计成本。高加速寿命试验在让产品投入市场的时间成比例缩短的同时，也大大地提高了产品的可靠性。尽管高加速寿命试验中发现的失效并不一定会在实际使用现场发生，但是也有研究表明高加速寿命试验中发现的大多数失效最终确实会在现场发生。

HALT-HASS 也称激发试验，前者（HALT）是针对设计过程的，找出产品正式投产前的薄弱环节，后者（HASS）是针对制造过程（生产过程）的，用高加速应力快速找出制造中存在的缺陷。这种方法的核心是对产品施加超过设计规范应力极限的步进应力（一步一步地施加）。可见，它与环境模拟的思路完全不同，它不模拟实际使用环境，而是对产品施加比产品实际使用环境严酷许多的环境应力，快速激发和排除产品的潜在缺陷，以此来大幅度提高产品的环境适应性和可靠性，并大大缩短研发的时间。采用 HALT-HASS，可使整体研制费用减少为原来的 1%~2%，在产品的寿命期内可增加 50%的利润，产品的环境适应性和可靠性水平提高为传统可靠性试验方法的数百倍。

6．步进应力极限分类

按应力概率密度函数曲线给出的数学期望从小到大对产品的步进应力极限进行分类，如图 4-10 所示。

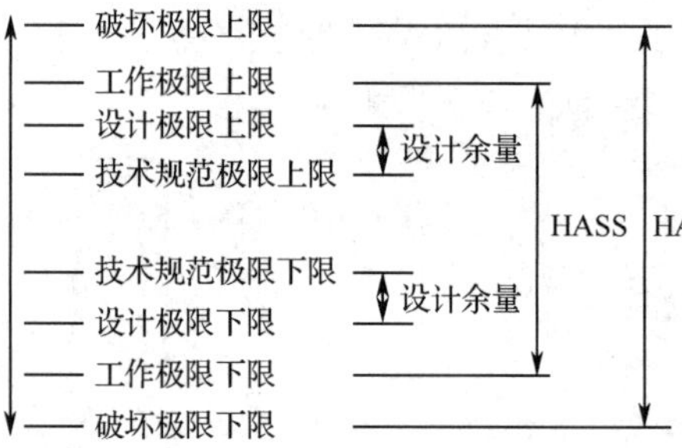

（1）技术规范极限：由产品使用者或制造者规定的应力极限。产品在技术规范极限内工作不能失效。

（2）设计极限：产品按技术规范设计时，通常会加一定的安全系数进行设计，对技术规范极限加上安全系数后的设计要求称为设计极限。产品在设计极限内工作不会失效。技术规范极限和设计极限之差称为设计余量。

图 4-10 步进应力极限分类

（3）工作极限：指在确定相关应力对可靠性影响的加速试验过程中的施加于产品的工作应力极限。工作极限就是产品实际能工作的最大环境应力。高加速应力筛选（HASS）通常在工作极限内进行。

（4）破坏极限：产品能在其范围内工作而不出现不可逆失效的应力极限。破坏极限也是通过高加速寿命试验（HALT）测定的。

4.2.7 抗振动、抗冲击指标的确定

在新产品（电子设备）的研制过程中，往往需要研制一定数量的新型元器件、模块、组件等。对这些新型元器件、模块、组件等，除给出功能和电性能指标外，还要确定抗振动、抗冲击指标。首先需要进行指标论证。论证的原则就是根据整机安装平台的振动、冲击环境特性，以及安装在整机上后受到的振动、冲击响应特性，再加上设计余量来确定。GJB 360B—2009 和 GJB 548C—2021 等元器件标准给出的是供选择的货架产品的系列等级的振动、冲击试验条件要求。如果选择的条件过高，则会导致研制成本和价格太高；如果选择的条件过低，则不能满足整机的抗振动、抗冲击的环境适应性设计要求。

抗振动、抗冲击指标可参考相似产品、相似安装位置的数据来选用，可根据实测出的数据来选用，也可根据具有丰富工程经验的专家意见来选用。

4.3 电子设备的强度设计

4.3.1 构件的强度设计

1．构件材料的选择

构件材料应选用抗腐蚀性强的高强度材料。因为在高应力条件下，腐蚀裂纹的扩张

会引起腐蚀疲劳，对外露的天线、天线座等高应力构件应特别注意。用于构件之间连接的螺钉、铆钉等构件，除有防腐蚀和强度要求外，还应注意螺钉、铆钉材料与被连接的构件材料之间的电极电位，如果电极电位差值大于 50mV，则会引起电偶腐蚀。例如，用不锈钢铆钉铆接钛合金板天线、发射座，在高温、高湿、高盐雾条件下，不锈钢铆钉也会生锈。因此，在选择构件材料时，应综合其所处环境的特点全面考虑。

2．材料的许用应力

由材料力学可知，结构材料的抗拉强度 σ_b 通常是抗剪切强度 τ_b 的两倍以上。在对截面积相同的结构进行强度校核时，通常可只对其抗剪切强度进行校核。

由于构件在电子设备运行期间总是承受振动、冲击载荷，其应力状态的特点是存在平均应力不为零的交变应力。

根据弹簧材料承受载荷的特点，可将载荷分为 3 类：Ⅲ类载荷适用于受静载荷或变载荷作用次数在 1×10^3 次以下的情况，选择材料时取图 4-11 中所示值；Ⅱ类载荷适用于受变载荷作用次数为 1×10^3～1×10^6 次的情况或承受冲击载荷的情况，选择材料时取图 4-11 中所示值的 75%～80%；Ⅰ类载荷适用于受变载荷作用次数在 1×10^6 次以上的情况，选择材料时取图 4-11 中所示值的 60%～75%。

在选取许用应力时，还应注意以下各点。

（1）对重要的、其损坏对整个机械有重大影响的弹簧，许用应力应适当降低。

（2）对压缩弹簧，经有效强压处理，可延长疲劳寿命，对改善弹簧的性能有明显效果。

（3）经喷丸处理的弹簧，可适当提高疲劳强度，或者延长疲劳寿命。

尽管图 4-11 和表 4-15、表 4-16 给出的数据是弹簧材料的许用切应力 $[\tau]$，但对电子设备构件材料而言，对其许用切应力的取值也是有指导意义的。

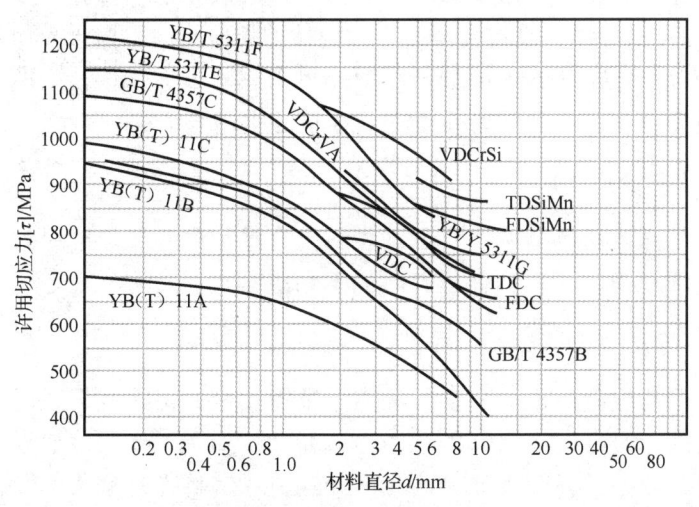

图 4-11 弹簧材料的许用切应力

构件材料（特别是有色金属材料）不可能像弹簧材料那样进行充分的热处理和表面强化处理，也可能采用铸造毛坯。因此，一般材料构件的许用切应力比弹簧材料的要小（0.05%～0.10%）σ_b，如表 4-17 所示。

表 4-15　冷拔材料的许用切应力

载荷类型	材料			
	油淬火回火钢丝	碳素钢丝	不锈钢丝	青铜线
Ⅲ类载荷（τ_s）	$0.60\sigma_b$	$0.55\sigma_b$	$0.50\sigma_b$	$0.40\sigma_b$
Ⅱ类载荷	$(0.45\sim0.50)\sigma_b$	$(0.40\sim0.45)\sigma_b$	$(0.35\sim0.40)\sigma_b$	$(0.30\sim0.35)\sigma_b$
Ⅰ类载荷	$(0.40\sim0.45)\sigma_b$	$(0.35\sim0.40)\sigma_b$	$(0.30\sim0.35)\sigma_b$	$(0.25\sim0.30)\sigma_b$

表 4-16　热轧材料的许用切应力

（单位：MPa）

载荷类型	材料		
	65Mn	55Si2Mn、55Si2MnB、60Si2Mn、60Si2MnA、50CrVA	55CrMnA、60CrMnA
Ⅲ类载荷（τ_s）	570	740	710
Ⅱ类载荷	455	590	570
Ⅰ类载荷	340	445	430

表 4-17　一般材料构件的许用切应力

载荷类型	构件	
	黑色金属材料构件	有色金属材料构件
Ⅰ类载荷	$(0.20\sim0.25)\sigma_b$	$(0.15\sim0.20)\sigma_b$
Ⅱ类载荷	$(0.25\sim0.35)\sigma_b$	$(0.20\sim0.25)\sigma_b$
Ⅲ类载荷	$(0.35\sim0.45)\sigma_b$	$(0.25\sim0.35)\sigma_b$

3．构件强度设计的载荷取值与抗冲击卸荷结构

电子设备构件所受载荷非常复杂。但究其构件失效类型，可分为疲劳破坏（振动）和过应力破坏（冲击）。对一般构件而言，当构件的切应力 τ 和拉压应力 σ 都按最大冲击应力设计，并满足 $\tau<[\tau]$ 和 $\sigma_{-1}<[\sigma_{-1}]$ 条件时，可不进行振动校核。当然，对于长期处于高应力状态的重要构件，必须进行全面、综合的应力校核。

1）静载荷

构件所承受的静载荷包括构件所承载设备的自重、离心加速度引起的离心力和风的作用力等。这些载荷确定了在构件运行时的平均应力。

2）动载荷

构件所承受的动载荷由振动和功能冲击、坠撞安全冲击、武器发射、水下爆炸等引起。最大动载荷通常是后三者引起的强冲击载荷。

由于强冲击载荷是一瞬间大能量产生的动载荷。其特点是峰值大，但持续时间短。因此，在选择构件材料时，应综合其所处环境特点全面考虑。

在产品设计最初阶段，可将强冲击脉冲的峰值加速度的 2～2.5 倍作为最大动载荷的设计输入。

【例4-1】机载设备的坠撞安全冲击试验使用半正弦波，峰值加速度 $A=30g$，冲击脉

冲持续时间 $D=11\text{ms}$。假设构件用 M12 螺栓将电子设备与基础相连接，电子设备分摊给该螺栓的质量 $M=80\text{kg}$，设螺栓的许用切应力 $[\tau]=0.3\sigma_b=300\text{N/mm}^2$。此时，其最大动载荷 $F_{d\max}$ 可取为

$$F_{d\max} = 2.5AM = 2.5 \times 30g \times 80\text{kg} \approx 60000\text{N}$$

M12 螺栓的有效抗剪切面积 S 为

$$S = \frac{\pi}{4}d^2 \approx \frac{\pi}{4} \times (10\text{mm})^2 \approx 78.54\text{mm}^2$$

其切应力 τ 为

$$\tau = \frac{F_{d\max}}{S} \approx \frac{60000\text{N}}{78.54\text{mm}^2} \approx 763.94\text{N/mm}^2 > 300\text{N/mm}^2$$

在该条件下，螺栓许用最大剪切动载荷 $[F'_{d\max}]$ 为

$$[F'_{d\max}] = [\tau] \cdot S \approx 300\text{N/mm}^2 \times 78.54\text{mm}^2 = 23562\text{N} < 60000\text{N}$$

显然，采用 M12 螺栓将无法确保坠撞时的连接可靠性。抵御 60000N 剪切力必须保证的有效抗剪切面积 S' 为

$$S' = \frac{F_{d\max}}{[\tau]} = \frac{60000\text{N}}{300\text{N/mm}^2} = 200\text{mm}^2$$

则有效直径 d 为

$$d = \sqrt{\frac{4S}{\pi}} = \sqrt{\frac{200\text{mm}^2 \times 4}{\pi}} \approx 15.96\text{mm}$$

显然，应该采用 M18~M20 螺栓才是安全的。

当 $\sigma_b = 1000\text{N/mm}^2$ 时，采用 M12 螺栓，其抗拉动载荷 $F''_{d\max}$ 为

$$F''_{d\max} = \sigma_b \cdot S = 1000\text{N/mm}^2 \times 78.54\text{mm}^2 = 78540\text{N} > 60000\text{N}$$

在一般情况下，满足抗剪切强度要求必然满足抗拉强度要求，所以只需要先进行抗剪切强度设计。

由上例可见，当所有剪切力全部由螺栓承担时，必须使用大螺栓。

3）抗冲击卸荷结构

在大多数情况下，电子设备允许的自重和空间是有限的。在图 4-12（a）中，冲击引起的剪切力完全由螺栓承担。在图 4-12（b）中，下法兰增加高度 t（3~5mm）的凸缘，两个法兰间配合间隙为 $\Delta\delta_2$，当螺栓间隙 $\Delta\delta_1 > \Delta\delta_2$ 时，则螺栓不承受剪切力；当水平冲击力使两个法兰相接触时，凸缘承受剪切力，其面积 $S = \pi dt$。若设 $d = 200\text{mm}$，$\delta = 3\text{mm}$，则有效剪切面积 $S \approx 1884\text{mm}^2$。例 4-1 中的 60000N 动载荷作用到凸缘上，切应力 $\tau \approx 60000\text{N}/1884\text{mm}^2 \approx 31.8\text{N/mm}^2$。

此时，原设计采用的 M12 螺栓只需要承受轴向载荷。由于构件材料许用拉压应力 $[\sigma]$ 是许用切应力 $[\tau]$ 的 2.5~3 倍。若设 $[\sigma] = 800\text{N/mm}^2$，当螺栓有效面积 $S = 78.54\text{mm}^2$ 时，则可承受的最大动载荷 $F_{d\max} = 800\text{N/mm}^2 \times 78.54\text{mm}^2 = 62832\text{N}$，与 60000N 比较，安全系数近似为 1。此时，只需要选用 M14 螺栓。

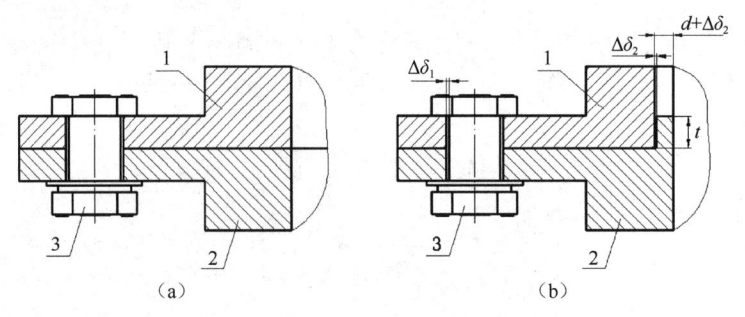

1—上法兰；2—下法兰；3—螺栓。

图 4-12 抗冲击卸荷结构的法兰连接

【例 4-2】大型相控阵雷达天线与回转平台法兰连接状态如图 4-13（a）所示，每边各 10 个螺钉。在风力作用下，各个螺钉对平衡力矩的作用是不一样的，其分布如图 4-13（b）所示。其中，1 号螺钉所受拉应力最大，在方位扫描 180°后，则 11 号螺钉所受拉应力最大，所以 1 号和 11 号螺钉最易发生疲劳破坏，如图 4-13（c）所示。改进方法如下。

（1）将 1、2、3 号和 11、12、13 号螺钉直径增大。

（2）为了保证天线指向性精度，通常图 4-13（a）中的天线座法兰刚度很好，在风力作用下，产生微角移，使 1 号（或 11 号）螺钉处的线位移增大，造成它们受力最大 [如图 4-13（c）所示]。采用减小 1、2、3 号和 11、12、13 号螺钉预紧力的方法，使 4～10 号、14～20 号螺钉先起作用，从而使各螺钉所受轴向力均匀。

（3）采用卸荷装置。

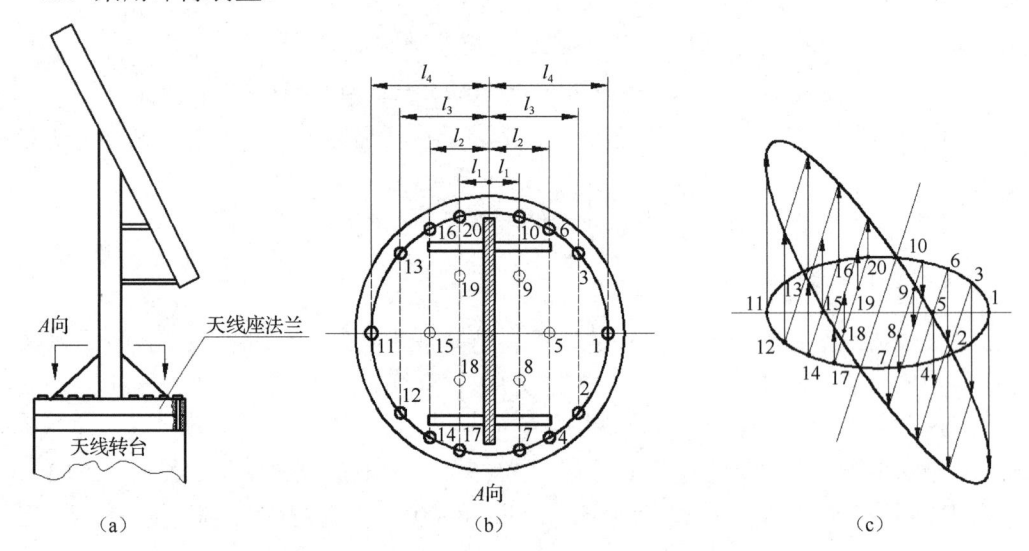

图 4-13 大型相控阵雷达天线与回转平台法兰连接时的螺钉组受力状态

4.3.2 紧固件的选用与安装

1. 紧固件的选用

对承受振动、冲击的紧固件，不能仅考虑静态安装，更主要的是考虑动态强度。由于紧固件在整个电子设备的抗振动、抗冲击过程中扮演着相当重要的角色,所以在选用紧固件时应注意以下几点。

(1) 根据所承受的振动、冲击条件及维修、成本等因素,选择合适的紧固件,如螺钉、螺母、铆钉等。

(2) 根据结构的动载荷与几何形状,选择正确的规格(尺寸)与紧固位置。

(3) 使用螺钉、螺母时,选择正确的锁紧装置;所有紧固件应拧紧,所有紧固件应有防松措施。

(4) 选择正确的安装方法,大部分的电子设备制造商通常会根据本单位的特色选用螺钉、螺母等,往往还会根据公差需求与组合容易的原则选择螺钉的尺寸及锁紧装置。

(5) 承载大,并且处于关键部位的螺栓,应进行应力分析,并使其具有足够的安全系数。

2. 紧固件的安装要求

在安装时,技术人员常根据自我判断决定紧固件安装是否到位。其结果往往会造成使用了错误的紧固件,使用了错误的尺寸,使用了错误的锁紧垫圈,以及使用了错误的安装扭力。经验证明,选用螺钉时,应该采用比常规尺寸稍大的规格,并且用更好的材料制造。许多常用锁紧装置的使用结果往往都不令人很满意,有些还是许多严重问题的根源。根据技术人员的主观判断来确定螺钉是否锁紧,通常是错误的。电子设备中的许多失效都是螺钉变松造成的结果。特别表现在一些大尺寸、大质量元器件的安装上,如果螺钉松动,则必然使它们的底座松动,振动、冲击时的晃动会产生怎样的后果就可想而知了。为了研究螺钉、螺母的松动现象,人们采用过多种方法,如高速摄影,但仍然不是很清楚。然而,明显的是,在振动、冲击引起的动载荷的作用下,螺杆会有轻微的伸长,因而螺杆接触面的界面摩擦力会突然显著减小。这些微小的几何变形成为螺钉、螺母松动的驱动力。为了提高紧固件抗振动、冲击等动态应力的能力,应注意以下几点。

(1) 应使用扭力扳手紧固。电子设备中直径小于 M3 或在 M3~M10 之间的短螺钉、螺栓,因长度太短,无法用拉力试验确定,可采用 GB/T 3098.13—1996 规定的扭矩试验方法确定。表 4-18 所示为螺钉、螺栓的最小破坏扭矩。螺母、螺栓配合应为 6H/6g、6H/6h。锁紧扭力应为扭断螺钉头所需扭力的 60%~80%。

(2) 螺钉头应有扳手正向防滑的设计,同时能够抵抗锁紧扭力,最好使用内六角机制螺钉。同时,尽量避免使用一字或十字槽螺钉头,以防螺丝起子拆装时切削螺钉头而产生切屑,在电子设备中到处飘洒,从而造成电子线路短路。

(3) 在所有通孔的应用场合,应该使用自锁螺母取代自锁垫圈。

(4) 应尽量避免使用 90°沉头螺钉,可能的话,在螺钉头底部垫一个自锁垫圈,以防在振动、冲击环境中松动。锁紧扭力应该适度增大,以抵抗自锁装置的摩擦力矩。

(5) 锁紧螺钉应该均匀分布,以免一个紧固件失效而造成整个安装松动或功能异常。即使是很小的装置,至少也要使用两个紧固件。

表 4-18 螺钉、螺栓的最小破坏扭矩

螺纹规格	螺距 P/mm	最小破坏扭矩/（N·m） 性能等级				螺纹规格	螺距 P/mm	最小破坏扭矩/（N·m） 性能等级			
		8.8	9.8	10.9	12.9			8.8	9.8	10.9	12.9
M1	0.25	0.033	0.036	0.040	0.045	M5	0.8	7.6	8.3	9.3	10
M1.2	0.25	0.075	0.082	0.092	0.10	M6	1	13	14	16	17
M1.4	0.3	0.12	0.13	0.14	0.16	M7	1	23	25	28	31
M1.6	0.35	0.16	0.18	0.20	0.22	M8	1.25	33	36	40	44
M2	0.4	0.37	0.40	0.45	0.50	M8×1	1	38	42	46	52
M2.5	0.45	0.82	0.90	1.0	1.1	M10	1.5	66	72	81	90
M3	0.5	1.5	1.7	1.9	2.1	M10×1	1	84	92	102	114
M3.5	0.6	2.4	2.7	3.0	3.3	M10×1.25	1.25	75	82	91	102
M4	0.7	3.6	3.9	4.4	4.9						

注：最小破坏扭矩值适用于 6g、6f 和 6e 级螺纹。

单个螺栓连接的受力分析和计算如表 4-19 所示。表中情况 1，对于既受预紧力 F' 又受轴向载荷 F 的锁紧螺栓连接，螺栓的残余应力（剩余预紧力）F'' 应大于零（$F''>0$），否则接合面有间隙，易引起非线性自激振动。表中情况 2，受横向载荷 F_s 作用的铰制孔螺栓连接，主要应用于并柜时两个机柜的两个立柱和横梁的连接。预紧连接的螺栓安全系数 S_s 如表 4-20 所示。

表 4-19 单个螺栓连接的受力分析和计算

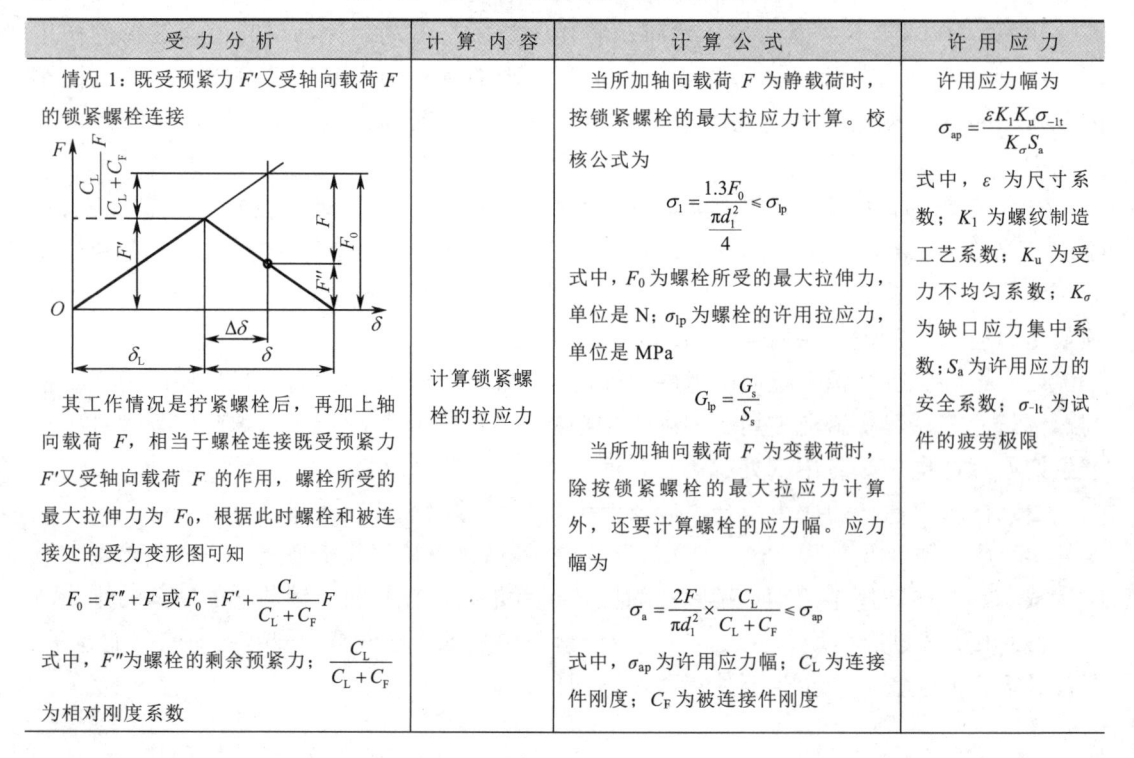

受力分析	计算内容	计算公式	许用应力
情况 1：既受预紧力 F' 又受轴向载荷 F 的锁紧螺栓连接 其工作情况是拧紧螺栓后，再加上轴向载荷 F，相当于螺栓连接既受预紧力 F' 又受轴向载荷 F 的作用，螺栓所受的最大拉伸力为 F_0，根据此时螺栓和被连接处的受力变形图可知 $F_0 = F'' + F$ 或 $F_0 = F' + \dfrac{C_L}{C_L + C_F} F$ 式中，F'' 为螺栓的剩余预紧力；$\dfrac{C_L}{C_L+C_F}$ 为相对刚度系数	计算锁紧螺栓的拉应力	当所加轴向载荷 F 为静载荷时，按锁紧螺栓的最大拉应力计算。校核公式为 $$\sigma_1 = \dfrac{1.3 F_0}{\dfrac{\pi d_1^2}{4}} \leq \sigma_{lp}$$ 式中，F_0 为螺栓所受的最大拉伸力，单位是 N；σ_{lp} 为螺栓的许用拉应力，单位是 MPa $$G_{lp} = \dfrac{G_s}{S_s}$$ 当所加轴向载荷 F 为变载荷时，除按锁紧螺栓的最大拉应力计算外，还要计算螺栓的应力幅。应力幅为 $$\sigma_a = \dfrac{2F}{\pi d_1^2} \times \dfrac{C_L}{C_L + C_F} \leq \sigma_{ap}$$ 式中，σ_{ap} 为许用应力幅；C_L 为连接件刚度；C_F 为被连接件刚度	许用应力幅为 $$\sigma_{ap} = \dfrac{\varepsilon K_1 K_u \sigma_{-1t}}{K_\sigma S_a}$$ 式中，ε 为尺寸系数；K_1 为螺纹制造工艺系数；K_u 为受力不均匀系数；K_σ 为缺口应力集中系数；S_a 为许用应力的安全系数；σ_{-1t} 为试件的疲劳极限

续表

受力分析	计算内容	计算公式	许用应力
情况 2：受横向载荷 F_s 作用的铰制孔螺栓连接 当铰制孔螺栓连接受横向载荷 F_s 作用时，铰制孔螺栓受到剪切作用；铰制孔螺栓、被连接件 1 和 2 三者均受到挤压作用，当三者材料相同时，取三者材料中挤压高度最小者为计算对象，当三者材料不相同时，取三者材料中挤压强度最弱者为计算对象	计算铰制孔螺栓的切应力，计算铰制孔螺栓、被连接件 1 和 2 三者的压应力	螺栓的切应力为 $$\tau = \frac{F_s}{m\frac{\pi}{40}d_0^2} \leq \tau_p$$ 式中，τ_p 为螺栓的许用切应力，单位是 MPa；d_0 为铰制孔螺栓受剪切处直径，单位是 mm；m 为铰制孔螺栓受剪切面数 压应力为 $$\sigma_p = \frac{F_s}{d_0 \delta} \leq \sigma_{pp}$$ 式中，δ 为受挤压的高度，单位是 mm；σ_{pp} 为最弱者的许用压应力，单位是 MPa	静载荷时许用切应力为 $$\tau_p = \frac{\sigma_s}{2.5}$$ 变载荷时许用切应力为 $$\tau_p = \frac{\sigma_s}{3.5 \sim 5}$$ 静载荷时许用压应力为 钢 $\sigma_{pp} = \frac{\sigma_s}{1.25}$ 铸铁 $\sigma_{pp} = \frac{\sigma_s}{2 \sim 2.5}$ 若是变载荷，则将静载荷时许用压应力乘以 0.7～0.8

表 4-20 预紧连接的螺栓安全系数 S_s

材料种类	静载荷			变载荷		
	M6～M16	M16～M30	M30～M60	M6～M16	M16～M30	M30～M60
碳钢	4～3	3～2	2～1.3	10～6.5	6.5	10～6.5
合金钢	5～4	4～2.5	2.5	7.5～5	5	7.5～6

4.3.3 电子元器件安装的注意事项

国内外电子元器件失效分析资料表明，有近一半的电子元器件失效并非由于电子元器件本身的固有质量不高，而是由于使用者对电子元器件选择不当或缺乏抗振动、抗冲击安装知识。

1. 振动、冲击对电子元器件的影响

振动、冲击对电子元器件的影响主要表现在 3 个方面。
（1）振动、冲击的作用力超过了电子元器件的极限承受能力。
（2）由于设计不当引起共振，造成电子元器件承受过高的应力响应，从而导致电子元器件的损伤。
（3）虽然振动、冲击的加速度未超过极限值，但在长时间的作用下，因疲劳作用而降低了强度，最后导致电子元器件损坏。

图 4-14 给出了几种主要电子元器件抗振动、抗冲击能力参考。由图可见，除引线束、继电器外，大多数电子元器件的抗冲击能力优于抗振动能力。

电子元器件的抗振动、抗冲击能力随安装方式、方法及位置不同而有很大差别,在安装时应加以注意,且充分考虑到在电子设备设计的初步阶段,就应当明确抗振动、抗冲击的要求,以便合理地确定电路和结构设计方案,选择合适的电子元器件及其安装方式、方法,正确确定机械结构的强度、刚度、质量分布和阻尼大小。

不同电子元器件的耐振动、冲击性能是不一样的,其安装方式、方法也不同。对于插拔式安装的电子元器件,其冲击引起的惯性力应小于插拔力,否则应增加锁紧装置。

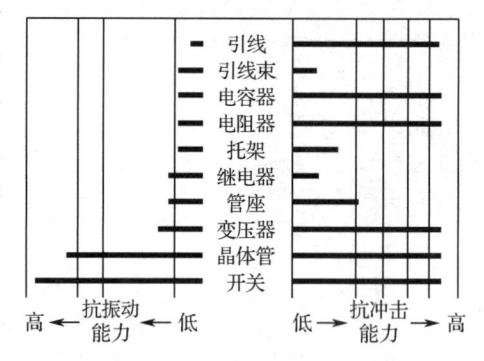

图 4-14 几种主要电子元器件抗振动、抗冲击能力参考

2. 电子元器件固有频率的估算

电子元器件的固有频率必须尽量避开其安装平台承受振动、冲击后的频响曲线的高峰点。电子元器件的固有频率可按下式进行估算:

$$f_n = \frac{1}{2\pi}\sqrt{\frac{192EIg}{WL^3}} \quad (4-1)$$

式中,f_n 为电子元器件的固有频率,单位是 Hz;E 为引线弹性模量,单位是 kg/mm^2;I 为引线惯性矩,单位是 mm^4;g 为重力加速度,一般取 9800mm/s^2;W 为电子元器件的质量,单位是 kg;L 为引线长度,单位是 mm。

3. 电子元器件的卧式安装

电子元器件的卧式安装(简称卧装)如图 4-15 所示。这种安装方式可以提高电子元器件的固有频率,抗振动能力强。为提高电子元器件的抗振动、抗冲击能力,卧装可紧贴印制电路板,也可垫上塑胶、纤维、毛毡等,最好用环氧树脂固定。

对于小型电阻器、电容器,尽可能采用卧装,并在电子元器件与底板间填充缓冲材料或用硅橡胶封装。

4. 电子元器件的竖直安装

对于有些电子元器件,为了充分利用空间,增大组装密度,多采用竖直安装(简称立装),如图 4-16 所示。这种安装方式的抗振动、抗冲击能力比紧贴印制电路板的卧装要差许多,若用于恶劣环境中则应尽量剪短引线和采用固定措施。

图 4-15 电子元器件的卧式安装

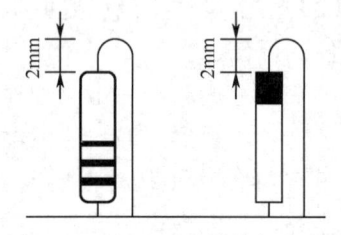

图 4-16 电子元器件的竖直安装

5. 电子元器件引线的尺寸及其与安装部位的距离要求

在电子元器件的安装过程中，其引线的尺寸及其与安装部位的距离，显著影响其抗振动、抗冲击能力。缩短引线，并使之满足如图4-17所示的要求，能取得好的抗振动、抗冲击效果。

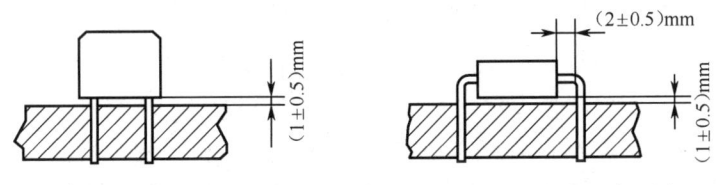

图 4-17 电子元器件引线的尺寸及其与安装部位的距离要求

6. 用固封材料固封

用固封材料（如环氧树脂、硅胶等）将电子元器件部分或全部固封起来，可以较大地提高电子元器件的抗振动、抗冲击能力，同时还能提高电子元器件的抗盐雾、抗潮湿能力。

4.3.4 典型电子元器件的安装

1. 半导体器件的安装

1）晶体管的安装

功率晶体管一般采用立装，为了提高其本身抗振动、抗冲击能力，可以采用卧装、倒装，并用弹簧夹、护圈或黏合剂（如硅胶、环氧树脂）固定在印制电路板上。

大功率晶体管应与散热器一起用螺钉固定在底板或机壳上，如图4-18所示。

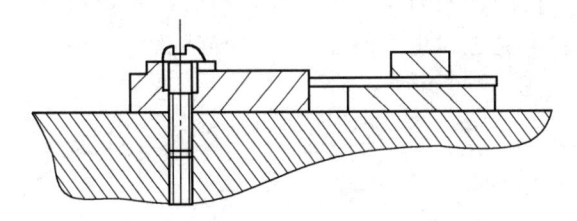

图 4-18 大功率晶体管与散热器一起用螺钉固定在底板或机壳上

2）集成电路的安装

（1）失效率低且无须调整的集成电路，应直接焊在印制电路板上，这样不仅抗振动性能好，而且减少了接插件，提高了整机可靠性。

（2）需要经常调整的模拟电路，在调整中容易损坏的，可以采用插座，若用于恶劣环境中，应适当地粘牢，避免振动时脱落。

（3）对于集成电路，一定要采用贴面安装，降低集成电路的安装高度，安装高度应控制在 7～9mm 之内。

对于不同的半导体器件，安装方法应不同。对于带插座的晶体管和集成电路，应压上护圈，护圈用螺钉紧固在底板上。对于有焊接引线的晶体管和集成电路，可以采用卧装，用弹簧夹、护夹、护圈或黏合剂固定在印制电路板上。

2．其他常见电子元器件的安装

（1）质量大于 15g 的电子元器件（如电阻器、电容器），安装时需要用附加紧固装置，如图 4-19（a）所示。变压器、继电器、电位器等较重的电子元器件，应尽量安装在较低支架的部位，变压器应尽量安装在电子设备的底层，利用变压器铁心的穿心螺钉将框架和铁心牢固地固定在底板上，如图 4-19（b）所示，其螺钉应有防松装置。

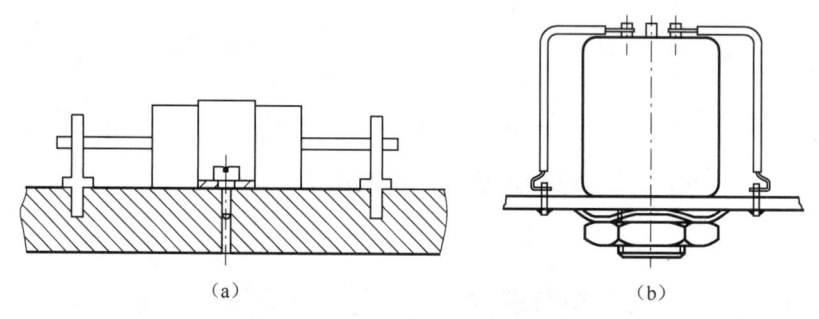

图 4-19　较重电子元器件的安装

（2）对于活动装置（如接插件、组合件等），应配备可靠的紧固装置。

（3）电子设备中的导线、电缆不得用硬线，不能使用钳伤和有裂纹的导线。在两端具有相对运动的情况下，电缆或导线均应留有足够的宽松度，如图 4-20 所示。若导线太松，则在振动时易引起导线摆动，造成电阻器、电容器、电感器等元件参数变化，引起变频电路性能下降或导线短路。通过金属孔或靠近金属零件处应另外套上绝缘套管。通常尽量将几根导线编扎在一起，并用线夹做分段固定，以提高其固有频率，减小振动的惯性力，提高抗振动、抗冲击能力。但单线连接有时是不可避免的，这时使用多股导线比单股硬导线好，跳线不能过紧也不能过松。若导线太紧，则在振动时由于没有缓冲而易造成脱焊或拉断。

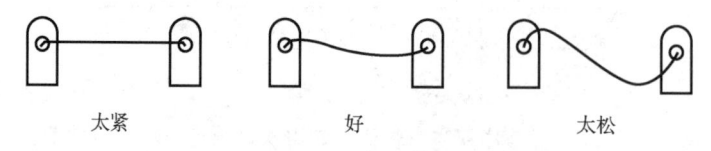

图 4-20　线缆的宽松度

为提高离散电子元器件的安装刚度，应尽量缩短引线的长度，确保贴面焊接质量优良，并用环氧树脂胶或聚氨酯胶点封在安装板上。

为避免电阻器和电容器谐振，在安装时一般采取用剪短引线来提高其固有频率的方法使之远离干扰频谱。

（4）安装易因振动而损坏的电子元器件（如陶瓷电容器等较脆元器件）时，应有减振装置；与金属件连接时，要垫上塑胶、毛毡等减振衬垫材料。

（5）电子元器件之间应有足够的距离，以免振动时发生短路或互相摩擦致损。

（6）可调电子元器件（如电位器等）应有紧固措施；所有调谐元器件应有固定制动装置，确保调谐元器件在振动、冲击时不会自行移动。

（7）对于继电器类元器件的安装，应使触点的动作方向尽量避开支承结构的共振方向，如图 4-21 所示。如有必要，可安装两个互相垂直的继电器并联使用，以防止纵向、横向振动失效，即采用冗余设计。

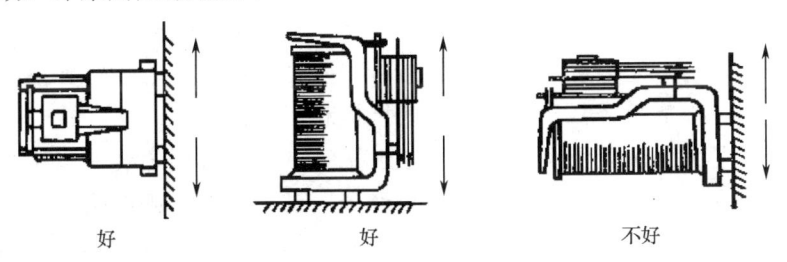

图 4-21 继电器类元器件的安装

（8）对于质量较大、有一定悬臂的器件，应加机械固定或用胶灌封，以免其局部共振引起电气焊点受力较大而断裂拉开。

（9）对于插接式的电子元器件，其插入轴方向不应与振动、冲击方向一致；同时，应加设盖帽或管罩压紧，防止振动、冲击过程中的松动。

4.3.5 印制电路板的安装

1. 印制电路板的尺寸

印制电路板较薄，易于弯曲，所以印制电路板应尽量采用小板结构。印制电路板的最佳形状为矩形，长宽比为 3∶2 或 4∶3。当印制电路板的尺寸大于 200mm×150mm 时，应考虑印制电路板可承受的机械强度，即尺寸较大的中间应有加强措施。印制电路板的四周边应尽量无自由边，以提高印制组件的固有频率，避免低频谐振。

2. 印制电路板上电子元器件的安装

位于印制电路板边缘的电子元器件，离印制电路板边缘一般不小于 2mm。

焊盘中心孔要比电子元器件引线直径稍大一些。焊盘太大易形成虚焊，受到振动、冲击后会出现接触不良。焊盘外径 D 一般不小于 $(d+1.2)$ mm，其中 d 为引线孔径。对于高密度的数字电路，焊盘最小直径可取 $(d+1.0)$ mm。

对于电子元器件质量超过 15g、每一引脚质量超过 7g 及电子元器件直径超过 1.3cm 的情况，应夹紧或用其他方法固定在印制电路板上，然后焊接，以防止因振动而引起疲劳断裂。

印制电路板上电子元器件的安装还可参见前面有关电子元器件安装的内容。

3. 印制电路板的缓冲设计

印制电路板的缓冲设计要考虑两个方面问题：一是印制电路板的尺寸，二是印制电路板的安装固定方式。

印制电路板的尺寸越大，其固有频率就越低，抗振动能力越差。若印制电路板的尺寸过大，则必须对其进行加固设计，如增设肋条并将大而重的电子元器件尽可能地安置在靠近印制电路板的固定端，以提高装配板的固有频率，提高抗振动能力。但是，印制电路板也并非尺寸越小越好，还要兼顾其他特性，进行权衡设计。如果印制电路板尺寸过小，则安装不下整个完整电路，对装调会带来困难，不便于维修、更换；同时，还会增加板数和接插件，从而降低印制电路板的抗振动、抗冲击能力。

印制电路板主平面在电子设备中应平行于振动、冲击方向安装，尽量避免垂直于振动、冲击方向安装。如果3个方向要同时经受到振动、冲击，则应垂直于振动、冲击最小的方向安装。为了减小振动、冲击对印制电路板的影响，除采用约束阻尼处理技术外，印制电路板上的插座与固定的插槽一定要紧配合。另外，可以通过改变印制电路板的尺寸、安装形式及电子元器件在印制电路板上的排列来改善印制电路板的振动、冲击环境。

4.4 电子设备的刚度设计

4.4.1 概述

电子设备的刚度设计以保证实现电子设备功能为基本目的。因此，在恶劣的振动、冲击、爆炸和风暴等内外激励条件下，电子设备的刚度设计必须遵循以下原则。

（1）在振动激励频率范围内，所有层次结构不得出现有害的结构谐振。

（2）层次结构及其连接刚度，必须符合二倍频规则。

（3）机电性能紧密相关的模块或组合（如天线、波导、频率源、印制电路板等），其结构变形不得造成电子设备电性能的下降或失灵。

（4）在电子设备进行环境试验时，以及在电子设备全寿命期内，结构的实际应力必须小于其相应的许用应力。在全部环境试验结束后，不可换的关键模块、结构的 Miner 累积疲劳循环比 R 必须小于 0.3，否则不应交付使用。

（5）可拆或翻转式连接结构，必须消除结合面间的间隙，以避免引起附加冲击、非线性自激振动和机械结构噪声。

（6）当螺旋桨飞机、直升机或车船等发动机主工作频率 f_{pi} 确认后，电子设备中关键元器件自身及其支承结构的一阶主振频率 f_{n1} 必须大于 f_{pi} 的上限频率的 $\sqrt{2}$ 倍，即 $f_{n1} > \sqrt{2} f_{p上}$。

在结构设计受限时，各阶主振频率 f_{ni} 不得与 f_{pi} 重合或接近，避免在最大激励处发生结构共振，引起电性能下降或结构损坏。

以上原则适用于试验夹具和隔振系统固有频率的确认。

例如，直升机激励谱：$F_1 = 21.2 \text{Hz}$，$F_4 = 84.8 \text{Hz}$。

① 隔振系统 $f_{n10} \leq F_1/\sqrt{2} \approx 15 \text{Hz}$（21.2Hz 开始减振）。

② 印制电路板 $f_{n11} \geq 2F_4 = 169.6 \text{Hz}$（二倍频规则）。

③ 当印制电路板安装在插箱底板上时，底板固有频率 $f_{n12} \geq 2f_{n11} = 339.2 \text{Hz}$。

④ 试验夹具 $f_{n13} \geq 2f_{n12} = 678.4 \text{Hz}$。

此时，可以保证在进行直升机谱试验时，不会产生有害的共振破坏。

4.4.2 层次结构和二倍频规则

1．层次结构

相对独立的结构组合（或单元），用连接件（连接工艺）组成整件时，基础件称为主层次结构，安装在基础件上的结构组合（或单元）称为次层次结构。

例如，机柜、显控台主骨架为主层次结构，插箱为次层次结构，安装在插箱内的独立结构组合，如印制电路板模块、电源模块等为第三层次结构，印制电路板为第四层次结构。如果印制电路板模块与插箱底板为刚性连接，则印制电路板可视为第三层次结构。

2．二倍频规则

根据线性系统振动理论，$i+1$ 层次结构的一阶固有频率 f_{i+1} 与其安装基础 i 层次结构的一阶固有频率 f_i 的频率比 $\beta = f_{i+1}/f_i \geq 2$ 时，其动力放大因子 $\lambda = |H(\omega)| \approx 1$。此时，可将这两个层次结构视为刚性连接。

当插箱、机箱自身较重，并且采用导柱、导套、螺钉连接时，由于其有效连接刚度只有整体结构形式的30%，因此实现所有层次结构频率比 $\beta \geq 2$ 的要求在工程中较困难，经双方协商，可允许 $\beta \geq 1.5$。但是，印制电路板层次结构的一阶固有频率不得低于扫频上限频率 $f_{p上}$ 的 2 倍。

舰载设备各层次结构的一阶固有频率下限值应符合表4-21中的要求。此时可保证在扫频范围内，各层次结构不发生局部共振。当 $\beta = 1.5$ 时，局部共振的动力放大因子 λ 必须满足 $\lambda \leq 3$ 的要求。

表4-21 舰载设备各层次结构的一阶固有频率下限值

舰型	扫频上限频率 $f_{p上}$/Hz	主、次层次结构间连接形式	频率比 β	一阶固有频率下限值/Hz				
				机柜、显控台	机箱	插箱	印制电路板模块	印制电路板
一般舰艇	60	弹性连接	1.5	≥30	—	≥45	≥67.5	≥120
			2	≥30	—	≥60	≥120	≥240
		刚性连接	1.5	—	30	60	67.5	≥120
			2	—	30	45	120	240

续表

| 舰型 | 扫频上限频率 $f_{p上}$/Hz | 主、次层次结构间连接形式 | 频率比 β | 一阶固有频率下限值/Hz ||||
				机柜、显控台	机箱	插箱	印制电路板模块	印制电路板
快艇	120	弹性连接	1.5	≥45	—	67.5	101.25	>240
			2	≥45	—	90	—	240
		刚性连接	1.5	—	45	67.5	101.5	≥240
			2	—	45	90	180	360

4.4.3 提高层次结构刚度的技术措施

1. 显控台的框架结构设计要求

显控台的框架结构应设计成稳定结构，主承载构件应采用铸件或焊接件。在采用螺钉连接时，应使连接刚度满足表4-21中各层次结构的一阶固有频率下限值要求，否则应提高侧板、面板与框架的连接刚度。螺钉的直径、数量、布局方式等应有利于结构加固，板的顶角处必须有螺钉固定，以防止碰撞噪声。侧（后）板不允许采用下端安装两个弹性插销、上端由两个螺钉固定的结构形式。

2. 提高插箱结构刚度的技术措施

（1）通常插箱采用导轨、导柱、导套、面板等构件与机架相连，为提高插箱连接刚度，理应使它们同时承载。但在某些采用导轨的场合，为防止导轨受动载荷作用引起变形及导柱存在间隙，故设计装配时，只考虑由导柱、导套和前面板承载，而导轨不承载。对于这种结构形式，导柱或导套的调节环节和面板与机架之间必须有定位销锁定，由定位销承受上下和左右方向的振动、冲击载荷。

目前，最常见问题是面板与机架采用松不脱螺钉连接，而无定位装置。由于松不脱螺钉的细轴颈与面板螺孔之间有较大的间隙，一旦螺钉紧固力在面板与机架间产生的摩擦力小于振动、冲击动载荷后，将引起非线性自激振动或附加冲击，给设备造成不必要的损伤，并且机械噪声也因此而增大。此时，可将插箱的把手顶端制成导柱状，在机架相应位置设置导套。

（2）插箱底板是电子模块、组件安装的基础。在底板上不宜开连续孔和排孔。常采用打肋、加筋、翻边等措施提高底板的刚度。

（3）插箱内所有模块、组件的组合重心应落在插箱的导柱与面板的支承面内，以防止局部扭振引起耦联振动。

（4）当插箱采用薄钢板结构时，导轨与侧板、导柱（或导套）与后板间连接应可靠。插箱底板与导柱、导套和面板的串联刚度与其支承质量组成的该层次结构的一阶固有频率应符合表4-21中的要求。

3. 典型机柜的结构特点

机柜是电子设备中各电子组件单元的安装基础，其结构刚度、固有频率，以及抗振动、抗冲击性能直接影响电子设备的功能和可靠性。

机柜大体上可分为型材机柜、钣金机柜和铸造机柜 3 类。

1）型材机柜

型材机柜主要以事先成型的型材材料作为主骨架支承结构，并采用焊接、铆接、螺钉连接、粘接等方式组装而成。

型材机柜的优点是成本低、结构组装灵活、设计周期短、成型速度快。其缺点是立柱骨架结构在焊接烧伤后不易镀涂保护层，故抗腐蚀能力较差；型材易变形将造成整体刚度差。

型材机柜的材料主要有钢型材和铝型材两大类（见图 4-22、图 4-23）。铝型材与钢型材相比具有质量小、接地电阻小等优点，但其杨氏模量比钢型材小很多。故铝型材机柜抗振动、抗冲击能力差，只适用于小型或室内固定电子设备。钢型材机柜可用于陆用电子设备。

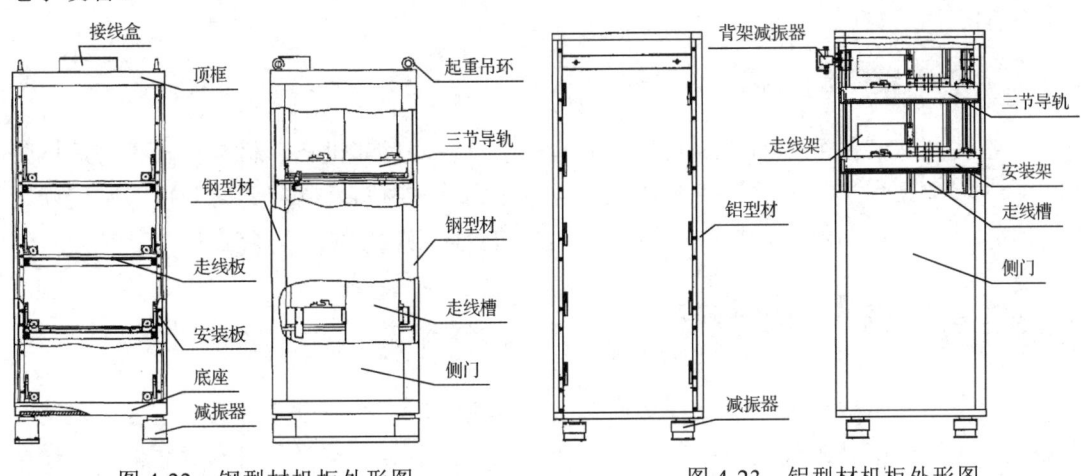

图 4-22　钢型材机柜外形图

图 4-23　铝型材机柜外形图

2）钣金机柜

钣金机柜采用 1～3mm 厚的钢板折弯成钣金骨架、框架、底板、侧板、门等基本构件，然后通过焊接或螺钉、铆钉连接成整柜。钣金机柜外形图如图 4-24 所示。

钣金机柜具有能承受较大载荷、结构刚度高、造型美观等优点，但具有抗腐蚀性差、自重较大等缺点。

3）铸造机柜

铸造机柜的主要受力结构为立柱和上、下框架等，由铝合金一次铸造成型。铸造机柜承受强振动、强冲击的能力和结构刚度比前两种机柜有较大改善。特别是作战舰艇和战斗车辆上的电子设备多采用铸造机柜。铸造机柜外形图如图 4-25 所示。

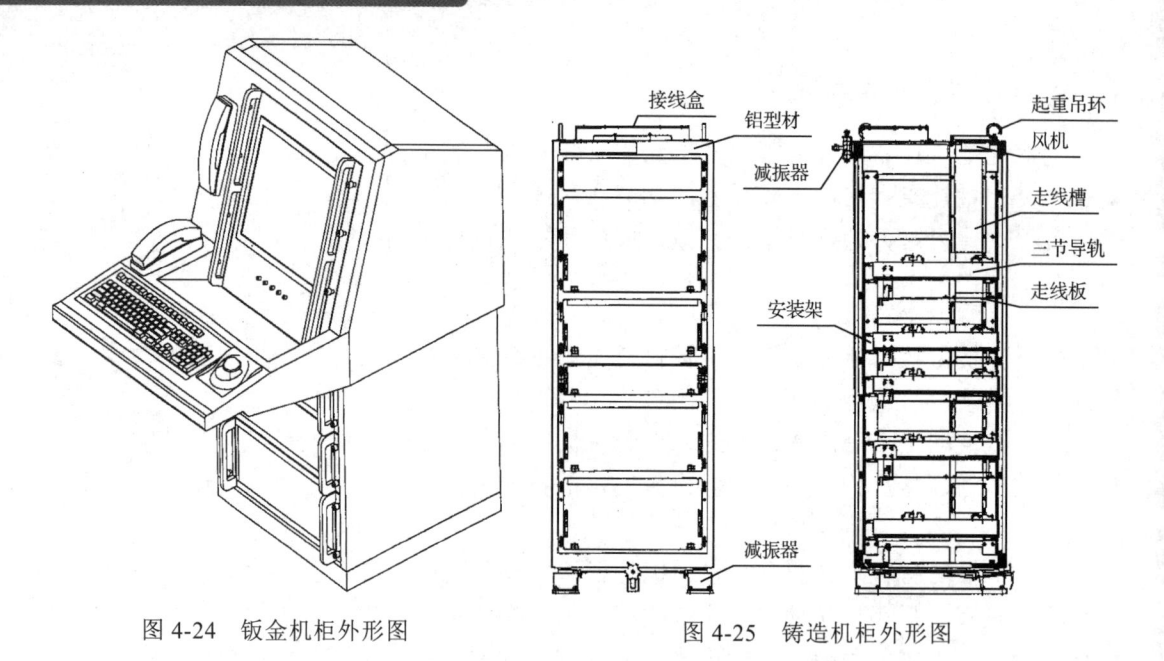

图 4-24 钣金机柜外形图　　　　图 4-25 铸造机柜外形图

随着先进铸造工艺的发展，铸件铸造精度有较大提高，铸件质量有较大增大，使铸造机柜的应用日益广泛。

4．特殊材料机箱、机柜

在某些特殊条件下，如海航直升机上的电子设备，对其机箱、机柜的自重有严格限制。此时必须采用碳纤维、镁铝合金或钛合金作为基本材料，除应考虑强度、刚度问题外，还应综合考虑防腐蚀、构件的连接方式和结合面电极电位，以防止应力腐蚀。

4.4.4 悬臂结构的刚度设计

在电子设备结构系统中，悬臂结构是无法避免的，特别是在多个天线组合、多层叠层结构，以及升降杆式天线中应用较广。现以 3 个应用实例说明采用悬臂结构时应注意的问题，以及减少层次，提高结构刚度、强度的方法。

【例 4-3】某电子系统的天线组合如图 4-26（a）所示。基础 1 与主轴 2 用紧配合连接。下法兰 3 与主轴 2 用轴承连接，在步进电机作用下，使天线 m_1、m_2、m_3 同时绕 A—A 轴心进行方位 φ_A 扇扫，m_3 可以不进行扇扫。图中下法兰 3 与支承天线 m_1 的刚度为 k_1，中法兰 4 与支承天线 m_2 的刚度为 k_2，上法兰 5 与支承天线 m_3 的刚度为 k_3。其力学模型如图 4-26（b）所示。显然，它是一个三自由度系统。上、中、下法兰和连接柱均为非金属材料。天线 m_1 和 m_2 要求俯仰扫描。组装后，用整流罩 6 进行封装。在振动台上进行 2～55Hz 扫频时，其垂直方向在 32Hz、38.5Hz、45Hz、48Hz 和水平方向 23Hz、31.5Hz、38Hz、42Hz、46.5Hz 等多个共振点上无法正常工作。在水平方向 23Hz 时，设备 m_3 被甩出去，而使整个电子系统无法交付使用。经会诊，对现有结构进行如图 4-26（c）所示的改进。

(1) 在基础 1 加工一个台阶孔引入螺母 7，将紧配合连接改为螺母连接，其刚度提高到 k_1'。在此提醒读者注意，在振动、冲击环境条件下，绝对不允许采用紧配合连接。这时不仅对振动、冲击有较大的动应力，电子设备工作环境的高低温度差往往还会超过 140℃，紧配合连接是非常不可靠的。

(2) 将支承 m_3 的上法兰 5 全部去除，在整流罩的内部胶接法兰 8，将 m_3 直接与法兰 8 相连。这样在结构上减少了一个层次。由于 m_3 的刚度增加到 k_3'，固有频率 $f_{n3} \gg 55\text{Hz}$。

(3) 将下法兰 3 和中法兰 4 之间加工成水平卸荷凸缘结构。结构改进详见图 4-26（c），其力学模型见图 4-26（d）。在采取上述措施后，顺利完成了振动试验和现场装调，并投入使用。由此可见，减少一个最薄弱层次对提高系统总体刚度有至关重要的影响。

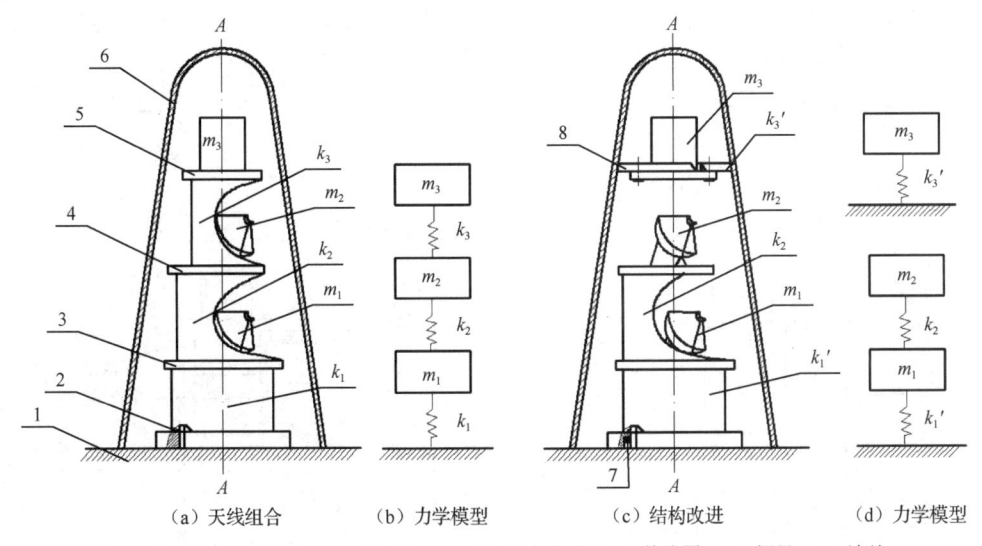

(a) 天线组合　(b) 力学模型　(c) 结构改进　(d) 力学模型

1—基础；2—主轴；3—下法兰；4—中法兰；5—上法兰；6—整流罩；7—螺母；8—法兰。

图 4-26　例 4-3 示意图

【例 4-4】某设备采用如图 4-27（a）所示的多级升降杆天线座。图中，基础 5 由液压升降机构组成。升降杆 4 由多节方（圆）管组成。为减小升降杆变形，采用多根斜拉绳 3 稳定杆的竖立状态。杆端由 360°方位平台 2 带动，天线 1 做方位扫描，由直线步进电机进行俯仰扫描。平台 2 距离地面 40m。

点评：该类悬臂天线结构对于没有方向性要求的通信天线是可以采用的，并且目前已广泛应用。但作为有方位和俯仰角度精度要求的天线，必须考虑在风力作用下梁顶端平台因细长天线升降杆 4 的转角位移（也称转角变形）引起的方位角误差 α [见图 4-27（b）]，以及悬臂梁顶端弯曲变形引起的平台 2 的俯仰角误差 β [见图 4-27（c）]，并给出动态补偿方案。动态补偿方案必须在补偿速度和精度方面满足整机的要求。否则是不可取的。

【例 4-5】作为总体结构设计师，必须把握整机所处的振动、冲击等环境因素。把多个分系统或设备的结构有机结合，而不是简单组合，这是一个很重要的问题。本例所讲的是某气象卫星总体结构的问题。由于卫星上的设备由各个单位分别制造，设备大小不一，原总体结构设计如图 4-28（a）所示。高低不同的设备被分别安装在 B、C、D 三层平台上，顶层 A 是各种天线。以上结构类似例 4-3 的三层次结构。在水平振动时，顶层天线大多不能正常工作。由于质量限制，无法采用加强筋，也无法加装隔振器。如何在不增加质量的前提下，提高整体的结构刚度呢？

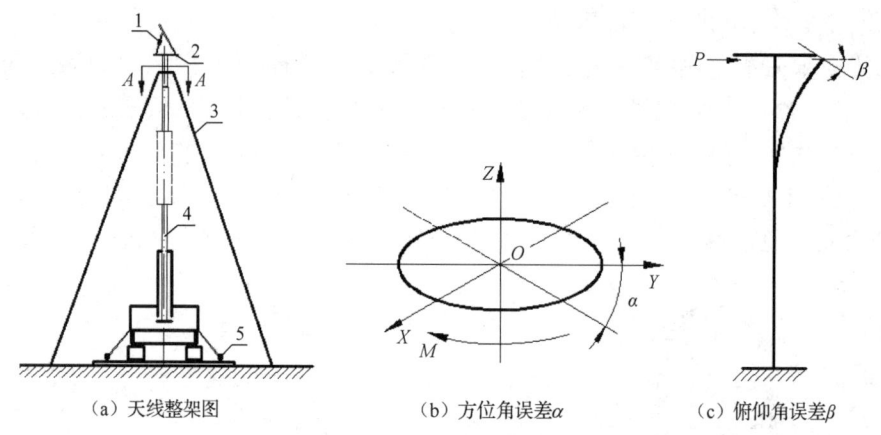

（a）天线整架图　　（b）方位角误差α　　（c）俯仰角误差β

1—天线；2—平台；3—斜拉绳；4—升降杆；5—基础。

图 4-27　例 4-4 示意图

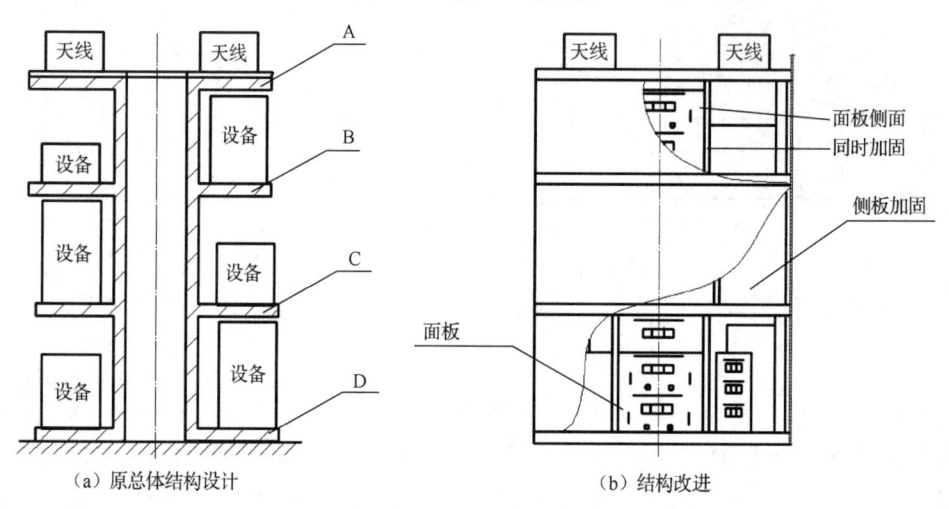

（a）原总体结构设计　　（b）结构改进

图 4-28　例 4-5 示意图

改进措施：

（1）在总体设计时，把各平台之间高度做统一安排。相同、相近的设备安装在同一平台上，并且确定其安装位置，各平台中的中小设备的安装方式可以比较随意。将 B、C、D 平台上的设备面板或侧板设计成与相邻两平台的平台间隔高度相等，它们就成了平台之间的加强筋。而其他较低的小型设备可视情况任意分布，结构改进如图 4-28（b）所示。

（2）也可将每个设备的外面板做成结构外围筒的组成部分，将其装配成型后，每个平台周边都相连，这就极大地提高了结构的水平刚度。水平振动时，其抗弯矩量原来由空心筒单独承担，变为内空心筒与外边缘支承共同承担。

通过例 4-5 给大家介绍这样一种理念，即统筹全局，让一个结构实现多种用途，各结构间互相支持，从而提高总体结构刚度。

以上这些工作必须在确定总体方案时就开始注意,"木已成舟"的修改将困难重重。

4.5 结构振动分析中的等效技术

电子设备结构振动分析的用意是求解结构的各阶主频率,特别是一阶固有频率,并使这些频率远离电子设备的各阶危险频率和环境试验(或实际运行)时的高能级激励频率,从而避免结构谐振对电子设备电性能的有害影响。

4.5.1 等效质量、等效刚度和等效阻尼

为使结构振动分析简化,在分析过程中,对各类参数进行了等效分析。等效分析的基础理论是,在结构或系统振动的一个周期内,有:

(1) 等效弹簧 K_{eq} 储存的最大变形能等于各个弹簧储存的最大变形能之和,即

$$\frac{1}{2}K_{eq}X_m^2 = \sum_{i=1}^{n}\frac{1}{2}K_i X_{im}^2$$

(2) 等效质量 M_{eq} 具有的最大动能等于各个分质量具有的最大动能之和,即

$$\frac{1}{2}M_{eq}\dot{X}_m^2 = \sum_{i=1}^{n}\frac{1}{2}M_i \dot{X}_{im}^2$$

(3) 等效阻尼系数 c_{eq} 耗散的能量 $E_{c_{eq}}$ 等于各个分阻尼系数 c_i 耗散的能量 E_{c_i} 之和,即

$$E_{c_{eq}} = \sum_{i=1}^{n}E_{c_i}$$

【例 4-6】在如图 4-29 所示的多弹簧、多质量系统中,大盘半径为 R,小盘半径为 r_1,m_1 绕 O_1 转动,转动惯量为 J_1;m_0 做水平直线运动;半径为 r_2、质量为 m_2 的圆盘绕 a 点做纯滚动,转动惯量 $J_a = \frac{3}{2}m_2 r_2$。K_1 左端在 A 点接地,右端用钢丝绳系牢后,绕在大盘上,切点为 B。K_2 右端在 D 点接地,左端用钢丝绳与 O_2 相连。m_0 右端用钢丝绳与 O_2 相连,左端用钢丝绳缠绕在质量为 m_1 的小盘上,钢丝绳振动时无蠕变。

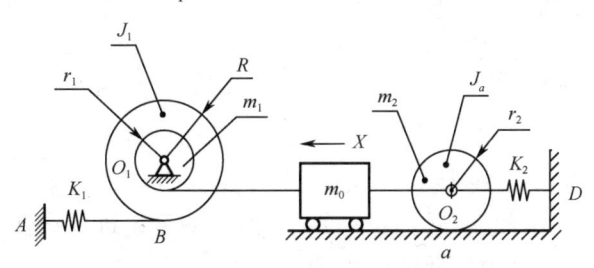

图 4-29 例 4-6 示意图

(1) 给 m_0 施力,使其水平方向有单位位移 $X_0 = 1$,K_2 伸长 $X_2 = X_0$,r_1 圆盘的角位移为 $\theta = X_0/r_1$,K_1 伸长 $X_1 = R\theta = X_0 R/r_1$。

（2）在自由振动中不计阻尼力，则 m_0 的速度 $\dot{X}_0 = \omega_n X_0$，大盘的角速度为
$$\dot{\theta}_1 = \dot{X}_0/r_1 = \omega_n X_0/r_1, \quad \dot{\theta}_1 = \dot{X}_0/r_2$$

（3）设等效刚度为 K_{eq}，则由变形能相等，有

$$\frac{1}{2}K_{eq}X_0^2 = \frac{1}{2}K_1 \cdot \left(\frac{R}{r}X_0\right)^2 + \frac{1}{2}K_2 X_0^2$$

$$K_{eq} = \left(\frac{R}{r}\right)^2 K_1 + K_2$$
（4-2）

（4）设等效质量为 M_{eq}，则由动能相等，有

$$\frac{1}{2}M_{eq}\dot{X}_0^2 = \frac{1}{2}J_1\dot{\theta}_1^2 + \frac{1}{2}m_0\dot{X}_0^2 + \frac{1}{2}J_a\dot{\theta}_a^2$$

$$\frac{1}{2}M_{eq}(\omega_n X_0)^2 = \frac{1}{2}J_1\left(\omega_n \frac{X_0}{r_1}\right)^2 + \frac{1}{2}m_0(\omega_n X_0)^2 + \frac{1}{2}J_a\left(\frac{X_0}{r_2}\omega_n\right)^2$$

$$M_{eq} = J_1/r_1^2 + m_0 + J_a/r_2^2$$
（4-3）

系统的固有频率为

$$\omega_n^2 = K_{eq}/M_{eq} = \frac{K_2 + (R/r_1)^2 K_1}{J_1/r_1^2 + J_a/r_2^2 + m_0}$$

【例 4-7】 等效阻尼计算。

单自由度系统在稳态强迫振动时，$F = q\cos\omega t$。

由 m、k、c 系统组成的单自由度系统受力图见图 4-30，稳态响应 $x = A\cos(\omega t - \theta)$，激励 $F = q\cos\omega t$，$dx = \dot{x}dt$，则黏性阻尼在一个周期内耗散的能量 E_c 等于外激励输入的能量 E_q。

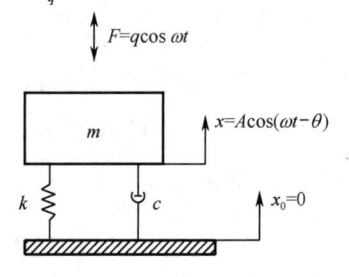

图 4-30 单自由度系统受力图

$$E_q = \int_0^T F \cdot \dot{x}dt$$
$$= \int_0^T q\cos\omega t \cdot [-A\omega\sin(\omega t - \theta)] \cdot dt$$
$$= \pi Aq\sin\theta$$

$$E_c = \int_0^T F_c dx = \int_0^T c\dot{x} \cdot \dot{x}dt$$
$$= \int_0^T c \cdot [-A\omega\sin(\omega t - \theta)^2]dt$$
$$= c\pi A\omega$$

当 $r = 1$，$\theta = \frac{\pi}{2}$ 时，有 $\sin\theta = 1$，则 $E_q = \pi Aq$，由 $E_c = E_q$ 有 $c = q/A\omega$。

由此可见，阻尼比 $D = c/2\sqrt{km}$ 是在 $r = 1$，即 $\omega = \omega_n$ 时的值，在激励 q 不变的条件下，ω 变大，A 变小，并对 c 产生影响，所以 D 是变值，$D \approx 5(A \cdot \omega)$。

将干摩擦阻尼力 F_μ 等效为黏性阻尼力 F_c。对振动系统进行线性系统分析时，设摩擦系数为 μ，$F_\mu = \mu N$，有用内耗散能量 E_n 为

$$E_n = 4F_\mu \cdot A = 4\mu NA$$

当 $E_\mu = E_c$ 时，有 $c\pi A^2\omega_n = 4\mu NA = c_{eq}\pi A^2\omega_n$，则

$$c_{eq} = \frac{4\mu N}{\pi A\omega_n}$$
（4-4）

式中，A 为系统振幅，当图 4-30 中 $x_0=0$ 时，A 即为相对位移，当系统受基础位移 A_0 激励时，$A=A-A_0$。由式（4-4）可知，当摩擦力 F_μ 大于系统动载荷 $F_d > m\ddot{x}$ 时，相对运动振幅 $A=0$，则 $c_{eq}=\infty$，这就是干摩擦阻尼隔振器可以抑制共振和实现无谐峰传递率 $\eta_v \leqslant 1$ 的基本原理。

4.5.2 弹性构件的等效技术

某复合材料的截面梁如图 4-31（a）和图 4-31（c）所示。试求将复合材料截面梁等效为图 4-31（b）和图 4-31（d）中同材质（E_1）梁的 b_e、B_e 和 h_e。

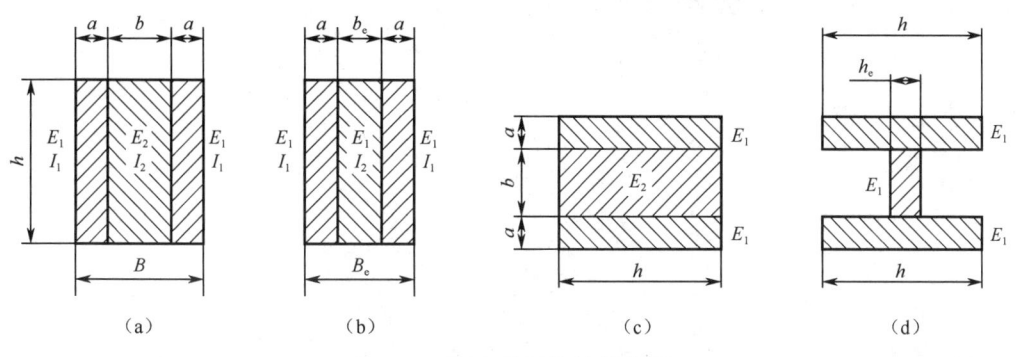

图 4-31 复合材料的等效截面

（1）将图 4-31（a）等效为图 4-31（b）中同材质梁，由 $\dfrac{bh^3}{I_2} \cdot E_2 = \dfrac{b_e h^3}{I_2} \cdot E_1$，有

$$b_e = \frac{E_2 b}{E_1}$$

（2）由图 4-31（b）可见

$$B_e = 2a + b_e$$

（3）将图 4-31（c）等效为图 4-31（d）中同材质梁，由 $\dfrac{hb^3}{I_2} \cdot E_2 = \dfrac{h_e b^3}{I_2} \cdot E_1$，有

$$h_e = \frac{E_2 h}{E_1}$$

根据图 4-31（d）可求得工字梁的抗弯矩量 I_e。

4.5.3 均布质量弹簧的等效集中质量

在以往的振动分析中，通常忽略弹簧的质量。下面将介绍均布质量弹簧简化为质量 m_s 和刚度 k 的无质量弹簧系统的等效方法——瑞利法。

用瑞利法求固有频率必须先假设系统的振动形态，然后再用能量法计算系统的固有频率。假设的振动形态与实际的振动形态越相似，则求解的固有频率误差越小。对于需要考虑弹簧的分布质量的系统，常使用瑞利法计算其固有频率。

【例 4-8】 图 4-32 所示为一无阻尼单自由度弹簧质量系统，求考虑弹簧的质量 m_s 时系统的固有频率。

解： 假设系统振动时，弹簧各点的位移和系统受静力作用时各点的静变形相似，如图 4-32（b）所示。由图得

$$x_c = \frac{cx}{l}, \qquad \dot{x}_c = \frac{c\dot{x}}{l}$$

弹簧的动能为

$$T_s = \int_0^l \frac{1}{2}\frac{m_s}{l}(\dot{x}_c)^2 dc = \int_0^l \frac{m_s}{2l}\left(\frac{c\dot{x}}{l}\right)^2 dc = \frac{m_s}{6}\dot{x}^2$$

令 $\dot{x}_{max} = A\omega_n$，系统的最大动能为

$$T_{max} = \frac{1}{2}m\dot{x}_{max}^2 + \frac{m_s}{6}\dot{x}_{max}^2 = \frac{1}{2}\left(m + \frac{m_s}{3}\right)A^2\omega_n^2$$

系统的最大势能为

$$U_{max} = \frac{1}{2}kx_{max}^2 = \frac{1}{2}kA^2$$

由 $T_{max} = U_{max}$，得系统的固有角频率为

$$\omega_n = \sqrt{\frac{k}{m + m_s/3}}$$

【例 4-9】 图 4-33 所示为中间有集中质量 m 的等截面简支梁，求考虑自身质量 m_s 时系统的固有频率。

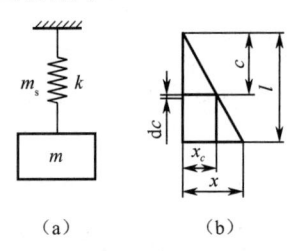

图 4-32　有质量弹簧的固有频率

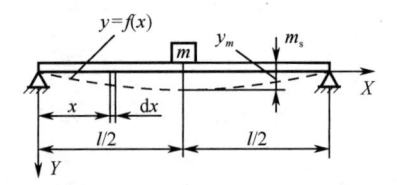

图 4-33　中间有集中质量的简支梁

解： 假设梁在振动过程中，梁的动挠度曲线和中间有集中载荷 mg 的简支梁的静挠度曲线具有相同的形状，如图中虚线所示。由材料力学知，此曲线的方程为

$$y = f(x) = y_m \frac{3l^2x - 4x^3}{l^3}$$

梁本身的最大动能为

$$T'_{max} = \frac{l}{2}\int_0^{l/2} \frac{m_s}{2l}\left(\dot{y}_m \frac{3l^2x - 4x^3}{l^3}\right)^2 dx = \frac{1}{2}\dot{y}_m^2 \frac{17}{35}m_s$$

令 $\dot{x}_{max} = A\omega_n$，系统的最大动能为

$$T'_{max} = \frac{1}{2}m\dot{y}_m^2 + T'_{max} = \frac{1}{2}\left(m + \frac{17}{35}m_s\right)\dot{y}_m^2 = \frac{1}{2}\left(m + \frac{17}{35}m_s\right)A^2\omega_n^2$$

系统的最大势能为

$$U_{max} = \frac{1}{2}ky_m^2 = \frac{1}{2}kA^2$$

由 $T_{max}=U_{max}$，得系统的固有角频率为

$$\omega_n = \sqrt{\frac{k}{m+\frac{17}{35}m_s}}$$

4.5.4 常见的无阻尼单自由度系统固有频率的计算公式

在阻尼小的一般情况中，有阻尼和无阻尼系统的固有频率比较接近。因此，对于有阻尼系统的固有频率也可用表 4-22 中的公式进行近似估算。

表 4-22 固有频率计算公式

序号	系统简图	说明	固有频率
1	（一个质量块、一个弹簧 k、m_s、m）	一个质量块、一个弹簧的系统	$\omega_n = \sqrt{\frac{k}{m}}$ 若考虑弹簧的质量 m_s $\omega_n = \sqrt{\frac{3k}{3m+m_s}}$
2	（m_1、k、m_2 水平系统）	两个质量块、一个弹簧的系统（电磁振动台 m_1 加水平滑台 m_2）	$\omega_n = \sqrt{\frac{k(m_1+m_2)}{m_1 m_2}}$
3	（双簧摆 $k/2$、$k/2$、a、l、m）	双簧摆（倒挂隔振器系统）	$\omega_n = \sqrt{\frac{ka^2}{ml^2}+\frac{g}{l}}$
4	（倒立双簧摆 m、$k/2$、$k/2$、a、l）	倒立双簧摆（底部安装隔振系统）	$\omega_n = \sqrt{\frac{ka^2}{ml^2}-\frac{g}{l}}$
5	（杠杆摆 k、m、r、a、l）	杠杆摆（壁挂式隔振系统）	$\omega_n = \sqrt{\frac{kr^2\cos^2 a - k\delta_{st} r\cos a}{ml^2}}$ δ_{st} 为弹簧的静位移
6	（水平板吊着系统 a、h）	一个水平板被 3 根等长的平行弦吊着的系统（转动惯量测试台）	$\omega_n = \sqrt{\frac{ga^2}{r_0^2 h}}$ r_0 为杆的回转半径

续表

序号	系统简图	说明	固有频率
7	(a) (b)	横梁上有集中质量的系统	（a）质量位于两端固定梁上：$\omega_n = \sqrt{\dfrac{3EIl^3}{(m+0.375m_s)a^3b^3}}$ （b）质量位于两端简支梁上：$\omega_n = \sqrt{\dfrac{3EIl}{(m+0.49m_s)a^2b^2}}$

4.6 电子组装件振动环境适应性设计

4.6.1 概述

电子设备中的电子组装件（简称电子组件），通常以薄型陶瓷板或印制电路板为基板，将电子元器件通过贴片、焊接等方式组成具有一定电信功能的组件单元。在振动、冲击和高低温等环境条件下，电子组装件及其支承件、连接件等构件中必然会产生交变（动）应力和热应力。当应力过大或因疲劳而损坏时，将引起脱焊，印制电路板铜箔导线断裂并导致电信功能的失灵。下面主要阐述各应力形成的机理和应力控制与抑制的措施，以及提高电子组装件环境适应性和可靠性的基本理论和方法。

典型的电子组装件由基板（薄型陶瓷板或印制电路板）和安装在基板上的电子元器件组成（见图 4-34）。安装在电子设备上的电子组装件的实际振动状况很复杂，通常可将其分解为如图 4-36 所示的在 X、Y、Z 3 个坐标方向的运动并进行应力分析，然后再应用线性系统的叠加原理进行应力综合。

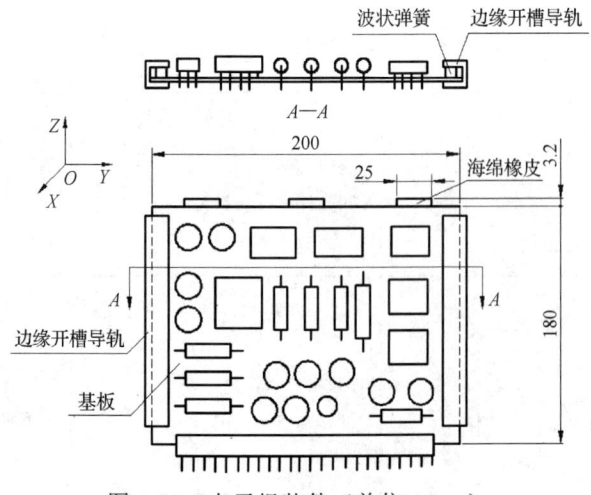

图 4-34 电子组装件（单位：mm）

结构的动应力主要由振动、冲击时结构的惯性动荷、基板弯曲或扭转变形而产生。

1. 惯性载荷引起的结构应力

惯性载荷引起的结构应力，由振动、冲击引起的惯性动荷产生的动应力和由运载工具做曲线运动引起的惯性静荷（离心力）产生的静应力组成。

1）惯性动荷产生的动应力

电子组装件电信功能失灵、失效主要是由引线、焊点、铜箔导线等的断裂、连接面松脱、接插件弹簧疲劳等结构故障引起的

电子元器件和基板通常采用粘接［见图4-35（a）］或焊接［见图4-35（b）］方式连接。当基板刚度较好，受振动、冲击激励时变形很小，或者电子元器件自身几何尺寸较小，它们在基板安装部位的相对变形很小，此时均可忽略不计，连接处的动应力主要由惯性动荷引起。

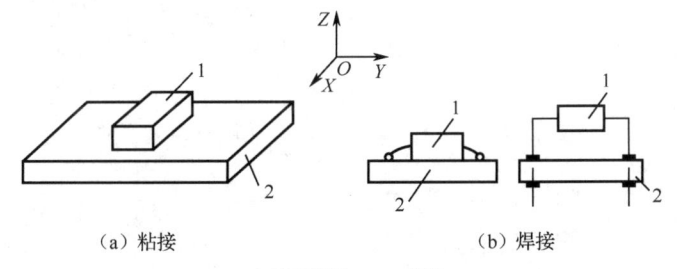

（a）粘接　　　　　　　（b）焊接

1—电子元器件；2—基板。

图4-35　电子元器件和基板的连接方式

设振动位移 $A(t) = A\sin\omega t$，则3个坐标轴的分运动位移为

$$\begin{cases} A_x(t) = A_x \sin\omega t \\ A_y(t) = A_y \sin\omega t \\ A_z(t) = A_z \sin\omega t \end{cases} \tag{4-5}$$

当元器件质量为 m，质心距粘接面（或焊点）距离为 h 时，可由材料力学求出连接处的惯性动荷 $F(t)$ 及其引起的惯性动力矩 $T(t)$（见图4-36）。

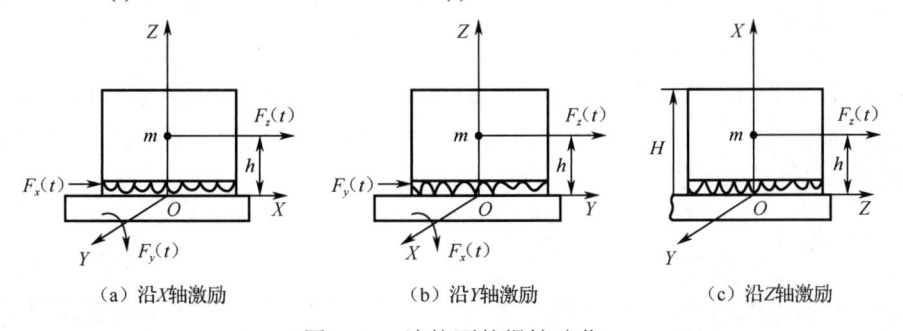

（a）沿X轴激励　　　　（b）沿Y轴激励　　　　（c）沿Z轴激励

图4-36　连接面的惯性动荷

惯性动荷为

$$\begin{cases} F_x(t) = m\omega^2 A_x \sin\omega t \\ F_y(t) = m\omega^2 A_y \sin\omega t \\ F_z(t) = m\omega^2 A_z \sin\omega t \end{cases} \quad (4\text{-}6)$$

惯性动力矩为

$$\begin{cases} T_x(t) = F_x(t)h = mh\omega^2 A_x \sin\omega t \\ T_y(t) = F_y(t)h = mh\omega^2 A_y \sin\omega t \end{cases} \quad (4\text{-}7)$$

在惯性动荷作用下，由 $F_x(t)$ 在连接面引起的切应力指向 X 轴向，且在 XOY 平面内大小相等，记为 τ_{xx}；由 $T_x(t)$ 产生的拉压应力在 XOY 平面内分布，指向 Z 轴向，且数值为变量，记为 σ_{xx}。其余的以此类推。因应力集中在焊点处，其应力值与分布状态有别于粘接状态。

2）惯性静荷产生的静应力

当电子组装件进行恒加速度试验时，或飞行器等运载工具进行曲率半径为 R、i 轴向运动速度为 υ_i 的曲线运动时，将产生 $F_0 = m\upsilon_i^2/R$ 的离心力和 $T_0 = m\upsilon_i h/R$ 的惯性静力矩（离心力矩）。

在惯性静荷 F_0 和惯性静力矩 T_0 作用下，当 υ_i 和 R 为常数时，它们的应力状态不随时间而变化，故可把它们看成静应力。

2．基板弯曲变形引起的动应力

当基板结构刚度较低而使弯曲变形较大，或者元器件自身几何尺寸较大（如大规模集成电路块）而使连接面边缘处的相对变形较大时，则在连接面将产生弯曲动应力。由振动理论知，基板的最大弯曲变形发生在基频谐振时，而高次谐振尽管弯曲应力较小，但高频率、小量值弯曲应力也会使结构产生疲劳破坏。

1）粘接状况

当粘接的元器件随基板一起发生弯曲变形时，元器件 1（E_1I_1）、基板 2（E_2I_2）、铜箔导线 3（E_3I_3）、粘接层 4（E_4I_4）均产生交变弯曲应力，如图 4-37 所示。

2）焊接状况

由于元器件 1 的本体刚度比导线好，故当基板 2 发生弯曲变形时，导线和焊点中的变形较大。当焊点 B_1 和焊点 B_2 处的转角变形 θ_c 较大时，其应力也较大（见图 4-38）。通常在元器件 1 和导线连接 A 处、焊点薄弱断面 B_1 和 B_2 处易发生断裂。

3．热应力

当基板上装有大功率发热元器件，或外界环境温度变化时，由于连接面材料线膨胀系数不同，必然会产生热变形和热应力。尽管电子组装件在多次开机、关机的过程中，热应力也呈现周期性变化（见图 4-39），但其变化周期 T_1 与振动产生的动应力变化周期 $T_0(1/f_{振动})$ 相比是很长的，故在应力分析时，可将其视为慢变热交变应力或静应力处理。

其最大应力 σ_{om} 发生在热平衡时的 t_m 处。

热应力通常在 XOY 平面内（τ_{ox} 和 τ_{oy}）。在焊接状况时，沿 Z 轴方向也有热应力 τ_{oz}。

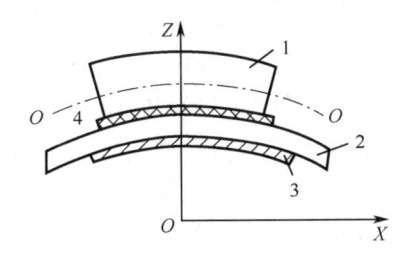

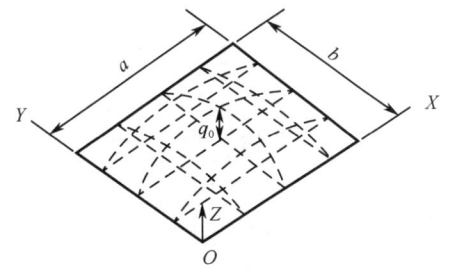

（a）基板弯曲变形　　　　　　　　（b）印制电路板的动挠度模型

1—元器件；2—基板；3—铜箔导线；4—粘接层。

图 4-37　基板弯曲变形和印制电路板的动挠度模型

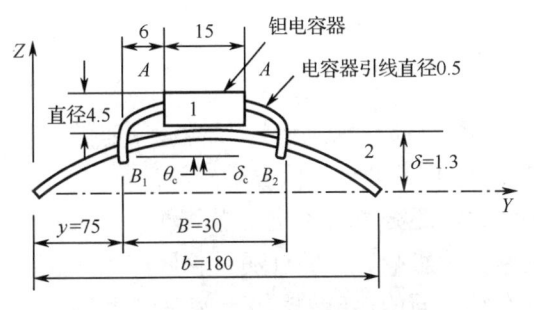

图 4-38　焊接状况弯曲变形（单位 mm）

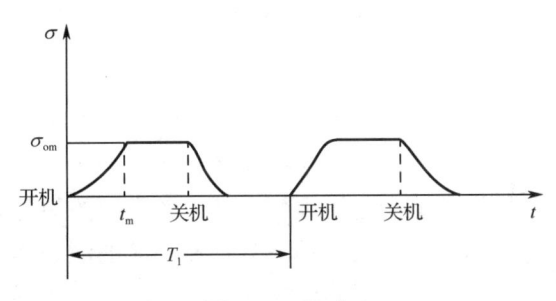

图 4-39　热应力

4. 应力叠加和等效交变应力

根据线性系统叠加原理，可将各种应力按三轴向分别进行代数叠加。

在 X 轴方向，总应力由 $F_x(f)$ 产生的 $\tau'_{xx}(t)$、弯曲变形产生的 $\tau''_{xx}(t)$、离心力 F_{ox} 热变形产生的静应力 $\tau'_x(0)$ 和 $\tau''_x(0)$ 组成。其总应力 $S_{xT}(t)$ 为

$$S_{xT}(t) = \tau'_{xx}(t) + \tau''_{xx}(t) + \tau'_x(0) + \tau''_x(0)$$
$$= S_x(t) + S_x(0) \tag{4-8}$$

同理，可求得 Y 轴向的总应力 $S_{yT}(t)$ 为

$$S_{yT}(t) = S_y(t) + S_y(0) \tag{4-9}$$

在 Z 轴方向，总应力由惯性力矩 $T_x(t)$、$T_y(t)$ 和惯性力 $F_z(t)$ 产生的动应力 $\sigma_{xz}(t)$、$\sigma_{yz}(t)$、$\sigma_{zz}(t)$，离心力矩 $T_x(0)$、$T_y(0)$ 和 $F_z(0)$ 产生的静应力 $\sigma_{xz}(0)$、$\sigma_{yz}(0)$、$\sigma_{zz}(0)$，以及组装件在 Z 方向受约束生成的热变形所产生的热应力 $\sigma'_{zz}(0)$ 组成。其总应力 $S_{zT}(t)$ 为

$$S_{zT}(t) = \sigma_{xz}(y) + \sigma_{yz}(y) + \sigma_{zz}(t) + \sigma_{xz}(0) + \sigma_{yz}(0) + \sigma_{zz}(0) + \sigma'_{zz}(0)$$
$$= S_z(t) + S_z(0) \tag{4-10}$$

由此可知，在每一个轴线方向均存在着一个随时间变化的动应力 $S(t)$ 和随时间不变的平均应力 $S(0)$。在力学中，通常把 $S(0)$ 称为总应力 $S_T(t)$ 的平均应力。

4.6.2 基板的动态特性及其影响

基板的动态特性主要由其固有频率 f_n 和传递率 η 表征。f_n 高，基板自身结构刚度高，其自身的转角位移（也称转角变形或角位移）$\theta(x,y)$ 和线位移（也称弯曲变形）$\delta(x,y)$ 也较小；η 小，表征基板的阻尼大，耗散的能量多，元器件上受到激励将变小，那么，基板自身及板上元器件和它们连接处的应力都较小。

基板可制成各种几何形状。但矩形基板是工程中应用最广泛、最容易实现电子组装件模块化的基板。下面以矩形基板为例，介绍基板的动态特性和对电子组装件电性能可靠性的影响，以及控制其有害影响的技术措施。

1. 基板的动态特性

1）支承边界条件

在工程中，基板与支承结构件的连接方式有螺钉连接（固定边），插座、带有波状弹簧导轨、槽形导轨连接（简支边），某一边（或二边）无支承（自由边）等。

将真实连接结构简化为力学模型的边界条件时，还必须考虑电子组装件实际工作环境的严酷度（激励频率范围和相应的激励加速度）的影响。试验证明，相同的连接结构在不同的环境严酷度条件下工作时，其边界条件是不同的。例如，采用带有波状弹簧导轨支承的基板在低频谐振时，由于板弯曲变形较大，弹簧压紧力产生的摩擦力不足以阻止板边的转角位移，则可视其为简支边；而在高频谐振时，由于板弯曲变形小，板边转角位移小，故又可以视其为固定边。因此，在进行边界条件简化时，应根据不同情况加以修正，最终还需用试验结果加以验证。

2）固有频率、振型

粘贴微型电子元器件的基板，仍可视为质量均布的矩形板。均匀板某点 (x,y) 的振动状态函数 $W(x,y,t)$，可用与时间无关的振型函数 $u(x,y)$ 和时间函数 $T(t)$ 共同描述。对于四边简支的均匀板有

$$W(x,y,t) = u(x,y)T(t)$$
$$= \sum_{m=1}^{\infty}\sum_{n=1}^{\infty}\sin\frac{m\pi x}{a}\sin\frac{n\pi x}{b}(A_{mn}\cos p_{mn}t + B_{mn}\cos p_{mn}t) \quad (4\text{-}11)$$

式中，A_{mn} 和 B_{mn} 是由边界条件和初始条件确定的待定常数；p_{mn} 为固有频率；m 和 n 分别为 X 和 Y 轴向的半波数。

（1）固有频率

基板的固有频率由基板材质（杨氏模量 E、泊松比 μ）、面密度 ρ、几何尺寸（长边长为 a，短边长为 b，厚度为 h）及边界支承条件共同确定。对于四边简支的均匀板，其固有频率 p_{mn} 为

$$p_{mn} = \pi^2 \frac{D}{\rho}\left[\left(\frac{m}{a}\right)^2 + \left(\frac{n}{b}\right)^2\right] \quad (m,n=1,2,3,\cdots) \quad (4\text{-}12)$$

式中，D 为刚度系数，有

$$D = \frac{Eh^3}{12(1-\mu)}$$

（2）振型

基板以某一阶固有频率同步共振，其振动状态称为主振型，简称振型。当 X、Y 轴向的半波数 $m=1$，$n=1$，并以 P_{11} 共振时，称为基频谐振。

例如，玻纤基板（400mm×250mm×2mm）以四角螺钉固定，其一阶模态分析如图4-40（a）所示，共振频率为9.9Hz，最大复合振幅为2.2mm，板中部变形较大区域面积约 400cm²，图中黑灰色所示区域内会使安装在印制电路板上的电子元器件及印制电路产生较大应力，是产生电路故障危险区。此时最简易的方法就是在印制电路板中间点增加一个固定螺钉，此时的一阶模态分析如图4-40（b）所示，共振频率提高到23.7Hz，最大相对复合振幅为4.0mm，板中部两边变形较大危险区域面积约18cm²，图中黑灰色所示区域不仅将高危区面积缩小为原来的4.5%，并且还将高应力区限制在两边中间很小区域内，而这个区域一般是不安装元器件的边缘。

这种通过增加固定点来提高一阶振型频率、减小构件中动应力区的方法，建议在结构设计中采用。

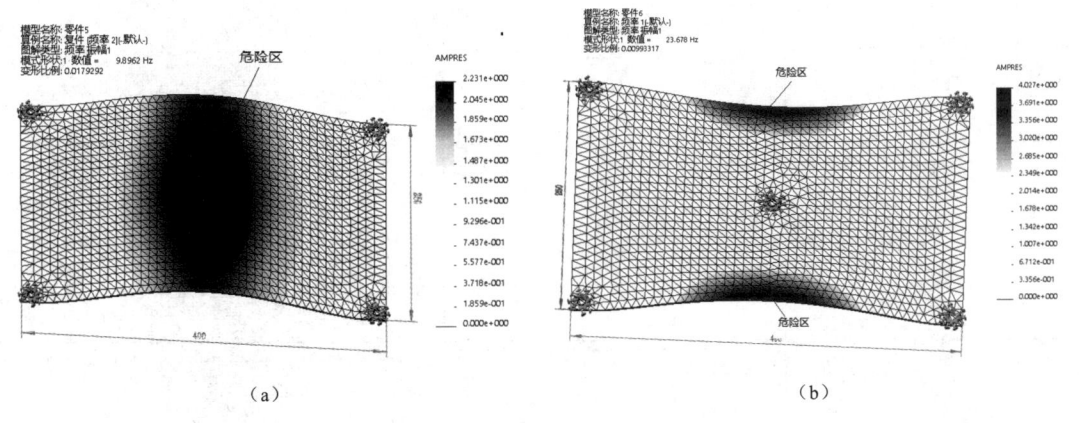

图 4-40 一阶模态分析（振型曲线）

根据 GJB 150.18A—2009 中的规定，电子组装件在各类运载工具上工作时，所受到的激励频率范围：飞行器为 10～2000Hz，地面运载工具为 2～500Hz，舰船为 1～160Hz。当电子组装件基板尺寸（$a \times b$）较小，其 f_n 较高时，只有飞行器能激起基板的高阶谐振。在大多数情况下，基板在 f_n 处发生基频共振最为常见。由于基频 f_n 共振变形大，对组装件危害也最大，故工程中对它也最为关注。但是，除四边简支板外，其他支承状态的 f_n 精确求解很困难，故工程中常采用表4-23给出的近似公式求 f_n。

表 4-23　工程中常用的固定频率求解近似公式

序　号	板的边界条件	固有频率求解近似公式/Hz
1	四边简支 (a, b)	$f_n = \dfrac{\pi}{2}\left(\dfrac{D}{\rho}\right)^{1/2}\left(\dfrac{1}{a^2}+\dfrac{1}{b^2}\right)$
2	(a, b)	$f_n = \dfrac{\pi}{8}\left(\dfrac{D}{\rho}\right)^{1/2}\left(\dfrac{1}{a^2}+\dfrac{1}{b^2}\right)$
3	(a, b)	$f_n = \dfrac{\pi}{2}\left(\dfrac{D}{\rho}\right)^{1/2}\left(\dfrac{1}{4a^2}+\dfrac{1}{b^2}\right)$
4	(a, b)	$f_n = \dfrac{\pi}{5.42}\left[\dfrac{D}{\rho}\left(\dfrac{1}{a^4}+\dfrac{3.2}{a^2b^2}+\dfrac{1}{b^4}\right)\right]^{1/2}$
5	(a, b)	$f_n = \dfrac{\pi}{3}\left[\dfrac{D}{\rho}\left(\dfrac{0.75}{a^4}+\dfrac{2}{a^2b^2}+\dfrac{12}{b^4}\right)\right]^{1/2}$
6	(a, b)	$f_n = \dfrac{\pi}{1.5}\left[\dfrac{D}{\rho}\left(\dfrac{3}{a^4}+\dfrac{2}{a^2b^2}+\dfrac{3}{b^4}\right)\right]^{1/2}$
7	(a, b)	$f_n = \dfrac{\pi}{3.46}\left[\dfrac{D}{\rho}\left(\dfrac{16}{a^4}+\dfrac{8}{a^2b^2}+\dfrac{3}{b^4}\right)\right]^{1/2}$
8	(a, b)	$f_n = \dfrac{\pi}{2}\left[\dfrac{D}{\rho}\left(\dfrac{2.08}{a^2b^2}\right)\right]^{1/2}$
9	(a, b)	$f_n = \dfrac{0.56}{a^2}\left(\dfrac{D}{\rho}\right)^{1/2}$
10	(a, b)	$f_n = \dfrac{3.55}{a^2}\left(\dfrac{D}{\rho}\right)^{1/2}$
11	(a, b)	$f_n = \dfrac{0.78}{a^2}\left(\dfrac{D}{\rho}\right)^{1/2}$
12	(a, b)	$f_n = \dfrac{\pi}{2a^2}\left(\dfrac{D}{\rho}\right)^{1/2}$
13	(a, b)	$f_n = \dfrac{\pi}{1.74}\left[\dfrac{D}{\rho}\left(\dfrac{4}{a^4}+\dfrac{1}{2a^2b^2}+\dfrac{1}{64b^4}\right)\right]^{1/2}$
14	(a, b)	$f_n = \dfrac{\pi}{2}\left[\dfrac{D}{\rho}\left(\dfrac{0.127}{a^4}+\dfrac{0.20}{a^2b^2}\right)\right]^{1/2}$
15	(a, b)	$f_n = \dfrac{\pi}{2}\left[\dfrac{D}{\rho}\left(\dfrac{1}{a^4}+\dfrac{0.608}{a^2b^2}+\dfrac{0.126}{b^4}\right)\right]^{1/2}$

续表

序号	板的边界条件	固有频率求解近似公式/Hz
16	(见图)	$f_n = \dfrac{\pi}{2}\left[\dfrac{D}{\rho}\left(\dfrac{2.45}{a^4}+\dfrac{2.90}{a^2b^2}+\dfrac{5.1}{b^4}\right)\right]^{1/2}$
17	(见图)	$f_n = \dfrac{\pi}{2}\left[\dfrac{D}{\rho}\left(\dfrac{0.127}{a^4}+\dfrac{0.707}{a^2b^2}+\dfrac{2.44}{b^4}\right)\right]^{1/2}$
18	(见图)	$f_n = \dfrac{\pi}{2}\left[\dfrac{D}{\rho}\left(\dfrac{2.45}{a^4}+\dfrac{2.68}{a^2b^2}+\dfrac{2.45}{b^4}\right)\right]^{1/2}$
19	(见图)	$f_n = \dfrac{\pi}{2}\left[\dfrac{D}{\rho}\left(\dfrac{2.45}{a^4}+\dfrac{2.32}{a^2b^2}+\dfrac{1}{b^4}\right)\right]^{1/2}$
20	(见图)	$f_n = \dfrac{1.13}{a^2}\left(\dfrac{D}{\rho}\right)^{1/2}$
21	(见图)	$f_n = \dfrac{4.50}{\pi a^2}\left(\dfrac{D}{\rho}\right)^{1/2}$

注：——为自由边，----为简支边，/////为固定边。

3）基板谐振时的传递率

基板谐振时的传递率 η 由输出加速度 G_{out} 和输入加速度 G_{in} 的比值表示，即

$$\eta = \frac{G_{out}}{G_{in}} \tag{4-13}$$

η 值的大小取决于阻尼力耗损能量的大小。当基板在低频谐振时，由于变形大，板内结构阻尼和板连接处摩擦力耗损的能量多，η 就小；反之，在高频谐振时，因变形小，耗损能量少，则 η 就大。试验资料表明，η 与 f_n 间的关系可用下列经验公式估算：

$$\eta = A_e\sqrt{f_n} \tag{4-14}$$

式中，A_e 为经验常数，可按表 4-24 选取。当 G_{in} 较小时，选大值；当 G_{in} 较大时，选小值。因为在相同的 f_n 谐振条件下，f_n 值小，板变形小，η 值大；反之，G_{in} 值大，板变形大，η 值小。

表 4-24 经验常数 A_e

f_n/Hz	A_e
50～100	0.7～1.0
100～400	1.0～1.4
400～700	1.4～2.0

4）板中心允许的单振幅

当矩形板（$a>b$）较大时，安装在基板上尺寸较大的元器件将受到较大的应力。板中

心的最大单振幅必须小于允许值（也称许用值）$[\delta_{max}]$，以延长其疲劳寿命（$N \geq 10^7$次）。根据试验获得的经验公式为

$$[\delta_{max}] \leq 0.003b \tag{4-15}$$

式中，b 为矩形基板的短边长度。由于在相同的 $[\delta_{max}]$ 下，短边的弯曲曲率比长边 a 大，因此平行于短边 b 安装的电子元器件与基板连接处的应力比平行于长边 a 安装时大。

在基频谐振时，如果板中心的输出加速度 G_{out} 已知，则板中心的最大单振幅 δ_{max} 为

$$\delta_{max} = \frac{250 G_{out}}{f_n} \tag{4-16}$$

为了保证基板及安装在基板上的元器件在连接处有较长的疲劳寿命，基板必须具有的最低基频固有频率 f_{nmin} 为

$$f_{nmin} = \frac{250 A_e G_{in}^{2/3}}{0.003b} \tag{4-17}$$

式中，A_e 为经验常数；G_{in} 为板边支承结构输入的激励加速度值，也就是支承结构的响应值；b 为矩形基板的短边长度。

5）基板的转角位移

基板的转角位移 $\theta(x,y)$ 可由振型函数 $U(x,y)$ 直接求出：

$$\theta(x,y) = \frac{\partial^2 U(x,y)}{\partial x \partial y} \tag{4-18}$$

对于四边简支矩形板，在一阶谐振时的转角位移 $\theta(x,y)$ 为

$$\theta(x,y) = \frac{\partial^2 \left(\delta_{max} \sin\frac{\pi x}{a} \sin\frac{\pi y}{b} \right)}{\partial x \partial y}$$

$$= \delta_{max} \left(\frac{a}{\pi} \cos\frac{\pi x}{a} \sin\frac{\pi y}{b} + \frac{b}{\pi} \sin\frac{\pi x}{a} \cos\frac{\pi y}{b} \right) \tag{4-19}$$

在基板中心点 $\left(x = \frac{a}{2}, y = \frac{b}{2} \right)$ 处，$\theta\left(\frac{a}{2}, \frac{b}{2} \right) = 0$。当电子元器件自身几何尺寸较大时，因其两端处的转角位移 $\theta_1(x,y)$ 和 $\theta_2(x,y)$ 相差较大，在连接处必然发生较大的扭曲应力，这对于粘贴连接可靠性会造成很大的危害。因此，在可能条件下，应在板中心处加一个限位螺钉使 $\delta_{max} \ll [\delta_{max}]$。

6）提高基板刚度的工程措施

主要从提高基板的基频固有频率 f_n，限制基板的转角位移 $\theta(x,y)$、弯曲变形的 δ_m 和减小传递率 η 等方面着手。常用的工程措施如下。

（1）减小基板的几何尺寸（$a \times b$）。

（2）当基板尺寸较大时，可用加强筋（见图4-41）。

（3）采用杨氏模量 E 和面密度 ρ 比值 E/ρ 较大的材质。

（4）增大基板的厚度 h，增大刚度系数 D。

（5）基板与板边导轨之间，尽量采用螺钉连接，避免采用无波状弹簧和有间隙的槽状导轨。

（6）在基板中心部增加限制 δ_m 的约束附件，从而减小基板的转角变形 $\theta(x,y)$ 和弯曲变形 $\delta(x,y)$。

（7）采用复合材料，增大基板的结构阻尼，减小传递率 η。

（8）对电子设备整机进行隔振，减小外界振动激励对板边导轨的影响，使基板的 G_{in} 减小。

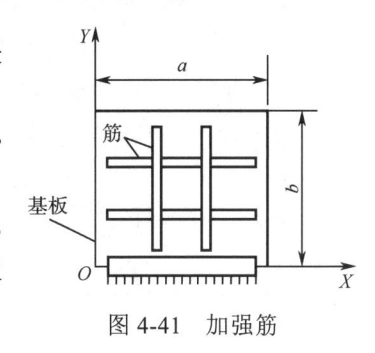

图 4-41　加强筋

2．基板动态特性对可靠性的影响

基板的弯曲变形 $\delta(x,y)$、转角变形 $\theta(x,y)$ 除直接影响连接处强度，产生较大压应力，从而造成疲劳破坏等故障外，还对电子组装可靠性有影响，表现在以下方面。

1）分布参数的变化

随着电子组装件组装密度的提高，电子元器件、铜箔导线的分布参数（分布电容、分布电感、分布电阻）间的相互影响也随之增大。当 $\theta(x,y)$、$\delta(x,y)$ 较大时，由于它们之间的相对位移量发生了较大变化，使分布参数稳定性下降。这将引起工作在高频或微波频段的电子组装件发生频率漂移，品质因子 Q 变化，可靠性下降等。

2）集中参数的变化

对工作在高频段的组装件，如晶振、频综器等，基板变形引起的集中参数变化常常比分布参数的变化更大，对可靠性的危害也更严重。如图 4-42 所示的低频电路中的两个互感线圈，弯曲变形将使其轴心线（O_1—O_1）距离发生 $\pm 2\Delta L_x$ 的线位移和每个线圈自身轴向（O_2—O_2）长度发生 $\pm 2\Delta L_x$ 的伸缩变形。这种变形将使其自感和互感值发生变化，频率漂移和输入信号不稳定，严重时将使整机失灵。这种变化对于集中参数电阻和电容的影响比电感小。

3）电接触可靠性下降

为了维修方便，印制电路板（基板）常采用插座连接方式（见图 4-43）。在强烈振动条件下，印制电路板与插座片弹簧之间的接触面积、接触点的压力都将发生变化。当预压紧力较小，或簧片因疲劳而失去弹性时，都会使电接触状况变坏，甚至出现时断时续现象，使信号传输稳定性下降。

对于采用标准插座式连接的大规模集成电路块（简称集成块）而言（见图 4-44），如果插座刚度不高，而随基板一起发生弯曲变形时，集成块的插脚会离开插座，使连接松动。当集成块自身惯性动荷超过了插脚与插座间的摩擦力时，将会被甩出，从而造成电子组装件失效。

4）减小有害影响的技术措施

减小或避免弯曲变形对电子组装可靠性影响的技术措施，除以上介绍的提高基板刚度和连接刚度等措施外，在电子组装结构设计时还可采取如下措施。

（1）将电性能敏感的元器件安装在基板变形较小的板边。

（2）电感线圈在调节后用胶粘连，以提高其自身结构刚度。

（3）插座应与基板间留有一个距离 δ_0（见图4-45），引线弯成弓状，使其富有弹性。当基板弯曲时，因 $\delta_0 > \delta_m(x, y)$，插座不发生弯曲变形，而弯曲变形仅在引线中发生，这样可使集成块与插座保持较好的接触状态。

图4-42　电感线圈的动变形

图4-43　插座连接方式

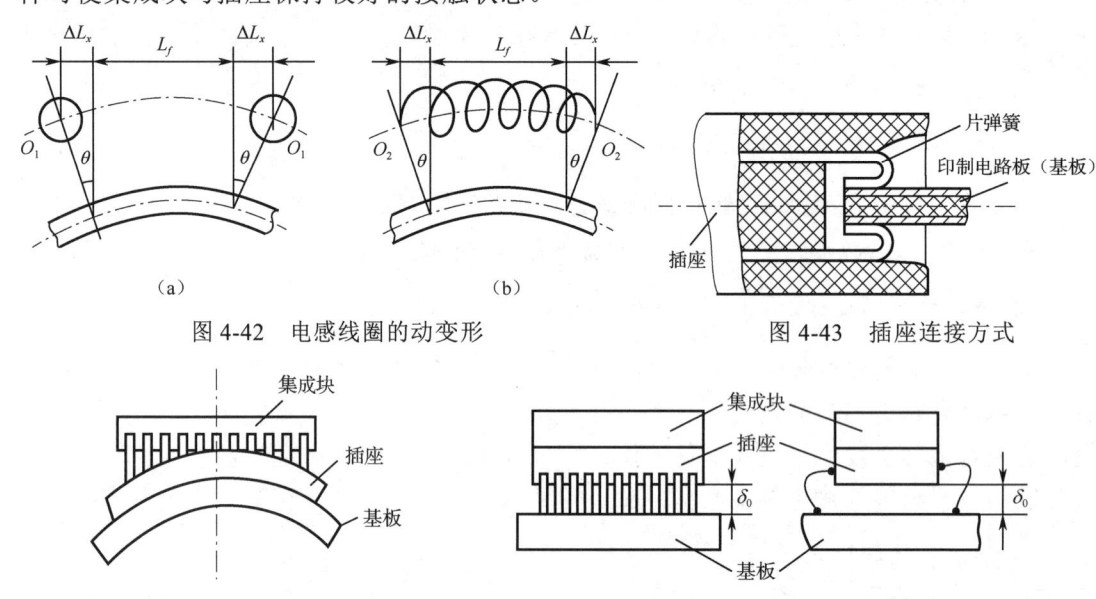

图4-44　集成块采用标准插座式连接

图4-45　插座与基板间的位置关系

（4）当激励 G_{in} 较大时应采用附加装置，将集成块与插座、基板固定，此时 $\delta_0 = 0$。

（5）对于飞行器用的电子组装件，可用胶将元器件与基板封装，使之成为一个整体。

4.6.3　热应力

1．热应力对电子组装件的影响

不同材质结合面的热应力对电子组装件的可靠性影响，主要表现在以下几个方面。

一是热应力的变化比较缓慢，故在应力分析时常可视为静应力（平均应力），平均应力大，使等效交变应力增大，从而缩短了结构的疲劳寿命。当实际应力超过许用应力时，会造成结构断裂，发生永久变形等损坏。这类故障在结构刚度较低的印制电路板中尤为突出。在某舰船电子设备中，因印制电路板上铜箔导线断裂而出现的故障，竟占总故障数的30%以上。

二是温度的变化范围较大时（如电子组装件正常工作范围为-55~125℃）常会引起材料自身物理、化学特性的突变，这不仅给热应力的分析带来极大困难，而且也严重地影响了结合面的可靠性。例如，高分子材料在-55~300℃温度范围内将呈现玻璃态（脆性材质）、高弹态（弹性材质）和黏流态（黏性材质）3种性状，且各态的 E、G 差别很大，要对它们进行精确的应力分析基本是不可能的。鉴于以上情况，在选择粘接层材料时应考虑其在工作温度范围内的物理、化学性能的稳定性,并且还应通过试验加以验证。

三是由于热应力引起的弯曲变形,使发热元器件与散热器之间的有效接触面积减小,热阻增大,造成发热元器件的热量不易传导出去。热量积聚,温度升高不仅造成元器件的电参数(内电阻、内电容、内电感)变化,电性能(发射功率、频率稳定性等)降低,还会引起损坏(晶体管击穿等)。这种有害影响对于组装密度较高,且主要以热传导方式将热量散至壳外(箱外)的电子组装件尤其突出。

高温、低温、温度冲击等环境试验就是考验电子组装件对热环境的适应性。

2. 避免热应力有害影响的措施

减小结合面的热应力是避免热应力对电子组装件有害影响的基本出发点。由以上讨论可知,结合面热应力的大小取决于双梁各自线膨胀系数 α_1 和 α_2 的差别$(\alpha_1-\alpha_2)$、沿梁厚度方向温度梯度 ΔT,以及实际温度 T 的变化范围等因素。在工程中,常采取以下措施以减小热应力。

(1)选用线膨胀系数较接近的材料。

(2)采用高导热性能、高弹性、高温稳定性的导热胶将发热元器件与散热器(冷板、导热条等)进行柔性连接,以减小导热热阻。

(3)合理设计风道和送风量,使双材质梁(板)两侧受热均匀,减小厚度方向的温度梯度 ΔT 和实际温度 T 的变化范围。

(4)当基板是陶瓷等刚度较高的材料时,应使厚(薄)膜电路与陶瓷基板间的粘接层材料具有较好的烧结性,从而增大粘接层的许用应力值。

(5)在结构上采取措施,使板边可自由伸缩,板中心有变形空间,从而减小拉压和弯曲应力。

(6)在强度、刚度允许的前提下,尽量减小双材质梁和粘接层厚度(h_1、h_2、h_3)以减小弯矩 M,从而减小结合面应力值。

4.6.4 连接导线的应力分析

在电子组装件中,集成电路块、晶体管和阻容元件常采用浸焊、波峰焊和手工焊等方式将导线焊接到印制电路板上(见图 4-46)。

1. 受垂向激励的导线应力

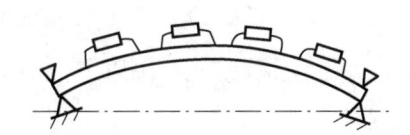

图 4-46 将导线焊接到印制电路板上

由于电子元器件本体的刚度比导线的刚度大很多,故可将电子元器件本体简化为具有集中质量的刚体,而将导线简化为矩形弹性杆,其力学模型为一个矩形弯头。当印制电路板在垂向振动时,导线端部有转角变形 θ_z 及元器件质量 m 产生的垂向惯性力 P_{dy},此时导线端部的受力状况如图 4-47 所示。

1）集中质量的垂向惯性力

在垂向振动时，元器件本体产生的垂向惯性力 P_{dy}，由本体质量 m、印制电路板的共振传递率 η_y、机箱板边导轨处的输入加速度 G_{iny} 共同确定，即

$$P_{dy} = mG_{iny}\eta_y \tag{4-20}$$

机箱板边导轨结构刚度较高，故输入加速度 G_{iny} 即为外界环境试验激励加速度。

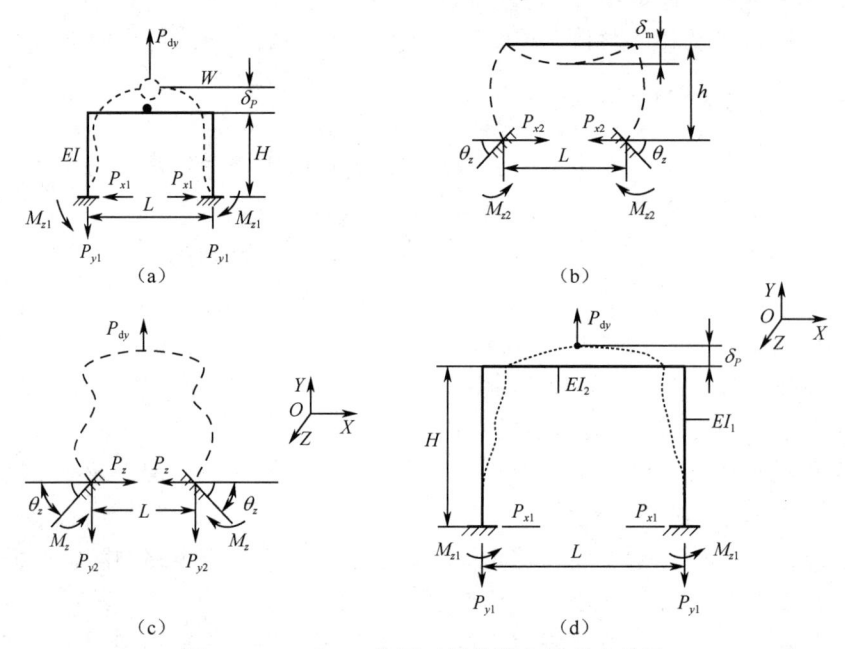

图 4-47　θ_z 和 P_{dy} 作用下导线端部的受力状况

2）印制电路板的共振传递率 η_y

在有确切试验数据时选用试验值，否则可用经验公式 $\eta_y = R\sqrt{f_n}$ 估算。由于印制电路板发生长边弯曲变形时具有最大的变形，对导线和焊点可靠性的危害也最大，式中 f_n 为印制电路板一阶单边弯曲振型的共振频率。

3）垂向惯性力作用下的导线端部反力

在垂向惯性力 P_{dy} 作用下，矩形弯头变形及导线端部反力如图 4-47（d）所示，可见

$$P_{y1} = \frac{P_{dy}}{2} \tag{4-21}$$

由结构力学可求得

$$M_{z1} = \frac{P_{dy}L}{8K+16} \tag{4-22}$$

$$P_{x1} = \frac{3P_{dy}L}{2H(4K+8)} \tag{4-23}$$

$$\delta_P = \frac{P_{dy}L^3}{48EI_1}\left(1 - \frac{3}{2K+4}\right) \tag{4-24}$$

式中，K 为无量纲常数，有

$$K = \frac{HI_1}{LI_2} \quad (4\text{-}25)$$

当导线的 $I_1 = I_2$ 时，有

$$K = \frac{H}{L} \quad (4\text{-}26)$$

4）印制电路板转角变形引起的导线端部反力

用弹性板边导轨支承的印制电路板可视为简支板，其转角变形曲线可近似为正弦曲线（见图4-48），距原点 O 距离 x 处的变形 y 为

$$y = \delta_m \sin \frac{\pi x}{L} \quad (4\text{-}27)$$

板上 x 处的转角变形 θ_z 为

$$\theta_z = \frac{dy}{dx} = \delta_m \frac{\pi}{L} \cos \frac{\pi x}{L} \quad (4\text{-}28)$$

元器件导线焊点可视为固定端。在工程力学中，可将固定端转角变形 θ_z 产生反力矩 M_{z2} 的模型转化为铰支端受 M_{z2} 作用而产生转角变形的模型分析（见图4-49）。当 θ_z 为已知时，有

$$M_{z2} = \frac{2\theta_z(3+2K)EI}{H(2+K)} \quad (4\text{-}29)$$

$$P_{x2} = \frac{M_{z2}}{h}(1-K) + \frac{4EI\theta_z}{HL} \quad (4\text{-}30)$$

$$\delta_m = \frac{\theta_z L}{4}\left(2 - \frac{3+2K}{2+K}\right) \quad (4\text{-}31)$$

铰支端无垂向反力，$P_{y2} = 0$。

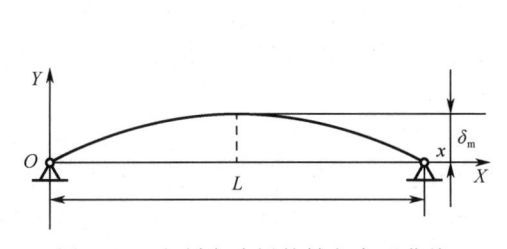

图4-48 印制电路板的转角变形曲线

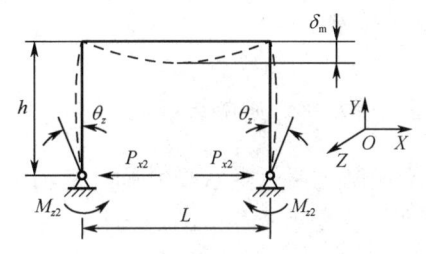

图4-49 受 θ_z 作用的导线端部反力

5）P_{dy} 和 θ_z 共同作用下的导线端部反力及应力

根据线性系统叠加原理，可获得端部反力、反力矩及相应的应力。

（1）横梁中部的变形 δ_c 为

$$\delta_c = \delta_P + \delta_m$$

将式（4-24）和式（4-31）代入上式，有

$$\delta_c = \frac{P_{dy}L^3}{48EI_1}\left(1 - \frac{3}{2K+4}\right) + \frac{\theta_z L}{4}\left(2 - \frac{3+2K}{2+K}\right) \quad (4\text{-}32)$$

(2) 端部反力矩 M_z 为

$$M_z = M_{z1} + M_{z2}$$

将式（4-22）和式（4-29）代入上式，有

$$M_z = \frac{P_{dy}L}{8K+16} + \frac{2\theta_z(3+2K)EI}{H(2+K)} \tag{4-33}$$

在 M_z 作用下，导线端部的弯曲应力 σ_{y1} 为

$$\sigma_{y1} = \frac{M_z b}{2I_1} \tag{4-34}$$

式中，b 为导线沿 X 轴向的宽度，对于圆形导线，$b=d$（直径）。

(3) 由于 $P_{y2}=0$，端部垂向反力 P_y 为

$$P_y = P_{y1} = \frac{P_{dy}}{2} \tag{4-35}$$

在 P_y 作用下，当导线端部的截面积为 A 时，其轴向拉压应力 σ_{y2} 为

$$\sigma_{y2} = \frac{P_{dy}}{2A} \tag{4-36}$$

(4) 端部水平反力 P_x 为

$$P_x = P_{x1} + P_{x2}$$

将式（4-23）和式（4-30）代入上式，有

$$P_x = \frac{3P_{dy}L}{2H(4K+8)} + \frac{M_{z2}}{h}(1-K) + \frac{4EI\theta_z}{HL} \tag{4-37}$$

在 P_x 作用下，当导线端部的截面积为 A 时，其切应力 τ_x 为

$$\tau_x = \frac{P_x}{A} \tag{4-38}$$

(5) 将 τ_x、σ_{y1}、σ_{y2} 进行应力合成，可得导线外表面处的最大合成应力 σ_m：

$$\sigma_m = \sqrt{\tau_x^2 + (\sigma_{y1} + \sigma_{y2})^2} \tag{4-39}$$

2. 受水平激励的导线应力

当印制电路板受水平激励（X 轴向和 Z 轴向）时，采用前面的分析方法可获得其端部反力、反力矩及相应的应力。

1）受侧向激励的导线应力

当印制电路板受侧向（X 轴向）激励 G_{inx} 时，如果在该方向印制电路板的共振传递率为 η_x，那么侧向惯性力 P_{dx}（见图 4-50）为

$$P_{dx} = mG_{inx}\eta_x$$

端部水平反力 P_{x3} 和应力 τ_{x3} 为

$$P_{x3} = \frac{P_{dx}}{2} \tag{4-40}$$

$$\tau_{x3} = \frac{P_{x3}}{A} = \frac{P_{dx}}{2A} \tag{4-41}$$

端部垂向反力 P_{y3} 和应力 σ_{y3} 为

$$P_{y3} = \frac{3P_{dx}HK}{L(1+6K)} \tag{4-42}$$

$$\sigma_{y3} = \frac{P_{y3}}{A} \tag{4-43}$$

端部反力矩 M_{z3} 和应力 σ_{z3} 为

$$M_{z3} = \frac{P_{dx}H}{4}\left(1 + \frac{1}{6K+1}\right) \tag{4-44}$$

$$\sigma_{z3} = \frac{M_{z3}b}{2I_1} \tag{4-45}$$

式中，b 为导线沿 X 轴向的宽度或圆形导线的直径 d。

当侧向激励引起印制电路板在焊点处有转角变形 θ_y 时，同样会产生反力、反力矩及相应的应力，读者可自行推导公式。

2）受横向激励的导线应力

当印制电路板受横向（Z 轴向）激励 G_{inz} 时，如果在该方向印制电路板的共振传递率为 η_z，那么横向惯性力、反力及相应的应力、反力矩及相应的应力（见图 4-51）为

$$P_{dz} = mG_{inz}\eta_z$$

$$P_{z1} = \frac{P_{dz}}{2} \tag{4-46}$$

$$\tau_{z1} = \frac{P_{z1}}{A} = \frac{P_{dz}}{2A} \tag{4-47}$$

$$M_x = \frac{1}{2}P_{dz}H \tag{4-48}$$

$$\sigma_x = \frac{M_x d}{2I_1} \tag{4-49}$$

式中，d 为导线沿 Z 轴向的宽度，对于圆形导线则为其直径。当集成电路块沿 Z 轴向有多根导线时，各导线中的应力分布不均匀。此时，d 表示相距最远两根导线间的距离，在这两根导线中有最大应力。

当横向激励引起印制电路板在焊点处有转角变形 θ_x 时，同样会产生反力、反力矩及相应的应力，读者可自行推导公式。

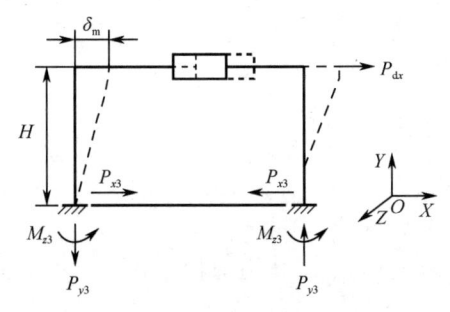

图 4-50 受侧向激励的导线端部反力

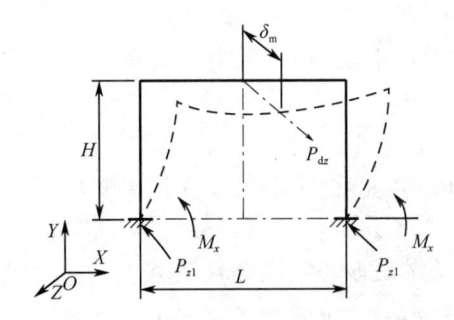

图 4-51 受横向激励的导线端部反力

3．导线应力计算实例

工程实践证明，在垂向激励时，印制电路板以 P_{10} 共振产生的 P_{dy} 和 θ_z 影响下导线和焊点的故障率最高。现以如图 4-52 所示的印制电路板为例，它的输入加速度 $G_{iny}=5(g)$，共振频率 $f_n=160\text{Hz}$，共振时，求安装在印制电路板中心的集成电路块导线端部的反力和应力。

印制电路板两个支承点的间距 $L=150\text{mm}$，宽 $b_0=100\text{mm}$，导线距左端 $x=70\text{mm}$。

集成电路块质量 $m=0.005\text{kg}$，每边有 8 根镍芯镀铜导线，其导线尺寸及在印制电路板上的安装尺寸如图 4-53 所示。

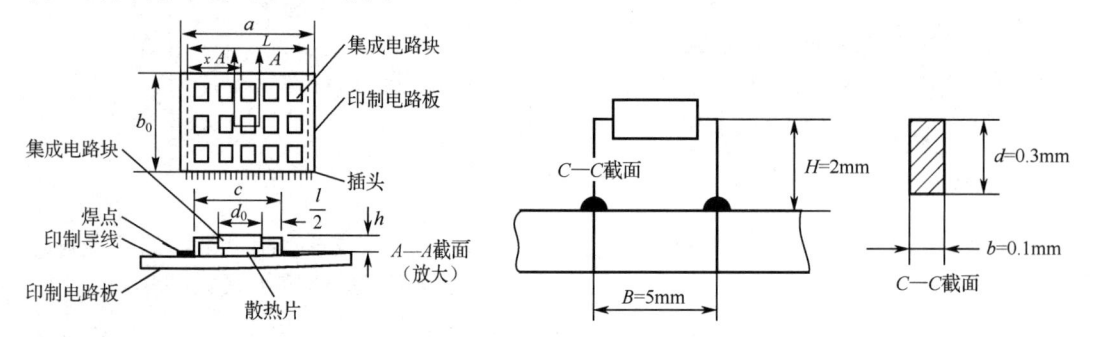

图 4-52 印制电路板

图 4-53 集成电路块导线尺寸及在印制电路板上的安装尺寸

镍芯镀铜导线的 $E=2.1\times 10^3 \text{N/mm}^2$，常数 K、8 根导线的截面积 A、抗弯矩量 I 为

$$K=\frac{H}{B}=\frac{2}{5}=0.4$$

$$A=8db=8\times 0.3\times 0.1=0.24(\text{mm}^2)$$

$$I=\frac{8db^3}{12}=\frac{8\times 0.3\times 0.1^3}{12}=2.0\times 10^{-4}(\text{mm}^4)$$

从表 4-24 中选取 $A_e=1.0(f_n=160\text{Hz})$，由经验公式可得印制电路板在 $f_n=160\text{Hz}$ 共振时，中心共振传递率 η_y 为

$$\eta_y=A_e\sqrt{f_n}=1.0\times\sqrt{160}\approx 12.6$$

若无试验实测值，则印制电路板中心最大弯曲变形 δ_m 可由下式求得：

$$\delta_m=\frac{250G_{iny}\eta_y}{f_n^2} \quad (4-50)$$

将 η_y 和 G_{iny} 值代入上式，有

$$\delta_m\approx\frac{250\times 5\times 12.6}{160^2}\approx 0.615 \text{（mm）}$$

印制电路板中心的最大许用变形可由式（4-15）求得：

$$[\delta_{max}]\leq 0.003b_0=0.003\times 100=0.3 \text{（mm）}$$

显然，该印制电路板在共振时实际最大弯曲变形 δ_m 比许用值 $[\delta_{max}]$ 大，导线端部应力必然很大，因此必须采取限幅措施。

将 $L=150\text{mm}$、$x=70\text{mm}$ 和 $\delta_m=0.615\text{mm}$ 代入式（4-28），可求得印制电路板在导线

焊点位置的转角变形：

$$\theta_z = \delta_m \frac{\pi}{L} \cos \frac{\pi x}{L}$$

$$= 0.615 \times \frac{\pi}{150} \cos \frac{70\pi}{150} \approx 0.013 \text{ (rad)}$$

当采取措施将共振时板中心最大弯曲变形限制到 $\delta_m = 0.2\text{mm}$ 时，导线端部和焊点中的应力将得到改善。为使读者对限幅的重要性有鲜明的印象，现将限幅前后导线端部反力和应力数值列于表 4-25 中。

表 4-25 限幅前后导线端部反力和应力数值

序号	参数名称	计算公式	限幅前数值	限幅后数值
1	板中心共振传递率	$\eta_y = A_e \sqrt{f_n}$	12.6	4.1
2	板中心最大弯曲变形	$\delta_m = \dfrac{250 G_{iny} \eta_y}{f_n^2}$	0.615mm	0.20mm
3	$x=70\text{mm}$ 处转角变形	$\theta_z = \dfrac{dy}{dx} = \delta_m \dfrac{\pi}{L} \cos \dfrac{\pi x}{L}$	0.013rad	0.0039rad
4	垂向惯性力	$P_{dy} = m G_{iny} \eta_y$	3.09N	0.96N
5	轴向拉压应力	$\sigma_{y2} = \dfrac{P_{dy}}{2A}$	6.44N/mm²	2.19N/mm²
6	反力矩	$M_z = \dfrac{P_{dy} L}{8K+16} + \dfrac{2\theta_z(3+2K)EI}{H(2+K)}$	2.92N·mm	0.96N·mm
7	弯曲应力	$\sigma_{y1} = \dfrac{M_z b}{2I_1}$	729N/mm²	239.7N/mm²
8	切应力	$\tau_x = \dfrac{1}{A}\left[\dfrac{3P_{dy}}{2H(4K+8)} + \dfrac{M_{z2}}{h}(1-K) + \dfrac{4EI\theta_z}{HL}\right]$	55.1N/mm²	18.72N/mm²
9	最大合成应力	$\sigma_m = \sqrt{\tau_x^2 + (\sigma_{y1} + \sigma_{y2})^2}$	737.5N/mm²	242.6N/mm²

镍芯镀铜导线在 $N \geq 10^7$ 次时的疲劳极限 $[\sigma_s]$ 为：$[\sigma_s] \leq 295\text{N/mm}^2$。

显然，由表 4-25 中第 9 项所列计算公式的结果可知，限幅前 $\sigma_m \gg [\sigma_s]$，并由导线的 S-N 曲线可见，在 $\sigma_m = 737.5\text{N/mm}^2$ 的应力水平下，导线端部很快折断。而在限幅后，实际交变应力 $\sigma_m = 242.6\text{N/mm}^2$，具有无限长寿命。

4.6.5 焊点的应力分析

在电子设备中有成千上万个焊点，要保证每个焊点都不发生虚焊是很困难的，而在众多焊点中发现并排除虚焊点引起的故障则更困难。

1. 焊点的几何形状和断裂层面积

用浸焊、波峰焊工艺形成的焊点，由于重力的影响，在靠近铜箔导线截面处面积较大，而后沿焊点高度方向逐渐收缩，焊点形状如图 4-54 所示。断裂层发生在截面突变的 O—O 截面。

焊点的断裂层，在水平方向直径为 D 的圆（O—O）处，在垂直方向是一个直径为 D、

高度为 h 的圆筒。为了便于导线插入，印制电路板孔径 D 比导线直径 d 大 0.1～0.4mm，即

$$D = d + (0.1 \sim 0.4) \text{（mm）} \tag{4-51}$$

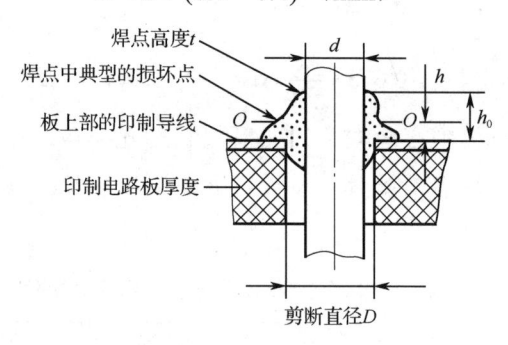

图 4-54 焊点形状

那么，水平剪切面积 A_x、A_z 和垂向剪切面积 A_y 分别为

$$A_x = A_z = \frac{\pi D^2}{4} \tag{4-52}$$

$$A_y = \pi D(0.5 \sim 0.6)h \tag{4-53}$$

2. 焊点中的应力

现假设以质量为 m，几何尺寸、安装尺寸和集成电路块完全相同的阻容元件取代集成电路块，用两根 d=0.6mm 的圆镍芯导线焊在印制电路板中心。此时，导线抗弯矩量 I 为

$$I = \frac{\pi d^4}{64} = \frac{\pi \times 0.6^4}{64} \approx 6.36 \times 10^{-3} \text{（mm}^4\text{）}$$

当孔径 D 取 d+0.2mm 时，则 A_x、A_z 为

$$A_x = A_z = \frac{\pi D^2}{4} = \frac{\pi \times 0.8^2}{4} \approx 0.50 \text{（mm}^2\text{）}$$

当高度 $h = 0.5 h_0$，而 h_0 =1mm 时，有

$$A_y = \pi D 0.5 h = \pi \times 0.8 \times 0.5 \times 1 = 1.26 \text{（mm}^2\text{）}$$

可求得限幅前后的最大切应力 τ_{mb} 和 τ_{ma} 为

$$\tau_{mb} = 36.16 \text{N/mm}^2 \quad \text{（限幅前）}$$

$$\tau_{ma} = 14.08 \text{N/mm}^2 \quad \text{（限幅后）}$$

3. 焊点疲劳寿命预估

由材料手册可查得由 63%锡、37%铅组成的锡铅合金，在 $N=10^7$ 次时的疲劳极限 $[\tau_s]$ 和 $[\sigma_s]$ 分别为

$$[\tau_s] = 17.93 \text{N/mm}^2$$

$$[\sigma_s] = 15.86 \text{N/mm}^2$$

显然，限幅后的 $\tau_{ma} < [\tau_s]$。在限幅前 $\tau_{mb} = 36.16 \text{N/mm}^2$ 的应力水平下，其疲劳寿命 $N = 4 \times 10^4$ 次。焊点能承受的试验时间 t 为

$$t = \frac{N}{60 f_n} \tag{4-54}$$

在 $f_n = 160\text{Hz}$ 共振时，有

$$t = \frac{4 \times 10^4}{60 \times 160} \approx 4.17\,(\text{min})$$

当印制电路板按国家军用标准 GJB 150A—2009 的要求，在共振频率处振动 20min 时，未限幅的印制电路板必然发生导线或焊点的断裂故障。

4. 提高焊点强度的技术措施

要减小焊点的应力，提高焊点强度，除采用 4.3 节所述的工程措施外，通常还可采用如下技术措施。

（1）采用双面铜箔导线、双焊点［见图 4-55（a）］。
（2）将导线折弯 90°，然后再焊接［见图 4-55（b）］。
（3）将印制电路板的固有频率 f_n 避开激励的主频率（如发动机频率、履带板拍打频率、舰船桨叶频率、直升机螺旋桨频率等），从而避免发生共振。
（4）将质量较大的元器件安装在印制电路板上靠近导轨附近的安全区，因为在安全区内印制电路板的实际传递率 η、弯曲变形 δ 和转角变形 θ 均小于中心部位。

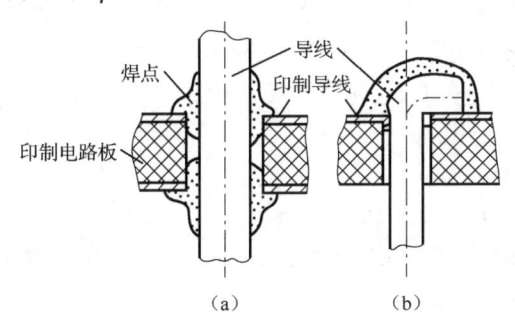

图 4-55 加强焊点

5. 安全区估算

如前所述，当印制电路板发生共振时，中心部位的 η、δ 和 θ 较大，而板边部位的较小。因此，存在着某些区域内的元器件导线和焊点应力小于疲劳极限的可能性。例如前面介绍的印制电路板，在 $\delta = 0.2\text{mm}$ 和 $\theta = 0.0039\text{rad}$ 时，焊点和导线应力均接近疲劳极限。但印制电路板上必然有 $\delta \leqslant 0.2\text{mm}$ 和 $\theta \leqslant 0.0039\text{rad}$ 的区域（安全区），由 $L = 150\text{mm}$、$\delta_m = 0.25\text{mm}$ 及条件

$$\delta(x) = \delta_m \sin \frac{\pi x_1}{L} \leqslant 0.2\text{mm}$$

$$\theta(x) = \delta_m \frac{\pi}{L} \cos \frac{\pi x_2}{L} \leqslant 0.0039\text{rad}$$

解出

$$x_1 \leqslant 44\text{mm}$$

$$x_2 \leqslant 34\text{mm}$$

因此,在靠近印制电路板两侧板边导轨 30～40mm(工程中会缩小范围)的区域便是安全区域。

6. 焊点累积疲劳循环比预估

当印制电路板随同电子设备进行不同严酷度的振动试验时,印制电路板上同一焊点的应力 $\tau_m(\sigma_m)$、实际应力循环次数 n_i 均不相同。例如,某机载电子设备经历各类振动试验时输入加速度 G_{in} 和焊点的应力 $\tau_m(\sigma_m)$、实际应力循环次数 n_i 及相应的疲劳寿命 N_i 列于表 4-26 中。

表 4-26 某机载电子设备经历各类振动试验时输入加速度和焊点的应力、实际应力循环次数及相应的疲劳寿命

序号	试验名称	G_{in}/g	$\tau_m(\sigma_m)/(\text{N/mm}^2)$	n_i/次	N_i/次
1	生产验收	3	18.2	1.9×10^4	8.1×10^6
2	预加例行试验	3	18.2	4.8×10^4	8.1×10^6
3	飞行可靠性试验	4	22.1	1.44×10^5	2.3×10^6
4	可靠性验证	4	22.1	2.88×10^5	2.3×10^6
5	全负荷合格试验	5	24.84	3.5×10^5	7.9×10^5

应用 Miner 线性累积疲劳损伤理论,其累积疲劳循环比 R 为

$$R = \sum_{i=1}^{k} \frac{n_i}{N_i}$$

$$= \frac{1.9\times10^4}{8.1\times10^6} + \frac{4.8\times10^4}{8.1\times10^6} + \frac{1.44\times10^5}{2.3\times10^6} + \frac{2.88\times10^5}{2.3\times10^6} + \frac{3.5\times10^5}{7.9\times10^5}$$

$$\approx 0.64$$

由以上的计算结果可知,焊点在经历了 5 个试验后,如果允许的 $R=1.0$,那么用去 64%后,则仅剩下 36%的使用寿命。因此,当样品经历了较多试验后不应作为产品交付使用。

第 5 章

电子设备隔振系统及隔振器

5.1 概述

当机箱、机柜、显控台与安装基座刚性连接无法满足环境试验要求时，可安装振动、冲击隔离系统（简称隔振缓冲系统或隔振系统）。通过隔振系统减小设备受到的振动、冲击激励量值，为设备提供较好的力学环境，提高设备的安全性、可靠性和使用寿命。当无军品级电子元器件时，可在保证设备正常工作的前提下，采用低一级（如工业级）的电子元器件来降低设备成本。

提高设备结构设计水平和提高设备的抗振动、抗冲击能力是首位的，必须克服完全寄希望于隔振系统的错误设计思想。

5.1.1 隔振系统设计准则

隔振系统设计，必须遵循以下准则。

（1）隔振器（也称隔振缓冲器）的安装方式必须规范化、标准化，并应符合相应标准和规范中的有关规定，对于舰艇电子设备，必须符合 HJB68—1992《舰艇电子装备显控台、机箱、机柜通用规范》中的规定。

（2）隔振系统设计模块化、系列化。

（3）隔振系统的实际传递率必须小于许用传递率，也就是说，隔振系统传递给设备的激励值必须小于设备的许用值。

（4）隔振系统必须进行稳定性校验。在激励频率范围内，不得出现有害的耦联振动、共振和非线性自激振动。

（5）隔振系统必须兼有隔振与缓冲功能。

（6）所选用的隔振器的抗振动、抗冲击能力和环境适应性必须优于被保护设备。在弹性元件失灵后，必须有防护装置，在任何条件下，设备不得处于无支承状态。

5.1.2 隔振系统设计必备的原始资料

在进行隔振系统设计之前，必须对被保护设备、拟选用的隔振器、相应的力学环境严酷度等进行摸底，以获得最佳设计。

1．被保护设备的资料

（1）设备允许的振动、冲击加速度，或允许的传递率。
（2）设备试验环境和工作环境。
（3）设备与周围设备及舱壁间允许的变形空间。
（4）设备各坐标轴一阶固有频率和各阶危险频率。
（5）设备总质量及质心在三维空间中的位置。
（6）各隔振器的实际承载量及安装位置。
（7）设备绕各坐标轴的转动惯量。

2．隔振器的资料

（1）外形尺寸、安装尺寸。
（2）与设备连接方式。
（3）公称载荷下的刚度和固有频率。
（4）承载方向和承载范围。
（5）动态特性［η_v、η_{ba}和（或）η_{sh}］。
（6）校平特性。
（7）推荐的典型布置方案。
（8）环境适应性及使用场所。
（9）极限变形量值。
（10）蠕变量值。
（11）使用年限。
（12）型号及生产厂商。
（13）可维修性、不适合应用的场合，以及需特殊说明的其他资料。

5.1.3 标准传递率曲线

对于机械振动系统，共振现象通常难以避免。为了防止隔振系统过大的共振传递率对设备的损害，IEC 60068-2-6 在 2007 年第 7 版的试验 F_C（正弦振动试验）导则中规定：隔振器的传递率应在如图 5-1 所示的 A、B、C 3 条曲线的范围之内，即最大共振传递率 $(\eta_A)_{max} \leqslant 5$。

曲线 A：适用于仅考虑单自由度时，其共振频率不超过 10Hz。
曲线 B：适用于仅考虑单自由度时，其共振频率在 10～20Hz 之间。

曲线 C：适用于仅考虑单自由度时，其共振频率在 20～35Hz 之间，具有低回跳特性的车载隔振器。

A、B、C 曲线的斜率为-12dB/倍频程。

1986 年年底，电工电子产品环境标准化委员会对国家标准 GB 2424.7—1981《电工电子产品基本环境试验规程　振动（正弦）试验导则》进行修订时，增加了一条反映我国 20 世纪 80 年代研制的新型隔振器特点的传递率曲线——D 曲线。D 曲线的斜率规定为-8dB/倍频程。它适用于仅考虑单自由度时，系统的固有频率小于 6Hz，最大共振绝对传递率 $(\eta_A)_{max} \leqslant 1.5$ 的高性能隔振器（见图 5-2）。

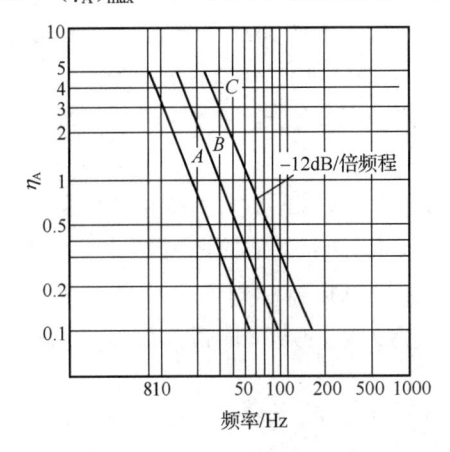

图 5-1　IEC 标准传递率曲线　　　图 5-2　国家标准传递率曲线

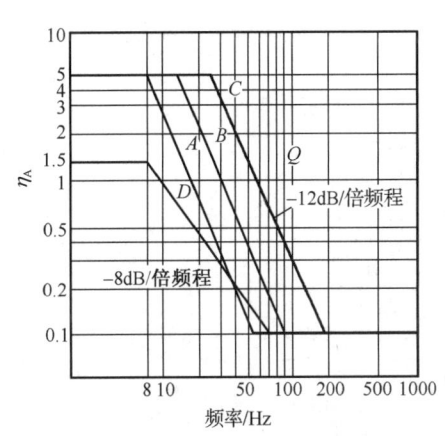

综合以上特征，$A_{p_{实}}(f) = \eta(f) \cdot A_p(f)$，用于电子设备的各类隔振器的隔振传递率应在 A、B、C、D 曲线中的任一条曲线范围之内。对于传递率超出 C 曲线范围的隔振器，其传递率用 Q（其他）表示，在隔振系统设计中，应避免使用。

电子设备实际使用时通常安装隔振器，但在进行环境试验时，因无合适的夹具，或因振动台承载能力（或推力）限制，无法使用安装隔振器的夹具一起进行试验等客观原因，希望将电子设备直接安装在振动台上进行环境试验。从纯理论上讲，根据电子设备等效损伤（等效响应）理论，可将标准传递率曲线 $\eta(f)$ 作为加权因子，对环境试验的严酷等级 $A(f)$ 进行修正。在征得采购方同意后可做如上修正。

显而易见，以上等效理论只有在确认该系统为绝对解耦的一维振动情况下才可使用。否则应采用加隔振器后的实测谱。

5.1.4　隔振系统模块化设计基本要求

隔振系统是用来减弱或避免强烈的振动、冲击环境对电子设备造成有害影响的技术措施。首先对电子装备内部薄弱环节进行加固设计，再辅之以隔振系统是目前工程中应用较为普遍的、经济可靠的设计方法。

隔振系统模块化设计的目的是，在保证隔振系统效果的前提下，提高隔振系统和隔振器的标准化、通用化、系列化和成套匹配等技术水平。其基本要求如下：

1. 动态特性规范化

模块化隔振系统的主要动态特性指标如下：

（1）隔振传递率 η_v 在三轴向的共振传递率小，最好具有无谐振峰传递率特性（$\eta_v \leqslant 1$）。弹簧特性应为线性，否则会引起非线性亚谐、超谐共振，降低隔振系统的稳定性。

（2）耦联振动小，最好具有解耦特性，从而提高系统的稳定性。

（3）在规定的振动、冲击条件下，隔振系统应具有隔振与缓冲两种功能，其动态特性应向理论动态特性逼近（见图5-3）。在图 5-3 中，$[F_m] = m[\ddot{X}]$，$[X_1]$ 是隔振时许用位移，$[X_2]$ 是隔振器或隔振系统的最大位移。由如图 5-3 所示的曲线可知，当冲击激励传递给电子设备的动能大于曲线中 $F_m([X_2]-[X_1])$ 时，系统无法缓冲。故在制定标准时应给隔振器留有足够的空间，以吸收冲击能量。

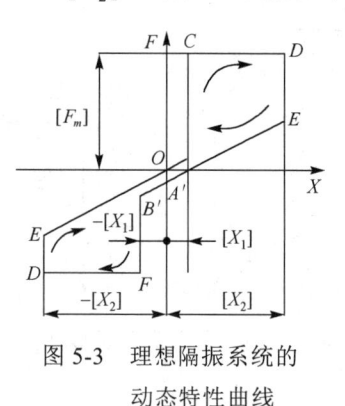

在颠振、冲击、激励下，隔振系统输出的加速度应小于外激励加速度，并且还必须小于设备的许用加速度。因此，GJB 510—1988《无谐振峰隔振器总规范》规定，无谐振峰隔振器（简称无峰隔振器）的动态特性指标必须满足：

隔振传递率 $\eta_v \leqslant 1.5$；

功能冲击传递率 $\eta_{sh} \leqslant 0.8$；

平均碰撞传递率 $\eta_{ba} \leqslant 0.8$。

图 5-3 理想隔振系统的动态特性曲线

2. 隔振器安装方式标准化

隔振器的安装方式和组合形式不仅确定了隔振器的动态特性和稳定性，同时也确定了隔振器的弹性阻尼特性和结构设计准则。因此，隔振器安装方式的标准化是隔振系统设计和隔振器设计的先决条件。

电子设备常用的隔振器安装方式如图 5-4 所示。其中，图 5-4（a）所示为水平重心平面安装，图 5-4（b）所示为对角线重心平面安装，图 5-4（c）所示为垂直重心平面安装，它们统称为重心平面安装。其特点是：电子设备的质心 C 与隔振器支承平面中心 O（坐标原点 O）重合。分析时可使隔振系统关于惯性力解耦。其中，图 5-4（a）和图 5-4（b）所示适用于机载电子设备，图 5-4（c）所示适用于通信等领域中电信单元模块相对简单并采用框架式机柜的电子设备。

图 5-4（d）所示为底部安装隔振系统，适用于底部支承平面较大，重心较低的中、小型电子设备。图 5-4（e）所示为壁挂式（侧面安装）隔振系统，在三轴向均会引起剧烈的耦合振动，但它是 HJB68—1992《舰艇电子装备显控台、机箱、机柜通用规范》规定的机箱隔振系统。严格执行该标准将对电子设备不利，若改变安装方式则会违反标准。这将使设计人员左右为难。

在总体安装空间不变的前提下，可采用如图 5-5 所示的壁挂式隔振系统，经试验证实，隔振效果和稳定性均有明显改善。由此可见，安装方式标准化是十分关键的问题。

图 5-4　电子设备常用的隔振器安装方式

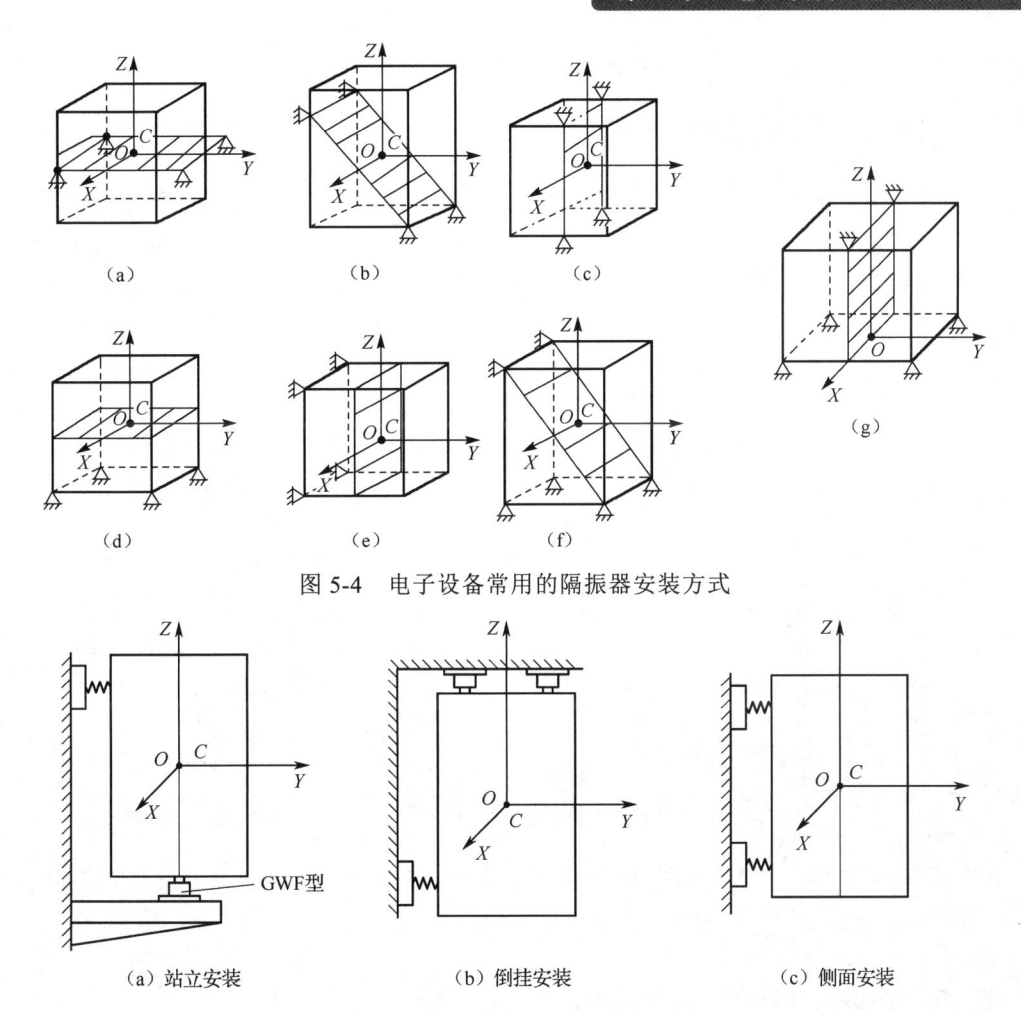

图 5-5　壁挂式隔振系统

(a) 站立安装　　(b) 倒挂安装　　(c) 侧面安装

图 5-4（f）所示为 HJB68—1992 规定的背架式隔振系统（见图 5-7、图 5-8）。该系统适用于中、大型机柜和显控台，是目前应用最多的安装形式。该系统对底部承载隔振器和非承载的背部隔振器的弹性阻尼特性的要求是不相同的，并且只有在两者匹配较好时，才能获得无共振、低耦合的系统动态特性。

图 5-4（g）所示为顶架式隔振系统。它适用于中、大型机载电子机柜。其动态特性比背架式隔振系统好。

安装方式和隔振器工作高度 H_0 标准化，对系统和隔振器的动态特性、匹配选用及生产制造过程有着决定性影响。在标准制定时，应综合考虑各种因素的相互影响，确定较为合理的安装方式和外形尺寸。

5.1.5　模块化隔振系统对隔振器的要求

隔振器是组成模块化隔振系统的基本单元。隔振系统总体动态特性是由组成该系统各个隔振器的弹性阻尼特性及其匹配组合确定的。为此，要实现隔振系统的模块化，隔振器除必须同时有隔振与缓冲功能外，还必须满足如下要求。

1．相同外形尺寸不同承载量要求

在有关标准（如 HJB68—1992）中，均对机箱、机柜、显控台的外形尺寸和隔振器安装方式、变形空间做了规定（如图 5-6～图 5-8 所示）。但相同尺寸的机柜、显控台，由于其内部组件不同，质量有较大差异（120～500kg）。此外，对于同一个机柜，由于工程中不可避免地会出现质量偏心现象，4 个底部隔振器的实际承载量也不相同。从系统外观一致性要求出发，要求在相同外形尺寸和变形空间条件下，隔振器应具有不同的承载能力。

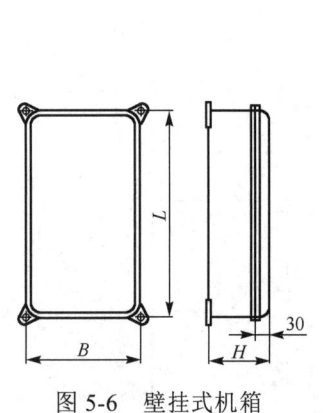

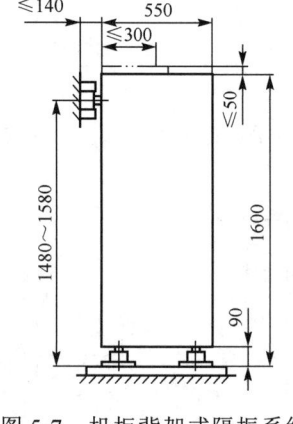

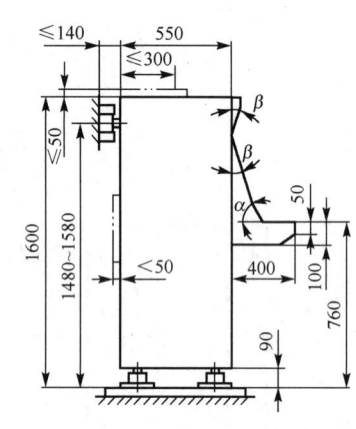

图 5-6　壁挂式机箱（单位：mm）　　图 5-7　机柜背架式隔振系统（单位：mm）　　图 5-8　显控台背架式隔振系统（单位：mm）

2．各隔振器固有频率相接近要求

模块化隔振系统往往由 3 个以上的隔振器组成。在实际承载后各隔振器的固有频率 f_{nj} 应接近，刚度中心接近质量中心，可以提高系统的隔振效果和稳定性。否则，当 f_{nj} 相差较大时，不仅在各个隔振器的固有频率附近会发生局部共振（单点共振），而且也使系统共振频率数目增多，耦合振动加剧，稳定性下降。

为此，当载荷范围较大时，应将其分为若干个小载荷范围，并采用不同刚度的弹簧与之匹配，从而保证解耦条件。

3．各隔振器刚度和阻尼特性匹配要求

对于如图 5-7、图 5-8 所示的背架式隔振系统，当背部隔振器距安装基面的高度 H（1480～1580mm）确定后，总质量相同且选用相同特性的底部隔振器的两个机柜，如果因质心高度不同，则要求具有不同弹性阻尼特性的背部隔振器与之匹配，来满足解耦设计要求。

4．环境适应性要求

随着电子设备模块化、通用化技术的发展，往往要求具有一定抗振动、抗冲击能力

的产品用于不同运载工具上。例如，指控系统应当既可用于车载方舱，又可用于舰艇仪器舱。隔振系统必须具有在海用和陆用环境条件下的适应性。

5. 其他要求

1）支承高度可调节要求

外形、刚度和公称载荷相同的隔振器，在电子机柜因质量偏心发生倾斜时，隔振器应具有调节实际支承高度的结构，将机柜底平面调到水平。

2）阻尼力可调要求

外形、刚度（k）和阻尼系数（c）相同的隔振器，在实际承载质量 m 不相同时，临界阻尼系数 c_c 不同。如果阻尼系数 c 不可调节，则承载 m 后的阻尼比 ξ 不相等。阻尼比的定义为

$$\xi = \frac{c}{c_c} = \frac{c}{2\sqrt{km}} \tag{5-1}$$

此时会引起各隔振器的实际传递率不相等，从而造成系统稳定性下降。因此，隔振器应有阻尼力调节结构。

3）可靠性要求和高性能价格比要求

隔振器自身的抗振动、抗冲击强度应远远高于电子设备的振动、冲击环境条件严酷度，并且必须长期可靠地工作。

被隔振器保护的电子设备的价格很高，应采用高性能的隔振器。但隔振器应在保证性能的前提下，降低成本以适应市场要求。

6. 隔振器模块化设计的基本思路和对策

在工程中，通过隔振器的模块化设计来实现隔振系统模块化的基本思路是：隔振器安装方式标准化、动态特性组合化、产品型号系列化。其工程对策是外形尺寸规范化、弹簧和阻尼元件模块化、结构零件通用化。利用刚度和阻尼特性拟合技术和成组组装技术来实现隔振器与隔振系统的模块化。

目前已在舰艇电子设备应用的由 GWF 型、GBJ 型隔振器组成的无峰隔振系统，就是根据以上原则设计的。

5.1.6 隔振器的质量保证规范

1982—1997 年，由国内高等院校、研究所及隔振器生产厂家组成的电子设备用隔振器工作组，制定了相关的隔振器总规范。

采用不同的弹性、阻尼材料的隔振器，在研制和生产中应符合相应的质量保证规范中规定的要求。

1．无谐振峰隔振器总规范

无谐振峰隔振器是指在规定的激励频率范围内，在互相垂直的三轴向隔振传递率不大于 1($\eta_v \leq 1$)的军用电子设备专用高性能隔振器。在研制和生产该类隔振器时，应遵循 GJB 510—1988《无谐振峰隔振器总规范》中的有关规定。

2．金属隔振器总规范

金属隔振器是指弹性特性和阻尼特性均由金属材料确定的隔振器。在研制和生产该类隔振器时，应遵循 SJ/T 10179—1991《金属隔振器总规范》中的有关规定。

3．金属橡胶隔振器总规范

金属橡胶隔振器是指弹性特性和阻尼特性由金属材料和橡胶材料共同确定的隔振器。在研制和生产该类隔振器时，应遵循 SJ/T 10180—1991《金属橡胶隔振器总规范》中的有关规定。

4．橡胶隔振器总规范

橡胶隔振器是指弹性特性和阻尼特性均由橡胶材料确定的隔振器。在研制和生产该类隔振器时，应遵循 SJ/T 10181—1991《橡胶隔振器总规范》中的有关规定。

5．SJ/T 10165—1991《隔振器型号命名方法》

从该标准规定的型号命名中可以反映出隔振器的材料和主要性能特性，这给使用者带来了极大方便。

该标准规定的型号命名由 5 个部分组成。

（1）第 1 个部分：表示隔振器的产品名称，用符号"G"表示。

（2）第 2 个部分：表示隔振器的工作特性、形状特征或结构特点。用一个或两个汉语拼音字母表示，除 O 和 X 外，共有 24×24 个字母组合可供选用。

例如，反映如下特征或特性时，可用括号内的符号表示。

外形特征：平板型（P）、碗型（W）、柱型（Z）等。

阻尼特性：空气阻尼（QZ）、金属网阻尼（WZ）、油阻尼（YZ）等。

弹性特性：正刚度（ZG）、负刚度（FG）、零刚度（LG）、非线性刚度（FS）等。

固有频率特征：低频（DP）、恒（等）频（HP）、变频（BP）等。

（3）第 3 个部分：表示隔振器的类型，用一个汉语拼音字母表示。

J——金属型隔振器：弹性特性和阻尼特性完全由金属构件确定的隔振器。

F——金属橡胶复合型隔振器：弹性特性和阻尼特性由金属构件和橡胶材料共同确定的隔振器。

X——橡胶隔振器：弹性特性和阻尼特性完全由橡胶材料确定的隔振器。

N——黏弹性材料。

T——其他类型的隔振器等。

（4）第4个部分：表示隔振器的公称载荷，单位为牛顿（N）。

（5）第5个部分：表示隔振器的传递率特性，即符合图5-2中 A、B、C、D、Q 曲线中的某一条曲线。

例如，公称载荷为500N，符合 D 传递率曲线的金属型无谐振峰隔振器，用该标准规定的型号命名方法命名时可用如下符号表示。

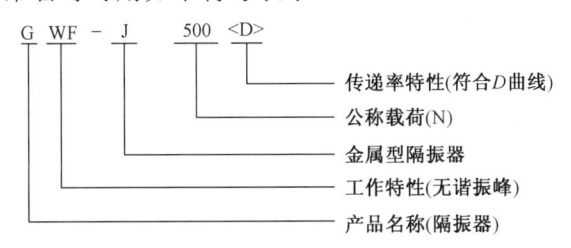

```
G W F - J  500 <D>
│ │ │   │   │   │
│ │ │   │   │   └─ 传递率特性(符合D曲线)
│ │ │   │   └───── 公称载荷(N)
│ │ │   └───────── 金属型隔振器
│ │ └───────────── 工作特性(无谐振峰)
│ └─────────────── 产品名称(隔振器)
```

6. SJ/T 10178—1991《隔振器特性测试方法》

该测试方法规定了隔振器主要的动态特性，振动传递率 η_v、冲击传递率 η_{sh} 和平均碰撞传递率 η_{ba} 的测试与评定方法。特别是新规定的 η_{ba} 的测试与评定方法，解决了碰撞试验中碰撞传递率 η_b 不稳定状态下的合理评价，是新产品的研发和生产单位、用户单位合理评价隔振器的依据。

相邻两个碰撞脉冲作用，在前一个碰撞脉冲作用之后，如果因隔振器的阻尼力较大，或者碰撞速率较低，在后一个碰撞脉冲作用之前，质量 m 的响应已趋于零（m 恢复到静止状态），则称相邻两个碰撞脉冲的影响互不相关。简而言之，如图5-9所示，当质量 m 的响应时间 t_0 小于碰撞脉冲周期 T 时，相邻两碰撞脉冲的影响互不相关。反之，如图5-10所示，当响应时间 t_0 大于碰撞脉冲周期 T 时，相邻两碰撞脉冲的影响互相相关。相邻两个碰撞脉冲对隔振器特性的影响是否相关，与隔振器的固有频率、阻尼比、碰撞脉冲周期（碰撞速率），以及 $t_0 > T$ 后的残余响应与后一个碰撞脉冲之间的相位差等因素有关。

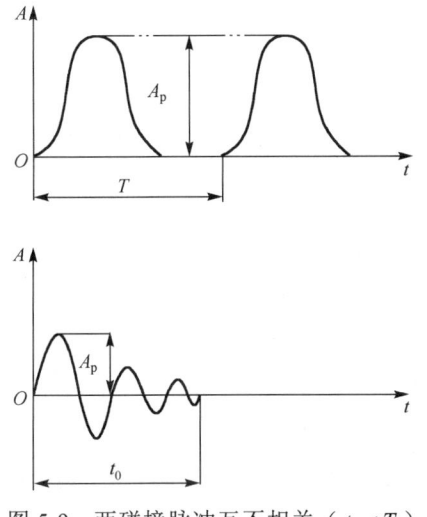

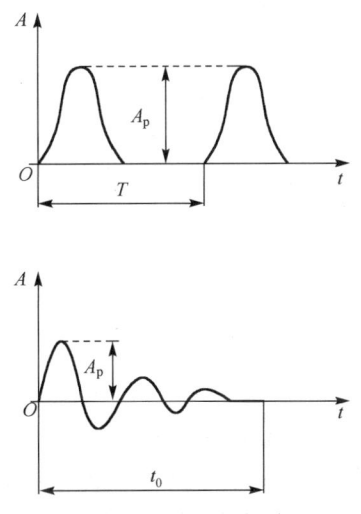

图5-9 两碰撞脉冲互不相关（$t_0 < T$）　　图5-10 两碰撞脉冲互相相关（$t_0 > T$）

同一次碰撞脉冲作用的碰撞传递率 η_{bi} 的定义和计算方法与冲击传递率 η_{sh} 相同。

由于各个碰撞脉冲作用时的碰撞传递率 η_{bi} 不是恒值，故电子工业行业标准 SJ/T 10178—1991《隔振器特性测试方法》规定：在总碰撞次数 N 中的最后 100 个碰撞脉冲作用下所获得的 100 个 η_{bi} 中，取自大到小排列的前 10 个较大值 $(\eta_{bi})_j$ 的算术平均值，定义为平均碰撞传递率 η_{ba}，即

$$\eta_{ba} = \frac{1}{10}\sum_{j=1}^{10}(\eta_{bi})_j \qquad (5\text{-}2)$$

GJB 150—1986 规定了输入的标准冲击脉冲的严酷度由冲击脉冲的峰值加速度 A_p、冲击波形的容差带和冲击脉冲引起的速度变化量 Δv 三者确定。

在 SJ/T 10178—1991 编写时，振动、冲击测量设备还不具备速度变化量 Δv 的测量功能，故规定了冲击传递率 η_{sh} 仅由响应的峰值加速度 $\ddot{z}_{rp}$ 和激励的峰值加速度 $\ddot{z}_{op}$ 的比值确定 $\eta_v = \ddot{z}_{rp}/\ddot{z}_{op}$，这对隔振器冲击效果的评价是很不公平的，因为加速度传感器往往会给出峰值加速度 $\ddot{z}_{rp}$ 很大，但有效作用时间很短，冲击能量很小的响应值，测振仪没有评价速度变化量的功能，而无法评价隔振器吸收动能的能力，导致被评为不合格。随着计算机技术的发展，已可实现速度变化量的检测，故在 SJ/T 10178—1991 改版升级时，应该加入对速度变化量的评价。

5.1.7 隔振器的弹性特性设计

隔振器的弹性特性按照力学性能可分为线性特性和非线性特性两大类；但按弹簧力增量 dF 与相对位移增量 $d\delta$ 的比值性质，又可以分为正刚度特性（$dF/d\delta > 0$）、负刚度特性（$dF/d\delta < 0$）和零刚度特性（$dF/d\delta = 0$）。

隔振器总的弹簧刚度可由单个弹性件提供或由多个弹性件的刚度拟合而成。总刚度小于零的负刚度隔振器和总刚度近似为零的隔振器均称为准零刚度隔振器，它们必须与正刚度隔振器共同使用，使隔振系统的总刚度为正值，否则隔振系统是非稳定系统。

1. 线性弹簧

当力和位移的比值为常数时，弹簧特性是线性的。$k > 0$，为线性正刚度特性；$k < 0$，为线性负刚度特性。在没有特殊说明的场合，线性弹簧是指正刚度弹簧，其固有角频率 $\omega_n = \sqrt{k/m}$。

2. 非线性弹簧

当力和位移之间的关系不成比例时，弹簧特性是非线性的。金属圆锥弹簧具有硬特性的非线性特点，空气弹簧具有软特性的非线性特点。

非线性弹簧减振的特性曲线如图 5-11 所示。弹簧在设备的静载荷下，相应的工作点为图中 A 点；当设备振动时，工作点沿曲线 BC 段做往复运动。在隔振设计中，隔振系统处在隔振区，故振幅不大，因此可将 BC 段曲线看成直线，并应用线性理论处理非线性振动理论问题。由图可知，不同工作点曲线的斜率是不同的，即对应的刚度是不同的，

也就是说，k 不是常数。假如弹性特性曲线的解析式为 $F = f(\delta)$，则 $k = \mathrm{d}F/\mathrm{d}\delta$。因此，固有角频率为

$$\omega_n = \sqrt{\frac{\mathrm{d}F/\mathrm{d}\delta}{m}} = \sqrt{\frac{g\mathrm{d}F/\mathrm{d}\delta}{W}} \quad (\mathrm{rad/s})$$

固有频率为

$$f = 0.498\sqrt{\frac{\mathrm{d}F/\mathrm{d}\delta}{W}} \quad (\mathrm{Hz}) \tag{5-3}$$

上述求固有频率的方法仅适用于微振幅。因为振幅较大时，在每个振动周期中刚度 $\mathrm{d}F/\mathrm{d}\delta$ 变化很大，固有频率成为振幅的函数。图 5-12 给出了恒加速度对固有频率的影响。例如，飞机在急剧转弯时所产生的离心加速度，恒加速度使弹簧除了受到设备的重力 $W = mg$ 以外，还要受到惯性力 $U = ma = m(ng)$ 的作用，这将引起工作点位置的改变，对线性弹簧来说，工作点虽然变了，但刚度仍然不变，因此固有频率不变。对非线性弹簧来说，在设备重力 $F_a = W = mg$ 的作用下，对应的刚度为 k_A（见图 5-12），固有频率应为 $f_A = 0.498\sqrt{k_A/W}$；当运载工具速度变更方向，产生离心加速度时，在其作用下，弹簧受到的合力为 $F_B = W + U = m(1+n)g$，因此，对应的刚度为 k_B，固有频率为 $f_B = 0.498\sqrt{k_B/W}$。很显然，由于 $k_A \neq k_B$，故 f_A 和 f_B 不同。

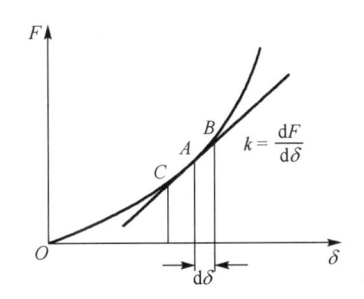

图 5-11 非线性弹簧减振的特性曲线 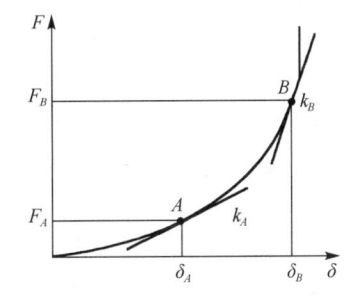　　图 5-12 恒加速度对固有频率的影响

对非线性隔振系统来说，在考虑恒加速度影响时，只要在弹簧特性曲线上找到相应的工作点，并以此为基础就能求得相应的固有频率。

线性与非线性弹簧减振器特性的比较如表 5-1 所示。

表 5-1　线性与非线性弹簧减振器特性的比较

线性弹簧减振器	非线性弹簧减振器
载荷变化范围窄	载荷变化范围宽
固有频率随着载荷增大而减小	载荷增加时固有频率的变化范围比线性系统的固有频率变化范围小或保持常数
固有频率与振动振幅无关	固有频率随着振动振幅的变化而改变
固有频率与恒加速度无关	固有频率与恒加速度有关
在设备撞击底部之前吸收较少的冲击能量	在设备撞击底部之前吸收较多的冲击能量
在恒加速度作用下，设备撞击底部的危险性较大	在恒加速度作用下，设备撞击底部的危险性小

3. 等频弹簧

当设备重力发生变化时，为使非线性系统的固有频率保持不变，则等频弹簧应满足

$$f = \frac{1}{2\pi}\sqrt{\frac{gk}{W}} = \frac{1}{2\pi}\sqrt{\frac{g\mathrm{d}W/\mathrm{d}\delta}{W}} = c \tag{5-4}$$

对上式积分，得

$$\int_{\delta_0}^{\delta} \frac{4\pi^2 f^2}{g} \mathrm{d}\delta = \int_{W_0}^{W} \frac{\mathrm{d}W}{W}$$

即

$$W = W_0 \mathrm{e}^{A(\delta - \delta_0)} \tag{5-5}$$

式中，$A = 4\pi^2 f^2/g$，δ_0 为当设备重力为 W_0 时减振器所对应的变形。由式（5-5）可知，载荷与变形之间的关系是指数关系，所以这种弹簧称为指数式螺旋弹簧，其外形呈半径为 R 的圆弧状（见图 5-13）。其优点是：

（1）可以大大减少减振器的品种。

（2）简化设备的安装。因为不必精确地根据载荷选择减振器，也不需要精确地决定其安装位置，只要设备载荷在等频减振器的额定载荷范围内就可正常工作。

这种减振器的弹簧平均直径是上面小、下面大。由圆柱形弹簧刚度解析式可知，平均直径越小，圈数越少，则刚度越大。等频减振器弹簧受压时，接近底部平均直径较大的几圈变形最大，随着载荷增加，它逐渐被压到底座上，并失去弹性作用，使有效圈数减少，弹簧刚度增大，从而使固有频率保持不变。

4. 软特性弹簧

软特性弹簧的 F-δ 曲线如图 5-14 所示。当它作为承载弹簧时，工作点应选在 $\mathrm{d}F/\mathrm{d}\delta$ 较小的 A 点附近，使隔振器具有较低的固有角频率 ω_n，ω_n 计算公式与硬特性弹簧相同。如果选在 δ_B 对应的 B 点附近，则刚度（$\mathrm{d}F/\mathrm{d}\delta$）变化很大，隔振系统稳定性大大下降，常出现跳跃现象。

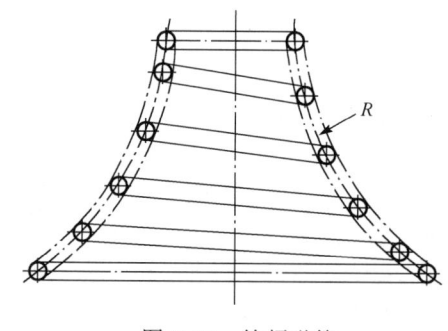

图 5-13　等频弹簧

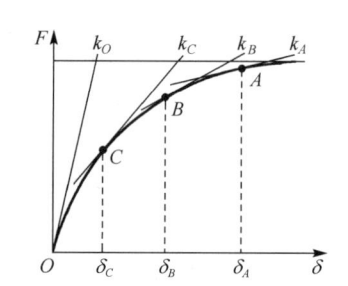

图 5-14　软特性弹簧的 F-δ 曲线

特别需要强调的是，当工作点选在 A 点时，软特性弹簧并不能储存较多的冲击能量，冲击时，必须采用附加缓冲装置。只有当工作点选在 O 点时，软特性弹簧才具有较好的储能特性。因此，要特别注意工作点的选择和调节。

5. 负刚度弹簧

负刚度弹簧的 F-δ 曲线如图 5-15 所示。其弹性曲线的斜率 $dF/d\delta<0$，即当变形量 δ 增大（$\delta_2>\delta_1$）时，弹簧力反而减小（$F_2<F_1$）。

负刚度弹簧具有一定的承载能力，但不能单独作为承载弹簧。它只能与线性或非线性的正刚度弹簧组合使用，从而获得工程所需的各类弹性特性。

6. 准零刚度弹簧

在图 5-16 中，当 $dF/d\delta=0$（$\delta_1\sim\delta_2$）时，称为零刚度弹簧。由于 F 的微小变化将引起 δ 的很大变化，所以零刚度弹簧是不稳定性弹簧。当 $dF/d\delta$ 趋于零，但不等于零时，称为准零刚度弹簧。当 $dF/d\delta>0$（$0\sim\delta_1$）时，称为稳定性（或正特性）准零刚度弹簧。准零刚度弹簧是在其位移方向位移 δ 变化很大，而位移方向的反力 F 变化很小，且刚度趋于零（$k=dF/d\delta\to 0$）的弹簧。该类弹簧不适用于在其位移方向有冲击激励的环境，因为会引起冲击时的刚性碰撞。当 $dF/d\delta<0$ 时，称为不稳定性（或负特性）准零刚度弹簧。工程中独立使用的承载弹簧必须具有稳定性。

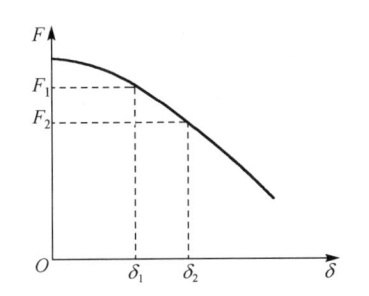

图 5-15　负刚度弹簧的 F-δ 曲线 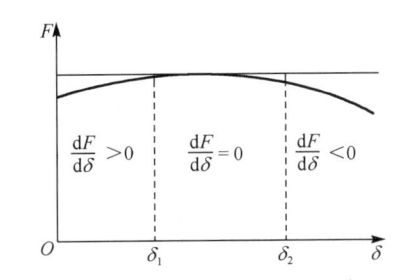　　　图 5-16　准零（零）刚度弹簧的 F-δ 曲线

7. 刚度拟合技术

当单个的弹簧特性（硬特性、软特性或线性特性）不能满足振动、冲击隔离系统的弹性特性要求时，可采用具有不同特性的弹簧进行串、并联的刚度拟合技术，来获得所要求的弹性特性曲线。工程中常用的性能较好的隔振器，其弹性特性都是通过刚度拟合技术获得的。

5.1.8　隔振器的阻尼特性

隔振系统常采用阻尼力抑制共振和耗散冲击能量。阻尼力主要有以下几类。

1. 黏性阻尼力 F_c

黏性阻尼力 F_c 是液压油、水等流体流入或流出固体结构的小孔时，相互间产生的摩擦阻力。其特点是阻尼力的大小与振动相对速度 $\dot{X}$ 成正比，即 $F_c = c\dot{X}$，又称线性阻尼力。

2. 干摩擦阻尼力 F_μ

干摩擦阻尼力 F_μ [也称库仑（Coulomb）阻尼力] 是固体构件接触面之间产生的摩擦力。其特点是 F_μ 的大小仅取决于正压力 N 和构件表面间的摩擦系数 μ。$F_\mu = \mu N$，隔振系统振动一周所耗散的能量 E_μ 与振幅 A_p 有关：$E_\mu = \mu N \cdot 4 A_p$。

3. 结构阻尼力 F_j

结构阻尼力是由振动时因弹性材料变形引起高分子材料铰链分子结构的内摩擦，或金属材料晶体界面间内摩擦引起的。

图 5-17 所示为材料在振动时，从 O 开始加载到 A，卸载，然后沿 A、B、C、D、A 反向加载、卸载、振动一周形成的 $F-\delta$ 曲线。$ABCDA$ 包围的封闭曲线面积 S 就是材料振动一周耗散的能量 E_j。可由曲面积分，求得

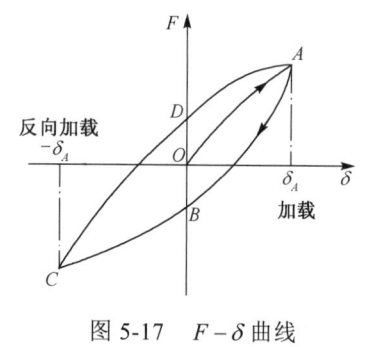

$$E_j = \oint_S F(\delta) \mathrm{d}\delta \tag{5-6}$$

由于结构内摩擦能耗（E_j）都包含在结构内部，很容易引起弹性材料温度升高。这对橡胶类的高分子材料是致命的。例如，JP 型平板橡胶隔振器，在一次共振试验中 18s 就断裂了。

金属构件结构的内阻很小，在大多数情况下应采用附加阻尼结构。

图 5-17 $F-\delta$ 曲线

4. 电磁阻尼力 F_D

电磁阻尼力 F_D 是由外界引入附加的通电动圈和定圈间产生的电磁力。其特点是 F_D 的大小与振动速度或位移的相互关系可由控制电路控制，这相当于电磁振动台或主动振动控制。其缺点是系统复杂，体积和质量均较大，不适用于移动式电子设备。

目前在隔振器中常用的是黏性阻尼力 F_c 和干摩擦阻尼力 F_μ。

5. 颗粒阻尼力

颗粒阻尼力是指在颗粒阻尼器中，由于颗粒之间的相对运动及颗粒与容器壁之间的接触而产生的摩擦力和碰撞力。这些力通过颗粒间的摩擦、碰撞及动量交换将系统的机械能转化为热能和其他形式的能量，从而达到耗散能量、减少振动的效果。颗粒阻尼力因其独特的机制，在工程机械、航空航天领域及半主动振动控制中（如在半主动颗粒阻尼吸振器中）得到广泛应用。

6. 磁流变液阻尼力

磁流变液阻尼力是指利用磁流变液来产生阻尼效果的一种力。在磁场作用下，磁流变液能在毫秒级的瞬间从流动性能良好的牛顿流体转变为具有一定剪切屈服应力的黏塑性体，且随着磁场强度的增大，剪切屈服应力会有相当的增大，通过磁场的变化，磁流变液的流动特性发生变化，进而使阻尼器通道两端产生压力差，获得阻尼力。由于磁流变液可逆、反应迅速和易于控制的特点，其在汽车、建筑、医疗、健身器材等方面得到了应用，但不适用于一般电子设备的振动、冲击隔离场合。

5.2 电子设备隔振系统

隔振是采用弹性、阻尼元件将电子设备与基础隔离的技术措施。减小基础振动传给设备的振动量值称为被动隔振或消极隔振；减小设备振动传给基础或基础附近其他设备的振动量值称为主动隔振或积极隔振。采用隔振器、阻尼器、阻尼材料等无源元件进行隔振的技术措施称为无源振动控制；采用附加能源输入，并引入伺服控制系统进行隔振的技术措施称为有源主动振动控制。

无源振动控制有两个基本研究方向：加固设计和振动、冲击隔离。

加固设计是在振动理论分析与振动试验分析基础上，筛选出抗振动、抗冲击能力较高的结构件和元器件，使电子设备在不加装任何隔振器的情况下，就能在各种严酷的机械环境条件下安全、可靠地工作，这是加固设计追求的目标。

由于受技术条件或经济成本方面的限制，有时很难实现上述加固设计的要求。采用隔振缓冲技术，减少或避免外界激励对电子设备的有害影响，这便是振动、冲击隔离技术。

振动、冲击隔离技术是在环境条件严酷等级（激励值）和电子设备允许响应值（脆值）已知的前提下，通过对电子设备附加隔振器来进行保护的技术措施。其基本设计思想是通过隔振器传递给设备的激励值（设备的响应值）始终小于设备的许用值，即使隔振器的传递率小于设备的许用传递率。若定义设备的许用传递率为

$$[\eta] = \frac{\text{设备许可响应值}}{\text{环境条件界限}} = \frac{[A]}{A_p} \tag{5-7}$$

那么，当隔振器的实际传递率为 $\eta_\text{实}$ 时，则应有

$$\eta_\text{实} A_p \leqslant [A] \quad \text{或} \quad \eta_\text{实} < [\eta]$$

式中，A_p 为广义激励的峰值，它可以表示位移、速度、加速度和力；$[A]$ 为广义的许用响应值，它可以表示位移、速度、加速度和力。

但传递率应为同一物理参数的峰值比。

对电子设备的结构薄弱环节进行加固设计，而整机则采用隔振缓冲系统加以保护，是目前工程应用中较为普遍而又经济可靠的设计方法。

5.2.1 单自由度隔振系统

1. 隔振技术的基本概念

现以如图 5-18 所示的单自由度隔振系统为例,说明隔振技术的基本概念。在如图 5-18 所示的系统中,刚性质量块代表电子设备,它通过弹簧和阻尼元件组成的隔振器与基础相连。当设备只能在垂向运动时,系统做一维振动(单自由度振动)。隔振器的性能可通过对基础施加正弦激励,并分析质量块 m 的稳态正弦响应特性来评价。评价指标是传递率。传递率是隔振器传递力或运动能力的评价指标。

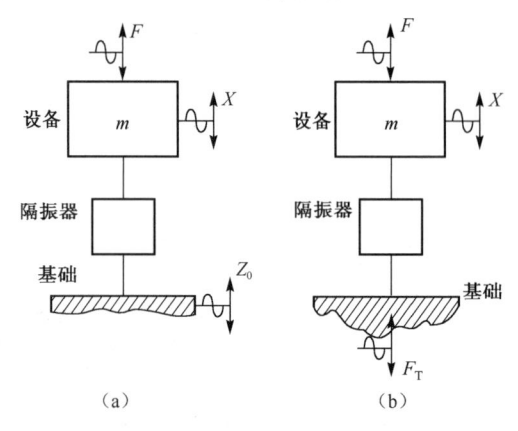

图 5-18 单自由度隔振系统示意图

(1) 当振源是基础振动(振动激励)时,绝对传递率是绝对坐标系中设备的响应幅值与基础振动幅值之比。当振源是设备内部的振荡力(激励力)时,绝对传递率是传到基础上的力幅与激励力幅之比。

(2) 相对传递率是隔振器的相对变形幅值与激励幅值之比。相对变形量是隔振器容许位移空间的变量。该特性对于消极隔振较为重要。

(3) 运动响应有时也称为动力放大因子,它是设备的响应幅值与当量静变形(激励力幅除以隔振器静刚度,即 F_0/k)之比。当设备受到激励力作用时,隔振器必须保证设备有自由运动的位移空间。

2. 隔振器的弹性阻尼特性和传递率

隔振器的基本特征是它具有弹性承载和能量耗散功能。在某些类型的隔振器中,弹性承载和能量耗散功能由同一个元件来实现,如使用天然橡胶或合成橡胶。在其他类型的隔振器中,弹性承载元件可能缺少足够的能量耗散功能,如金属弹簧,所以要另外提供能量耗散元件(阻尼器)。为了分析方便,假设弹簧和阻尼器是分开的元件,一般假设弹簧是线性、无质量的。对于非线性弹簧和弹簧自身质量对隔振的影响机理本书不予讨论。

表 5-2 给出了由各类阻尼器组成的理想化隔振器的类型。

表 5-2 由各类阻尼器组成的理想化隔振器的类型

所用阻尼器类型	刚性连接黏性阻尼器	刚性连接 Coulomb 阻尼器	弹性连接黏性阻尼器	弹性连接 Coulomb 阻尼器
隔振器图示	(a)	(b)	(c)	(d)
激 励	$X_0 = A_0 \sin\omega t$ ① $F = F_0 \sin\omega t$ ①	$X_0 = A_0 \sin\omega t$ 或 $\ddot{X}_0 = A_0\omega^2 \sin\omega t$ $F = F_0 \sin\omega t$	$X_0 = A_0 \sin\omega t$ $F = F_0 \sin\omega t$	$X_0 = A_0 \sin\omega t$ 或 $\ddot{X}_0 = A_0\omega^2 \sin\omega t$ $F = F_0 \sin\omega t$
响 应	\multicolumn{4}{c}{$X = A\sin(\omega t + \varphi)$ ② $\delta = \delta_0 \sin(\omega t + \varphi)$ ② $F_T = (F_T)_0 \sin(\omega t + \varphi)$ ②}
频率参数	$\omega_n = \sqrt{k/m}$ ($c=0$)	$\omega_n = \sqrt{k/m}$ ($F_f = 0$)	$\omega_n = \sqrt{k/m}\ (c=0)$ $\omega_n = \sqrt{(n+1)k/m}$ ($c=\infty$)	$\omega_n = \sqrt{k/m}\ (c=0)$ $\omega_n = \sqrt{(n+1)k/m}$ ($c=\infty$)
阻尼参数	$c_c = 2\sqrt{k/m}$ $\xi = c/c_c$	$\xi = \dfrac{F_f}{\pi\delta\omega}$	$c_c = 2\sqrt{k/m}$ $\xi = c/c_c$	$\xi = 0\,(F_f \geqslant kD)$ $\xi = \dfrac{F_f}{\pi\delta\omega}$

注：① 实质上，这两种激励是相同的，把它们用两种数学形式来表示是为了定义 Coulomb 阻尼参数时方便一些。
② 在隔振问题中，我们只对响应的幅值 A、δ_0 和 $(F_T)_0$ 感兴趣。所以，相位角 φ 通常略去不写。

（1）由刚性连接黏性阻尼器组成的隔振器如表 5-2 中图（a）所示。这种阻尼器具有这样的特性：传递到设备的阻尼力 F_c 与阻尼器中的相对速度 $\dot\delta$ 成正比，即 $F_c = c\dot\delta$。这种阻尼器有时也称为线性阻尼器。

（2）由刚性连接 Coulomb 阻尼器组成的隔振器如表 5-2 中图（b）所示。这种阻尼器加在设备上的力 F_f 是常数，和阻尼器的位置与速度无关，但是它的方向总是和阻尼器中的相对速度方向相反。

（3）由弹性连接黏性阻尼器组成的隔振器如表 5-2 中图（c）所示。这种阻尼器和刚度为 k_1 的弹簧串联，承载弹簧（刚度为 k）和阻尼器弹簧之间有关系 $n = k_1/k$。这类阻尼系统有时也称为黏性松弛系统。

（4）由弹性连接 Coulomb 阻尼器组成的隔振器如表 5-2 中图（d）所示。摩擦元件只能传递在阻尼器弹簧（刚度为 k_1）中出现的力。当这种阻尼器滑动时，摩擦力 F_f 和阻尼器的速度无关，但总是和阻尼器中的相对速度方向相反。

表 5-2 中所列各类隔振器的传递率和运动响应如表 5-3 所示。表中绝对传递率 η_A 是绝对坐标系中响应幅值与激励幅值之比。相对传递率 η_R 是响应的相对变形幅值与激励幅值之比。运动响应 η_M 为响应幅值与当量静变形之比。

表 5-3　各类隔振器的传递率和运动响应

所用阻尼器类型	绝对传递率 $\eta_A = \dfrac{A}{A_0} = \dfrac{(F_T)_0}{F_0}$	相对传递率 $\eta_R = \dfrac{\delta_0}{A_0}$	运动响应 $\eta_M = \dfrac{A}{F_0/k}$
刚性连接黏性阻尼器	$\sqrt{\dfrac{1+4\xi^2 r^2}{(1-r^2)^2 + 4\xi^2 r^2}}$ （见图 5-19）	$\sqrt{\dfrac{r^4}{(1-r^2)^2 + 4\xi^2 r^2}}$ （见图 5-20）	$\sqrt{\dfrac{1}{(1-r^2)^2 + 4\xi^2 r^2}}$ （见图 5-21）
刚性连接 Coulomb 阻尼器	$\sqrt{\dfrac{1+\left(\dfrac{4}{\pi}\xi\right)^2(1-2r^2)}{(1-r^2)^2}}$ （见图 5-22）	$\sqrt{\dfrac{r^4 - \left(\dfrac{4}{\pi}\xi\right)^2}{(1-r^2)^2}}$ （见图 5-23）	$\sqrt{\dfrac{1-\left(\dfrac{4}{\pi}\xi\right)^2}{(1-r^2)^2}}$
弹性连接黏性阻尼器	$\sqrt{\dfrac{1+4\left(\dfrac{n+1}{n}\right)^2 \xi^2 r^2}{(1-r^2)^2 + \dfrac{4}{n^2}\xi^2 r^2(n+1-r^2)^2}}$ （见图 5-24）	$\sqrt{\dfrac{r^2 + \dfrac{4}{n^2}\xi^2 r^2}{(1-r^2)^2 + \dfrac{4}{n^2}\xi^2 r^2(n+1-r^2)^2}}$	$\sqrt{\dfrac{1+\dfrac{4}{n^2}\xi^2 r^2}{(1-r^2)^2 + \dfrac{4}{n^2}\xi^2 r^2(n+1-r^2)^2}}$
弹性连接 Coulomb 阻尼器	$\sqrt{\dfrac{1+\left(\dfrac{4}{\pi}\xi\right)^2\left(\dfrac{n+1}{n} - 2\dfrac{n+1}{n}r^2\right)}{1-r^2}}$ （见图 5-25）	$\sqrt{\dfrac{r^4 + \left(\dfrac{4}{\pi}\xi\right)^2\left(\dfrac{2r}{n} - \dfrac{n+2}{n}\right)}{1-r^2}}$ （见图 5-26）	

注：① 仅当激励由位移振幅定义时，这些方程才适用。
②　这些曲线仅对最佳阻尼适用。
③　这些曲线仅在 $n=3$ 时适用。
④　当公式绘有曲线时，在公式下面给出了曲线所在的图号。

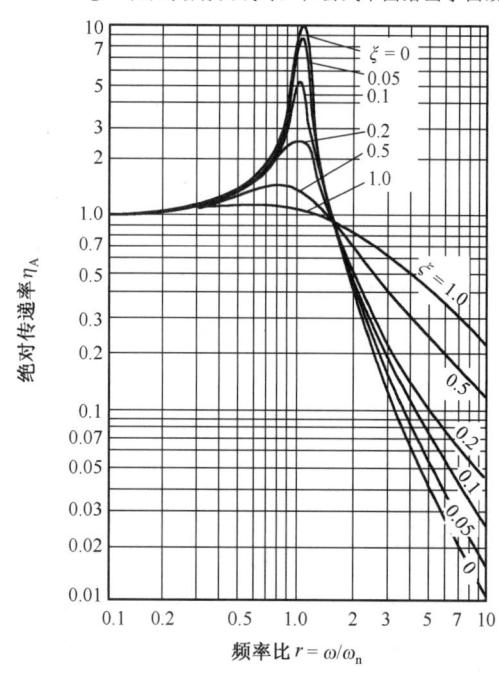

注：它是频率比 r 和阻尼比 ξ 的函数。对于基础振动，绝对传递率是 A/A_0；对于设备中的激励力，绝对传递率是 $(F_T)_0/F_0$。

图 5-19　由刚性连接黏性阻尼器组成的隔振器的绝对传递率

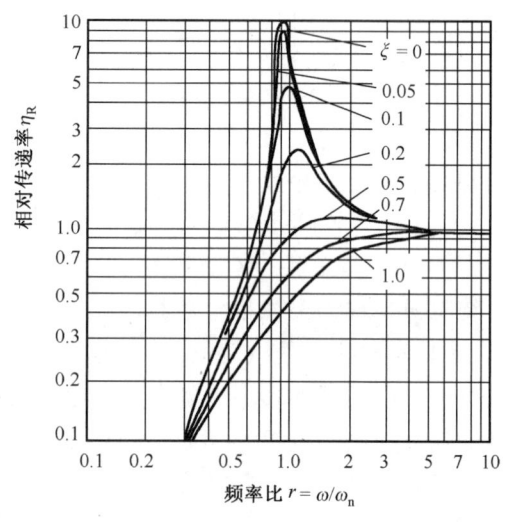

注：它是频率比 r 和阻尼比 ξ 的函数。相对传递率描述了设备和基础之间的运动关系（隔振器的挠度）。

图 5-20　由刚性连接黏性阻尼器组成的隔振器的相对传递率

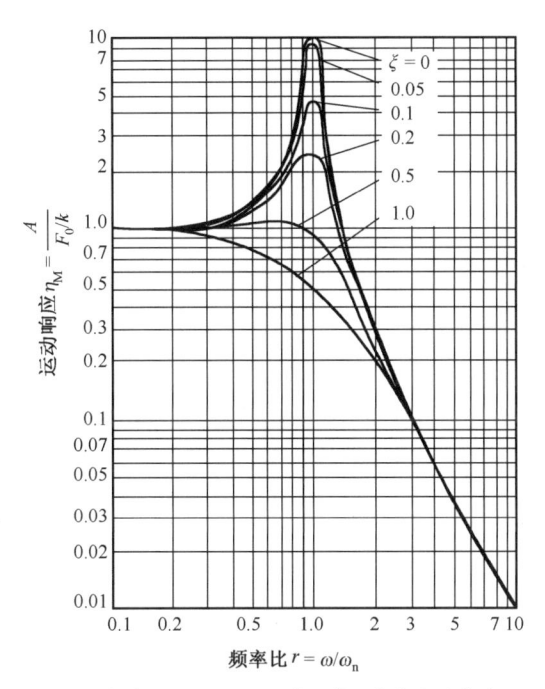

注：它是频率比 r 和阻尼比 ξ 的函数，曲线上用激励力幅 F_0 和隔振器静刚度 k 给出了设备的运动响应。

图 5-21　由刚性连接黏性阻尼器组成的隔振器的运动响应

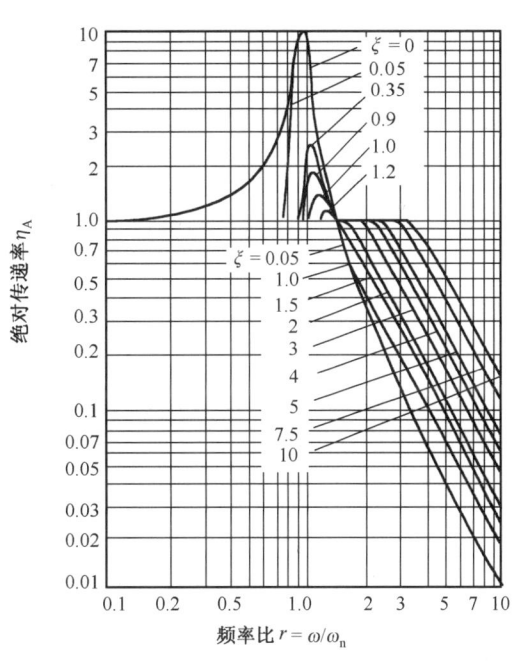

注：它是频率比 r 和位移 Coulomb 阻尼参数 ξ 的函数。

图 5-22　由刚性连接 Coulomb 阻尼器组成的隔振器的绝对传递率

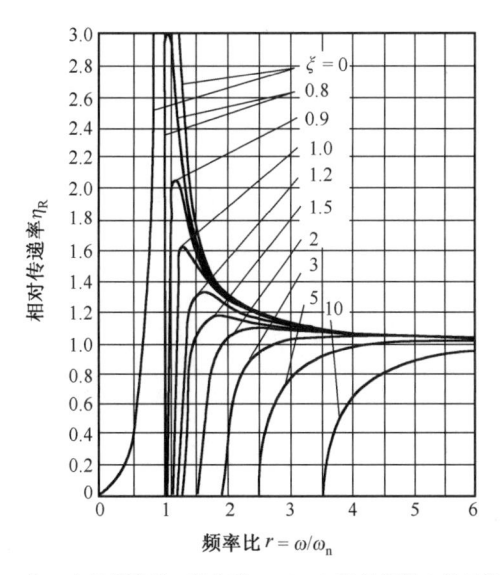

注：它是频率比 r 和位移 Coulomb 阻尼参数 ξ 的函数。

图 5-23　由刚性连接 Coulomb 阻尼器组成的隔振器的相对传递率

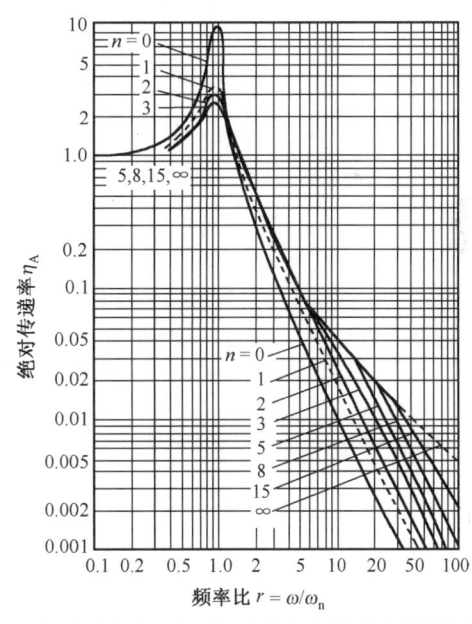

注：二者都是频率比 r 的函数。实线是弹性连接阻尼器的曲线，n 是阻尼器弹簧的刚度和承载弹簧的刚度之比，两个系统的阻尼比都是 $\xi = c/c_c = 0.2$。在高频情况下，刚性连接阻尼器的传递率以每倍频程 6dB 的比率下降，而弹性连接阻尼器则以每倍频程 12dB 的比率下降。

图 5-24　由刚性和弹性连接黏性阻尼器组成的隔振器的绝对传递率的比较

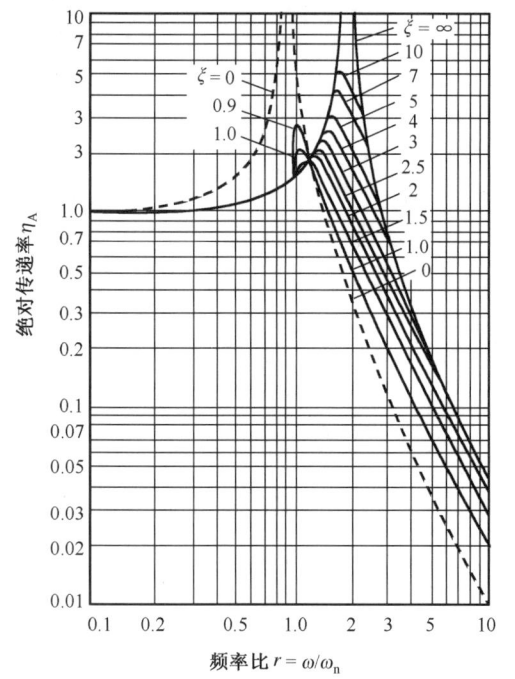

注：阻尼器弹簧的刚度由 $n=3$ 确定。这组曲线给出了设备的绝对位移振幅和施加在基础上的位移振幅的比值。它是频率比 r 和位移 Coulomb 阻尼参数 ξ 的函数。

图 5-25　由弹性连接 Coulomb 阻尼器组成的隔振器的绝对传递率

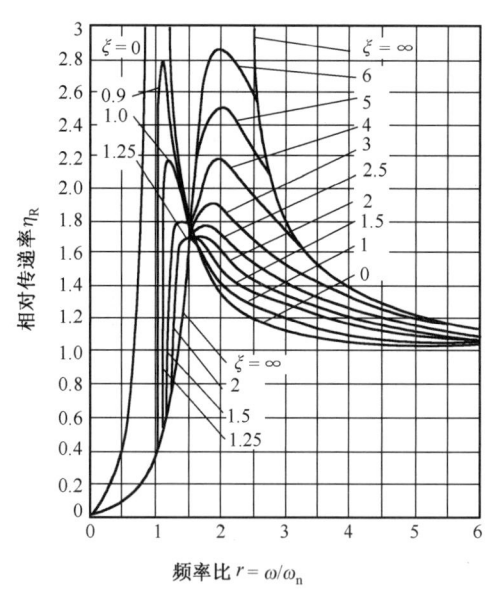

注：阻尼器弹簧的刚度由 $n=3$ 确定。这组曲线给出了设备的相对位移振幅（隔振器的最大扰度）和施加在基础上的位移振幅的比值。它是频率比 r 和位移 Coulomb 阻尼参数 ξ 的函数。

图 5-26　由弹性连接 Coulomb 阻尼器组成的隔振器的相对传递率

由表 5-2 和表 5-3 可见，黏性阻尼器与基础弹性连接主要是为了改善传递率特性，有利于抑制共振放大；将干摩擦阻尼器（就是 Coulomb 阻尼器）与基础弹性连接主要是为了提高隔振器在中、高频的隔振效果。

干摩擦阻尼器与基础弹性连接的 $F-\delta$ 曲线如图 5-27 所示。

对以上阻尼器与基础弹性连接的隔振系统进行优化，可求出最佳阻尼比和最佳刚度比之间的曲线关系，这样就可以根据环境激励振幅大小来选取最佳值。

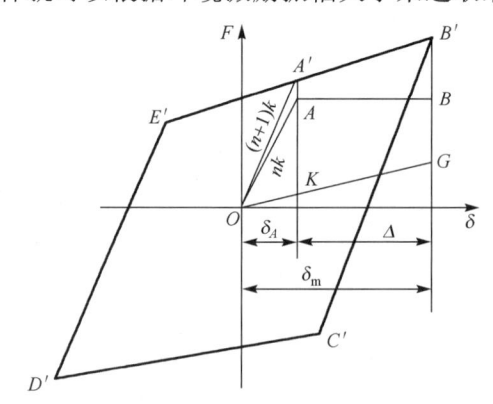

图 5-27　干摩擦阻尼器与基础弹性连接的 $F-\delta$ 曲线

5.2.2 多自由度隔振系统

前面讨论的单自由度系统仅适用于说明隔振的基本原理，对于许多实际问题会过于简化。弹性支承的质量仅发生单向位移的现象与许多实际应用的情况是不符的。因此，必须按照给定的力和位移，以及弹性约束所规定的限制，考虑在所有方向上的运动自由度。

由于电子设备自身的固有频率 f_{n1} 随着抗振动设计水平的提高而不断增大，对于中、大型电子设备，其一阶固有频率在铅垂方向可达 20Hz 以上，水平横向可达 10Hz 以上；对于小型电子设备，其一阶固有频率在铅垂方向可达 50Hz 以上。不过，扭转频率一般较低。现在，随着结构、工艺、材料隔振理论和计算机技术等的发展，隔振器的固有频率 f_{n2} 则可达到 2~5Hz，两者的比值（f_{n1}/f_{n2}）也越来越大。所以，在工程中往往把电子设备加装隔振器后所组成的隔振系统，简化为单质体多自由度系统来讨论。这种简化尽管有一定局限性，但对工程振动分析而言，还是较为合理的。

在讨论多自由度线性振动系统时涉及矩阵及解耦的问题，即将矩阵[M]和[K]转换成对角矩阵[$M\_$]和[$K\_$]的模态变换。尽管这种变换是为了简化求解系统特征值而在数学上所做的处理，而实际上，真实的系统并没有真正解耦。但是，它给我们指明了解耦设计的基本原理：使刚度矩阵和质量矩阵同时为对角矩阵，即系统的刚度中心与质量中心重合。

电子设备隔振系统设计的主要任务是避免或抑制系统的共振（抗共振设计）和避免或减少耦合振动（解耦设计），即工程中的隔振器选择（或设计）与布局。抑制共振的方法，主要是附加适当阻尼和将共振频率设计在激励频带之外。

下面着重介绍单质体多自由度系统的振动特点，以及隔振系统工程解耦设计的基本原理和工程设计方法。

1. 耦合振动与解耦设计

如前所述，只有隔振系统的刚度矩阵和质量矩阵同时为对角矩阵时，系统的各阶固有振动才是解耦的。其物理意义是：当一个坐标方向上的振动方式必然引起其他坐标方向上的振动时，则称它们之间是耦合的；反之，则称它们之间是解耦的。

在工程中，解耦是通过修改结构设计（如重新布置元器件、结构件的位置）和选配隔振器的参数或安装位置，使质量中心与刚度中心重合来实现的。

1）弹性耦合与解耦方法

取质量中心 C 为坐标原点 O，可使质量矩阵为对角矩阵。如图 5-28 所示的弹性耦合系统的运动微分方程为

$$\begin{bmatrix} m & 0 \\ 0 & I_x \end{bmatrix} \begin{bmatrix} \ddot{z} \\ \ddot{\varphi}_x \end{bmatrix} + \begin{bmatrix} k_1+k_2 & k_1a_1-k_2a_2 \\ k_1a_1-k_2a_2 & k_1a_1^2-k_2a_2^2 \end{bmatrix} \begin{bmatrix} z \\ \varphi_x \end{bmatrix} = 0$$

当 $k_1a_1-k_2a_2 \neq 0$ 时，刚度矩阵不为对角矩阵，必然有 z 和 φ_x 间的耦合，而这种耦合振动是通过弹性元件进行的，故称为弹性耦合。

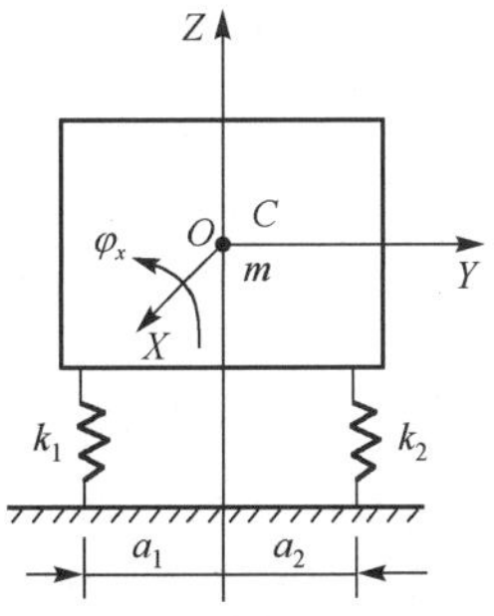

图 5-28 弹性耦合系统

解耦的条件是使 $k_1a_1 - k_2a_2 = 0$。若 $a_1 = a_2$（质心 C 在几何形心），则有 $k_1 = k_2$。此时，应选用刚度相同的隔振器。若 $a_1 \neq a_2$（质心不在几何形心），则使 $k_1 = \dfrac{a_2}{a_1} k_2$，这便是正刚度调配法，此时应注意选配合适的隔振器刚度。

2）惯性耦合与解耦方法

由于电子设备是由许多离散质量的构件组成的，因此其质心偏离几何中心的情况是绝对存在的。如图 5-29 所示的惯性耦合系统，假设设备关于 YOZ 平面对称，则可将其简化为平面问题来讨论。

取刚度中心为坐标原点（$k_1a_1 = k_2a_2$）。由于 $I_0 = I_c + e^2 m$，Z 轴向振动时系统惯性力为 $m\ddot{z} + me\ddot{\varphi}_x$，惯性力矩为 $(I_c + e^2 m)\ddot{\varphi}_x + m\ddot{z}e$。

其运动微分方程为

$$\begin{bmatrix} m & me \\ me & I_c + me^2 \end{bmatrix} \begin{bmatrix} \ddot{z} \\ \ddot{\varphi}_x \end{bmatrix} + \begin{bmatrix} k_1 + k_2 & 0 \\ 0 & k_1(a_1+e)^2 + k_2(a_2-e)^2 \end{bmatrix} \begin{bmatrix} z \\ \varphi_x \end{bmatrix} = \begin{bmatrix} 0 \\ 0 \end{bmatrix} \quad (5\text{-}8)$$

由于耦合是系统惯性力相互作用引起的，故称为惯性耦合。解耦方法可采用配重法和刚度适配法。

（1）配重法。配重法通过对电子设备加装配重，把质量中心 C 调配到刚度中心 O，使两者重合。

在 CO 延长线 C' 点处加装质量 m_1，如图 5-30 所示，使 $m_1 l_1 = me$，其微分方程为

$$\begin{bmatrix} m + m_1 & 0 \\ 0 & I_c + me^2 + m_1 l_1^2 \end{bmatrix} \begin{bmatrix} \ddot{z} \\ \ddot{\varphi}_x \end{bmatrix} \begin{bmatrix} k_1 + k_2 & 0 \\ 0 & k_1 a_1^2 + k_2 a_2^2 \end{bmatrix} \begin{bmatrix} z \\ \varphi_x \end{bmatrix} = \begin{bmatrix} 0 \\ 0 \end{bmatrix} \quad (5\text{-}9)$$

（2）刚度适配法（正刚度适配法和负刚度适配法）。在船载和地面电子设备中，一般对电子设备的自重要求不高。在没有合适的隔振器选用时，可采取上述方法来减少耦联振动的有害影响。对于导弹、航空、航天器上的电子设备，由于对其自重要求很严，一般不允许增大质量，或在设备的空间不允许增加配重时，便不能用配重法。因此，在电子设备结构设计时，必须从元器件、结构件的布局开始，尽量考虑到使质量分布均匀，即使有偏重现象也应使偏心距 e 设计得最小。这一点对于结构设计人员而言必须引起高度重视。一旦偏心已经客观存在，则可用刚度适配法来解耦。

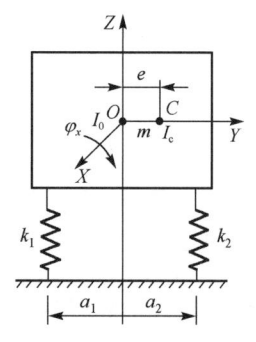

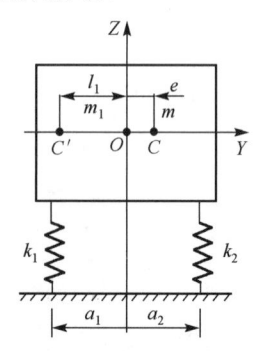

图 5-29 惯性耦合系统　　图 5-30 配重法解耦系统

① 正刚度适配法。正刚度适配法正好与配重法相反，它把刚度中心移到质量中心使之重合。采用正刚度适配法已在弹性耦合的解耦中讨论过了，但在这里，隔振器的刚度应满足

$$k_1(a_1+e) = k_2(a_2-e) \quad (5\text{-}10)$$

当总重力为 W_T 的电子设备在 XOY 水平面内有如图 5-31 所示的 e_x 和 e_y 偏心时，由静力平衡方程可求得其 4 个隔振器实际分担的承载量 W_1、W_2、W_3、W_4。

当选用相同固有频率 f_n 的隔振器时，各隔振器的刚度 k_i 为

$$k_i = \frac{W_i}{g}(2\pi f_n)^2 \quad (5\text{-}11)$$

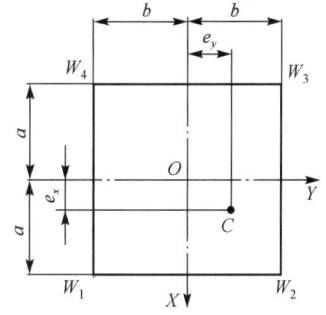

图 5-31 正刚度适配法解耦系统

表 5-4 给出相应的 W_i 和 k_i 的计算公式。

表 5-4 质量偏心时各隔振器 W_i 和 k_i 的计算公式

序　号	W_i	k_i
1	$W_1 = \dfrac{W_T(a+e_x)(b-e_y)}{4ab}$	$k_1 = \dfrac{W_1}{g}(2\pi f_n)^2$
2	$W_2 = \dfrac{W_T(a+e_x)(b+e_y)}{4ab}$	$k_2 = \dfrac{W_2}{g}(2\pi f_n)^2$
3	$W_3 = \dfrac{W_T(a-e_x)(b+e_y)}{4ab}$	$k_3 = \dfrac{W_3}{g}(2\pi f_n)^2$
4	$W_4 = \dfrac{W_T(a-e_x)(b-e_y)}{4ab}$	$k_4 = \dfrac{W_4}{g}(2\pi f_n)^2$

② 负刚度适配法。由于隔振器设计技术的发展，现已有负刚度隔振器产品。我们可以引入负刚度特性的弹性元件，使隔振系统的刚度中心与质量中心重合。假设在 CO 连线的延长线上某点 C' 处加装负刚度（$-k_3$）隔振器[见图 5-32（a）]，使之满足

$$k_1(a_1+e) + (-k_3)(l+e) = k_2(a_2-e) \quad (5\text{-}12)$$

在解耦设计时，若负刚度隔振器的安装位置根据结构条件确定为 l 后，则 $-k_3$ 为

$$-k_3 \approx \frac{k_2 a_2 - k_1 a_1 - (k_1+k_2)e}{l+e} \quad (5\text{-}13)$$

当如图 5-32（b）所示系统的质心 C 在 XOY 平面内有偏心 e_x 和 e_y 时，则可在 CO 连线的延长线上某点 C'' 处加装负刚度（$-k_3$）隔振器。

由于引入负刚度隔振器后，可以既不增加设备的自重，又不占用设备内部空间而达到解耦的目的，并且还可以降低系统的固有频率，因此，它无疑是一种很有发展前途的新技术，但最简单易行的还是正刚度适配法。

2. 底（顶）部安装隔振系统的耦合振动与解耦设计

底（顶）部安装隔振系统如图 5-33 所示。当如图 5-33（a）所示的质量为 m 的底部安装隔振系统进行 Z 轴向振动时，由于质心 C 存在偏心 e_x 和 e_y，在惯性力 $m\ddot{z}$ 作用下，

在隔振器支承平台 $X_1O_1Y_1$ 中，除有 Z 轴向平动线位移外，还有在惯性力矩 $M_x = m\ddot{z}e_x$ 和 $M_y = m\ddot{z}e_y$ 作用下的转角位移 θ_{zx} 和 θ_{zy}。故 $Z - \theta_{zx} - \theta_{zy}$ 3 个自由度是耦合的。其解耦方法是选用不同刚度的隔振器将隔振器刚度中心调到质量中心 C。

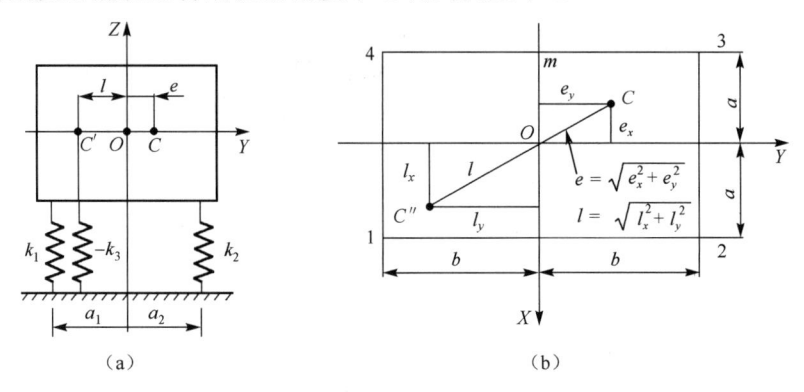

图 5-32 负刚度适配法解耦系统

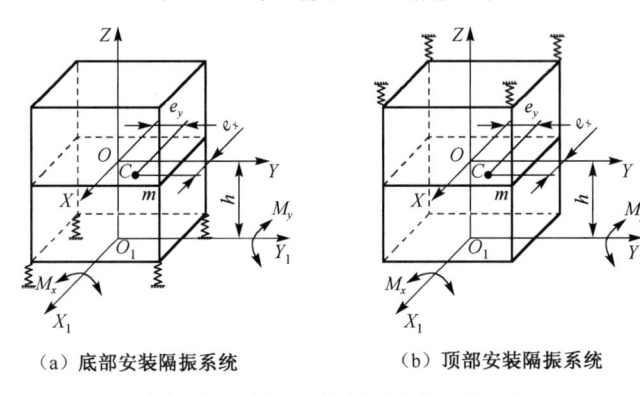

图 5-33 底（顶）部安装隔振系统

如果重心平面 XOY 与隔振器支承平面 $X_1O_1Y_1$ 在 Z 轴向的高度为 h，在水平方向沿 X 轴振动时，X 轴除有平动线位移 δ_x 外，还有在惯性矩 $M_z = m\ddot{x}e_y$ 作用下的转角位移 θ_{xz}，$M_{xy} \approx m\ddot{x}h$ 作用下的绕 Y_1 轴的转角位移 θ_{xy}，故 $X - \theta_{xz} - \theta_{xy}$ 有耦合振动，同理有 $Y - \theta_{yz} - \theta_{yx}$ 的耦合振动。

由于重心高度高，耦合振动严重，使解耦设计非常困难，甚至无法解耦。所以，只有重心高度 h 较低，且底部支承面积较大时才能用底部安装隔振系统。

解耦的方案如下。

（1）让 $h=0$，即隔振器装在重心平面 XOY 内。

（2）采用背（顶）部隔振器平衡惯性力矩。

（3）当不具备以上条件时，可在隔振器支承基面四周，靠近质心 C 平面处增加 8 个阻尼缓冲器。其优点是周边隔振器只需要在隔振平台 4 个顶角加焊安装角支板，所占面积较小。在急刹车或急转弯时，能有效平衡倾覆力矩、限位、缓冲（见图 5-34）。这种缓冲结构已成功应用于中、大型（$m = 1000 \sim 7000$kg）光学设备的隔振。

(a) 正视图　　　　　(b) 俯视图

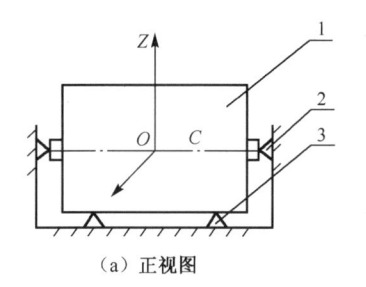

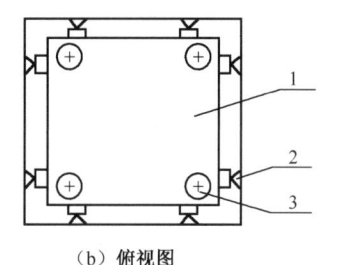

1—光电设备；2—周边阻尼缓冲器；3—底部隔振器。

图 5-34　增加阻尼缓冲器的隔振系统

3. 壁挂式（侧面安装）隔振系统的耦合振动与解耦设计

电子设备从底面安装转为壁挂式安装，其受力状况发生了根本性的改变，设备重心由处于支承平面内部变为处于支承面外部，因设备的重心 C 偏前于隔振系统的弹性支承中心 O 点 h_c 距离，从而引起倾覆力矩 $M = mgh_c$，因此在静止状态下必须具有反向力矩来平衡重力产生的转矩（见图 5-35）。

1）壁挂式隔振系统的耦合振动

无偏心壁挂式隔振系统耦合振动的力学模型如图 5-36（a）所示，质心 C 偏离隔振系统弹性支承平面 AOB 有 h_c（重心高度），倾覆力矩 $M = mgh_c$，当垂向（Z 轴向）振动时，除 Z 轴向直线振动外，同时耦合绕 X 轴的转角位移 θ_x 振动。如果质心 C 在弹性支承平面 $A_1A_2B_2B_1$ 上存在 e_x、e_z 和 h_c 偏心时，如图 5-36（b）所示，由于壁挂式隔振系统中的设备重心偏前，所以壁挂式隔振器必须有既能平衡重力的 F_z 又要有平衡 $M = mgh_c$ 的重力矩 M_c，即上、下隔振器刚度和承载能力按上式设计计算选取时，可组成无耦合无偏心的壁挂式隔振系统。

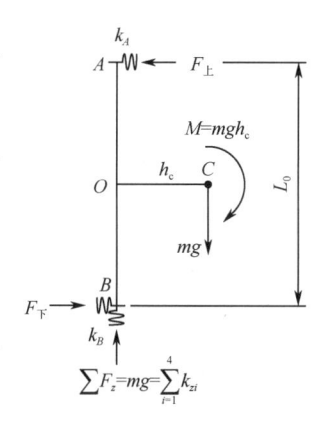

图 5-35　壁挂式隔振系统的力学模型

$$\begin{cases} \sum F_z = mg = 2F_上 + 2F_下 \\ M = mgh_c = F_上 L_0 \quad (F_上 = F_下) \end{cases}$$

常将钢丝绳隔振器做壁挂式安装使用，其弹性特性由钢丝绳的股数、绕制升角、旋紧度等参数确定，主要承受压应力（在拉应力作用下易产生变形）。在壁挂式安装使用时，上部隔振器处于受到拉应力状态，而下部隔振器处于受到压应力状态。安装初始，整个系统靠钢丝绳内部应力和初始变形使设备看上去处于平衡状态，在振动、冲击时易产生耦合振动，使多股钢丝绳间的间隙变大，旋紧度变小，隔振器出现"垂头丧气"的现象，并且，由于钢丝绳隔振器的三向刚度和阻尼特性都相互关联，一旦某一特性变化，则三向刚度和阻尼特性均发生了很大的变化。

2）有偏心壁挂式隔振系统的解耦设计

有偏心壁挂式隔振系统［见图 5-36（b）］的解耦设计按 Z 轴向振动进行。

$$\begin{cases} (k_{A1z}+k_{B1z})\times z\times(a-e_x)-(k_{A2z}+k_{B2z})\times z\times(a+e_x)=0 & (Z\text{轴向振动}) \\ k_{A1z}\times z+k_{B1z}\times z+k_{A2z}\times z+k_{B2z}\times z=m\ddot{z} \\ (k_{A1y}+k_{B1y})\times y\times(a-e_x)-(k_{A2y}+k_{B2y})\times y\times(a-e_x)=0 & (Y\text{轴向振动}) \\ k_{A1y}\times y+k_{B1y}\times y+k_{A2y}\times y+k_{B2y}\times y=m\ddot{y} \\ (k_{A1x}+k_{B1x})\times x\times(a-e_x)-(k_{A2x}+k_{B2x})\times x\times(a-e_x)=0 & (X\text{轴向振动}) \\ k_{A1x}\times x+k_{B1x}\times x+k_{A2x}\times x+k_{B2x}\times x=m\ddot{x} \end{cases}$$

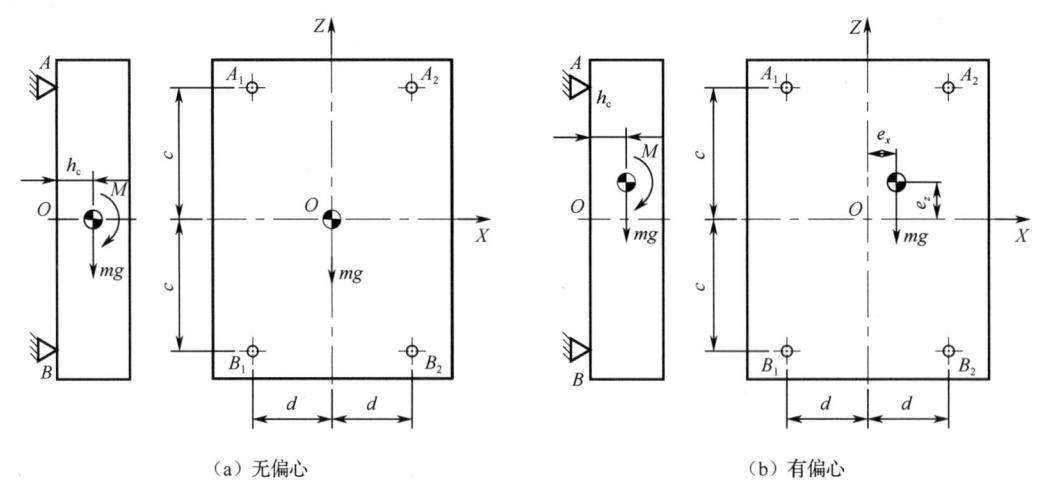

（a）无偏心　　　　　　　　　　　　　　（b）有偏心

图 5-36　壁挂式隔振系统耦合振动的力学模型

对壁挂式隔振系统要求较高的设备是大屏显示器，其前倾影响视角，而绕 Z 轴和绕 X 轴的摇摆影响较小。

所以解耦设计时，主要考虑 Z 轴向的承载能力和绕 Y 轴的力矩平衡来选择 4 个隔振器。由于壁挂式隔振系统在振动、冲击试验验收时是挂装在试验夹具上的，在水平向振动时夹具共振放大倍数较大（10～20 倍），故试验时应监测夹具的共振放大，以避免误判，特别是型钢焊接的试验夹具，其放大倍数往往超过 8～10 倍。

4．背（顶）架式隔振系统简介及其耦合振动与解耦设计

1）概述

当地面车辆爬坡，舰船纵、横摇摆，飞机起降时，如图 5-37（a）所示的底部隔振系统则会造成倾角 α，如果 $h\tan\alpha>a$，重力 mg 偏出隔振器支承面 B 边时，如图 5-37（b）所示，则应加装背（顶）部隔振器加以限位。当运载工具以 v 速度转弯，转弯半径为 R，地面或机身倾角为 α 时，其离心加速度 $a=\dfrac{v^2}{R}$，$\beta=\arctan\dfrac{a}{g}$。当合力 $F=m\sqrt{g^2+a^2}$ 偏出 B 支承边，即 $h\tan(\beta-\alpha)>a$ 时，如图 5-37（c）所示，也应加装背（顶）部隔振器加以限位。

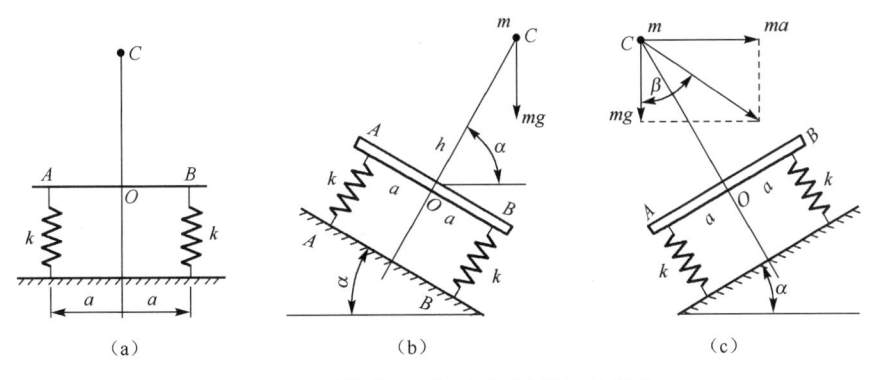

图 5-37 加装背（顶）部隔振器加以限位

在急刹车或运动时，当相邻两电子设备靠得太近，有可能互相碰撞时，也应加装背（顶）部隔振器加以限位。

2）背（顶）架式隔振系统的定义

背（顶）架式隔振系统的力学模型如图 5-38 所示。

（a）背架式隔振系统　　　　　　　（b）顶架式隔振系统

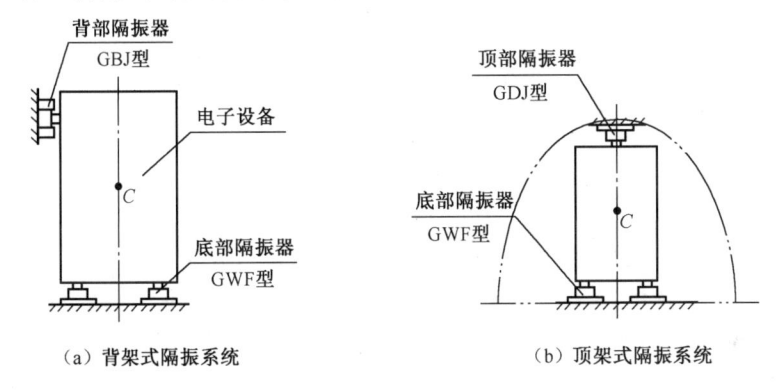

图 5-38　背（顶）架式隔振系统的力学模型

（1）背架式隔振系统

HJB68—1992 规定：机柜、显控台在舰船电子设备舱室提出"靠壁安装，正面维修"的要求，此时，在电子设备机柜底部安装 4 个底部隔振器并在机柜上部靠壁安装两个背部隔振器以提高设备稳定性，防止相邻机柜在舰船摇摆时相碰撞的结构形式称为背架式隔振系统［见图 5-38（a）］。

（2）顶架式隔振系统

顶架式隔振系统主要用于机载设备，由于飞行器的质心动（静）平衡要求，机柜通常安装在飞行器的中轴线上，即机柜中心线的顶部，从而与机柜底部 4 个隔振器组成了顶架式隔振系统［见图 5-38（b）］。

3）背（顶）架式隔振系统的弹性特性和阻尼特性要求

垂向刚度为零，否则会严重影响底部隔振器的隔振缓冲效果。水平刚度必须可调，由于不同机柜的质量和重心高度 h_c 相差较大，在水平方向振动、冲击时，起平衡作用的背（顶）部隔振器的水平刚度必须可调。

背（顶）部隔振器的刚度特性在任意方向关于原点对称，其水平刚度曲线如图 5-39 (c) 所示。采用背（顶）架式隔振系统的先决条件是 4 个底部隔振器已按垂向解耦要求和正刚度适配法选择调配。此时，电子设备的水平面与地面安装基础平行。不采取任何刚度适配处理，在电子设备处于倾斜状态时，强行用背（顶）部隔振器调整底平面水平状态的行为是错误的。其原因是，当强行用背部隔振器收紧 δ_1 调平底平面时，其静止状态的平衡点在 O_1，此时，曲线不再关于原点 O 对称，由图 5-39 (c) 可见，当电子设备在 O_1 点附近振动时，位移量 $\delta_2 = \delta_3$，O_2 和 O_3 对应的刚度 k_2 和 k_3 不相等，由于 k_2、k_3 数值相差很大，会引起强非线性自激振动和强烈的耦合振动，造成背（顶）架拉断，电子设备电性能下降。这种现象在工程应用中经常出现，必须引起足够重视。这就是说，首先应使电子设备底部平台在静止状态时，与安装基面平行，4 个底部隔振器的支承高度差应小于 1～2mm，然后才能安装背（顶）部隔振器。

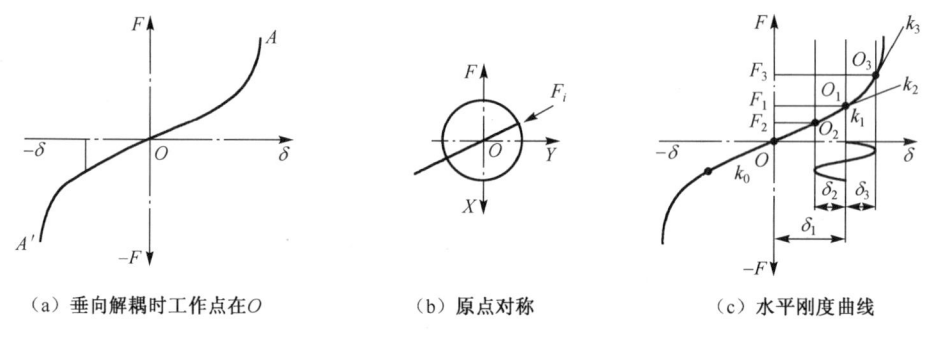

(a) 垂向解耦时工作点在 O　　(b) 原点对称　　(c) 水平刚度曲线

图 5-39　背（顶）部隔振器的水平刚度曲线

背（顶）部隔振器的位移量应与底部隔振器位移量相匹配，使底部隔振器充分发挥其作用。例如，底部隔振器 $\delta_上 = 10mm$，$\delta_下 = 15mm$ 时，背部隔振器的 $\delta_{B上} > \delta_上$，$\delta_{B下} > \delta_下$，否则背部隔振器在强冲击时会垂向受冲击而损坏。

底部承载隔振器不能作为背部隔振器。底部承载隔振器在承载后才有静变形 λ_s，并且要求电子设备的回跳空间 $\delta_上 \leq \lambda_s$。当将底部隔振器装到背部时，由于没有受到电子设备重力作用，隔振器没有静变形 λ_s，当电子设备从自由状态 O 点向其承载方向运动时，有变形量 $\delta_压$，刚度 $k_压$ 较小；而当电子设备从 O 点反方向拉隔振器时，因压簧受拉时刚度 $k_拉$ 较大，变形量 $\delta_拉$ 较小；当 $F_1 = F_2$ 时，$\delta_拉 > \delta_压$（见图 5-40），则会出现上述的强非线性自激振动问题。作为背（顶）部隔振器使用的各类型隔振器，必须符合如图 5-39 (a) 所示曲线的要求。

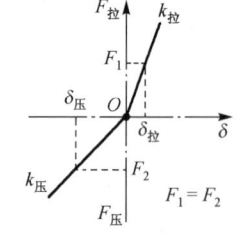

图 5-40　底部隔振器自由状态的刚度曲线

4) 背（顶）架式隔振系统的耦合振动与解耦设计

(1) 垂向激励时，图 5-41 (a)、图 5-41 (c) 中背（顶）部隔振器 $k_z = 0$，底部隔振器只需要按底部安装方式用正刚度调配法将隔振器实际支承点中心 O' 调到质心，此时垂向解耦。

（2）Y 轴向水平激励时，由图 5-41（a）、图 5-41（c）可见，底部 4 个隔振器的水平反力 $F_{yi} = \sum_{i=1}^{4} k_{yi} \cdot y$，反力矩 $M_{iy} = \sum_{i=1}^{4} k_{yi} \cdot y \cdot h_1$；上部两个背（顶）部隔振器的水平反力 $F_{yj} = (k_{y5} + k_{y6}) \cdot y$，反力矩 $M_{jy} = \sum_{j=5}^{6} k_{yj} \cdot y \cdot h_2$。

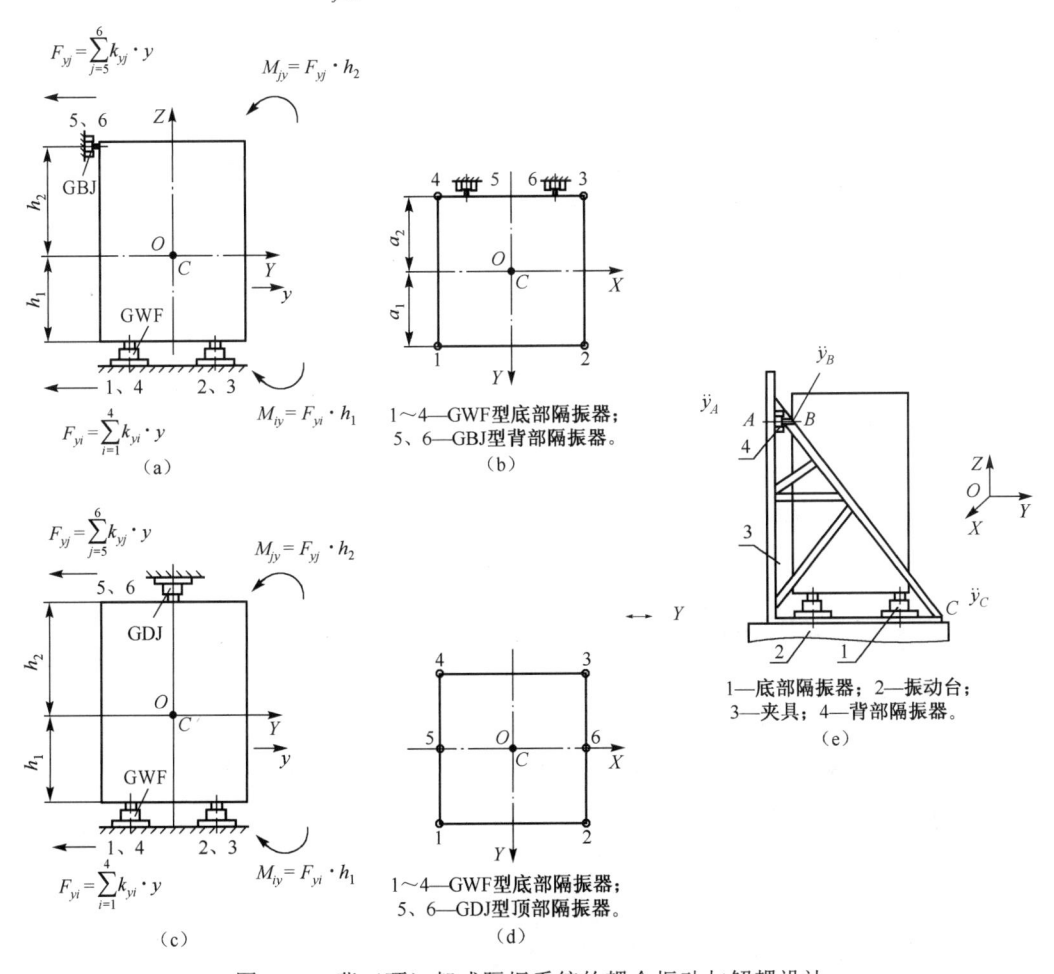

图 5-41 背（顶）架式隔振系统的耦合振动与解耦设计

当满足以下条件时可解耦：

$$M_{jy} - M_{iy} = 0 \tag{5-14}$$

（3）X 轴向水平激励时，由图 5-41（b）可见，前排只有 1、2 两个隔振器，而后排有 3、4 和背部 5、6 共 4 个隔振器，$M_{x后} \neq M_{y前}$，会引起 θ_z，故有 X、θ_z 两个自由度的耦合振动。

由此可见，将背部隔振器前移到重心平面 XOZ，这就成了顶架式隔振系统，当顶部、底部隔振器水平合反力、反力矩均为零时系统解耦。

照理说，振动试验时，只要 X 轴向振动无问题，Y、Z 轴向就比较好通过了，但实际试验时，往往 Y 轴向振动响应却更大。读者必须注意，这是因为试验夹具在 Y 轴向刚度较低，共振频率落在扫频激励频率内。由于夹具共振时在 A 点将激励放大 10～20 倍，在振动台面的激励 $y_0 = 1g$，上端 A 处传给背部隔振器的加速度 $\ddot{y}_A = 20.4g$。而 GBJ 型背部隔振器与机柜连接处 B 点响应为 $\ddot{y}_B = 2.4g$ [见图 5-41（e）]。此时，如不同时监测 A 点和 B 点响应值，肯定会判定隔振器不减振。而实际上此时 $\eta_v = 2.4g/20.4g = 12\%$，即隔振效率已达 88%。

5）背（顶）部隔振器的模块化设计要求

由于隔振器的模块化，使在相同的外形和安装尺寸下，其单个隔振器的承载质量可达到 25～150kg，使重心偏心很大的电子设备均可采用正刚度适配法解耦。因此，背（顶）部隔振器也必须根据式（5-13）的要求调整水平刚度，以减小耦合振动的有害影响。背（顶）部隔振器在相同外形和安装尺寸下，应像 GWF 型底部隔振器那样设置相应的多个系列，并且同一规格内隔振器的刚度和阻尼特性应连续可调。

5．推（拉）杆隔振系统

推（拉）杆隔振系统由底部隔振器（GWF 型）和推（拉）杆隔振器组成，如图 5-42 所示。

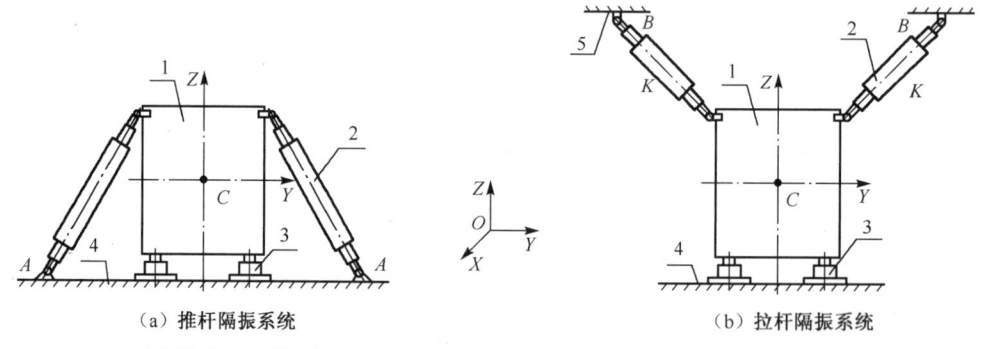

（a）推杆隔振系统　　　　　　　　　　（b）拉杆隔振系统

1—电子设备；2—推（拉）杆隔振器；3—底部隔振器；4—下支承面；5—上支承面。

图 5-42　推（拉）杆隔振系统

当电子设备总体尺寸较大，重心较低且车厢下支承面面积较大，并在下端 $A—A$ 处有铰支点时，可采用由推杆隔振器与 GWF 型底部隔振器组成的推杆隔振系统[见图 5-42(a)]。推杆隔振器仅具有轴向推力。

当设备重心 C 较高，并在车厢顶部有 $B—B$ 铰支点时，可采用由拉杆隔振器和 GWF 型底部隔振器组成的拉杆隔振系统［见图 5-42（b）］。拉杆隔振器仅具有轴向拉力。

6．无背架式隔振系统

在中大型战舰的作战指挥室内，有较多不同功能的显控台。因无舱壁可安装背架组成背架式隔振系统，此时只能安装由底部隔振器组成的无背架式隔振系统。此类隔振系统除具有 GWF 型底部隔振器的隔振缓冲性能，还必须在舰船纵摇 30°和横摇 30°的状态下具有抗倾覆力矩的能力。可用 GWF-A**HQ 型隔振器组成抗倾覆力矩的无背架式隔振系统。

5.3 橡胶隔振器

橡胶隔振器的动态特性主要取决于胶料的特性。胶料主要有天然胶和合成胶两类。为改善胶料的某些特性和降低成本，通常需加入各种添加剂，如硫化剂和硫化促进剂；为增加胶料的强度、耐磨性，改善其导热（导电）性、抗老化性等目的而加入增强剂；在确保胶料性能的前提下，为降低纯胶用量而加入填充剂；为满足某种特殊需要而加入辅料等。由此可见，胶料的特性取决于纯胶种类、各类添加剂种类及其所占比例，以及在胶料中的均匀性、隔振器结构和成型工艺等。

5.3.1 胶料的力学特性

橡胶是高分子材料，当加入各种添加剂混炼后会成为硫化成型后的熟胶料产品。在恒定外力作用下，当温度变化时，它能呈现3种状态。

（1）玻璃态：当温度降到某一脆变温度值时，胶料完全失去弹性，同时变得硬而脆，称为玻璃态。

（2）黏流态：当温度升至黏性温度时，胶料变软发黏的现象称为黏流态。

（3）高弹态：介于上述两者之间且具有高弹性时，称为高弹态。在任何情况下，橡胶隔振器应工作在高弹态温度范围内。

1. 胶料的复杨氏模量

当胶料受外力作用时，外力所做的功，一部分转变为胶料的弹性变形能，另一部分则由胶料的结构内阻耗散转变为热能。因此，胶料的内应力 σ（或 τ）可由弹性应力 σ_1（或 τ_1）和黏性阻尼应力 σ_2（或 τ_2）组成，两者相差90°。显然，其复应力为

$$\begin{cases} \sigma^* = \sigma_1 + i\sigma_2 \\ \tau^* = \tau_1 + i\tau_2 \end{cases} \quad (5\text{-}15)$$

复杨氏模量为

$$\begin{cases} E^* = E_1 + iE_2 \\ G^* = G_1 + iG_2 \end{cases} \quad (5\text{-}16)$$

2. 胶料的机械损耗角 θ

胶料的阻尼特性在很大程度上取决于机械损耗因子 $\tan\theta$：

$$\tan\theta = \frac{\sigma_2}{\sigma_1} = \frac{\tau_2}{\tau_1} = \frac{E_2}{E_1} = \frac{G_2}{G_1} \quad (5\text{-}17)$$

则机械损耗角 θ 为

$$\theta = \arctan\frac{G_2}{G_1} = \arctan\frac{E_2}{E_1} \quad (5\text{-}18)$$

5.3.2 胶料性能的影响因素

在较大的温差范围内，胶料可以呈现3种不同的状态。然而，即使在高弹态温度范围内，胶料的动模量（主要讨论弹性剪切模量 G_1、黏流阻尼剪切模量 G_2）也存在着较大的差异。其动模量不仅与胶种、型号及填充度有关，而且还和胶料的硬度、工作时的温度、变形速率（频率）、振幅、平均应力（或平均应变）等因素有关。通过试验，可以得到如图 5-43～图 5-46 所示的关系曲线。

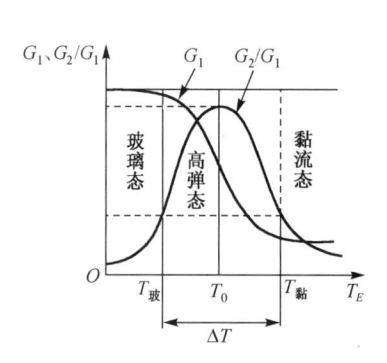

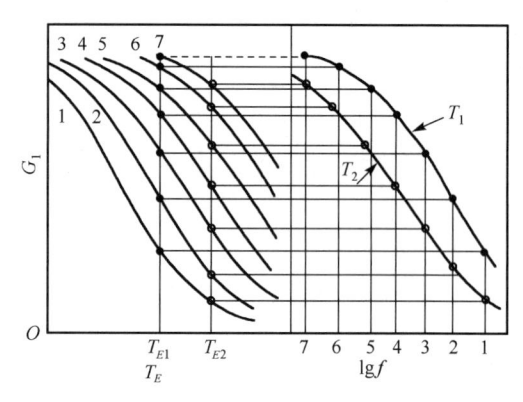

图 5-43　橡胶胶料动模量与温度的关系曲线　　图 5-44　胶料等频曲线（左）和等温度曲线（右）

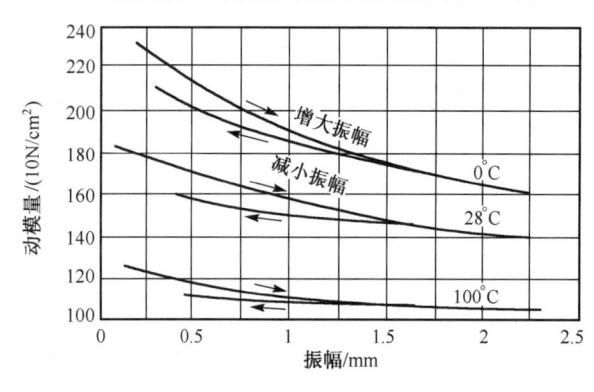

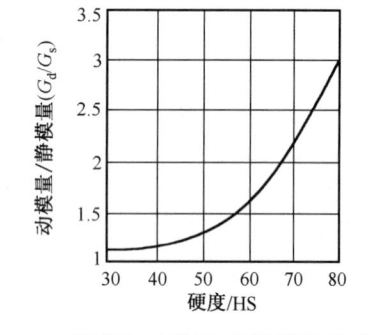

图 5-45　振幅和温度对动模量的影响　　图 5-46　硬度与动模量/静模量的关系曲线

由这些曲线可知，橡胶隔振器的动态特性是非常不稳定的，而且在硫化成型后无法改变。

5.3.3 橡胶隔振器设计

由于橡胶隔振器的弹性特性和阻尼特性完全由胶料所确定，而胶料的动态特性又受诸多环境因素、胶种配方、结构形态和工艺条件的影响，所以任何理论计算都只能是估算。隔振器的特性最终通过对上述因素的不断调整并经试验最终确定。典型的橡胶隔振器的设计可参阅有关文献。

下面对橡胶隔振器的动态特性影响较大的几个主要参数的选取原则进行简介。

1．胶料硬度

胶料的邵氏硬度将直接影响到胶料静模量 G_s、动模量 G_d 及其比值（G_d/G_s）。隔振器胶料的邵氏硬度取值范围一般为 30～60HS。

2．弹性模量

根据经验，静态剪切模量 G_s 与胶料邵氏硬度 H 间有如下关系式：

$$G_s = 0.244\sqrt{H^3} \quad (\text{N/cm}^2) \qquad (5\text{-}19)$$

压缩静模量 E_s 与 G_s 有如下关系式：

$$E_s = 3G_s \quad (\text{N/cm}^2) \qquad (5\text{-}20)$$

压缩动模量 E_d 与压缩静模量 E_s 有如下关系式：

$$E_d = dE_s \quad (\text{N/cm}^2)$$

式中，d 为动静比，不同胶种的 d 值如表 5-5 所示。

表 5-5　不同胶种的 d 值

胶　种	天 然 胶	丁 腈 胶	氯 丁 胶
d	1.2～1.6	1.5～2.5	1.4～2.8

3．许用应力与许用变形

在隔振器许用承载范围内，其破坏载荷一般为其公称载荷的 10 倍。在用标准块进行试验时，金属件与橡胶件的黏结强度应大于 3MPa。采用标准胶片进行拉断强度试验时，拉断应力达到 1000～2000N/cm² 的胶料，其许用应力取值可参照表 5-6。在重要场合取低值，一般场合可取高值。

表 5-6　许用应力取值

（单位：N/cm²）

工 作 状 态	静　　态	动　　态	冲　　击
拉伸	100～200	50～100	100～150
压缩	300～500	100～150	250～500
剪切	100～200	30～50	100～200
扭转	200	30～100	200

橡胶材料的许用变形通常用其本身厚度的相对值加以限制。承受静态负荷时，压缩变形应小于 15%，剪切变形应小于 25%。承受动态负荷时，压缩变形应小于 5%，剪切变形应小于 8%。

4．形状系数

以上介绍的 E_s、E_d、G_s、G_d 均是在胶料可以自由变形状态下获得的。当胶料在隔振器内受金属构件约束时,其模量将会变大。真实的杨氏模量是一个等效值 E_{seq}（或 G_{seq}），它们与静模量 E_s（或 G_s）之间的关系用形状系数 m 来修正,即

$$\begin{cases} E_{seq} = mE_s & (\text{N/cm}^2) \\ G_{seq} = mG_s & (\text{N/cm}^2) \end{cases} \tag{5-21}$$

m 的大小取决于隔振器的外形特征和约束面与自由面的面积值之比 n。一般 m 由经验公式得到。如上海橡胶研究所给出了在 $n \leq 0.2$ 时的 m 的求解公式：

$$m = 1 + 1.5n - 2n^2 + 2.5n^3$$

5. 阻尼比

隔振器具有适当的阻尼比可以抑制共振峰（也称谐振峰）并吸收冲击能量。但阻尼比过大,会因耗散的功转变为热量而引起胶料升温加快,使隔振器动态性能的稳定性下降。各类隔振器所用橡胶的阻尼比取值范围大约为：天然胶的阻尼比 ξ 为 0.025～0.075,丁腈胶和氯丁胶的阻尼比 ξ 为 0.075～0.15,丁基胶的阻尼比 ξ 为 0.12～0.20。实践证明,橡胶的阻尼比 ξ 也随着邵氏硬度 H 的增大而增大。由此可见,隔振器橡胶的硬度是一个非常重要的指标,它可以综合地反映出隔振器的阻尼特性和弹性特性,故必须严格控制其公差。

在军用电子设备应用中,因其对环境条件过于敏感,易自然老化,固有频率较高,当低于 10Hz 时,蠕变量大,耐共振性能差。例如,JP 型平板隔振器由于在其共振时 18s 即拉断等缺点,已逐步被金属隔振器所代替。尽管橡胶隔振器存在着诸多缺点,但它也具有结构紧凑、工艺性好、自身阻尼比较大、承载量较大、能吸收较多的冲击能量及成本低等优点。它可以适用于环境温度变化小、工作频率范围窄、激励振幅较小的场合。因此,橡胶隔振器仍然是目前应用最广、品种最多的一种隔振器。

5.4 金属隔振器

弹性特性和阻尼特性主要由金属构件确定的隔振器,称为金属隔振器,其特点如下。

（1）对环境条件反应不敏感,可在油污、高低温、强冲击等恶劣环境中工作,不易老化,性能稳定。

（2）它的动刚度和静刚度基本相同。金属弹簧适用于静态位移要求较大的减振器,当工作应力低于屈服应力时,弹簧不会产生蠕变。但是应力超过屈服应力时,即使是瞬时,也会使弹簧产生永久变形。因此,应有卸荷和限位装置,以确保动态应力不超过弹性极限。

（3）阻尼比过小（$\xi < 0.005$）容易传递高频振动,或者由于自振（如在 150～400Hz 之间）而传递中频振动。在经过共振区时,设备会产生过大的振幅,通常需要另加阻尼器。

（4）金属弹簧的设计计算比橡胶弹簧容易,其弹簧刚度可根据要求确定,不仅设计资料比较成熟,且其刚度可以控制得相当准确。

第5章 电子设备隔振系统及隔振器

金属弹簧种类很多,如圆柱形弹簧、圆锥形弹簧、盘形弹簧、碟形弹簧等,其中,圆柱形弹簧应用最广。目前,在军用电子设备的隔振系统中,应用较广的有两类,其一是垂向承载的底部隔振器,如无谐振峰隔振器(GWF 型)、金属网阻尼隔振器(JWZ 型),以及可多向承载的 GS 型不锈钢丝绳隔振器、GQJ 型隔振器等;其二是非承载的背部隔振器,如 GBJ、GDJ 型隔振器等。常用的金属隔振器如表 5-7 所示。

表 5-7 常用的金属隔振器

序 号	名 称	型 号	简 图	额定载荷范围/N
1	钢丝绳隔振器	GG(GS)		10～10000
2	金属丝网隔振器	AAW		20～800
3	金属网阻尼隔振器	JWZ		10～150
4	模块化抗冲击型无峰隔振器	GWF		5～5000
5	歼(强)击机用隔振器	GQJ		2～150
6	背部隔振器	GBJ		200～1500
7	槽型背架式隔振器	GBJ-CA		200～5000

续表

序号	名称	型号	简图	额定载荷范围/N
8	顶部隔振器	GDJ		200~1500
9	空用晶振隔振器	GQJ-J		1~4

5.4.1 钢丝绳隔振器

钢丝绳隔振器（GS型、GG型）主要由单股或多股不锈钢钢丝绳缠绕而成。由于单股绳螺旋升角α和多股绳缠绕到螺旋升角β，以及旋紧度、钢丝材料、单根钢丝硬度等差异，每种钢丝绳，甚至同一根钢丝绳的不同绳段的弹簧刚度都有较大差别。因此，只有认真对待钢丝绳隔振器的工艺结构，才能控制同型号、同批次产品性能的一致性。

1．主要特点

（1）环境适应性能好，能适应腐蚀、高低温、盐雾、霉菌环境等。
（2）结构简单，安装方式多样，具有多轴向承载能力。
（3）具有软特性弹簧刚度，振动时可呈线性特性，冲击时，呈软特性，可吸收较多的冲击能量。
（4）三轴向变形量均较大，优点是能吸收冲击能量，缺点是稳定性较差，故重心较高的电子设备必须加装背（顶）部隔振器，以提高其稳定性。
（5）隔振器自身三轴向刚度相差较大，有时需要对其安装方式进行组合优化。
（6）弹性特性和阻尼特性均由钢丝绳提供，成形后无法调整。

2．主要结构形式

钢丝绳隔振器主要有对称螺旋式和反对称螺旋式两种结构形式，如图5-47（a）和图5-47（b）所示。目前已出现灯笼式的花篮结构形式，但应用尚不广泛。

3．缺点

该类型隔振器的最大缺点是：往往在绝大多数试验均已成功完成，在耐久振动试验结束前（或后）发现某一股或几根钢丝发生断裂现象，被采购方判为不合格，造成"前功尽弃"的缺憾。

（a）对称螺旋式

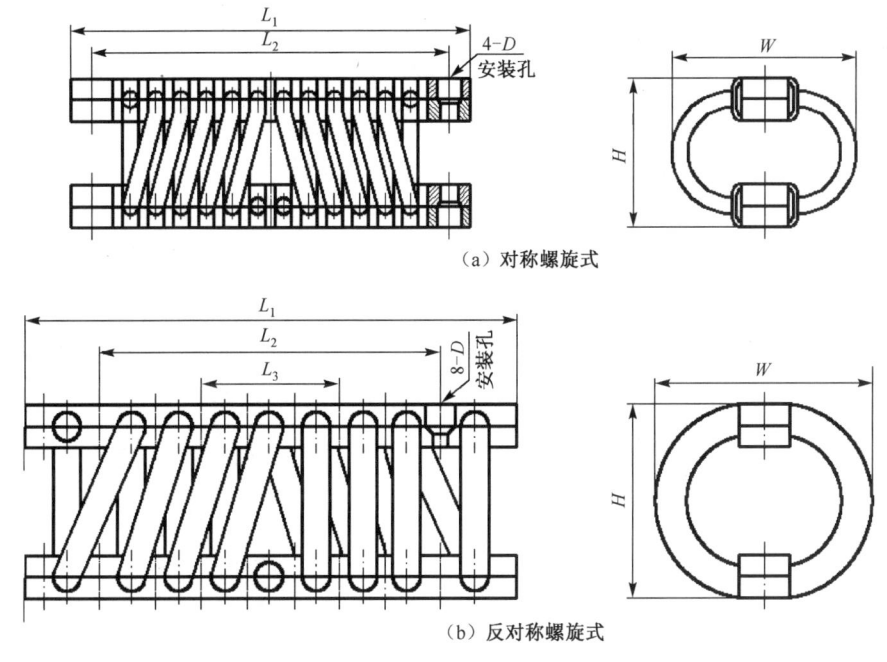

（b）反对称螺旋式

图 5-47　全金属钢丝绳隔振器外形结构

5.4.2　金属丝网隔振器

1．典型结构

AAW-70 型金属丝网隔振器安装图如图 5-48 所示。它主要由盖帽、上金属丝网垫、芯子、下金属丝网垫及基座组成。

2．主要特点

（1）其弹性特性和阻尼特性均由金属丝网垫提供。改变上、下金属丝网垫充填量和体密度，即可获得所需刚度。但一旦将盖帽、芯子铆接后便无法调整。

（2）固有频率 $f_n = (20 \pm 3)$Hz，不适用于舰载电子设备。

（3）受强冲击（如坠撞安全试验）时，万一金属丝网垫发生蠕变或钢丝断裂，弹性网垫刚度会发生突变，呈现非线性自激振动趋势，并可引起网垫中钢丝断裂。

3．适用场合

该类型隔振器适用于运输机等机载电子设备。

5.4.3　金属网阻尼隔振器

1．结构组成

JWZ 型金属网阻尼隔振器结构示意图如图 5-49 所示，其主承载簧为圆柱簧，金属网阻尼网垫提供阻尼，上网垫和下网垫为缓冲网垫。上盖和底座与设备相连，依图 5-49 中次序装入后，用铆钉将底座和底板铆成整件。该类型隔振器适用于运输机等机载电子设备。

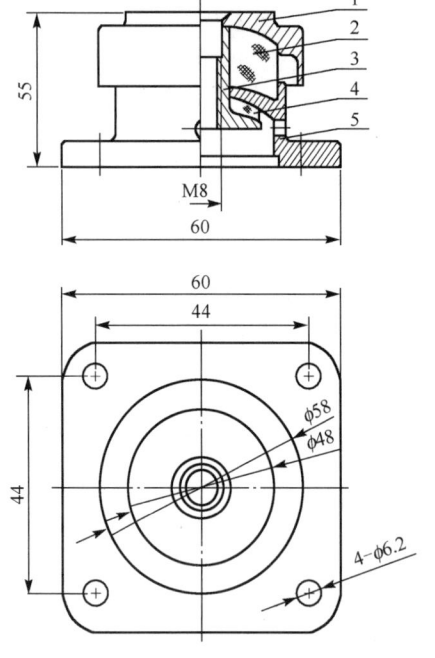

1—盖帽；2—上金属丝网垫；3—芯子；
4—下金属丝网垫；5—基座。

图 5-48　AAW-70 型金属丝网隔振器
安装图（单位：mm）

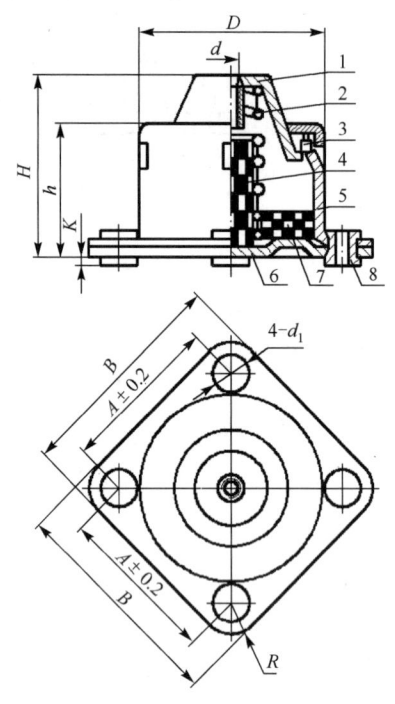

1—上盖；2—圆柱簧；3—上网垫；4—金属网阻尼网垫；
5—底座；6—底板；7—下网垫；8—铆钉。

图 5-49　JWZ 型金属网阻尼隔振器
结构示意图（单位：mm）

2．主要特点

（1）JWZ 型金属网阻尼隔振器的主承载簧是圆柱簧，阻尼由充填在圆柱簧内的网垫提供，受冲击时，上网垫和下网垫起吸收冲击能量的作用。

（2）由于阻尼网垫、缓冲网垫等功能分别由不同组件完成，这样就可以根据承载量、振动量级、冲击量级等条件对设备部件进行优化组合。

（3）该类型隔振器只能垂直轴承载，故不适用于歼击机机载电子设备。

5.4.4　模块化抗冲击型无峰隔振器

模块化抗冲击型无峰隔振器简称无峰隔振器（典型的有 GWF 型隔振器）。该类型隔振器在性能上除承载电子设备载体正常运行的振动、冲击力外，还承受自身武器发射和受到地雷、水雷等攻击时的强冲击。

1．主要特点

（1）无谐振峰，$\eta_v \leqslant 1$。

（2）其系列化产品中，每个承载质量为 0.5～500kg。4 个隔振器可以覆盖的电子设备质量为 2～2000kg。

（3）在同一系列中，该类型隔振器共分为 4 个模块单元。图 5-50 所示为 GWF 型隔振器结构示意图。

① 机械结构模块单元（该系列产品的通用件）。

② 主承载弹簧模块单元 A，是同一系列产品中唯一不通用的单元模块。

③ 阻尼缓冲模块单元 B。该单元元件也是通用件，它根据产品的公称载荷不同和使用工作极限的不同，而在数量和组合方式上有所不同。

④ 抗强冲击缓冲卸荷单元 C，为主簧和片簧卸荷。

（4）同一系列产品中，公称载荷 W_i 和主弹簧刚度 k_i 构成的固有频率 f_{ni} 相近。

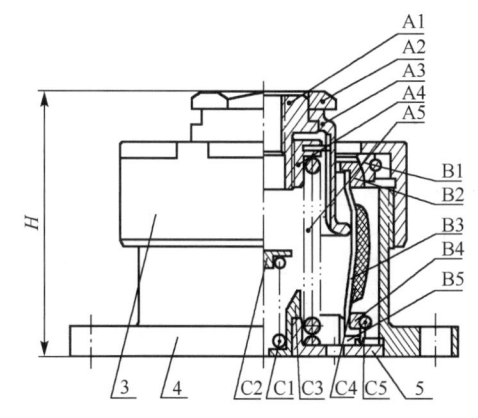

A1—调节螺栓；A2—六角圈；A3—帽盖；A4—调节螺母；A5—螺旋簧；
B1—上锥环；B2—内锥环；B3—簧片；B4—下环；B5—垫套；
C1—缓冲弹簧；C2—上弹簧塞；C3—下弹簧座；C4—水平缓冲网垫；
C5—O 形圈；3—上盖；4—底座；5—底板。

图 5-50 GWF 型隔振器结构示意图

2．工作原理

无峰隔振器的力学模型如图 5-51 所示。当基础激励为 $x_0 = A_0\cos\omega t$，$\ddot{x}_0 = -A_0\omega^2\cos\omega t$ 时，设备响应为 $x = A\cos(\omega t - \theta)$，$\ddot{x} = -A\omega^2\cos(\omega t - \theta)$。当 $F_\mu \geq m\ddot{x} = mA\omega^2$ 时，阻尼力将 m 与基础锁住，有 $A = A_0$，$\eta_v = 1$。当干扰频率 $\omega_\rho \geq \sqrt{2}\omega_n$ 时，如果干摩擦阻尼力 F_μ 无法克服惯性力 $F_d = 2mA_0\omega_n^2$（$F_\mu < F_d$），则隔振器启动并开始隔振，从而实现隔振传递率 $\eta_v \leq 1$ 的无谐振峰传递率特性。无谐振峰传递率曲线如图 5-52 所示。

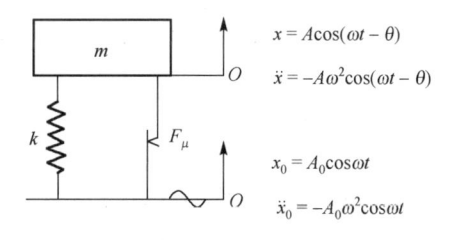

图 5-51 无峰隔振器的力学模型

无峰隔振器是金属干摩擦式隔振器（SJ2608—1985）GM 型改进开发的新产品。该类型隔振器是根据隔振、缓冲技术所要求的变刚度、变阻尼特性设计的新型隔振器，它采用刚度拟合技术和干摩擦阻尼技术实现低固有频率，无共振放大，并可兼顾缓冲的典型实例之一。在结构上，它采用几组具有独立特性的阻尼特性组件，从而可以灵活地组装成具有不同承载量、不同动态特性的隔振器或阻尼缓冲器。由于阻尼可以调节，可以很方便地控制振动传递率。

3. 结构组成

典型的无峰隔振器如图 5-50 所示。它的弹性特性和阻尼特性由主承载弹簧模块单元 A、阻尼缓冲模块单元 B 和抗强冲击缓冲卸荷单元 C 确定。

螺旋簧 A5 的刚度 k_L 确定了隔振器的三向刚度。当实际载荷与公称载荷不一致时，卡住帽盖 A3 调节六角圈 A2 带动调节螺栓 A1 转动，使调节螺母 A4 上下运动，使隔振器工作高度 H 保持规定值，从而使电子设备的安装平面保持水平。

旋转外壳上盖 3 使上锥环 B1 锥面压紧（或松开）开口内锥环 B2，可改变簧片 B3 与帽盖间的正压力，从而对阻尼特性进行调节。簧片 B3 是沿帽盖凸缘对称布置的不同曲率、不同根数的簧片组。组件 B 与底板 5 和上盖 3 之间的摩擦力，确定了水平方向的阻尼特性。

组件 B 中的两种簧片的曲率和工作位置如图 5-53 所示，图 5-53（a）所示为隔振阻尼簧（直簧片），主要功能是通过它与帽盖间的过盈所产生的摩擦力在 $A—A'$ 区间获得无谐振峰传递率 $\eta_v \leq 1$（见图 5-52）。图 5-53（b）所示为阻尼缓冲簧（变曲率簧片），在 OA 区间，它不与帽盖 A3 接触，工作区间为 AB 和 $A'B'$ 段。其主要功能是吸收和耗散冲击能量。两种簧片 BC 和 $B'C'$ 段的主要功能是限制最大的极限变形，保证螺旋簧 A5 不并圈，可避免冲击载荷对它的有害影响（不发生蠕变）。

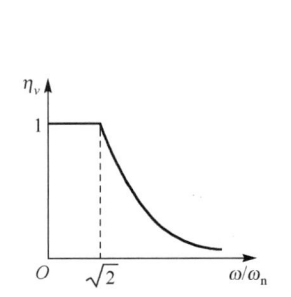

图 5-52　无谐振峰传递率曲线

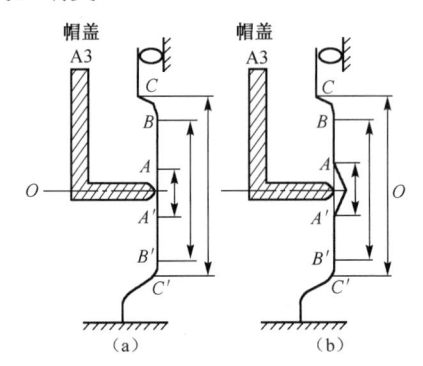

图 5-53　两种簧片的曲率和工作位置

在相同外形和安装尺寸条件下，使螺旋簧内径相同，改变螺旋簧圈数或钢丝直径 d 即可获得具有不同承载能力的系列隔振器。此时，对不同承载能力的隔振器配装不同数量的 A 组、B 组弹簧片，即可获得不同的阻尼和缓冲特性。此外，需进行三维强冲击的隔振器还可适当增加 B 组弹簧片以提高其抗冲击性能。

C 组件由缓冲弹簧 C1、上弹簧塞 C2、下弹簧座 C3、水平缓冲网垫 C4 和 O 形圈 C5 组成。

当电子设备承受强冲击，调节螺栓 A1 与上弹簧塞 C2 接触时，可吸收强冲击动能并提供复位弹力。当水平冲击时，水平缓冲网垫 C4 可为阻尼缓冲簧片 B3 提供卸荷辅助支承，减小其弯曲应力。O 形圈 C5 可为内锥环 B2 和下环 B4 提供水平弹性支承，降低 B2 和上盖 3、B4 与底座 4 之间受冲击时的表面的挤压应力。

4. 设备的质心位置简易测量方法

电子设备由离散质量组成，精确计算出质心位置较为繁杂。现介绍一种简易测量方法供用户参考。测量工具由磅秤、两根角铁和一个千斤顶组成。

1）测量方法和步骤

（1）先用两根角铁置于磅秤上，放上设备，得出设备总重力 W。

（2）抽去一根角铁，按图 5-54 所示将设备底部安装隔振器的 1、4 螺钉孔中心连线对准角铁直角边。将千斤顶支承在 2、3 螺钉孔中心连线中间附近位置（如图 5-55 中的 A 点）。测出 W_{14}，$W_{14} = W_1 + W_4$。抬升千斤顶 h 高度，测出 $W_{14}' = W_1' + W_4'$。

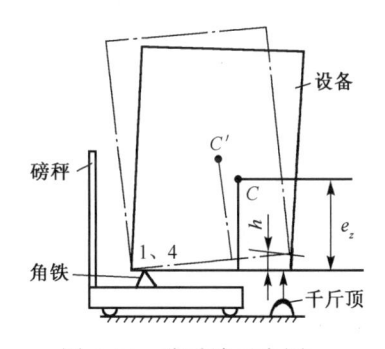

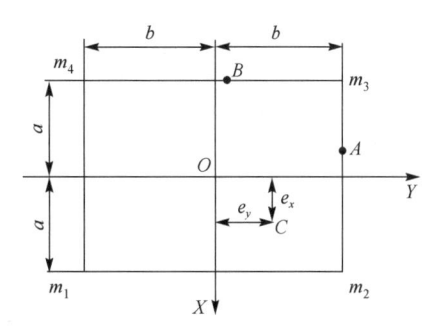

图 5-54　称重法示意图　　　图 5-55　质心位置求解示意图

（3）设备转 90°，将角铁支承在 1、2 螺钉孔中心连线，千斤顶支承在 3、4 螺钉孔中心线的中间附近位置（如图 5-55 中的 B 点）。设备调平，$W_{12} = W_1 + W_2$，将千斤顶升高 h'，测出 $W_{12}' = W_1' + W_2'$。

2）确定质心位置和计算各隔振器承载量

将 W_{14}、W 对 2、3 支承点取矩，有

$$2bW_{14} \approx W(b - e_y) \quad (5\text{-}22)$$

则有

$$e_y = \frac{W - 2W_{14}}{W} \cdot b \quad (5\text{-}23)$$

（1）求 e_x。将 W_{12}、W 对 3、4 支承点取矩，有

$$2aW_{12} = W(a + e_x) \quad (5\text{-}24)$$

$$e_x = \frac{2W_{12} - W}{W} \cdot a \quad (5\text{-}25)$$

当 $e_x \leq 0$ 为负值时，说明后重前轻。

（2）确定各支承点实际载荷。将 W_1、W_2 对 C 取矩，且 $W_2 = W_{12} - W_1$ 时，有

$$W_1 = \frac{b-e_y}{2b}W_{12}$$
$$W_2 = W_{12} - W_1$$
$$W_3 = W_{34} - W_4 \qquad (5-26)$$
$$W_4 = W_{14} - W_1$$
$$W_{34} = W - W_{12}$$

（3）求 e_z。设备水平放置时，1、4 支承点的重力为 W_{14}，$y_C = b - e_y$，质心高度为 e_z。质心 C 的水平位置为 (e_x, e_y)。

设备抬高 h 后，1、4 支承点的重力为 W'_{14}。

设备重心 C' 在水平向投影为 y'_C。

由图 5-56 可知

$$\sin\alpha = \frac{h}{2b}$$
$$R = 2b\cos\alpha \qquad (5-26)$$
$$y'_C = y_C\cos\alpha + e_z\sin\alpha$$
$$y_C = b - e_y$$

对 2、3 支承点取矩，有

$$W'_{14}R = Wy'_C \qquad (5-27)$$
$$W'_{14} \cdot 2b\cos\alpha = W(y_C\cos\alpha + e_z\sin\alpha) \qquad (5-28)$$

整理后，有

$$e_z = \frac{2bW'_{14} - Wy_C}{W}\cot\alpha \qquad (5-29)$$

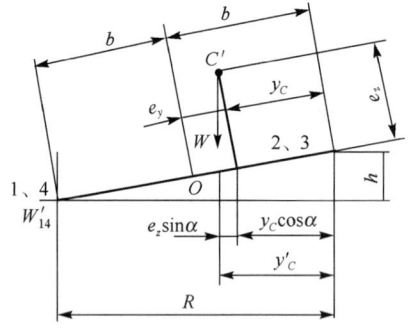

图 5-56 求解质心高度 e_z 示意图

将机柜转 90°，支在 1、2 点上，重复上述步骤也可求出 e'_z 并进行对比校核。

5. 典型无峰隔振系统的隔振器选型

根据电子设备使用环境，GWF 型隔振器分为 3 类。

（1）海用环境：GWF-H 型（军辅船、民船环境）和海用强冲击 GWF-HQ 型（战斗舰）。

（2）陆用环境：GWF-L 型。

（3）空用环境：GWF-K 型（适用于非战斗机）。

每一类按同一外形尺寸下不同公称载荷（载荷范围）形成多个系列，每一系列又有多个规格。

GWF-H（HQ）型分为 5 个规格 [GWF-35H（HQ）～GWF-120H（HQ）]，载荷范围为 280～1440N/个。

因此，单个机柜（机箱）重力在 800～7200N 之间可选用相同外形尺寸和相近动态特性的 GWF 型隔振器，组成低耦合振动的无峰隔振系统。

读者如需选用该类型隔振器，必须用本文所给出的称重方法和式（5-22）～式（5-29）给出的公式计算出设备的质心位置及各隔振器的实际承载量，选用相应的系列产品。无论读者选用何种型号的隔振器，上述步骤都是不可少的，下面给出实例。

【例 5-1】某作战舰船雷达的发射机，总重力 $W_T = 3550\text{N}$，隔振器安装尺寸如图 5-57 所示，$2a = 500\text{mm}$，$2b = 560\text{mm}$。

① 根据称重法求得

$$e_x = 67\text{mm}, e_y = 43.4\text{mm}, e_z = 508\text{mm}$$
$$W_1 = 950\text{N}, W_2 = 1300\text{N}$$
$$W_3 = 750\text{N}, W_4 = 550\text{N}$$

② 选取相应的隔振器。

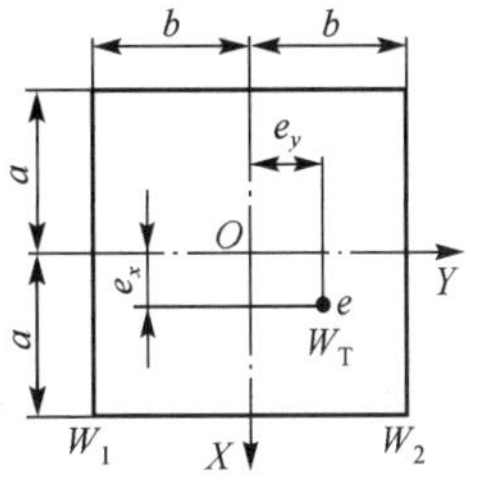

图 5-57 发射机隔振系统

当舰载设备需进行三维强冲击试验（模拟舰艇纵摇 30℃，横摇 30℃，使设备质量偏向某一个隔振器）时，应选用抗倾覆海用强冲击 GWF-AHQ 型隔振器。非战斗舰艇，不需进行强冲击时，可选用 GWF-HQ 型。用户在订货时，应说明设备是否进行三维强冲击。

当质心 C 偏心较大时，各点实际支承质量相差也较大，可选用不同型号的隔振器组成低耦合隔振系统，此时 W_2 和 W_4 的固有频率偏差较大。当 $W_1 \sim W_4$ 如表 5-8 所示时，各隔振器之间实际固有频率偏差 B_f 为

$$B_f = \left|\frac{5.20 - 5.0}{5.0}\right| \times 100\% = 4\% < 10\%$$

表 5-8 某发射机隔振系统隔振器选型表

隔振器型号	GWF-A35HQ	GWF-A50HQ	GWF-A80HQ	GWF-A100HQ	GWF-A120HQ
公称载荷 W/N	350	500	800	1000	120
理论固有频率 f_{nl}/Hz	5.33	5.46	5	5	5.25
弹簧刚度 k/（N/mm）	40	60	80	100	130
各支承点实际载荷/N		$W_4 = 550\text{N}$	$W_3 = 750\text{N}$	$W_1 = 950\text{N}$	$W_2 = 1300\text{N}$
实际固有频率 f_{ns}/Hz		5.20	5.15	5.1	5.0
f_n 相对偏差 B_f/%		\multicolumn{4}{c}{$(5.20 - 5.0)/5.0 \times 100\% = 4\%$}			

由于无峰隔振器动态特性设计遵循了隔振系统期望动态特性的设计要求，因此具有较好的隔振缓冲效果。

此外，无峰隔振器（GWF 型）采用了不锈钢构件，对螺旋簧进行了消除蠕变的预处理（蠕变量小于 0.2mm），在承载量、阻尼力调节到实际需要量后，将螺纹部分使用防松胶封闭；对舱室外设备隔振器采用全密封伸缩套等措施后，极大地提高了隔振器的抗恶劣环境能力。其系列产品具有低固有频率（$f_n \approx 6.5\text{Hz}$）、宽范围承载能力，以及灵活的模块化组合，给用户选用带来极大方便。

5.4.5 歼（强）击机用隔振器

1. 基本要求

歼（强）击机在超声速机动飞行和武器发射时，机载电子设备承受了较大的振动、冲击，其使用的 GQJ 型隔振器必须满足如下特殊要求。

（1）能在大的离心加速度、正弦振动、随机振动、声振、炮振、冲击等力学环境条

件下，确保电子设备的功能可正常发挥。

（2）必须在空间三轴向均具有承载、隔振和缓冲能力。

（3）迫降或坠撞时必须在承受大冲击和加速度情况下，确保电子设备在隔振系统的有效支承之下。

以上要求均比地面设备、舰载设备和其他机型中的电子设备更严酷。

2．结构特点

GQJ型隔振器结构示意图如图5-58所示。由上弹簧6和下弹簧11之间的上滑片7、内锥孔开合环8、外锥环9、下滑片13组成隔振器的阻尼组件；由上弹簧座5和下弹簧座12构成缓冲组件；连接螺钉1与设备相连，通过阻尼调节螺钉2调节初始阻尼力大小。依图示顺序装调后装入外壳3、底板10后用标准件空心铆钉B_1组成整件。

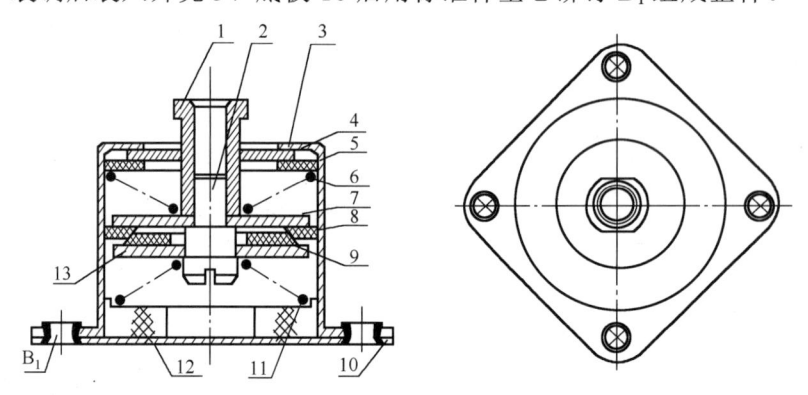

1—连接螺钉；2—阻尼调节螺钉；3—外壳；4—摩擦底板；5—上弹簧座；6—上弹簧；7—上滑片；
8—内锥孔开合环；9—外锥环；10—底板；11—下弹簧；12—下弹簧座；13—下滑片；B_1—空心铆钉

图5-58 GQJ型隔振器结构示意图

3．性能特点

（1）三轴向等刚度，固有频率$f_n \leqslant 10Hz$。

（2）可在任意方向安装。

（3）在离心加速度作用下仍可隔振。

（4）阻尼力随振动位移增大而增大。

（5）性能和寿命优于苏联AПH型同类产品。

5.4.6 嵌入式隔振器

1．概述

嵌入式隔振器是一种弹簧组合型隔振器，它适用于工作条件恶劣、空间狭小的歼击机或弹载电子设备。使用时，它可嵌入电子设备机壳内安装，成为设备的组成部分。

由于隔振器端部有防转角限位器，所以在允许变形空间很小时（$\delta \leq 4\text{mm}$），可直接用锁紧螺钉将其与载体安装板直接连接，而无须用辅助工具防止跟转（见图5-59）。

2．弹性特性

该类型隔振器的功能随机振动的均方根加速度A_{rms}（有效值）接近或超过功能冲击脉冲的峰值加速度A_p（耐久试验的A_{rms}更大），使用环境十分恶劣，允许占用空间很小（例如，$D \leq \phi 25\text{mm}$，$L \leq 20\text{mm}$）。因此，采用传统的弹性元件已无法实现隔振缓冲要求。故该类型隔振器依据"各司其职，各尽所能"的原则，采用多种弹性元件组合方式，来满足工程需求。

（1）采用平面弹簧，解决了小变形空间内径向刚度特性多样化的问题。例如，同样厚度$t = 1\text{mm}$，同样外径$\phi 20\text{mm}$的平面弹簧材料，若内径ϕ_2相同，则只需要改变阿基米德螺旋线的头数n和每根螺旋线的厚度δ_i，即可获得一系列的刚度特性（见图5-60）。

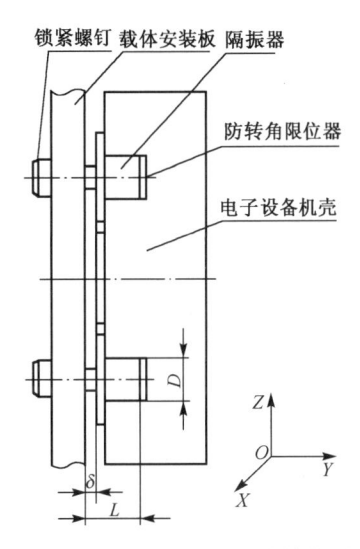

图5-59 嵌入式隔振器结构简图

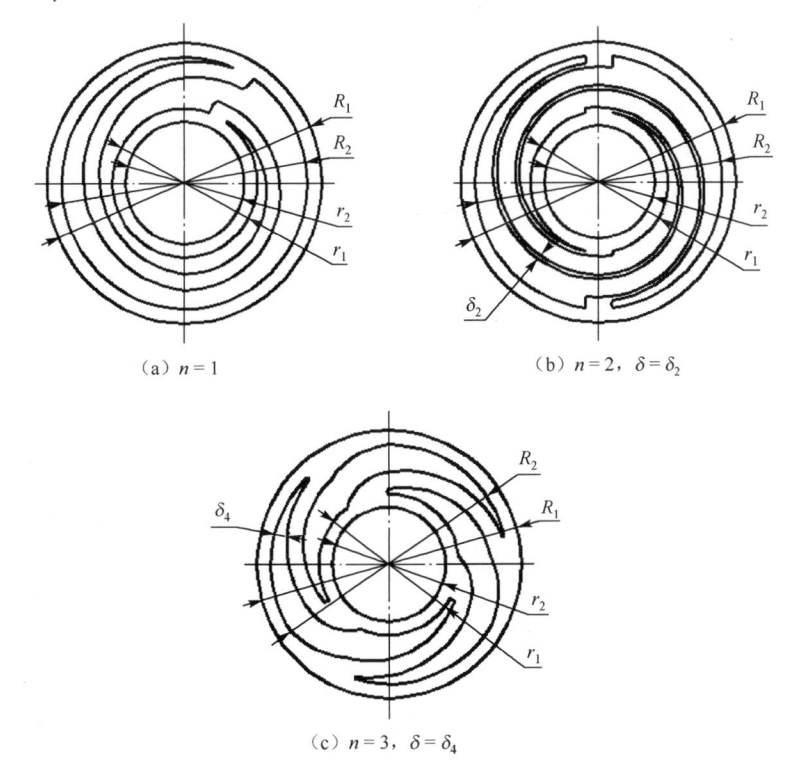

(a) $n = 1$

(b) $n = 2$，$\delta = \delta_2$

(c) $n = 3$，$\delta = \delta_4$

图5-60 平面弹簧的刚度特性

即使螺旋线的头数相同，若线厚度δ不同，也可获得不同的刚度。这就给满足隔振器径向固有频率$f_\text{n} \geq 60\text{Hz}$和相同外形尺寸、不同承载量系列的隔振器设计带来了方便。

对平面弹簧进行有限元分析和优化设计，为提高其使用寿命和可靠性提供了有力支持。

（2）采用微小型碟形弹簧，解决了轴向刚度特性多样化的问题。

碟形弹簧的刚度特性表现为：在相同外径 D、相同内径 d 和相同壁厚 t 条件下，不同的自由变形高度 h_0 与壁厚 t 之比 h_0/t 不同时，其刚度呈现多样化特性［见图5-61（a）、图5-61（b）、图5-61（c）］，再通过将它们串联、并联［见图5-61（d）、图5-61（e）］，就可以拟合成隔振器所需的轴向刚度特性。

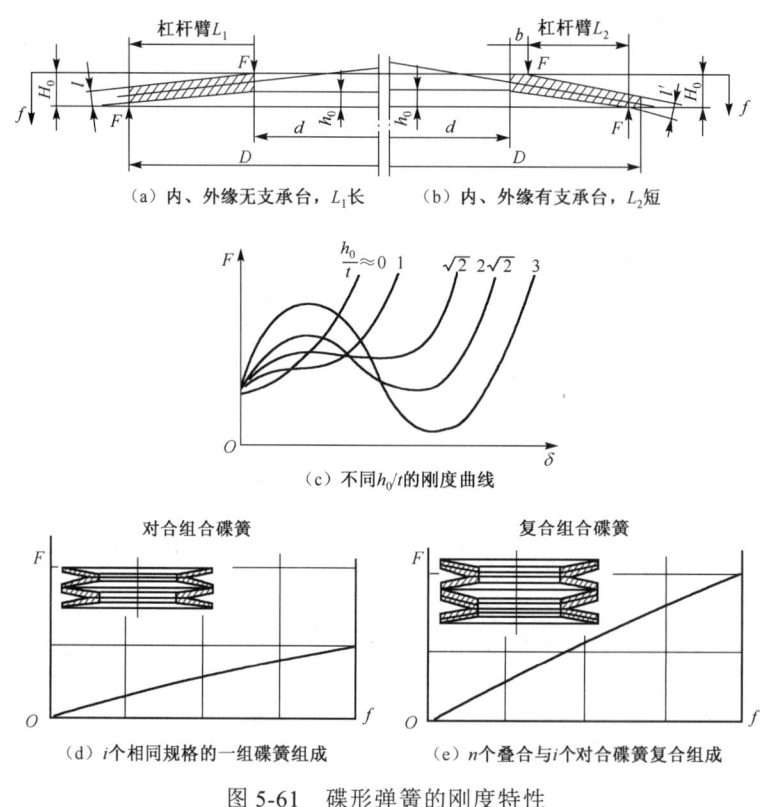

图 5-61 碟形弹簧的刚度特性

（3）采用弹性网垫缓冲组件，改变其填充量 m 和体密度（$\rho = m/v$），即可获得缓冲所需要的变刚度特性。

将以上3种弹性元件通过刚度拟合技术，来满足三轴向所需的刚度要求。实测证实其隔振、缓冲效果优于合同规定的技术要求。

（4）由于安装尺寸较小，安装时必须在连接轴端设置防跟转装置，尽管该防跟转装置仅限制了绕连接轴轴心的旋转，但也为微小型三向高精度转角限位器打下了基础。

3．典型结构

典型嵌入式隔振器结构示意图如图5-62所示。

1）轴向（Z轴向）刚度 k_z

以锁紧螺栓3的台肩为坐标原点 O，OZ 正轴向刚度 $+k_z$ 由小缓冲垫9和小碟簧组10提供；OZ 负轴向的刚度 $-k_z$ 由大碟簧组11和大缓冲垫12提供。

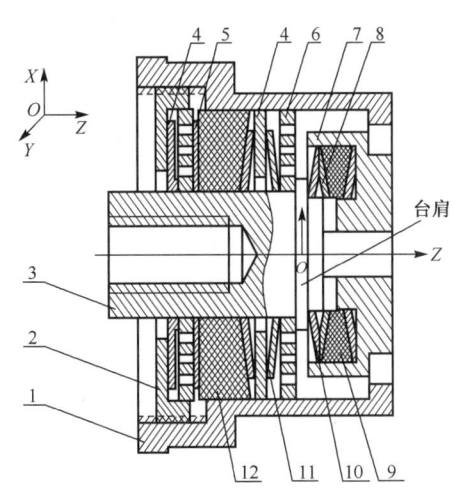

1—外壳；2—调节螺套；3—锁紧螺栓；4—摩擦片；5—滑片；6—大平面弹簧；
7—十字防转套；8—挡片；9—小缓冲垫；10—小碟簧组；11—大碟簧组；12—大缓冲垫。

图 5-62 典型嵌入式隔振器结构示意图

2）水平刚度 k_x

XOY 平台内任意方向的水平刚度 $k_{水平}$ 均相同，故以 k_x 代替，由大平面弹簧 6 提供。水平冲击时，小缓冲垫 9 和大缓冲垫 12 起到缓冲、限位和储能的作用。

4．典型嵌入式隔振器（GQJ-S-0.4）检测结果

GQJ-S-0.4 型隔振器是一种典型的嵌入式隔振器，其轴向尺寸 $L<19$mm，径向尺寸 $\phi_{max} \leqslant 25$mm。在功能随机振动总均方根加速度 $A_{1rms} \leqslant 14g$，耐久随机振动总均方根加速度 $A_{2rms}=18g$，功能冲击脉冲的峰值加速度 $A_{1p}=15g$（11ms），坠撞安全冲击脉冲的峰值加速度 $A_{2p}=30g$（11ms）条件下，隔振效果明显，冲击基本没有放大。

GQJ-S-0.4 型嵌入式隔振器采用金属材料和附加阻尼结构，环境适应性较好，性能稳定，其安装尺寸如图 5-63 所示。

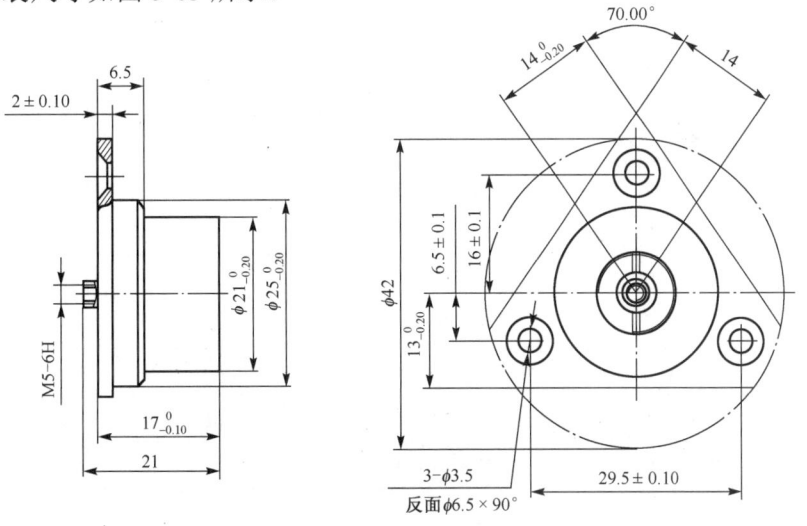

图 5-63 GQJ-S-0.4 型嵌入式隔振器安装尺寸（单位：mm）

图 5-64 所示为 X 轴向耐久随机振动试验记录曲线,其他曲线省略。GQJ-S-0.4 型嵌入式隔振器试验报告中的总均方根加速度如表 5-9 所示。

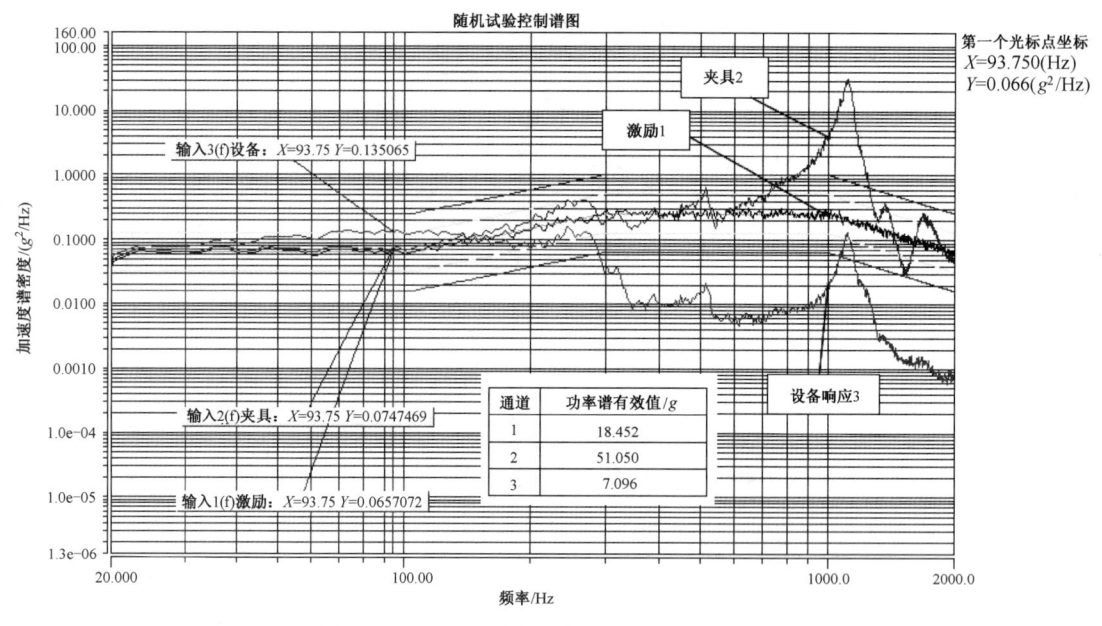

图 5-64 X 轴向耐久随机振动试验记录曲线

表 5-9 GQJ-S-0.4 型嵌入式隔振器试验报告中的总均方根加速度

试验项目	测点位置	试验轴向 X	试验轴向 Y	试验轴向 Z
功能随机振动	台面激励/g	$X_1 = 14.134$	$Y_1 = 15.111$	$Z_1 = 14.725$
	夹具响应/g	$X_2 = 43.426$	$Y_2 = 43.145$	$Z_2 = 42.036$
	设备响应/g	$X_3 = 5.890$	$Y_3 = 5.155$	$Z_3 = 6.651$
	设备/台面	$X_3/X_1 = 0.4167$	$Y_3/Y_1 = 0.3411$	$Z_3/Z_1 = 0.4517$
	设备/夹具	$X_3/X_2 = 0.1356$	$Y_3/Y_2 = 0.1195$	$Z_3/Z_2 = 0.1582$
耐久随机振动	台面激励/g	$X_1 = 18.452$	$Y_1 = 18.372$	$Z_1 = 18.241$
	夹具响应/g	$X_2 = 51.050$	$Y_2 = 19.883$	$Z_2 = 51.895$
	设备响应/g	$X_3 = 7.096$	$Y_3 = 4.970$	$Z_3 = 7.249$
	设备/台面	$X_3/X_1 = 0.3846$	$Y_3/Y_1 = 0.2705$	$Z_3/Z_1 = 0.3974$
	设备/夹具	$X_3/X_2 = 0.1390$	$Y_3/Y_2 = 0.2500$	$Z_3/Z_2 = 0.1397$
功能冲击	台面激励/g	$X_1 = 15.161$	$Y_1 = 14.763$	$Z_1 = 15.347$
	夹具响应/g	$X_2 = 15.750$	$Y_2 = 14.9412$	$Z_2 = 15.905$
	设备响应/g	$X_3 = 15.394$	$Y_3 = 15.3318$	$Z_3 = 15.957$
	设备/台面	$X_3/X_1 = 1.0153$	$Y_3/Y_1 = 1.0385$	$Z_3/Z_1 = 1.0397$
	设备/夹具	$X_3/X_2 = 0.9774$	$Y_3/Y_2 = 1.0262$	$Z_3/Z_2 = 1.0033$

续表

试验项目	测点位置	试验轴向		
		X	Y	Z
坠撞安全冲击	台面激励/g	$X_1 = 30.011$	$Y_1 = 29.7294$	$Z_1 = 29.56$
	夹具响应/g	$X_2 = 30.498$	$Y_2 = 29.0706$	$Z_2 = 28.632$
	设备响应/g	$X_3 = 31.948$	$Y_3 = 30.1686$	$Z_3 = 31.37$
	设备/台面	$X_3/X_1 = 1.0645$	$Y_3/Y_1 = 1.0148$	$Z_3/Z_1 = 1.0612$
	设备/夹具	$X_3/X_2 = 1.0476$	$Y_3/Y_2 = 1.0378$	$Z_3/Z_2 = 1.0957$

由表 5-9 可知，试验夹具结构刚性较差，基本上把台面激励放大 3 倍左右。但本隔振系统将夹具激励值降低到 20% 以下，即隔振效果均达到 80% 以上。

在经历功能、耐久随机振动试验和功能、坠撞安全冲击等全部试验之后，经功能随机振动试验检查，其隔振效果无明显变化。

5.4.7 背（顶）部隔振器

GBJ（GDJ）型背（顶）部隔振器是配合 GWF 型底部隔振器组成背（顶）架式隔振系统（见图 5-65、图 5-66）的非承载隔振器。

该类型隔振器的主要作用是当电子设备的载体由于运动状态发生变化（如车辆刹车、起动、爬坡、转弯，飞机起飞、降落、爬升、回旋，以及舰艇纵摇、横摇），产生的惯性力、离心力、离心力矩、倾覆力、倾覆力矩，以及舱壁的振动、冲击等对隔振系统造成有害影响时，对整个隔振系统起到稳定作用，保证 GWF 型底部隔振器及电子设备有效工作。

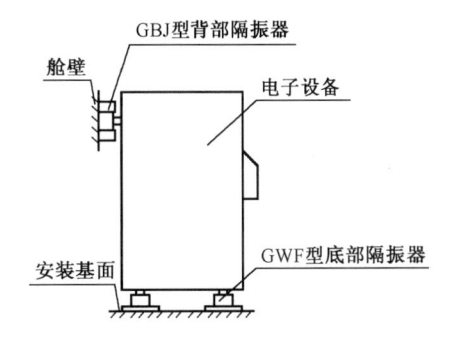

图 5-65 背架式隔振系统

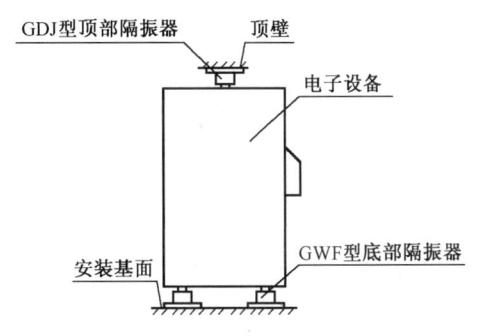

图 5-66 顶架式隔振系统

该类型隔振器垂向固有频率（$f_{n1} \leq 2Hz$）较低，水平方向 $f_n \leq 6Hz$，对 GWF 型底部隔振器垂向特性影响很小。而在水平面内的任意方向固有频率相同，其刚度曲线是关于原点的点对称曲线。三轴向极限变形 $\delta_上$、$\delta_下$ 和 $\delta_{水平}$ 与 GWF 型底部隔振器相匹配，不会发生运动干涉。因此，必须强调的是：由于承载隔振器不能完全满足上述要求，如不采取附加措施，不宜作为背（顶）部隔振器。

1. 主要特性指标

由于GBJ（GDJ）型背（顶）部隔振器为非承载隔振器，它无法单独加载进行振动、冲击试验，因而，无法单独给出动态（传递率）特性指标。

产品目录中仅给出垂直和水平方向静态固有频率。为了方便用户，提供了多种安装方式。不同安装方式的相同规格隔振器其特性指标是相同的。

2. 型号命名原则

1）系列命名原则

（1）GBJ型隔振器：G——隔振器类，BJ——背架，用于机柜背部。
（2）GDJ型隔振器：G——隔振器类，DJ——顶架，用于机柜顶部。

2）型号规范原则

以配合陆、海、空环境条件工作的 GWF-80 型底部隔振器共同使用的背部隔振器 GBJ-80BK、GBJ-80ZK 和 GBJ-80BG、GBJ-80ZG 为例，其中：

80——匹配使用的 GWF 型公称载荷为 80kg。

B——背部安装，螺钉从背部将隔振器安装到背部过渡板上，然后再将背部过渡板和舱壁相连。

Z——正面安装，螺钉从正面通过通孔直接将隔振器安装到舱壁上。

K——隔振器与机柜为螺孔连接。

G——隔振器与机柜为螺杆连接。

3）其他

GBJ-XXGA 和 GBJ-XXKA。

GBJ-XXGA 是 GBJ-XXBG 的短轻型。

GBJ-XXKA 是 GBJ-XXBK 的短轻型。

GBJ-XXKA 和 GBJ-XXGA 与 GBJ-XXBG 和 GBJ-XXBK 具有相同特性，适用于机载和舰载环境条件。

3. 使用环境

（1）GBJ型背部隔振器适用于与其匹配使用的陆、海、空用 GWF 型底部隔振器的所有环境条件。

（2）GDJ型顶部隔振器适用于空用环境条件（不含战斗机）；也适用于 B 级电子设备或非战斗舰艇和非战斗车辆环境条件。

4. 安装方式

（1）GBJ型背部隔振器在安装时应将螺母的一端朝下，这样可保证在螺母脱落条件下，螺杆仍不会脱落，并使电子设备顶部仍处于有支承的状态。

（2）在 GDJ 型顶部隔振器的安装顶架上，必须留有 15mm 的空间以便连接轴自由向上运动，如可在安装板上钻尺寸为 ϕ30mm 的孔。

5．必须安装背（顶）部隔振器的场合

（1）在设备高速转弯时，底部隔振器无法平衡离心力矩，增加背部隔振器可以平衡离心力矩，如图 5-67 所示。

（2）在设备飞升、爬坡、摇摆时，设备重心已偏离到底部隔振器的支承平面的外面，安装背（顶）部隔振器可以平衡倾覆力矩，如图 5-68 所示。

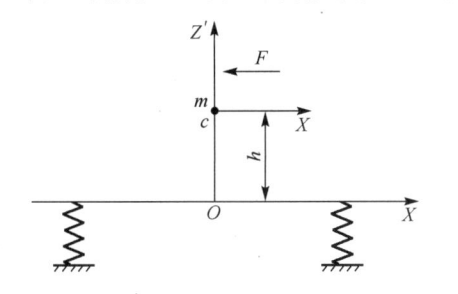

图 5-67　平衡离心力矩　　　　　图 5-68　平衡倾覆力矩

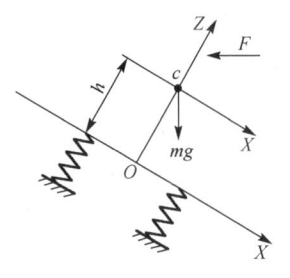

（3）当设备与设备之间水平间隙过小，振动、冲击易发生相互间碰撞时，也应安装背（顶）部隔振器。

6．结构特点

GBJ 型隔振器结构示意图如图 5-69 所示。其弹性由调节螺套中的不锈钢网垫及碟形弹簧 B_2 提供。改变钢丝网垫的充填量，并通过调节 7、8 两个零件间的空间体积，可以改变网垫的体密度 ρ，从而改变其水平刚度。圆锥弹簧 3 仅起支承球铰式连接杆的作用，处于整个隔振器的中间位置，便于安装。

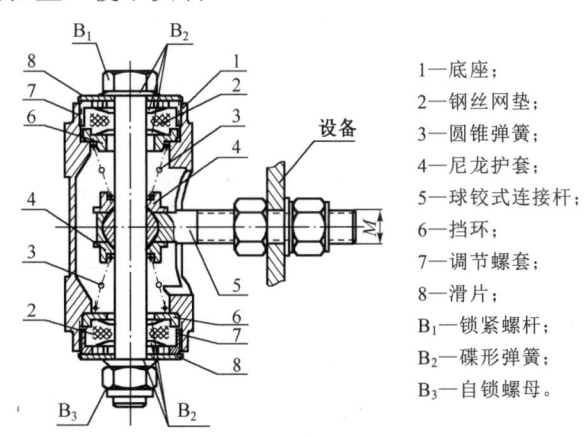

1—底座；
2—钢丝网垫；
3—圆锥弹簧；
4—尼龙护套；
5—球铰式连接杆；
6—挡环；
7—调节螺套；
8—滑片；
B_1—锁紧螺杆；
B_2—碟形弹簧；
B_3—自锁螺母。

图 5-69　GBJ 型隔振器结构示意图

阻尼特性由安装在两端的滑片、调节螺套摩擦提供。旋紧自锁螺母时，阻尼力增大，反之减小。

因此，该类型隔振器可根据 GWF 型底部隔振器的刚度及设备重心高度，调配满足隔振系统解耦要求的水平刚度特性。

5.4.8 壁挂式隔振器

壁挂式隔振器是根据壁挂式隔振系统特性所设计的，具有如下特点。

（1）该类型隔振器可平衡设备重力产生的倾覆力矩，解决了壁挂式安装设备容易"倾斜下垂"的问题，减小设备各向振动的耦合，满足设备隔振、抗强冲击要求。

（2）该类型隔振器采用不同弹性元件拟合技术，可满足相同承载量但倾覆力矩不同、不同承载量但倾覆力矩相同的各种设备需要，实现了产品的模块化和系列化。

（3）最大振动传递率≤1.5，强冲击后该类型隔振器的性能无明显变化。

1．GBG-A(B)型壁挂式隔振系统组成

GBG-A(B)型壁挂式隔振系统由上部的 A 组和下部的 B 组隔振器组成，如图 5-70 所示。

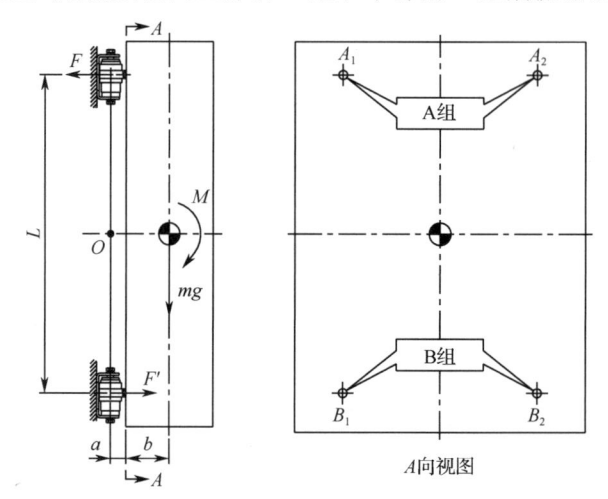

图 5-70　GBG-A(B)型壁挂式隔振系统示意图

2．GBG-A(B)型隔振器型号命名组成

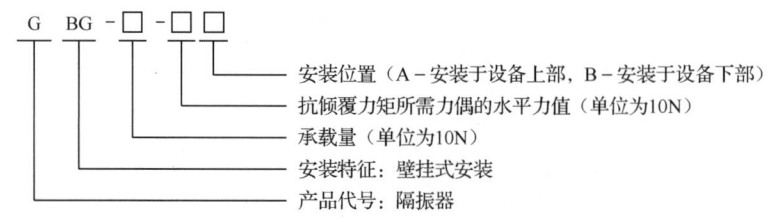

```
G BG - □ - □□
             │    │└─ 安装位置（A－安装于设备上部，B－安装于设备下部）
             │    └── 抗倾覆力矩所需力偶的水平力值（单位为10N）
             └─────── 承载量（单位为10N）
      └────────────── 安装特征：壁挂式安装
 └───────────────── 产品代号：隔振器
```

示例：GBG-15-6A 表示承载量为 150N，抗倾覆力矩所需力偶的水平力值为 60N 的，安装于设备上部的海用壁挂式隔振器；GBG-15-6B 表示承载量为 150N，抗倾覆力矩所需力偶的水平力值为 60N 的，安装于设备下部的海用壁挂式隔振器。

3. 隔振器选型说明

（1）本系列隔振器适用于海用强冲击环境条件下的壁挂式电子设备。

（2）在选用本系列隔振器时，需根据承载量 W 和抗倾覆力矩所需力偶的水平力值 F 来选择，W 和 F 的计算方法如下。

① 当设备的质心与几何中心重合时。

【例 5-2】如图 5-71（a）所示，设定设备采用 4 个壁挂式隔振器（如图 5-72 所示），总重力为 mg，垂向安装间距为 L，隔振系统支承中心平面与安装平面间距为 a，设备质心与安装平面间距为 b。重力 mg 相对 O 点产生顺时针转矩 M，则单个隔振器的承载量 W 和抗倾覆所需力偶的水平值 F 计算公式为：

$$W = \frac{mg}{4}$$

$$F = \frac{M}{2L} = \frac{mg(a+b)}{2L}$$

② 当设备的质心与几何中心不重合时。

【例 5-3】如图 5-71（b）所示，设备采用 4 个壁挂式隔振器（如图 5-72 所示），当质心在 ZOX 平面内有 e_x 和 e_z 偏心时，则每个隔振器的 W_i 和 F_i 计算公式为：

$$W_{A_1} = \frac{mg(c+e_z)(d-e_x)}{4cd}, \quad F_{A_1} = \frac{W_{A_1}(a+b)}{c}$$

$$W_{A_2} = \frac{mg(c+e_z)(d+e_x)}{4cd}, \quad F_{A_2} = \frac{W_{A_2}(a+b)}{c}$$

$$W_{B_1} = \frac{mg(c-e_z)(d-e_x)}{4cd}, \quad F_{B_1} = \frac{W_{B_1}(a+b)}{c}$$

$$W_{B_2} = \frac{mg(c-e_z)(d+e_x)}{4cd}, \quad F_{B_2} = \frac{W_{B_2}(a+b)}{c}$$

注意：e_x、e_z 相对坐标原点有正/负号代入。

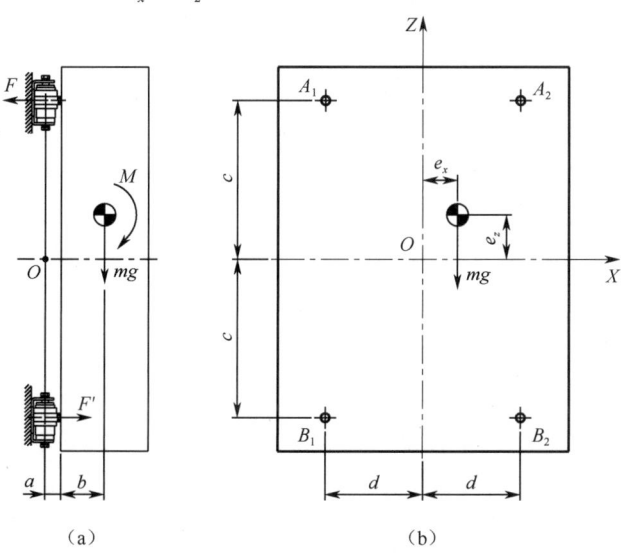

图 5-71 设备质心示意图

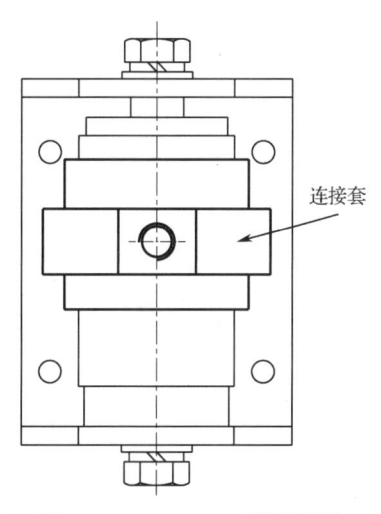

图 5-72 GBG-A(B)型隔振器

5.4.9 抗倾覆隔振器

中大型舰船作战指挥室内安装了很多作战指挥必需的电子显控台，无法采用 HJB68—1992 规定的靠壁安装的舱壁系统，因而不允许采用原背架式隔振系统，此时需要研发一种抗倾覆力矩的底部隔振器。该底部隔振器需要满足无背架式隔振系统的使用要求，以达到有背部隔振器的效果，在无背架的条件下既能适应强冲击的环境，又能实现快速复位。

该类型隔振器是在 GWF 型无峰隔振器的基础上进行优化设计的高性能隔振缓冲产品，有如下特点。

（1）更好的抗强冲击能力：GWF-AHQ 型隔振器的缓冲性能更好，并且在经过强冲击试验后，该类型隔振器的各种缓冲性能无明显变化。

（2）较好的抗倾覆能力：在无法安装背部隔振器的情况下，如舱室中部安装了显控台，使用 GWF-AHQ 型隔振器后，在操作人员正常操作过程中，显控台不会产生摇摆和倾斜；并且可在无背部隔振器的状态下通过水平安装和倾斜安装的强冲击试验。

（3）快速复位能力：在设备受强外力作用并产生倾斜的状态下，当外力去除后该类型隔振器能迅速自动复位。

5.5 金属橡胶隔振器

金属橡胶隔振器的弹性特性和阻尼特性由金属和橡胶材料共同决定。该类隔振器综合了金属和橡胶两类隔振器的优点，具有低固有频率、大阻尼比和较好的隔振缓冲效果。但也存在因采用橡胶材料带来的易老化、性能稳定性较差等缺点。

目前，在军用电子设备中应用的有 JQZ 型空气阻尼隔振器（见 SJ2609—1985《JP、JW、JQZ、JWZ 型隔振器》）、GFD 型低频隔振器（见 SJ/T 10160—1991《GFD 型低频隔振器》）和 GF 型复合阻尼隔振器等。

5.5.1 JQZ 型空气阻尼隔振器

JQZ 型空气阻尼隔振器按垂向承载量和外形结构尺寸，分为 4N、6N、10N、15N、30N、50N 和 20N、100N、150N 3 个系列 9 个规格。固有频率为 f_n = 7～10Hz。该类型隔振器采用硬特性金属圆锥弹簧作为承载弹簧，由橡胶气囊产生的空气阻尼和橡胶自身的黏性阻尼构成线性复合阻尼，阻尼比较大（0.10～0.24），其结构如图 5-73 所示。该类型隔振器适用于小载荷、小振幅振动环境和小峰值加速度（<8g）冲击环境；否则，其性能稳定性较差。

目前，JQZ 型空气阻尼隔振器主要用于民航飞机或民用船舶的电子设备中，其性能、外形尺寸等详见 SJ 2609—1985 或有关文献。

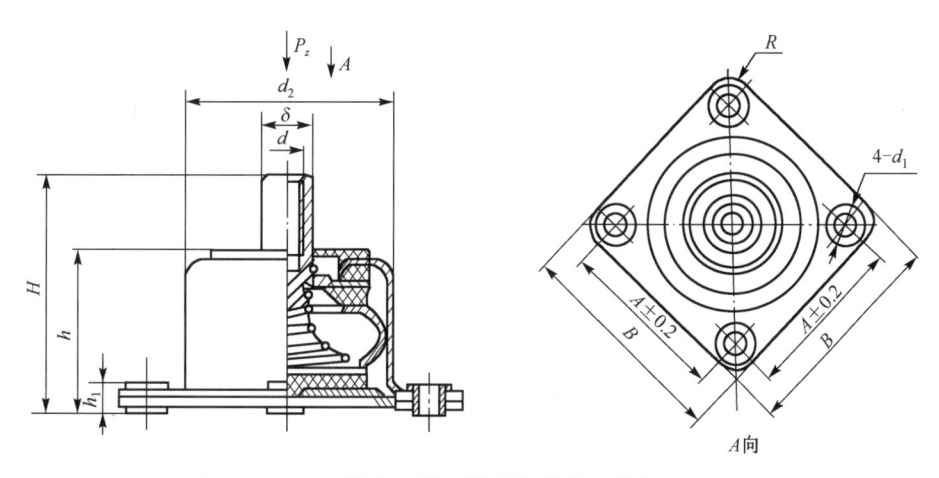

图 5-73　JQZ 型空气阻尼隔振器结构（单位：mm）

5.5.2　GFD 型低频隔振器

GFD 型低频隔振器（SJ/T 10160—1991）是原杭州电子工业学院（现杭州电子科技大学）于 1980 年研发并列入电子工业行业标准（SJ/T）的国内先进隔振器之一，也是 1985 年国家发明专利之一。同时期的先进产品还有东南大学研发的 GWF 型无峰隔振器和上海交通大学研发的复合阻尼隔振器。三者传递率均符合如图 5-2 所示的标准传递率曲线中的 D 曲线，即 $\eta_A \leqslant 1.5$。GFD 型低频隔振器结构示意图如图 5-74 所示。

该类型隔振器的弹性特性由螺旋簧的刚度 k_1、片状负刚度簧的负刚度 k_2 和橡胶缓冲垫的刚度 k_3 拟合而成，其动特性曲线如图 5-75 所示。橡胶缓冲垫与底板和限位板之间的间隙 δ，是设备振动时隔振器的自由运动空间。隔振器承受冲击时，橡胶缓冲垫受压缩，吸收冲击能量。当实际载荷与公称载荷不相等时，可调节螺杆，改变螺旋簧的预压量 ΔL，使其上、下间隙 δ 相等。当载荷由 W_1 变为 W_2 时，应增加预压量 ΔL，动态工作点由 O_1 移到 O_2。图中 z_m 是该类型隔振器的极限变形量。由于引入了负刚度 k_2，动态工作点 O_1 和 O_2 附近的 $\sum k_1$ 和 $\sum k_2$ 均比 k_1 小，因此该类型隔振器拥有较低的固有频率（$f_n = 3 \sim 5\text{Hz}$）。该类型隔振器是应用正、负刚度拟合获得低刚度、低固有频率的新型隔振器。

取消螺旋簧和橡胶缓冲垫，即可制成具有负刚度特性的负刚度隔振器。用它与现有正刚度值较大的隔振器并联，即可使原隔振系统的固有频率明显下降。取消螺旋簧，即可制成具有缓冲功能的负刚度隔振器。

杭州电子工业学院范元卿教授开创了将负刚度技术引入隔振器和隔振系统研发的先河，给研究人员指出了新方法。

该类型隔振器有 4 个系列 18 个规格：0.8～7.5N（4 个），0～80N（5 个），100～250N（3 个），300～1500N（6 个）。

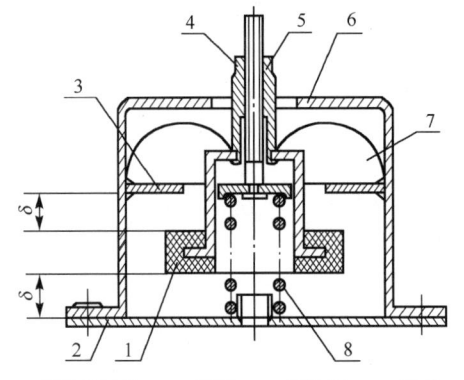

1—橡胶缓冲垫；2—底板；3—纤维板；4—螺杆；
5—螺母；6—外壳；7—片状负刚度簧；8—螺旋簧。

图 5-74　GFD 型低频隔振器结构示意图

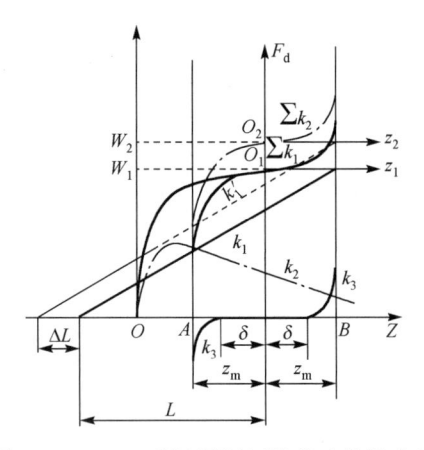

图 5-75　GFD 型低频隔振器的动特性曲线

5.5.3　GF 型复合阻尼隔振器

GF 型复合阻尼隔振器是上海交通大学在 1980 年研发的新型隔振器，其结构示意图如图 5-76 所示，其力学模型如图 5-77 所示。

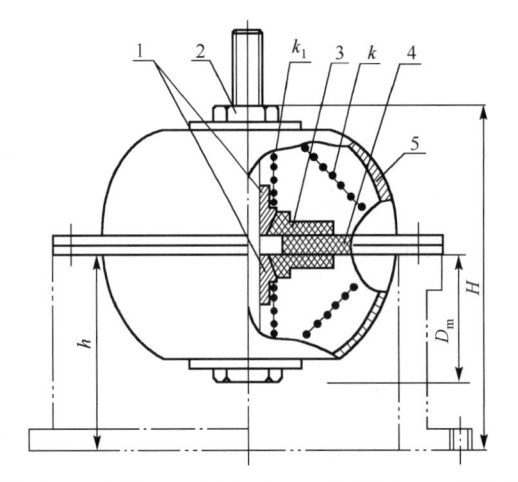

1—摩擦块；2—螺母；3—动摩擦片；4—静摩擦片；5—橡胶外壳。

图 5-76　GF 型复合阻尼隔振器结构示意图

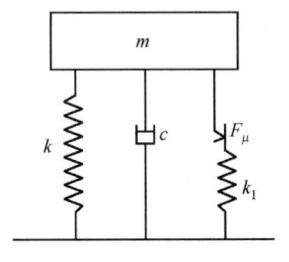

图 5-77　GF 型复合阻尼隔振器的力学模型

由力学模型可见，其阻尼力由一组与基础弹性连接的干摩擦阻尼器，以及另一组与橡胶外壳连接的三轴向黏性阻尼器并联提供。支承在圆柱弹簧（k_1）上的 3 个锥形尼龙摩擦块与螺杆表面的摩擦力，提供垂向弹性支承的干摩擦阻尼力 $F_{\mu 1}$；支承在圆柱弹簧（k_1）上的水平动摩擦片与静摩擦片的摩擦力，提供水平弹性支承的干摩擦阻尼力 $F_{\mu 2}$。因此，该类型隔振器在三轴向上具有相同的力学模型（见图 5-77），由于同时存在 c 和 F_μ，故产生复合阻尼。其弹簧刚度由相对安置的两个锥弹簧 k 和 k_1 并联提供。该类型隔振器的弹性阻尼特性均呈现非线性特性，在最大传递率处有跳跃现象（$f<15\mathrm{Hz}$，$\eta_{\max}\leqslant 1.5$；$f>15\mathrm{Hz}$，$\eta_{\max}<0.45$）。并且当激励较大时，传递率跳跃也较大，如车载环境下

$\eta_{max} \leqslant 3 (f<15\text{Hz})$，$\eta<0.3(f>15\text{Hz})$。由于该类型隔振器允许有较大的位移，故具有较好的隔振缓冲性能。

在使用该类型隔振器时，应有支承架将其托起。支承器的高度 h 应大于轴向最大位移 δ_m 与支承面以下高度 D_m 之和（$h > D_m + \delta_m$）。此时，设备底部与支架底部基面高度 H 应大于隔振器高度 G 与轴向最大位移 δ_m 之和，即 $H > G + \delta_m$，如 GF350～GF900，$H >$ 123(105+18)mm。

近年来，由于电子设备所处环境日益恶劣，该类型隔振器所采用的摩擦片材料易磨损，且 k_1 又不宜过大，故提供的 F_μ 不足以抑制大位移激励环境中的系统共振，因而限制了它的应用范围。此外，由于该类型隔振器采用了橡胶外壳，经过大位移环境中耐久试验后，往往因为出现橡胶层龟裂现象，而被判为"隔振器失效"的不合格结论，导致用户更换新隔振器，进而增加成本。

5.6 二次隔振系统

晶体振荡器（以下简称晶振）是利用晶体稳定的固定振动频率作为微波电子设备（如雷达、卫星微波通信等）频率基准的电子器件，它是微波电子设备的心脏。

恶劣的环境因素会使晶振性能变坏，造成电子设备性能下降，甚至恶劣到无法正常工作。曾经出现过由于晶振性能恶化甚至出现飞行员肉眼已发现目标，但雷达却无反应的现象，将"超视距雷达"变成了"亚视距雷达"，战机变成了"靶机"。因此，为了确保作为微波电子设备的心脏——晶振的可靠性、安全性和长寿命，对晶振的隔振缓冲系统设计就变得尤其重要。

由于晶振与频率综合器（以下简称频综器）电性能上紧密相关，结构上相互紧连，工程中一般都将晶振直接安装在频综器盒内。为此，在对频综器进行一次隔振（k_1、c_1）时，对晶振进行隔振的晶振隔振器就成了二次隔振（k_2、c_2）。二次隔振系统原理图如图 5-78 所示。二次隔振系统结构安装示意图如图 5-79 所示。

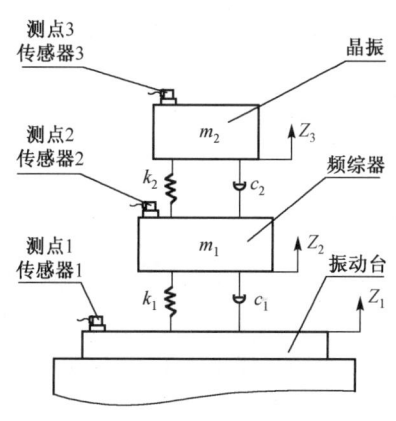

图 5-78 二次隔振系统原理图

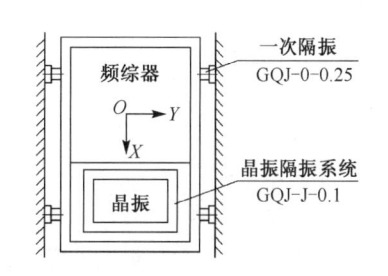

图 5-79 二次隔振系统结构安装示意图

5.6.1 晶振隔振器

晶振隔振器是一种弹簧组合型晶体振荡器用微型隔振器。

1. 晶振隔振器的弹性阻尼特性

由于晶振自身几何尺寸很小，质量也只有几克到几百克，所以不可能采用传统的由 4 个隔振器组成的隔振系统，而只能采用整体的晶振隔振器（座）形式。晶振隔振器的弹性阻尼特性及结构示意图如图 5-80 所示。晶振一次隔振系统试验示意图如图 5-81 所示。

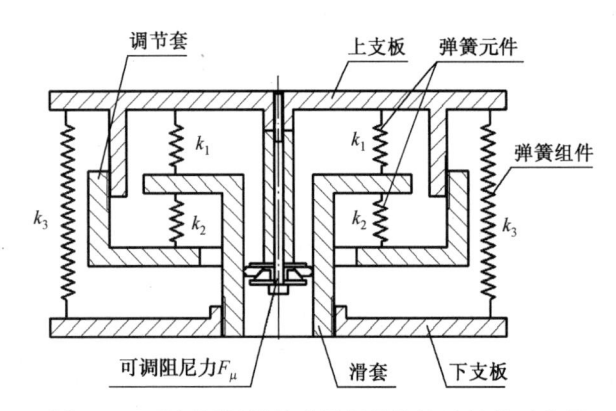

图 5-80　晶振隔振器的弹性阻尼特性及结构示意图

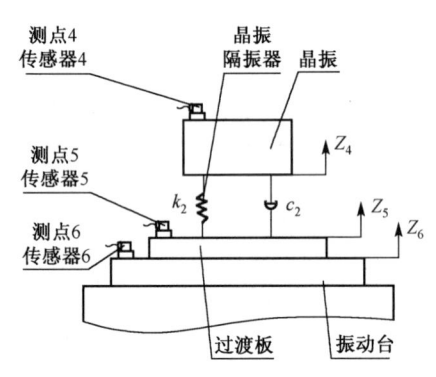

图 5-81　晶振一次隔振系统试验示意图

晶振隔振器主要由以下部分组成。

（1）上支板，与晶振相连。

（2）下支板，与基板或频综器相连。

（3）可调阻尼器，通过调节其垂向、水平摩擦力，获得 3 个方向阻尼力 F_μ。

（4）弹性元件 k_1 和 k_2，由环形不锈钢丝网垫组成（以下简称环形网垫），改变其充填量 m，旋紧或旋松调节套，改变其密度 ρ，可改变 k_1 和 k_2 的刚度值。

（5）弹簧组件 k_3，由 4 根不锈钢丝绳组成，改变钢丝绳直径 d、自由变形长度 L、初始曲率半径 R，可改变其刚度值。并且 4 根弹簧组件 k_3 支承面积较大，提高了隔振器的稳定性。

2. 晶振隔振器的综合特点

（1）通过改变钢丝绳组件中的 4 根钢丝绳的直径 d 和其自由变形长度 L 实现可调的、具有准零刚度弹簧组件 k_3。

（2）通过改变上钢丝网垫、下钢丝网垫的截面形状、充填量、网孔大小或钢丝网中钢丝绳直径等参数实现 k_1 和 k_2 可调。

（3）根据晶振的质量、承载方向、工作载体的振动、冲击等力学环境和晶振敏感频率点所需的衰减量确定总刚度 k_T 和阻尼力 F_μ：

$$k_T = k_1 + k_2 + k_3 \quad (\text{N/m}) \tag{5-30}$$

$$F_\mu = \beta mg \quad (\text{N}) \tag{5-31}$$

式中，β 为环境系数（陆用、空用、海用）；m 为晶振质量；g 为重力加速度。

3．GQJ-J 型隔振器的主要性能指标

（1）公称载荷为 0.1～0.4kg。

（2）固有频率 f_{nx} = 18Hz，f_{ny} = 32Hz，f_{nz} = 38Hz。

（3）极限位移：水平方向 3mm，垂直方向 4mm。

（4）外形尺寸：60mm × 60mm × 15mm。

（5）振动传递率不大于 3。

（6）使用环境除应符合 GJB 150—1986 中的相关规定外，还应参照航空标准（HB）等相关标准。

（7）在标准规定的振动环境中，二次隔振后的三轴向相位噪声应不大于-90dB（1kHz）。

（8）固有频率 f_n 及最大传递率 η_{vm}。按 GJB 150.16—1986 图 A1 中 1～15Hz、2.54mm 峰-峰值及 15～60Hz、0.92mm 峰-峰值的试验条件进行正弦扫频试验，其固有频率及最大传递率 η_{vm} 如表 5-10 所示。

表 5-10　GQJ-J 型隔振器的固有频率 f_n 及最大传递率 η_{vm}

试验方向	固有频率 f_n/Hz		最大传递率 η_{vm}	
	实测值	要求值	实测值	要求值
X	8	≤18	≤1.5	≤3
Y	12	≤32	≤1.6	
Z	23	≤38	≤1.85	

5.6.2　二次隔振系统的随机振动试验

对频综器进行一次隔振的 GQJ 型歼（强）击机用隔振器的特性详见 5.4.5 节。通过一次隔振后，将激励的外激励值进行衰减，从而使晶振隔振器的高频段输入值得到改善。需指出的是，二次隔振对低频段没有好处，由于在频段比 $r \leq \sqrt{2}$ 时，隔振器（或系统）是放大的，所以对低频激励特别敏感的器件是不宜采用二次隔振的。

二次隔振系统结构安装示意图如图 5-79 所示。随机振动、冲击试验测点的传感器布局如图 5-78 所示。随机振动总均方根加速度 G_{rms} 按 GJB 150.16—1986 图 26 中 15～1000Hz、$W_0 = 0.04g^2$/Hz 的试验条件进行功能试验；将 W_0 扩大 1.6 倍进行耐久试验，随机振动总均方根加速度 G_{rms} 如表 5-11 所示。

表 5-11　随机振动总均方根加速度 G_{rms}

测量轴向	测点位置	功能试验测量值/g	测点比值	测点位置	耐久试验测量值/g	测点比值
X 轴向	XA_1	6.402	—	XB_1	9.894	—
	XA_2	0.990	XA_2/XA_1 = 0.1546	XB_2	1.464	XB_2/XB_1 = 0.1480
	XA_3	0.904	XA_3/XA_1 = 0.1412	XB_3	1.479	XB_3/XB_1 = 0.1495
	XA_4	1.083	XA_4/XA_1 = 0.1692	XB_4	1.912	XB_4/XB_1 = 0.1932
Y 轴向	YA_1	6.465	—	YB_1	9.872	—
	YA_2	1.644	YA_2/YA_1 = 0.2543	YB_2	3.120	YB_2/YB_1 = 0.3160
	YA_3	1.482	YA_3/YA_1 = 0.2292	YB_3	2.600	YB_3/YB_1 = 0.2634
	YA_4	1.881	YA_4/YA_1 = 0.2910	YB_4	2.218	YB_4/YB_1 = 0.2247
Z 轴向	ZA_1	6.490	—	ZB_1	9.791	—
	ZA_2	4.396	ZA_2/ZA_1 = 0.6773	ZB_2	4.833	ZB_2/ZB_1 = 0.4936
	ZA_3	2.062	ZA_3/ZA_1 = 0.3177	ZB_3	1.920	ZB_3/ZB_1 = 0.1961
	ZA_4	3.338	ZA_4/ZA_5 = 0.2049	ZB_4	3.633	ZB_4/ZB_5 = 0.1737
	ZA_5	16.289		ZB_5	20.921	

注：① A——功能试验；B——耐久试验。
② 测点 1——振动台台面；测点 2——GQJ-0-0.25；测点 3——组合系统中的 GQJ-J-0.1。
测点 4——GQJ-J-0.1 直接与振动台台面刚接；测点 5——垂向振动时的 GQJ-J-0.1 安装板。

振动、冲击结果简析如下。

（1）单个晶振隔振器的隔振效果。将带配重的单个晶振隔振器通过过渡板与振动台面刚性连接进行振动试验时，由图 5-81 中的测点 6、测点 4 和测点 5 检测结果（见表 5-11）可见，三轴向均有较好的隔振效果。

在进行 X 轴向功能试验时，$XA_4 = 1.083g$，$XA_4/XA_1 = 0.1692$。

在进行 X 轴向耐久试验时，$XB_4 = 1.912g$，$XB_4/XB_1 = 0.1932$。

在进行 Y 轴向功能试验时，$YA_4 = 1.881g$，$YA_4/YA_1 = 0.2910$。

在进行 Y 轴向耐久试验时，$YB_4 = 2.218g$，$YB_4/YB_1 = 0.2247$。

（2）二次隔振系统的隔振效果。由表 5-11 可见，X、Y、Z 三轴向二次隔振均有较好的隔振效果，尽管在均方根加速度值上与一次隔振结果相比差别不是很大。其原因是在低频段（$f < 100\,Hz$）时，二次隔振系统有所放大；但在中高频段时，二次隔振系统明显优于一次隔振系统，这恰恰是工程中需要的。大量试验结果表明（见图 5-82、图 5-83），晶振电性特性（相位噪声）变坏的振动频率在 100Hz 以上，在 400Hz～2kHz 间特别敏感。此时，二次隔振系统的晶振响应曲线（测点 3）明显低于一次隔振时的晶振响应（测点 4）。

某火控雷达采用该二次隔振系统后，在 400Hz～2kHz 内，功能谱密度参数量级相差 10^{-1}～10^{-3}，比采用其他隔振器时的相位噪声提高了-22dB 以上，从而使其成为真正的超视距雷达。

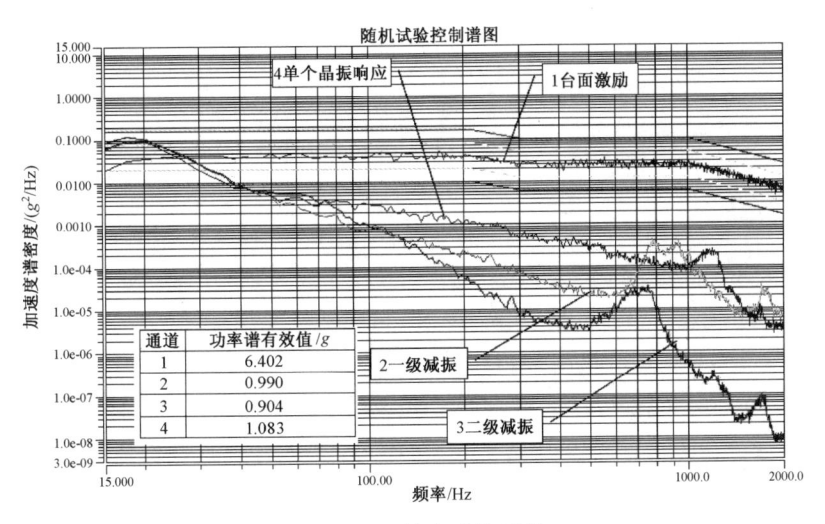

图 5-82　X 轴向功能试验

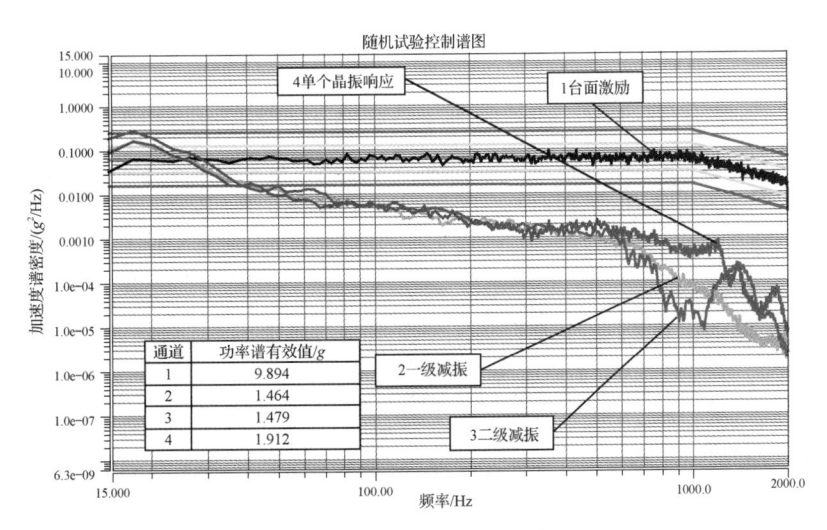

图 5-83　X 轴向耐久试验

5.7　并柜结构隔振系统

在运载电子设备的舰船或电子方舱中，往往安置多个电子机柜。为了充分利用舱内的空间，通常采用将电子机柜并拢锁紧为一体的并柜结构。

并柜结构隔振系统分为简单并柜结构隔振系统和具有公共减振平台的并柜结构隔振系统两大类，如图 5-84 所示。

(a) 简单并柜结构隔振系统　　　　(b) 具有公共减振平台的并柜结构隔振系统

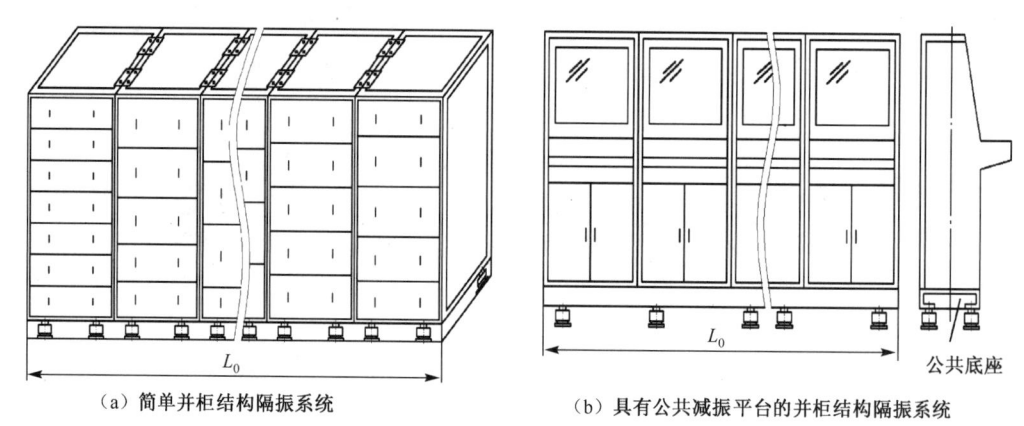

图 5-84　并柜结构隔振系统

5.7.1　简单并柜结构隔振系统

1. 基本结构组成

当电子系统由多个具有独立功能的电子机柜组成，并且由多个单位分别异地制造，系统总体要求各分机机柜单独进行验收试验时，则必须根据各个分机机柜的特点单独配置隔振系统，然后在相邻机柜的顶框、底框上用螺钉连接，成为一个相互连接的整机，如图 5-84（a）所示。

简单并柜结构隔振系统对铸造机柜而言，用螺钉直接互连，其结构刚性会有较大增强。但对于 2～3mm 的弯板结构而言，由于立柱和上下框材料壁厚很薄，对连接刚度的贡献较小。

特别是钣金结构机柜并柜后的长度 L_0 较长，其在运行过程中，因人（波）浪现象，即相邻两个机柜间有相位差，会产生较大的惯性剪切力，进而使骨架等连接点产生变形。所以，这种钣金结构机柜的并柜结构主要用在人浪现象较弱的机载和舰载环境中。

2. 加固措施

在陆用环境条件下，汽车底盘刚度较差，路面不平时人浪现象较激烈，惯性剪切力较大，故必须采用加固措施。

（1）当骨架高度 $H \geq 1400\text{mm}$ 时，同一根立柱上的连接螺钉数 $n \geq 4$，其直径 $d \geq 8\text{mm}$，并且应采用大平垫或平板来分散应力。

（2）在顶框和底框上加加强板，底框加强板连接结构如图 5-85 所示。在底框下部（或上框上部）增设一块加强板 1，使其承受人浪现象中的垂向剪切力，从而减小立柱连接螺钉上的剪切力。特别是铝型材结构的机柜，必须放置加强板 2，主要是为了减小螺钉锁紧时对薄板表面的挤压应力。

（3）在质量允许的条件下，加强板 1 可延长到并柜总长度 L_0，由其承受垂向剪切力。同时，在机柜后面的上框上安装长度为 L_0 的长板，以提高对水平方向人浪现象引起的水平惯性剪切力的抵抗能力。

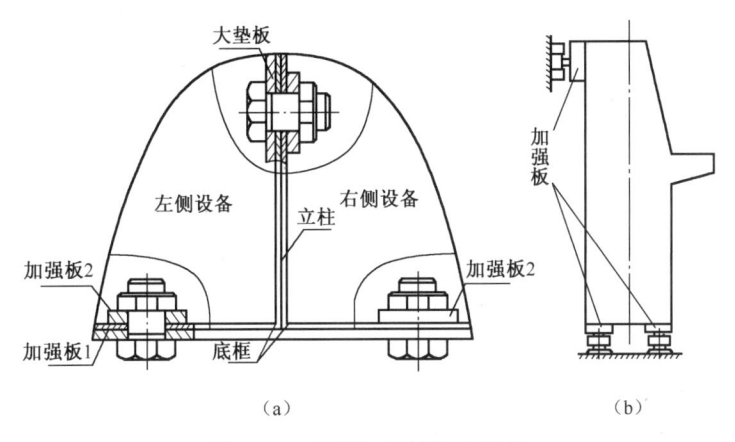

图 5-85　底框加强板连接结构

5.7.2　具有公共减振平台的并柜结构隔振系统

1．基本结构组成

当电子系统由多个具有相同（相近）功能的电子设备组成时（如多功能显控台），这些电子设备可以由一个或多个单位生产，但使用相同的试验执行标准和验收规范。

每种（类）机柜可单独选用某型隔振器组成隔振系统，可分别进行振动、冲击等试验，即进行"个试""个检""个收"。

但在运载工具上，须提供一个隔振缓冲性能与单个隔振系统相同或相近的减振平台，这时只需要将每个单独的设备与减振平台刚性连接，同时，将相邻两个机柜用螺钉锁紧，如图 5-84（b）所示。

2．组成减振平台的隔振器必须具备的基本要求

（1）型号、外形及安装尺寸与单个机柜选用的隔振器相同。
（2）固有频率 f_n、隔振传递率 η_v、冲击传递率 η_{sh} 等数值应相近。
（3）单个隔振器的承载量比单独一个机柜的隔振器的承载量大。

5.7.3　应用实例

1．基本资料

（1）某单个显控台质量 W_1 =150kg，每块侧板的质量为 15kg，减振平台框架质量 W_j = 85kg。隔振器安装孔距前后 500mm，质心位置距前支承点 Q 186mm，质心高度 h_c = 600mm，该并柜结构隔振系统由 9 个单个显控台组成。图 5-84（b）所示为具有公共减振平台的并柜结构隔振系统，但后续还需连接电缆和进行维修，所以不许装背部隔振器。并柜结构隔振系统受力图如图 5-86 所示。

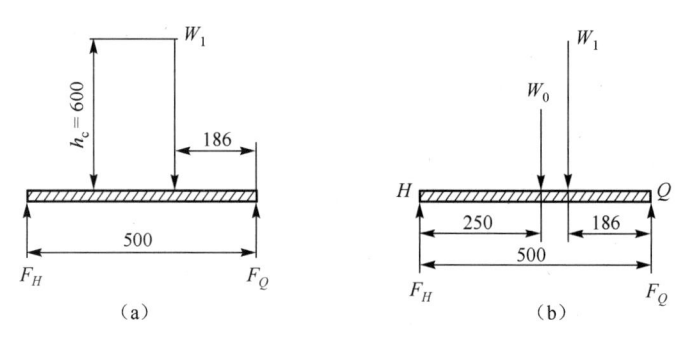

图 5-86 并柜结构隔振系统受力图（单位：mm）

(2) 按螺旋桨飞机飞行条件进行振动和冲击试验。

(3) 载机飞行速度 $v = 340$ km/h，转弯半径 $R = 2.6$ km，转弯倾角 $\alpha = 30°$。

2. 单个显控台验收用隔振器选型

1）原始资料

单个显控台质量 W_1=150kg，两块侧板的质量 W_0=15×2 = 30kg，作用位置如图 5-86（b）所示。该隔振系统由 4 个隔振器组成，为保证系统重心左右不偏，故其左右隔振器相同。

2）隔振器实际承载质量计算

对后排 H 点取矩，有

$$250W_0 + (500-186)W_1 = 500F_Q$$

$$F_Q = (250×30 + 314×150)/500 = 109.2 \text{（kg）}$$

$$F_H = W_0 + W_1 - F_Q = 30 + 150 - 109.2 = 70.8 \text{（kg）}$$

前排隔振器实际承载质量为

$$W_Q = F_Q/2 = 109.2/2 = 54.6 \text{（kg）}$$

后排隔振器实际承载质量为

$$W_H = F_H/2 = 70.8/2 = 35.4 \text{（kg）}$$

3）隔振器选型

由于试验可以先对一个显控台进行，而后组成减振平台的隔振器应满足基本要求，为此可选用 GWF-120K 系列产品中的相应规格。

前排加操作人员手臂质量 2kg，后排加电缆线质量 2kg，并留有一定的余量：

$$W_Q = 54.6 + 2 ≈ 57 \text{（kg）} \qquad 选 GWF-65K，2 个$$

$$W_H = 35.4 + 2 ≈ 38 \text{（kg）} \qquad 选 GWF-40K，2 个$$

GWF-30K～GWF-120K 系列产品具有相同的外形、工作高度和安装尺寸，以及相同的振动传递率、冲击传递率，满足基本要求。

3．减振平台隔振器的选型

1）原始资料

（1）减振平台框架质量 W_j = 85kg，其质心在中间，质心高度 h_{jc} = 50mm。

（2）为了减小设备质量，2#、4#、6#、8#这 4 个显控台左右侧板齐全，3#、5#、7# 这 3 个显控台没有侧板，1#有左侧板，9#有右侧板，故总计有 n = 10 块侧板。W_b = 10 × 15kg = 150kg，质心在中间，质心高度 h_{bc} = 600mm。

2）隔振器实际承载质量计算

单个显控台质量 W_1 = 150kg，减振平台框架质量 W_j = 85kg，10 块侧板的质量 W_b = 150kg，公共减振平台受力图如图 5-87 所示。

$$W_0 = W_j + W_b = 85 + 150 = 235 （kg）$$
$$W_T = 9W_1 = 9 \times 150 = 1350 （kg）$$

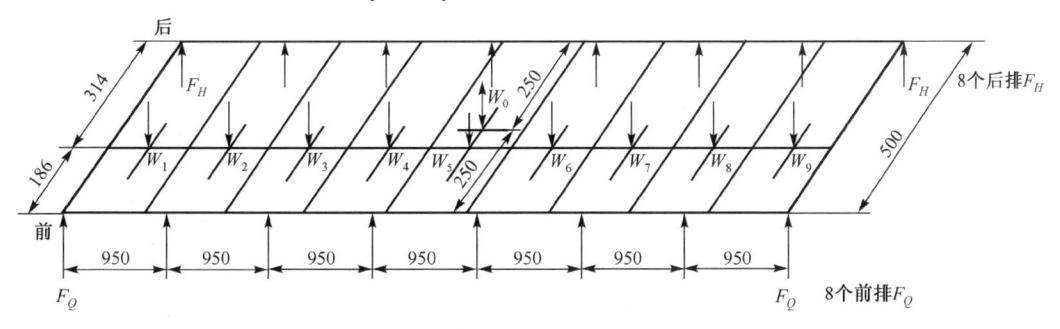

图 5-87　公共减振平台受力图（单位：mm）

3）隔振系统设计

原 9 个显控台采用简单并柜时需用 4 × 9 = 36 个隔振器，而采用公共减振平台后，拟选用 8 组共 16 个隔振器（见图 5-87），可省去 20 个隔振器（质量约减小 20kg）。

将不安装侧板的显控台与相邻有侧板的显控台并柜时，框架上加屏蔽条后再连接，可省 8 块侧板（质量减小 8 × 15kg = 120kg）。

总共可减小质量：20kg + 120kg–85kg = 55kg

（1）对前支承点 Q 取矩，后排单个隔振器承载质量 F_H 为

$$F_H = \frac{250W_0 + 186W_T}{8 \times 500} = \frac{250 \times 235 + 186 \times 1350}{8 \times 500} \approx 77.5 （kg）$$

（2）同理，对后支承点 H 取矩，前排单个隔振器承载质量 F_Q 为

$$F_Q = \frac{250W_0 + (500-186)W_T}{8 \times 500} = \frac{250 \times 235 + 314 \times 1350}{8 \times 500} \approx 120.7 （kg）$$

前排考虑加操作人员手臂质量，前排单个隔振器承载质量增大 3.3kg，即 F_Q = 124kg。后排考虑加电缆线质量，后排单个隔振器承载质量增大 4.5kg，即 F_H = 82kg。前排选择 GWF-120K（实际承载质量为 124kg），后排选择 GWF-75K（实际承载质量为 82kg）。公共减振平台完全安装完毕后，经现场静态检测，前、后排仅差 0.2mm。

4）隔振器布局

每个隔振器前后对称，左右均匀分布。

4．稳定性校核

不安装背部隔振器的显控台，在静态平衡计算后，必须进行稳定性校核。

1）原始数据

载机飞行速度 $v = 340$km/h ≈ 94.4m/s，转弯半径 $R = 2.6$km=2600m，转弯倾角 $\alpha = 30°$。

2）求总质心位置及质心高度 h_c

侧板质心高度 $h_{bc} = 600$mm，显控台质心高度 $h_{1c} = 600$mm。由于减振平台框架质量较小（$W_j = 85$kg），对主体质心高度影响不大，故估算时认为 $W_0 = W_j + W_b$，质心高度 $h_c = 600$mm（见图5-88）。

对前侧取矩，有

$$W_T = 9W_1 + W_0 = 1350 + 235 = 1585 \text{（kg）}$$

由 $9W_1 \times 186 + W_0 \times 250 = W_T \cdot y_c$，得

$$y_c = \frac{1350 \times 186 + 235 \times 250}{1585} \approx 195.5 \text{（mm）}$$

3）姿态变化下的稳定性校核

飞机转弯时，无背架式隔振系统的稳定性校核力学模型如图5-89所示。

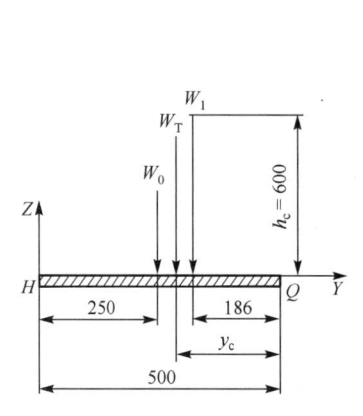

图5-88 质心位置和质心高度（单位：mm）

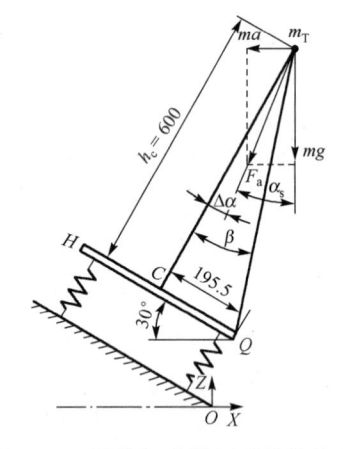

图5-89 无背架式隔振系统的稳定性校核力学模型（单位：mm）

（1）离心加速度 a 为

$$a = \frac{v^2}{R} = \frac{(94.4\text{m/s})^2}{2600\text{m} \times 9.8\text{m/s}^2} \approx 0.35g$$

（2）极限偏角 β 为

$$\beta = \arctan\frac{CQ}{h_c} = \arctan\frac{195.5}{600} \approx 18.04°$$

（3）惯性力作用在 HQ 支承台面内。惯性力 F_a 为

$$F_a = M_T\sqrt{g^2 + a^2}$$

M_T 偏角 α_s 为

$$\alpha_s = \arctan\frac{ma}{mg} = \arctan\frac{0.35}{1} \approx 19.29°$$

（4）实际偏角 $\Delta\alpha$ 为

$$\Delta\alpha = 30° - 19.29° = 10.71° < \beta = 18.04°$$

5．航向稳定性计算

当飞机以 30°角爬升或降落时，如图 5-89 所示的隔振平台 W_1 和 W_9 两个机柜的质心有可能偏出支承面外，但总质心始终在减振平台的支承内。即飞机以 30°角爬升时，W_9 偏出支承面，W_T 不偏出支承面；以 30°角降落时，W_1 偏出支承面，W_T 不偏出支承面。所以在并柜条件下，可以不装背（顶）部隔振器。

6．螺栓连接强度校核

1）原始数据

GWF-120K 与设备连接的螺栓为 M12-6h 粗牙，螺距 $P = 1.75$mm，6h 螺纹中径分别为 $d_2 = 10.863$mm，$d_1 = 10.106$mm，旋入深度 $H = 1.25d = 1.25 \times 12$mm $= 15$mm。

2）水平剪切力校核

（1）水平剪切面积 A_X 为

$$A_X = \frac{\pi}{4}d_1^2 = \frac{\pi}{4} \times 10.106^2 \approx 80.2 \,(\text{mm}^2)$$

（2）设螺栓材料为 55CrSiA，$\sigma_b = 1862$MPa，设备只需要承受冲击脉冲峰值加速度 $A = 30g$、脉冲持续时间为 11ms、3 次半正弦波的坠撞安全试验（共 9 次）。其余振动试验应力较小，故材料许用切应力 $[\tau] = \frac{1}{2}\sigma_b = 931$MPa。

3）螺纹水平剪切力及安全系数校核

（1）水平许用极限剪切力 F_X 为

$$F_X = A_X[\tau] = 80.2\text{mm}^2 \times 931\text{MPa} \approx 74666\text{N}$$

承载质量为

$$m_s = 124\text{kg}$$

（2）水平许用极限剪切力加速度 $\ddot{X}_m$ 为

$$\ddot{X}_m = F_X/M = 74666/(124 \times 9.8) \approx 61.4(g)$$

（3）水平安全系数 n_X 为

$$n_X = \ddot{X}_m/A = 61.4g/30g \approx 2.05$$

4）螺纹垂向剪切力及安全系数校核

（1）旋入深度 $H = 1.25d = 1.25 \times 12$mm $= 15$mm，但内、外螺纹各占一半，故垂向剪

切面积 A_{Z1} 为

$$A_{Z1} = \pi d_2 \times 1.25 \times (d/2) = \pi \times 10.863 \times 1.25 \times (12/2) \approx 255.95 \, (\text{mm}^2)$$

（2）垂向许用极限剪切力 F_{Z1} 为

$$F_{Z1} = A_{Z1}[\tau] = 255.95 \text{mm}^2 \times 931 \text{MPa} \approx 238292 \text{N}$$

（3）垂向许用极限剪切力加速度 $\ddot{Z}_{m1}$ 为

$$\ddot{Z}_{m1} = F_{Z1}/M = 238292/(124 \times 9.8) \approx 196(g)$$

（4）垂向安全系数 n_{Z1} 为

$$n_{Z1} = \ddot{Z}_{m1}/A = 196g/30g \approx 6.5$$

5）螺栓垂向拉应力及安全系数校核

$d_1 = 10.106$mm，屈服极限 $\sigma_s = 1666$MPa。

（1）垂向抗拉面积 A_{Z2} 为

$$A_{Z2} = \frac{\pi}{4}d_1^2 = \frac{\pi}{4} \times 10.106^2 \approx 80.2 \, (\text{mm}^2)$$

（2）垂向许用极限拉应力 F_{Z2} 为

$$F_{Z2} = A_{Z2}\sigma_s = 80.2 \text{ mm}^2 \times 1666 \text{MPa} \approx 133613\text{N}$$

（3）垂向许用极限拉应力加速度 $\ddot{Z}_{m2}$ 为

$$\ddot{Z}_{m2} = F_{Z2}/M = 133613/(124 \times 9.8) \approx 110(g)$$

（4）垂向抗拉安全系数 n_{Z2} 为

$$n_{Z2} = \ddot{Z}_{m2}/A = 110g/30g \approx 3.67$$

由以上初步校核可见，水平方向的 $n_X = 2.05$ 为最小倍数。为安全起见，应在减振平台航向端的第一个显控台处增加阻尼缓冲器。

5.8 电子设备强冲击环境适应性设计

在 GJB 150.18A—2009《军用装备实验室环境试验方法 第 18 部分：冲击试验》中，除有功能冲击试验外，还规定了车载和机载电子设备的坠撞安全试验。这类强冲击与功能冲击相比除了冲击脉冲的峰值加速度和冲击脉冲持续时间不同外，主要表现为冲击速度的变化量更大。但对舰载电子设备，除按 GJB 4.8—1983《舰船电子设备环境试验 颠震试验》进行碰撞试验外，还应将符合 GJB 150.18—1986《军用设备环境试验方法 冲击试验》中舰船设备的冲击试验规定的冲击能量作为强冲击输入，来进行强冲击试验。

5.8.1 强冲击隔离的基本要求

1．冲击的物理过程

当质量为 m 的电子设备受到峰值加速度 $\ddot{x}(t)$ 冲击时，它可能受到的最大冲击动荷 $F(t)$ 为

$$F(t) = m\ddot{x}(t) \tag{5-32}$$

其冲量 J 为

$$J = F(t)\mathrm{d}t = m\ddot{x}(t)\mathrm{d}t \tag{5-33}$$

当冲击脉冲持续时间结束即 $t = D$ 时，有速度变化量：

$$\Delta v = \int_0^D \ddot{x}(t)\mathrm{d}t \tag{5-34}$$

系统动量为

$$m\Delta v = m\int_0^D \ddot{x}(t)\mathrm{d}t \tag{5-35}$$

由系统冲量和动量的守恒定律，有式（5-33）等于式（5-35），即

$$m\ddot{x}(t)\int_0^D \mathrm{d}t = m\int_0^D \ddot{x}(t)\mathrm{d}t \tag{5-36}$$

则系统获得的动能 E_d 为

$$\begin{aligned}E_\mathrm{d} &= \frac{1}{2}m(\Delta v)^2 \\ &= \frac{1}{2}m\left[\int_0^D \ddot{x}(t)\mathrm{d}t\right]^2\end{aligned} \tag{5-37}$$

2. 冲击隔离的基本要求

由以上讨论可知，功能冲击或强冲击的物理过程是相同的，并且其冲击瞬间过程中（$t \leqslant D$）和冲击过程结束后（$t > D$），都必须满足两个基本要求。

（1）保证电子设备所受到的最大冲击响应加速度 $\ddot{x}_\gamma$ 始终小于或等于其允许值 $[\ddot{x}]$，即

$$\ddot{x}_\gamma \leqslant [\ddot{x}] \tag{5-38}$$

（2）在满足 $\ddot{x}_\gamma \leqslant [\ddot{x}]$ 的前提条件下，振动系统获得的动能必须在规定的变形空间 $[\delta]$、规定的时间 $[t]$ 内被阻尼器完全耗散，并且小于响应时间 t，从而使电子设备恢复到冲击前的静平衡状态，以利于承受下一次冲击，即当两相邻脉冲间隔为 T、冲击脉冲持续时间为 D 时，有

$$\begin{cases}\delta_{\max} \leqslant [\delta] \\ t_{\max} \leqslant (T - D) = [t]\end{cases} \tag{5-39}$$

3. 受强冲击作用的电子设备分类

受强冲击作用的电子设备大体可分为 3 类。

1）弹载电子设备

这类设备安装在炮弹或导弹内，它们经受点火和跟随弹体加速的冲击后，随弹体一起飞行。电子设备获得的动能无须在短时间内耗散，弹体爆炸后电子设备则一起销毁。所以这种冲击隔离系统须满足 $\ddot{x}_\gamma \leqslant [\ddot{x}]$。

其中有一部分电子设备还必须承受"破甲"时的二次冲击，这些电子设备随弹体爆炸并自行销毁。尽管它们受到二次冲击，但其冲击隔离技术原理是一样的。

2）车载、舰载和机载电子设备

该类设备在全寿命期内必须承受冲击，除必须满足 $\ddot{x}_\gamma \leq [\ddot{x}]$ 外，还应在规定时间和规定变形空间（$\delta_{max} \leq [\delta]$）内，将获得的动能 E_d 耗散，以使电子设备处于承受下一次强冲击的平衡位置。按照 GJB 150A—2009 中的规定，将舰船电子设备分为 A 级、B 级两个级别。

A 级设备是指对舰船连续作战和安全必不可少的设备。这种设备的性能在冲击时和冲击后应无显著变化，且不引起设备任何部位脱开或以其他方式对人员或要害系统产生危害，如构件的坠落、电路短路等。A 级电子设备的冲击隔离系统，必须在强冲击后保证电子性能的完好性和隔振缓冲系统自身的基本性能。

B 级设备是指对舰船连续作战和安全不是必需的设备。这种设备应能承受冲击而不引起设备或设备外部结构脱开或以其他方式对人员或要害系统产生危害，如构件的坠落、毒性气体的泄出、电路短路、严重漏气等。B 级电子设备的冲击隔离系统，在强冲击后，允许有永久变形，但必须确保电子设备仍处于有效支承状态。

3）由火炮或火箭筒发射的无人机机载电子设备

该类设备在发射过程中承受第一类冲击，并在回收着陆时在垂直于发射方向的轴向上，承受多次小量级冲击。但由于它们必须多次重复使用，故它们的强冲击隔离系统设计应同时兼顾第一类和第二类电子设备冲击隔离系统的设计理念。

5.8.2 强冲击的速度安全边界和加速度安全边界

1. 速度安全边界

当强冲击过程中产生的速度变化量 Δv 小于某允许值 $[\dot{x}]$，而峰值加速度 $\ddot{x}_p$ 即使趋于无穷大时，电子设备也不会损坏，这种现象出现在冲击脉冲的峰值加速度很大，而冲击脉冲持续时间很短的情况下。此时，电子设备受到冲击后获得较少动能，$[\dot{x}]$ 称为速度安全边界。

当 $\Delta \dot{x}$ 趋于零，峰值加速度 $\ddot{x}_p$ 趋于无穷大时，设备也很安全，电子设备强冲击环境中的安全边界如图 5-90 所示。

2. 加速度安全边界

由图 5-90 可见，当峰值加速度 $\ddot{x}_p$ 趋于零，其速度变化量 $\Delta \dot{x}$ 趋于零时，电子设备也不会损坏。因此，$[\ddot{x}]$ 和 $[\dot{x}]$ 分别称为加速度安全边界和速度安全边界。

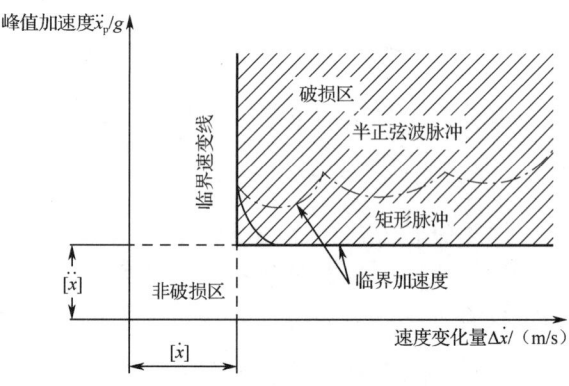

图 5-90 电子设备强冲击环境中的安全边界

5.8.3　电子设备强冲击环境适应性设计理念

1. 舰船电子设备强冲击环境适应性设计理念

舰船电子设备的强冲击环境主要是水下爆炸和核爆炸。相关专家在制定 HJB204—1999《舰艇电子装备抗恶劣环境设计要求》时,认为舰船受到核爆炸攻击后,舰艇都沉没了,再要求电子设备的电性能完好也没有意义了。所以本书仅讨论实验室模拟试验的轻量级和中量级冲击机的试验,即通常所称的"打锤试验"和"水下爆炸试验"。

(1) 打锤试验。表 5-12 是在电子设备处于 3 种不同安装方式时的舰船打锤试验数据。第三锤时冲击能量最大,冲击过程的峰值加速度为 $\ddot{z}_p$,冲击脉冲持续时间为 D,冲击速度变化量为 Δv。

表 5-12　舰船打锤试验数据

电子设备安装方式	峰值加速度 $\ddot{z}_p/g$	冲击脉冲持续时间 D/ms	冲击速度变化量 Δv /(m/s)
垂直安装	571.573	1	2.858
纵向倾斜 30°安装	528	0.8	2.112
横向倾斜 30°安装	606.08	0.55	1.667

由表 5-12 可见,由于摆锤与电子设备安装基座的受打击面是淬火钢对淬火钢,所以冲击脉冲持续时间 D 不大于 1ms,冲击波形也类似于尖峰三角波,冲击的速度变化量也小于 3m/s,相当于冲击脉冲峰值加速度为 40g、11ms 半正弦波的速度变化量(2.75m/s)。

(2) 水下爆炸试验。水下爆炸试验时的冲击波作用到舰船时,由于整船的质量是千吨、万吨级的,水下爆炸冲击波引起舰船的速度变化量 Δv 并不大,传递到电子设备安装甲板的位移量、速度变化量均不大,舰船水下爆炸试验数据如表 5-13 所示,舰船电子设备安装处的速度变化量均不大。

表 5-13　舰船水下爆炸试验数据

距离/m	100	60	40
速度变化量/(m/s)	约 1	约 1.5	约 2.5

综上可知,对舰船要求的 A 类电子设备采用抗强冲击型的高性能隔振器进行缓冲是优选方案;采用抗强冲击隔振缓冲系统的电子设备不论是垂向安装还是倾斜 30°安装,能通过打锤试验的电子设备就能承受水下爆炸试验。

2. 火箭中的电子设备强冲击环境适应性设计理念

1) 载人火箭中的电子设备

由于载人火箭发射时,首先必须满足航天员的舒适度 $[\ddot{x}]$:

$$[\ddot{x}] = \frac{\mathrm{d}\ddot{x}}{\mathrm{d}t} \tag{5-40}$$

舒适度是人体对加速度变化速率的要求,所以该类火箭发射时,从静止达到脱离地球引力的 $7g$ 恒加速度的时间较长,变化速率 $[\ddot{x}]$ 较小,尽管载人舱入轨后速度很快,但加速度值很小。因此,该类载体中的电子设备主要应以抗振动设计为主。

2) 非载人运载火箭中的电子设备

由于该类火箭中的电子设备不再受人体舒适度的限制,点火后加速度变化时间缩短,加速度的绝对值不是太大,故电子设备主要以抗气流作用的高频激励和电子设备自身的结构谐振为主。

航天系统中从事电子设备设计的技术人员们有着深厚的理论基础和实践经验,在此不再展开论述。

3. 弹载电子设备强冲击环境适应性设计理念

随着现代战争中智能化炮弹、无人机的应用,各类炮弹、导弹中的电子设备强冲击环境适应性设计要求也越来越高。

在弹头内的电子设备面临的动力学环境呈现以下特点。

(1) 在点火后小于 10ms 的时间内达到出口速度大于 km/s,加速度达到数千个重力加速度(g)。

(2) 弹头自身几何尺寸和质量小,无法给电子设备提供配置隔振器的空间。

鉴于以上两点,弹载电子设备强冲击环境适应性设计理念就是两个字——"硬抗"。

电子设备与弹体刚性连接,使相对速度趋于零,从而使其加速度安全边界趋于无穷大。此时必须选用抗冲击加速度能力强的电子元器件,并且将元器件与印制电路板灌胶,连成一体,然后与弹头刚性连接。

任何企图采用隔冲技术对弹载电子设备进行强冲击环境适应性设计都是无法实现的。

4. 地面和空中载体中的电子设备强冲击环境适应性设计理念

地面和空中载体中的电子设备强冲击环境适应性设计要求主要是坠撞安全要求。

这两种载体中的电子设备的坠撞安全试验的要求并不是坠撞后的电子设备仍能够发挥原有的电信功能(机载黑匣子除外),按照 GJB 150.18A—2009《军用装备实验室环境试验方法 第 18 部分:冲击试验》中 4.2.3.5 程序Ⅴ——坠撞安全中要求,用于安装在空中及地面运载工具上的装备,在坠撞中装备可能从安装夹具、系紧装置或箱体结构上脱离,危及人员安全。该程序验证在模拟的坠撞条件下,装备的安装夹具系紧装置或箱体结构的结构完好性。

满足该类电子设备的抗坠撞安全要求的有效措施就是根据第 4 章中有关的结构强度设计和结构间互相连接的强度要求进行相应的加固设计。

5.9 振动主动控制技术

振动是自然界和工程中常见的现象，尽管工程中有不少利用振动进行工作的设备和工艺，但通常情况下激烈的振动会引起结构疲劳破坏。对大多数设备和工程机构来说，都需要将其可能产生的振动控制到一定范围内。机械振动、冲击是电子设备常见的工作环境之一，在工程中利用共振原理设计的振动粉碎机和振动分选机，以及利用冲击原理设计的冲击打桩机和破碎机是工程应用的有效实例。

而利用振动、冲击测试系统获得电子设备所处振动、冲击环境信号，然后通过作动器为该环境施加相位相反（相差 180°）、振幅相近的反作用信号，使电子设备所处的实际振动、冲击环境得到极大缓解的工程技术称为振动主动控制技术。反之，仅仅采用隔振器、缓冲、阻尼减振技术而不引入有源的反作用力的振动控制技术称为振动被动控制技术，也是本书主要讨论的内容。

5.9.1 振动主动控制系统的分类

振动主动控制系统分为前馈控制系统和反馈控制系统。

1. 前馈控制系统

前馈控制系统是直接利用传感器输入信号进行控制，它是在干扰发生后，被控制量还未显现出变化之前，控制器就产生了作用。因此，当干扰到达时，控制器必须有足够的时间收到参考信号，且在此时间内能产生必须的控制信号，并输出到控制源。前馈控制系统只要能及时准确地获取振动信号，就可以实现对扰动的完全补偿，使被控制量对扰动不灵敏。对于静态或者缓慢变化的周期性干扰，参考信号的获取相对比较容易，对于随机或非周期性干扰，如果难以获得满意的参考信号，就有必要引入干扰预估测定以产生合适的抵消干扰。前馈控制属于开环控制，对补偿结果无法检测，前馈控制系统要求对每个干扰均设计一套前馈控制装置，前馈控制系统的这些局限性限制了其广泛应用。

2. 反馈控制系统

反馈控制系统是利用传感器对受控对象的输出状态进行检测，检测信号经调制、放大后传至控制器，控制器按照所需的控制要求产生必需的控制信号，通过作动器对受控对象进行控制，使其振动满足预定的要求。反馈控制系统获取控制信号的方式与前馈不同。反馈控制系统通过比较系统实际输出的期望行为之间的偏差来获取控制信号，其目标是减小系统输出量与参考量输入量之间的偏差以获得预期的系统性能。在反馈控制系统中，既存在由输入端到输出端的信号前向通路，也包含从输出端到输入端的信号反馈通路，两者组成一个闭合的回路。因此，反馈控制系统又称为闭环控制系统，反馈控制是自动控制的主要形式，它不需要提前获取参考信号就能降低受控对象的振动，因而在振动控制领域的应用比较普遍。然而，在反馈控制系统中，偏差信号不可能为零，这就限制了控制系统的性能。

5.9.2 振动主动控制系统的组成

振动主动控制技术的发展源于 20 世纪 50 年代，是当前振动工程领域的高新技术，已成为当今国内外振动工程界的研究热点。从 20 世纪 50 年代起，振动主动控制实现了以下几项突破：①实现了机翼颤振的主动阻尼，提高了飞行航速；②磁浮轴承控制离心机转子成功，创造出分离轴同位素的新工艺；③振动主动控制提供超静环境，保证惯导系统满足核潜艇和洲际导弹导航的精度要求。上述成就引起了众多专家对这项技术的研究，20 世纪 70 年代是广泛探索振动主动控制技术在各工程领域的应用阶段，进入 20 世纪 80 年代后，振动主动控制技术在几个工程技术领域的应用前景相当明朗，比如振动主动控制技术抑制挠性航天结构振动、控制精密设备或精密产品加工过程中的振动、车辆的半主动控制技术等。目前，振动主动控制技术的研究主要集中在传感器、作动器、动力学建模及控制过程中的优化配置等。

1．传感器

传感器是振动主动控制系统中的重要元件，其作用是获取机械振动信号，按工作原理分可分为加速度传感器、速度传感器、力传感器、应变仪等，还有基于压电材料、光导纤维和记忆合金的新型传感器和非接触式传感器。电阻应变片能感受结构某点的平均应变量，而光导纤维可以感受结构的连续应变量。传感器的选取取决于所检测系统变量和信号的处理方式。

2．作动器

作动器又称执行机构，其作用是将控制器输出的控制信号转变为机械力学控制量，来实现对被控对象的应变、位移、力的驱动，它是振动主动控制系统中必不可少的一个环节，一个振动主动控制系统隔振效果的好坏，往往取决于系统中执行机构性能的好坏，现代工程中使用较多的作动器有气动作动器、电磁作动器、液压作动器、压电作动器、超磁致伸缩作动器等。

（1）气动作动器通常由气缸和气泵组成，通过气阀控制气缸运动，实现位移和力的输出，从而对振动进行控制。气动作动器的优点是系统结构简单、价格低廉，对于一般控制系统尤其是对控制精度要求不是很高的控制系统是容易达到控制目标的，并且气动作动器稳定性和可靠性高；其缺点是延时大，容易出现迟滞现象。

（2）电磁作动器的原理与电磁振动台的原理类似，都是通电导体在磁场中受到电磁力的作用而运动，根据磁场形成机理可分为永磁式和电磁式。电磁作动器的优点是可控频率范围宽，精度高，可控性好，易于对复杂周期振动及随机振动实施控制。由于电磁振动台的广泛应用，电磁作动器理应受到大家重视。

（3）液压作动器的原理与气动作动器的原理类似，只是将气缸和气泵变为液压缸和液压控制系统。其优点是控制力大、稳定性和可靠性高；其缺点是延时大，容易出现滞后现象。液压作动器主要适用于低频、控制力大的场合。

（4）压电作动器利用压电材料（如压电陶瓷片或压电薄膜）的正、逆压电效应进行工作。压电作动器具有精度高、不发热、响应速度快、质量小、机电转换效率高等优点；但输出力小，所需驱动电压高，且压电材料存在滞后现象。压电作动器主要适用于高频、控制力不大的场合。

（5）超磁致伸缩作动器是在超磁致伸缩材料的基础上发展起来的一种新型作动器，当具有磁致伸缩效应的材料所处的磁场发生变化时，其长度和体积也随之发生微小变化，实现磁场与机械量之间的相互转化。超磁致伸缩作动器具有响应速度快、应变大、使用频带宽、驱动电压低等优点。

5.9.3 振动主动控制系统的建模

振动主动控制系统（主动隔振）的力学模型如图 5-91 所示，其振动微分方程为

$$m\ddot{z} + c\dot{z} + kz = c\dot{z}_0 + kz_0 + F_u \tag{5-41}$$

当控制力 $F_u = 0$ 时，即为振动被动控制系统（被动隔振），其传递率为

$$\eta_v = \sqrt{\frac{1+4\xi^2 r^2}{(1-r^2)^2 + 4\xi^2 r^2}} \tag{5-42}$$

式中，ξ 为阻尼比；r 为频率比。

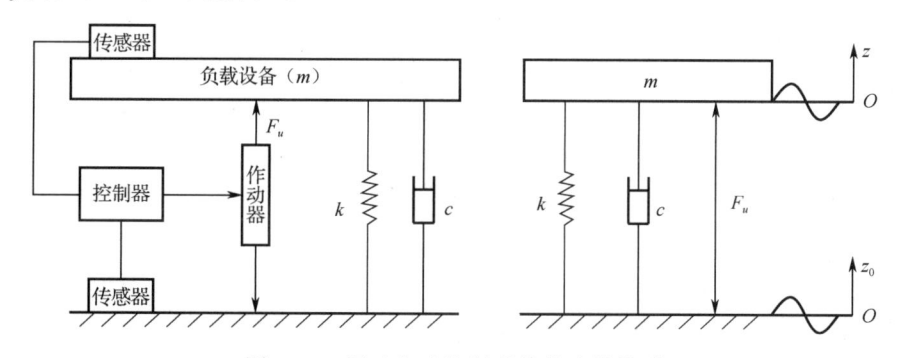

图 5-91 振动主动控制系统的力学模型

当控制力 $F_u \neq 0$ 时，控制系统振动信号反馈分为加速度反馈、速度反馈、位移反馈。以惯性空间的绝对速度反馈为例，当速度反馈系数为 c_1 时，主动控制力 $F_u = -c_1\dot{z}$，则该振动主动控制系统的传递率为

$$\eta_v = \sqrt{\frac{1+4\xi^2 r^2}{(1-r^2)^2 + 4\xi^2 r^2 (1+c_1/c)^2}} \tag{5-43}$$

振动主动控制系统（主动隔振）和振动被动控制系统（被动隔振）的传递率曲线如图 5-92 所示。被动隔振传递率曲线在共振区域内会出现共振峰，如果加大阻尼比，共振峰会降低，但是高频段的减振效率也会大大降低；主动隔振在理论上可以做到既能降低

共振峰，又能不影响高频段的减振效率，从而增大系统的隔振带宽。

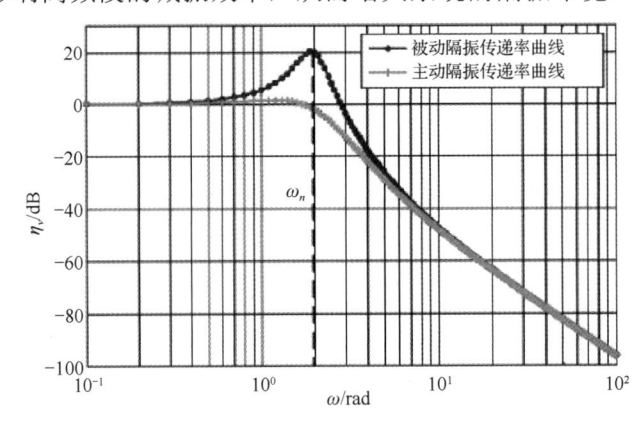

图 5-92 振动主动控制系统（主动隔振）和振动被动控制系统（被动隔振）的传递率曲线

5.9.4 振动主动控制的控制器

控制器是振动主动控制的一个重要研究内容，采用不同的控制技术与控制算法来设计控制器，在一定程度上决定了在不同环境条件下所能达到的控制效果，控制器的设计主要有如下方法。

（1）独立模态空间控制：将系统运动方程从物理坐标系转换到模态坐标系，将各模态耦合的物理坐标转换为在模态坐标系中表示的模态坐标，达到解耦目的。从控制方程看，这种方法就是将一个复杂的高阶微分方程问题转换为解多个低阶微分方程的问题。对复杂结构来说，这种方法需要对模态进行截断，从而造成剩余模态的溢出。

（2）直接输出反馈：将传感器的信号放大后直接送到对应作动器来进行控制。它可以避免独立模态空间控制方法中的模态溢出问题，并可以保证所有模态都是稳定的，但考虑到传感器件动力学和电路信号放大、调节的情况，直接输出反馈需要解决稳定性、鲁棒性等问题。

（3）最优控制：根据所受载荷及振动系统的反馈值，应用控制理论的极大极小原理、随机分析原理、动态规划及最优滤波等，对控制机构的参数进行优化，求解最优控制系统，以使系统的振动达到理想的控制效果。该方法目前应用最多，存在形式也最多，其中线性二次优化控制应用最广。

（4）自适应控制：基于一定的数学模型和一定的性能指标综合给出控制方案，但由于缺少必要的条件，需要根据系统运行的信息，应用在线辨识的方法，使模型逐步完善，从而使控制系统获得一定的自适应能力。自适应控制的研究对象是具有不确定性的系统，包含一些未知因素和随机因素，由于复杂系统往往含有未知参数，因此自适应控制在振动控制中也得到了广泛的应用。

（5）神经网络控制：人工神经网络由许多处理单元（神经元）相互连接组成，具有并行处理信息的能力，可以用来描述几乎任意的非线性系统。神经元能够模拟人脑功能，综合由连接权获得的信息并依据某种激励函数进行处理，根据一定的学习规则，实现网络的学习和关系映射。神经网络具有较高的自适应学习能力、鲁棒性、容错性和自组织离散分步处理能力，不仅可以用于系统模型的辨识，也可以用于系统振动控制。

（6）模糊控制：以模糊集合论、模糊语言变量和模糊逻辑推理为基础的一种计算机数字控制技术。模糊控制实质上是一种非线性控制，从属于智能控制的范畴。目前，模糊控制研究较多的问题是对于隶属函数的改进。

（7）鲁棒控制：控制系统在一定（结构、大小）的参数摄动下，实际模态会发生很大变化，基于模态控制的方法对此无能为力，因此在振动控制中必须考虑鲁棒性问题。主要的鲁棒控制理论有 Kharitonov 区间理论、H∞控制理论、结构奇异值理论（μ理论）等。

5.9.5 振动主动控制技术的应用与展望

振动主动控制技术常应用于特定的场景和环境中。例如，在航空航天微振动领域，太空环境中的不确定扰动非常小，通常加速度为 $0.001g \sim 1g$，但对精密设备来说这会导致很多结果出现偏差；同样，对于精密航空航天设备，在振动频率为 $0.01 \sim 1Hz$ 的振动环境中，采用被动隔振已经无法满足使用要求。另外，振动主动控制技术在精密制造中的应用也很广泛，许多精密设备的零部件都是微米级别的，在生产中必须保证超精密加工工作台的稳定性，由于被动隔振在微振动领域效果较差，科研工作者着重研究主动微控制方法，将其应用于精密仪器加工中。

但是，振动主动控制系统结构复杂，成本高，控制器和作动器也很难在恶劣的使用环境中达到期望的效果，这些因素影响了其在电子设备上的应用。

第 6 章 微转角隔振缓冲平台

6.1 概述

目前，航姿测控光电设备（如惯性导航仪、陀螺仪、雷达、光学平台等）在运载工具上的安装方式主要是刚性安装，也有少量的弹性安装。刚性安装方式对该类光电设备初始标定的坐标和位姿参数状态的稳定性和可靠性保持较好，但对设备抗强烈振动、冲击的能力要求很高，有时即使对它们进行电性能和结构加固也无法达到使用要求。此时，不得不采用隔振缓冲系统进行振动、冲击隔离。而隔振缓冲系统是一个柔性连接系统，在强烈的振动、冲击环境中为设备提供隔振缓冲保护的同时，很容易产生附加转角位移，会使对转角偏差敏感的一类设备的转角精度下降。因此，必须为它们提供一种既能在强烈的振动、冲击环境中保证该类设备的安全性和可靠性，又能保证设备的转角精度的平台，这就是本章讨论的微转角隔振缓冲平台。

微转角隔振缓冲平台主要有两种类型。

（1）有补偿功能的干摩擦阻尼式六连杆微转角隔振缓冲平台：在冲击激励过程中，设备转角位移较大，冲击结束后，各个连杆中的干摩擦阻尼使上、下平台相对静止。其缺点是无法在冲击作用过程中保持设备的转角精度。

（2）用微转角限位器组成的微转角限位隔振缓冲平台：该类平台采用微转角限位器控制冲击过程中的三维转角精度，三维直线导轨与线性弹簧自由滑动，可储存和缓冲振动、冲击能量，并且可以保持所要求的转角精度。

6.2 六连杆微转角隔振缓冲平台

六连杆微转角隔振缓冲平台（简称六连杆平台）是一种在设备安装平台和基础安装平台之间安装 6 个球铰头的、由阻尼缓冲杆组成的微转角隔振缓冲平台。

六连杆平台的使用场景主要包括以下两种。

（1）火箭、导弹的导航仪等设备的安装平台。由于火箭、导弹在点火发射时是无须精确控制三轴向转角精度的，在设备加速度达到 7g 时单位时间的加速度变化并不会引起大加速度冲击。

（2）舰船上设备的安装平台。在舰船正常航行时，其受到的冲击加速度很小，只有当水下爆炸时才会使设备安装板受到冲击。由于水下爆炸的冲击脉冲持续时间≤3ms，峰值加速度达到数百 g，设备安装平台的恢复时间在 300ms 之内也是允许的。

6.2.1 干摩擦阻尼式六连杆平台

图 6-1 所示为干摩擦阻尼式六连杆平台，其干摩擦阻尼球铰头缓冲杆（见图 6-2）中的缓冲恢复件是弹簧，但阻尼是干摩擦阻尼，由于干摩擦阻尼力与弹簧恢复力之间的平衡点依赖于动摩擦系数 μ_d 与静摩擦系数 μ_j 的随机变化，这就造成了设备静止后设备安装板与基础安装板相对位置也是随机的情况，因此存在三轴向的转角位移 θ_x、θ_y 和 θ_z。此时，这些转角误差（转角位移）由设备安装板上自带的传感器检测并进行补偿，这就是有自补偿功能的六连杆平台。

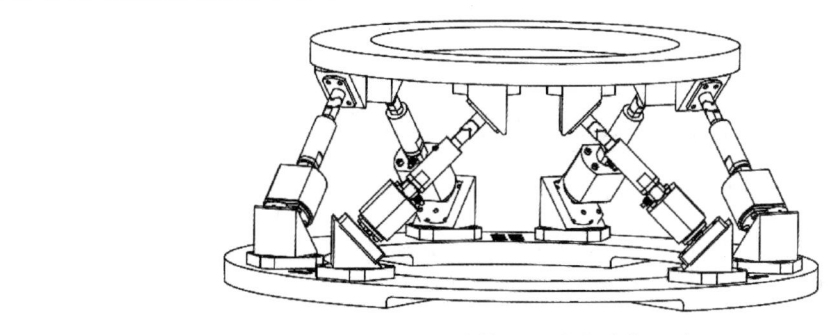

图 6-1 干摩擦阻尼式六连杆平台

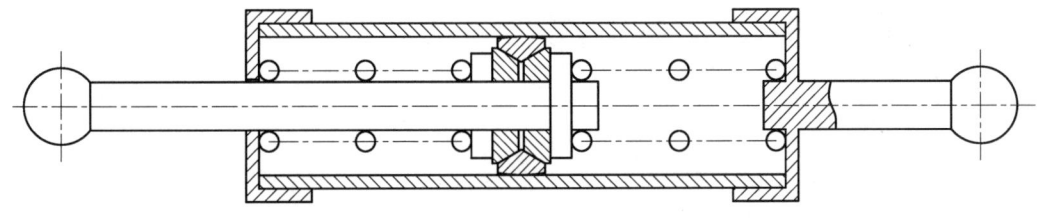

图 6-2 干摩擦阻尼球铰头缓冲杆结构示意图

6.2.2 油阻尼式六连杆平台

图 6-3 所示为油阻尼式六连杆平台，其小孔油阻尼液压缓冲杆（见图 6-4）中的缓冲恢复件也是弹簧，但耗能的是小孔油阻尼器。在冲击结束后，当油阻尼耗散了冲击能量后，弹簧可以恢复到原有的平衡位置，所以六根连杆在静止后其支承长度基本相同，此时设备安装板与基础安装板间相对转角误差很小，所以它是无补偿的六连杆机构。

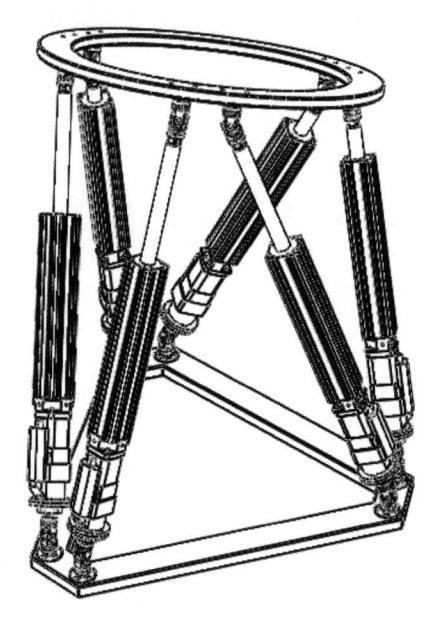

图 6-3 油阻尼式六连杆平台

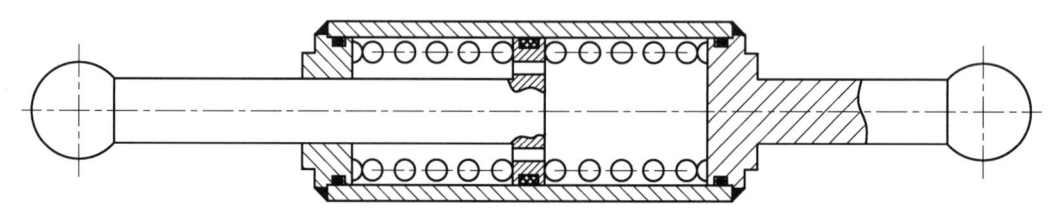

图 6-4 小孔油阻尼液压缓冲杆结构示意图

以上两种机构的机械原理是相同的,并且每个支承杆均采用弹簧-阻尼形式。两种机构的 12 个铰支点均被分别安排在上、下安装基面上。

6.3 微转角限位隔振缓冲平台

6.3.1 微转角限位器的组成

为克服连杆微转角隔振缓冲平台无法在冲击过程中保持设备转角精度的缺陷,研究人员提供了一种精密微转角限位隔振缓冲平台的设计思路。该平台主要由微转角限位器和隔振缓冲器组成。上安装板安装光电设备,下安装板与安装基座连接,上安装板和下安装板之间沿 X、Y 轴对称均匀安装有若干个微转角限位器;微转角限位器限制上、下安装板之间受振动、冲击时产生的绕 X、Y、Z 3 个坐标轴的相对转角位移,确保上、下安装板在振动、冲击过程中始终沿三轴向做直线相对运动。隔振缓冲器在振动、冲击时起隔振缓冲作用,减小设备实际受到的环境应力,它既能对外界强烈的振动、冲击进行有效隔离,又能对振动、冲击过程中和振动、冲击后的转角位移进行有效限制,从而确保了电子设备的定位精度。

1. 一维直线导轨及其组成的微转角限位器

1）一维直线导轨

一维直线滚动导轨（简称一维直线导轨）如图 6-5 所示。它主要由一维滑轨和一维滑座组成，如图 6-5（a）所示。其内部细节如图 6-5（b）所示。任何的一维直线导轨除可在导轨运行的轴向（X 轴向）自由滑动外，在其余 Y、Z、θ_x、θ_y、θ_z 5 个自由度均为 0。

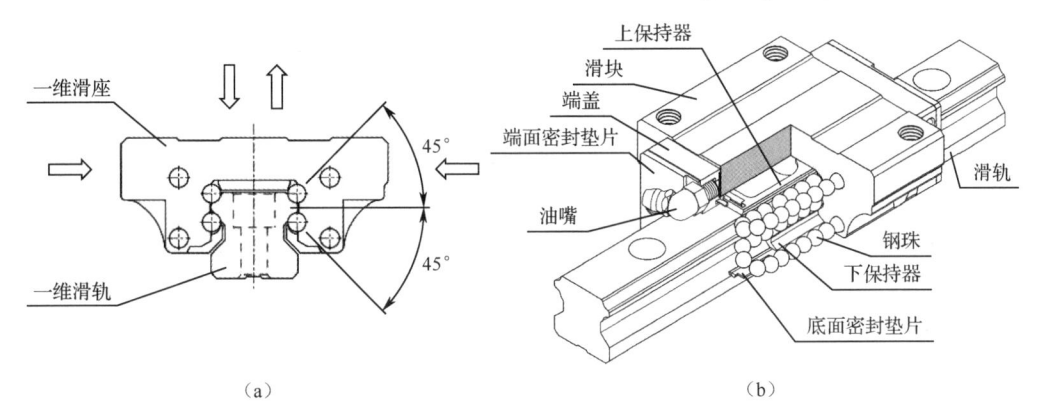

（a）

（b）

图 6-5 一维直线滚动导轨

2）由一维直线导轨组成的微转角限位器

利用上述一维直线导轨经转接可组合成微转角限位器，其安装方式可以是垂向一维直线导轨上置或下置，具体取决于水平向和垂向冲击加速度的大小。当水平向冲击加速度大于垂向冲击加速度时，垂向导轨上置，可减小垂向导轨所受到的水平向冲击力；反之，垂向导轨下置，可减小水平向导轨所受到的垂向冲击力。

由一维直线导轨组成的、垂向导轨上置的微转角限位器如图 6-6 所示。

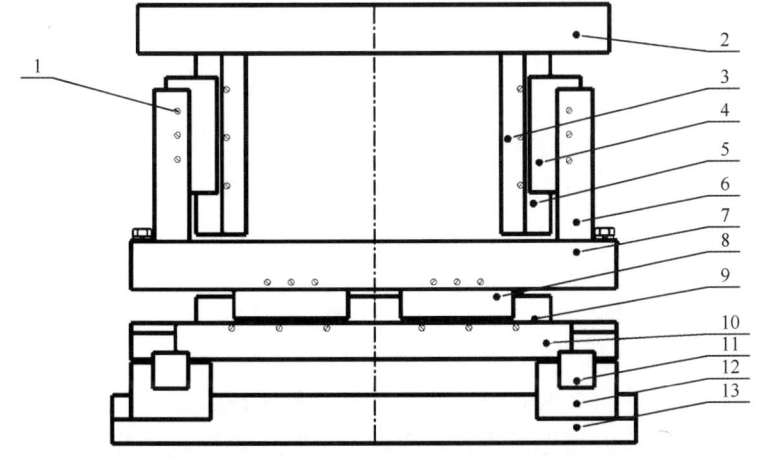

1—紧定螺钉；2—顶板；3—Z 轴向滑轨连接件；4—Z 轴向滑座；5—Z 轴向滑轨；6—Z 轴向滑座连接件；7—上板；8—Y 轴向滑座；9—Y 轴向滑轨；10—中板；11—X 轴向滑轨；12—X 轴向滑座；13—底板。

图 6-6 由一维直线导轨组成的、垂向导轨上置的微转角限位器

由图6-6可见，该微转角限位器中除与电子设备相连的顶板，与基础相连的底板，X、Y、Z三轴向的滑座，以及X、Y、Z三轴向的滑轨外，还必须增加将它们连接成整体的中板、上板、Z轴向滑座连接件、Z轴向滑轨连接件和大量紧定螺钉。

该微转角限位器的优点是：可根据电子设备的质量和振动、冲击等工作环境选择相应的一维滑座，并按照允许的安装空间选取合适的连接件。

该微转角限位器的缺点是：①对连接件的加工精度和形位公差要求很高；②多层螺钉安装会造成整体的结构刚度变差，在强冲击下，转角限位精度下降。

2．二维直线导轨及其组成的微转角限位器

1）二维直线导轨

二维直线导轨如图6-7所示。它由一个X、Y轴向二维滑座，X轴向滑轨，Y轴向滑轨组成。

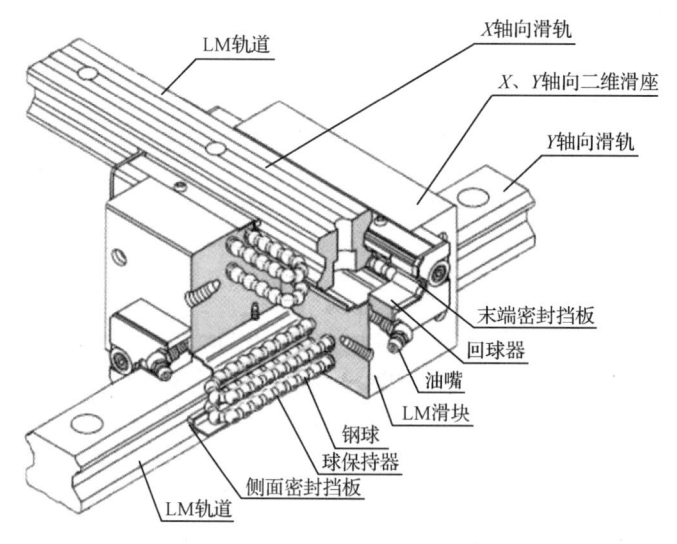

图6-7　二维直线导轨

2）由二维直线导轨组成的微转角限位器

由二维直线导轨组成的、垂向导轨下置的微转角限位器如图6-8所示。

该微转角限位器由4个二维滑座和4根滑轨组成，可在水平面分别沿X轴和Y轴直线平移。其X轴向滑轨与顶板（上安装板）相连，其Y轴向滑轨与中板（中间板）相连。在中板的4个顶点安装垂向直线滚珠轴承轴，其轴承套（座）与底板（下安装板）相连。此机构只能做直线运动。而绕X、Y、Z 3个坐标轴的转角位移θ_x、θ_y、θ_z均受直线导轨间隙大小的限制，当导轨间隙为零时，则转角位移为零。

因此，控制转角位移可由控制直线导轨间隙来实现。当直线导轨间隙为零或负值（过盈配合）时，其转角位移的极限值为零。此时，相对转角位移而言，微转角限位器的上、下安装板连接状态处于"伪刚接"状态，即上、下安装板之间只能做三轴向的相对直线运动而无法产生相对转动（即$\theta_x=\theta_y=\theta_z=0$）。

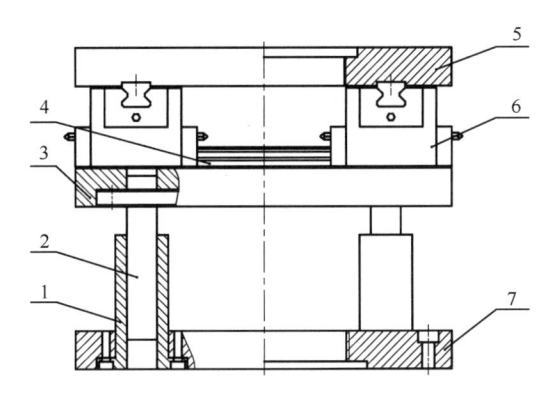

1—垂向直线滚珠轴承套；2—垂向直线滚珠轴承轴；3—中板；4—二维滑轨；5—顶板；6—二维滑座；7—底板。

图 6-8　由二维直线导轨组成的、垂向导轨下置的微转角限位器

3．组合式三维直线导轨

组合式三维直线导轨如图 6-9 所示。它由 X 轴向安装座、X 轴向滑轨、转接板、Y 轴向滑轨、Y 轴向安装座、Z 轴向导轨、Z 轴向导套组成。组合式三维直线导轨根据不同的场合和需要分为正装和倒装两种安装方式。

组合式三维直线导轨就是一种微转角限位器。

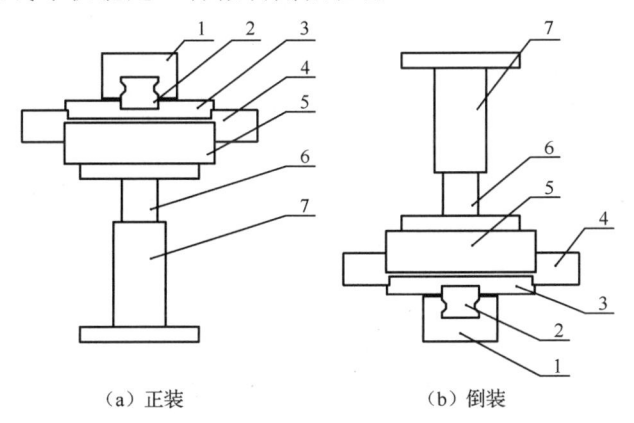

（a）正装　　　　（b）倒装

1—X 轴向安装座；2—X 轴向滑轨；3—转接板；
4—Y 轴向滑轨；5—Y 轴向安装座；6—Z 轴向导轨；7—Z 轴向导套。

图 6-9　组合式三维直线导轨

6.3.2　强冲击方向与微转角限位器中滑轨的配置

（1）当强冲击方向主要来自垂向（Z 轴向）时，可将垂向滑轨正装成如图 6-8 所示的结构。此时，水平向滑轨所受到的垂向冲击可大大减小，并且垂向滑轨不受强冲击（因为其可自由滑行）。

（2）当强冲击方向主要来自水平向时，可将垂向滑轨倒装成如图 6-6 所示的结构。

此时，有 X 轴向冲击，Y 轴向的水平向滑轨要受强冲击，X 轴向有最大线位移 δ_{xm}；反之，有 Y 轴向冲击，X 轴向的水平向滑轨要受强冲击，Y 轴向有最大线位移 δ_{ym}。

（3）当水平向冲击方向 A 与峰值加速度 $\ddot{A}_p$ 为已知时，可将 X、Y 轴向的水平向滑轨的对角线 AB 轴对准冲击方向（见图 6-10），以减小水平向滑轨所受到的水平向冲击加速度。此时，每根水平向滑轨实际受到的冲击加速度为 $\dfrac{\sqrt{2}\ddot{A}_p}{4}$，可延长滑轨的寿命和提高其可靠性。

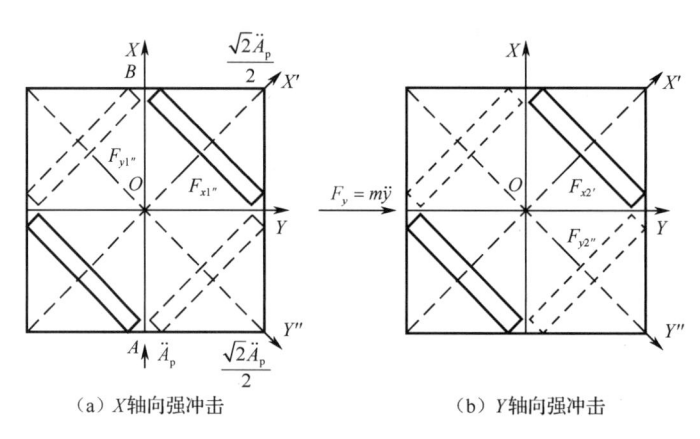

(a) X 轴向强冲击

(b) Y 轴向强冲击

图 6-10　水平向滑轨斜置结构

6.3.3　现有隔振缓冲系统加微转角限位器

研究人员考虑最简单的方案就是在由缓冲功能较优的隔振器组成的隔振缓冲系统中增加微转角限位器，组成较好的微转角限位隔振缓冲平台，其力学模型如图 6-11 所示。

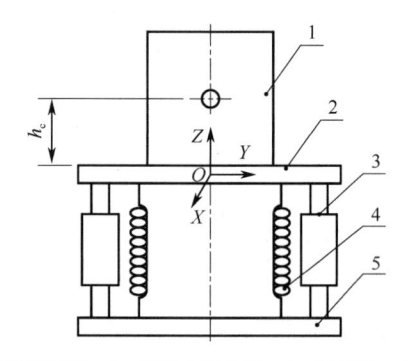

1—设备；2—设备安装板；3—微转角限位器；4—隔振器；5—基础安装板。

图 6-11　现有隔振缓冲系统加微转角限位器组成的微转角限位隔振缓冲平台的力学模型

未增加微转角限位器时，当系统受 X 轴向冲击（加速度为 $\ddot{x}$）时，绕 Y 轴的力矩（倾覆力矩）$M_{xy}=m\ddot{x}h_c$。由图 6-12 可见，M_{xy} 是通过隔振弹簧反力矩 M_{xk} 来缓冲和平

衡的，有

$$M_{xk} = (k_x + k_z)\delta_y L \tag{6-1}$$

δ_y 的弹簧变形必须引起水平转角位移 θ_x。因此，仅依靠弹簧支撑变形产生的反力矩来平衡倾覆力矩是无法实现的，需要增加微转角限位器以限制转角位移。系统增加微转角限位器后，有

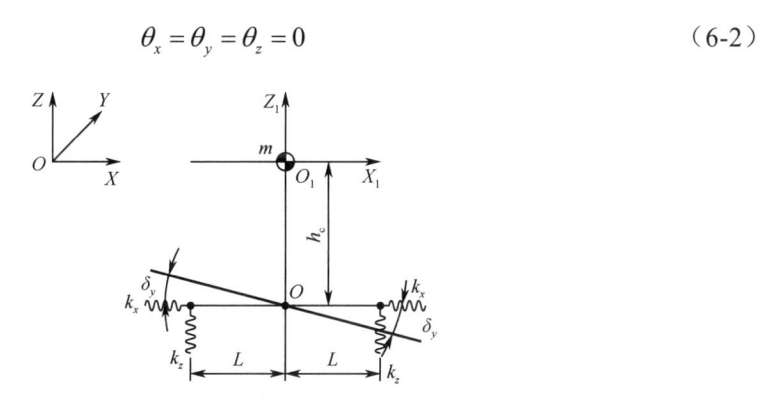

$$\theta_x = \theta_y = \theta_z = 0 \tag{6-2}$$

图 6-12　未增加微转角限位器时系统受 X 轴向冲击

6.3.4　小型电子设备的精密微转角限位隔振缓冲平台

小型电子设备精密微转角限位隔振缓冲平台的力学模型如图 6-13 所示。在设备安装板与基础安装板间装有微转角限位器、垂向隔振器和水平向隔振器。如图 6-14 所示的垂向隔振器和如图 6-15 所示的水平向隔振器分别对应垂向 k_z、$F_{\mu z}$ 和水平向 k_{xy}、$F_{\mu xy}$。在图 6-13 中，连接水平向刚度、阻尼和垂向刚度、阻尼的滑柱与质心 C 同轴。水平向反力矩（$k_{xy}\delta L_0$）平衡冲击时的倾覆力矩 $M_{xy} = m\ddot{x}h_c$，改善了现有隔振缓冲系统直接增加微转角限位器倾覆力矩无法平衡的欠缺。

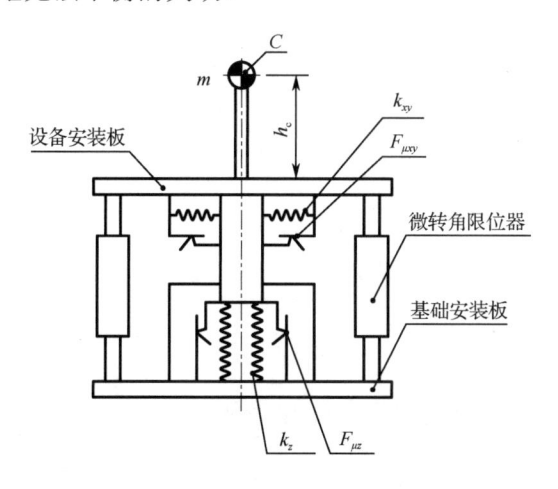

图 6-13　小型电子设备精密微转角限位隔振缓冲平台的力学模型

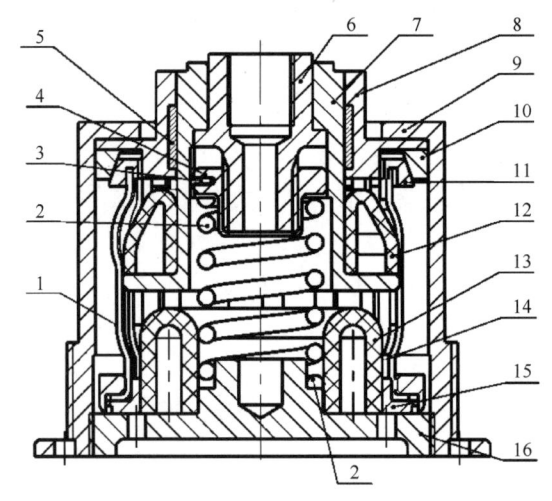

1—弯簧片；2—螺旋簧；3—销钉；4—调节螺母；5—内圈；6—调节螺栓；7—帽盖；8—挡圈；9—外壳；
10—锥环；11—开口调节环；12—上橡胶圈；13—下橡胶圈；14—直簧片；15—垫套；16—底板。

图 6-14　垂向隔振器结构示意图

1—碟片；2—托圈；3—滑片；4—平面簧；5—轴套；6—承载轴；
7—螺母压圈；8—水平缓冲环；9—隔离圈；10—水平座。

图 6-15　水平向隔振器结构示意图

6.3.5　高质心大型平台

当电子设备与上安装板的组合重心较高时，无法使水平弹性支承平面中心与质心重合，则低质心的大型平台便无法使用。

此时可采用以下两种形式。

（1）六连杆隔振缓冲平台加微转角限位器的结构形式：利用六连杆机构进行隔振与缓冲，如图 6-1～图 6-4 所示，组合微转角限位器进行精密微转角限位。

此方案可克服六连杆机构在冲击过程中无法进行微转角限位和复位精度较差的缺点。在进行六连杆机构设计时，应使三轴向的冲击动力矩趋于最小，即使 M_x、M_y、M_z 均趋于零。

（2）四连杆斜支承隔振平台加微转角限位器的结构形式：这种结构形式的平台简称斜支承限转角平台。

斜支承限转角平台的组成如图 6-16 所示。其主要组成部分包括上安装板（设备安装板）、三轴向微转角限位器、斜支承杆和底部安装板。

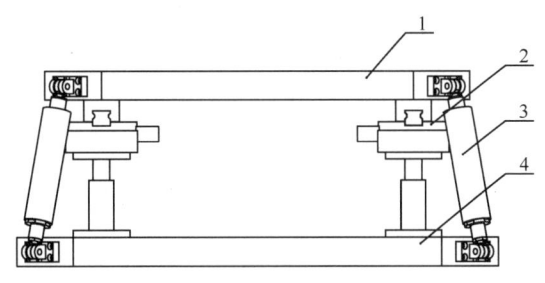

1—上安装板（设备安装板）；2—三轴向微转角限位器；3—斜支承杆；4—底部安装板。

图 6-16　斜支承限转角平台的组成

斜支承限转角平台的力学模型如图 6-17 所示。其中，XOY 是设备安装平面，O_c 是设备质心。

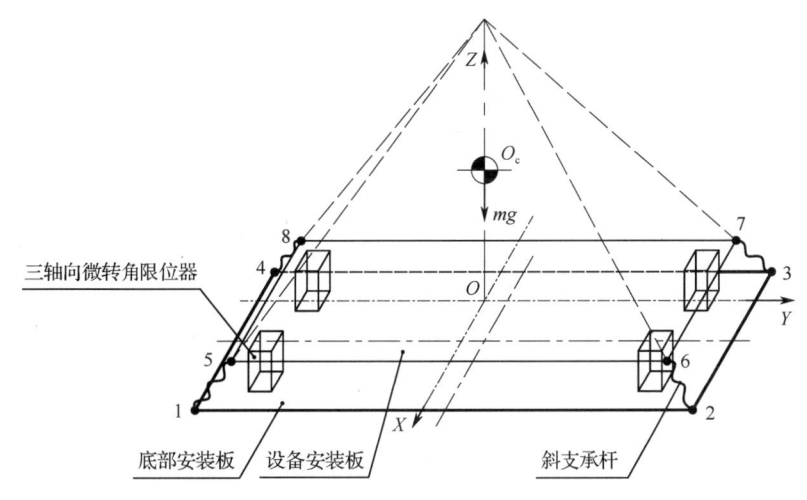

图 6-17　斜支承限转角平台的力学模型

此时，设备安装平面（XOY）与设备可视为四棱台刚体。由于微转角限位器已精确限制了四棱台的转角位移，它只能做三轴向的直线运动。

当设备安装板上的设备质心位于四连杆组成的四棱锥中时，此时斜支承限转角平台是稳定的，图中表示质心与平台几何中心重合，四连杆长度和刚度相同且对称布置。

斜支承杆长度的通用公式为

$$L_{ij} = \sqrt{(X_j - X_i)^2 + (Y_j - Y_i)^2 + (Z_j - Z_i)^2} \tag{6-3}$$

式中，ij 为杆节点码；X_i、Y_i、Z_i、X_j、Y_j、Z_j 的正负均参考系统坐标系。

假设底部安装板只受水平向冲击，则认为底部安装板到设备安装板的高度 h_0 不变。杆节点 15 斜支承杆平衡时的原长度 $L_{15} = \sqrt{(X_5 - X_1)^2 + (Y_5 - Y_1)^2 + Z_5^2}$，根据对称原理可知

$L_{15} = L_{26} = L_{37} = L_{48}$。

当底部安装板受水平向冲击后,底部安装板发生水平移动。以杆节点 15 为例,受冲击后节点 1 产生水平方向位移,这时节点 1 的横、纵坐标分别为 $X_{\delta1}$、$Y_{\delta1}$,杆节点 15 斜支承杆长度公式为

$$L'_{15} = \sqrt{(X_5 - X_{\delta1})^2 + (Y_5 - Y_{\delta1})^2 + Z_5^2} \tag{6-4}$$

同理,分别将各节点位移后的坐标参数代入公式计算可得 L'_{26}、L'_{37}、L'_{48}。

各斜支承杆的长度差值为

$$\Delta L_{ij} = L'_{ij} - L_{ij} \tag{6-5}$$

通过式(6-5)求出的 ΔL_{ij} 为负表示压缩,为正表示伸长。

各斜支承杆的受力公式为

$$F_{ij} = k_{ij} \Delta L_{ij} \tag{6-6}$$

式中,k_{ij} 为斜支承杆的刚度。求出的 F_{ij} 为负表示压力,为正表示拉力。

各斜支承杆受力在 Z 轴向的分力公式为

$$F_{ijZ} = F_{ij} h_0 / L'_{ij} \tag{6-7}$$

各斜支承杆受力在 Z 轴向的分力分别为

$$F_{15Z} = F_{15} h_0 / L'_{15}$$
$$F_{26Z} = F_{26} h_0 / L'_{26}$$
$$F_{37Z} = F_{37} h_0 / L'_{37}$$
$$F_{48Z} = F_{48} h_0 / L'_{48}$$

根据对称原理可知,对应杆受力大小相等则方向相反,如 $-F_{15} = F_{37}$。设备安装板上节点 5 受压力和节点 7 受拉力如图 6-18 所示。斜支承杆受力在 Z 轴向的分力 $-F_{15Z} = F_{37Z}$,此时两个分力组成的力偶矩 M 与受水平向冲击产生的力矩 M_{57} 相抗衡,调整斜支承杆的刚度可使微转角限位器受冲击产生的力矩最小。

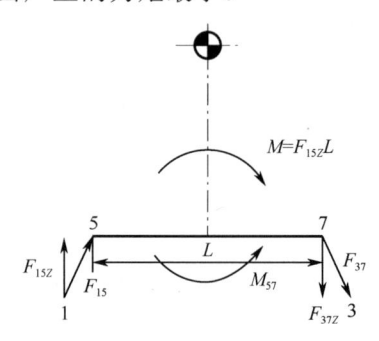

图 6-18 设备安装板上节点 5 受压力和节点 7 受拉力

同理,当斜支承限转角平台上的设备受水平向冲击时,质心惯性力 F_x(或 F_y)引起的惯性力矩 M_X(或 M_Y)由四连杆斜支承杆沿 Z 轴向分力组成的力偶平衡作用,可使微转角限位器所受的惯性力矩大大减小。

当设备质心偏离平台几何中心时,操作人员可适当调整各斜支承杆的角度及各斜支承杆的刚度来平衡设备惯性力及倾覆力矩。

参考文献

[1] 季馨. 电子设备机械环境适应性设计[J]. 电子机械工程，1999(1): 29-32.

[2] 季馨，高艳旭. 某歼（强）击机机载电子设备隔振系统弹性特性设计[J]. 电子机械工程，1999(6): 34-37.

[3] 季馨. 电子设备抗恶劣环境设计概论[J]. 电子机械工程，2004，20(6): 31-34.

[4] 季馨，汪凤泉，颜肖龙. 电子设备振动分析与试验[M]. 南京：东南大学出版社，1992.

[5] 汪凤泉，郑万泮. 试验振动分析[M]. 南京：江苏科学技术出版社，1988.

[6] 张淮，汪凤泉. 振动分析[M]. 南京：东南大学出版社，1991.

[7] 汪凤泉. 基础结构动态诊断[M]. 南京：江苏科学技术出版社，1992.

[8] 林循泓. 振动模态参数识别及其应用[M]. 南京：东南大学出版社，1994.

[9] 哈里斯，克瑞德. 冲击和振动手册[M]. 众师，译. 北京：科学出版社，1990.

[10] RAO S S. 机械振动[M]. 李欣业，杨理诚，译. 5版. 北京：清华大学出版社，2016.

[11] 成大先. 机械设计手册[M]. 6版. 北京：化学工业出版社，2016.

[12] 王健石. 电子机械工程设计手册[M]. 北京：中国标准出版社，2006.

[13] 张英会，刘辉航，王德成. 弹簧手册[M]. 3版. 北京：机械工业出版社，2017.

[14] 邱成悌. 电子组装技术[M]. 南京：东南大学出版社，1998.

[15] 汪凤泉. 电子设备振动与冲击手册[M]. 北京：科学出版社，1998.

[16] 姚熊亮. 舰船结构振动冲击与噪声[M]. 北京：国防工业出版社，2007.

[17] 杨铭，季馨，张友平，等. 油阻尼后峰锯齿波冲击脉冲发生器动态仿真探讨[J]. 电子机械工程，2000, 86(4):38-42.

[18] 胡志强. 环境与可靠性试验应用技术[M]. 北京：中国质检出版社，2016.

[19] 王树荣，季凡渝. 环境试验技术[M]. 北京：电子工业出版社，2016.

[20] 张春良，梅德庆，陈子辰. 振动主动控制及应用[M]. 哈尔滨：哈尔滨工业大学出版社，2011.

[21] 喻强. 主动控制系统的双向复合激励功率流特性与控制策略研究[D]. 成都：电子科技大学，2021:13-15.

[22] 邹燕. 舰载激光惯导系统冲击隔离器的设计[J]. 机电产品开发与创新，2014, 27(6): 13-15.

[23] 王振林，吴长富，奚德昌. 物品包装系统位移损坏边界[J]. 振动工程学报，1998(4): 57-65.

反侵权盗版声明

电子工业出版社依法对本作品享有专有出版权。任何未经权利人书面许可，复制、销售或通过信息网络传播本作品的行为，歪曲、篡改、剽窃本作品的行为，均违反《中华人民共和国著作权法》，其行为人应承担相应的民事责任和行政责任，构成犯罪的，将被依法追究刑事责任。

为了维护市场秩序，保护权利人的合法权益，我社将依法查处和打击侵权盗版的单位和个人。欢迎社会各界人士积极举报侵权盗版行为，本社将奖励举报有功人员，并保证举报人的信息不被泄露。

举报电话：（010）88254396；（010）88258888
传　　真：（010）88254397
E-mail：　　dbqq@phei.com.cn
通信地址：北京市海淀区万寿路 173 信箱
　　　　　电子工业出版社总编办公室
邮　　编：100036